スバラシク実力がつくと評判の

力　学

キャンパス・ゼミ

大学の物理がこんなに分かる！　単位なんて楽に取れる！

馬場敬之

マセマ出版社

◆ はじめに ◆

みなさん，こんにちは。**マセマ**の**馬場敬之 (ばばけいし)** です。これまで発刊してきた**物理学「キャンパス・ゼミ」シリーズ**もたくさんの読者の皆様にご愛読いただき，物理学教育の新たなスタンダードとして定着してきているようで，嬉しく思っています。

これから解説する“**力学**”は，**ガリレイ**と**ニュートン**によって創始されました。**ガリレイ**の業績は**落体運動**や**数々の天体の発見**…など，枚挙にいとまがありません。しかし，彼の最も偉大な業績は，**「宇宙は数学でできている」**という信念の下，それまで静的に扱われていた物体の運動に時間の概念を導入して**動的な力学の考え方**を提示し，**すべての自然科学の基盤を築いた**ことだと思います。また，**ニュートン**は，**「自分は数学という巨人の肩に乗っている」**という確信の下，**万有引力の法則**や**運動の法則**を提示しただけでなく，さらに**微分積分学**を独自に編み出し，**惑星の楕円軌道まで算出した**ことは，あまりにも有名な話です。

現在では，この“**力学**”は“**古典力学**”と呼ばれていますが，これら **2** 人の天才が作り上げた**力学体系の素晴らしさ**は，年月を経ても色褪せることなく**燦然と光り輝いています**。これから，本格的な物理学を学ぼうとする方は，この“**力学**”を**是非ともマスターする**必要があるのです。

しかし，いざ力学を勉強しようとすると，**偏微分と全微分**，**勾配ベクトル**，**定数係数 2 階線形微分方程式とロンスキアン**，**対称行列**などなど，様々な数学的問題が出てきて，途中であきらめてしまう方が出てくることもまた事実です。**実り豊かな力学の世界**なのに挫折感を持って去らざるを得ないなんて…，とても残念な話です。

したがって，そのようなことが決して起こらないよう**力学と数学的な解説のバランスの良い参考書**を作るため，日夜検討を重ねながら，
この『**力学キャンパス・ゼミ 改訂 6**』を書き上げました。

この『**力学キャンパス・ゼミ 改訂 6**』は，全体が 7 章と Appendix(付録) から構成されており，各章をさらにそれぞれ 10 ～ 20 ページ程度のテーマに分けているので，非常に読みやすいはずです。力学は難しいものだと思っておられる方も，まず 1 回この本を流し読みすることをお勧めします。初めは難しい公式の証明などは飛ばしても構いません。**加速度の極座標表示，運動方程式，角運動量，面積速度，仕事と運動エネルギー，保存力とポテンシャル，力学的エネルギーの保存則，放物運動と円運動，単振動と減衰振動・強制振動，惑星の運動，地球振り子，回転座標系，遠心力とコリオリの力，フーコー振り子，2 質点系の力学，換算質量，多質点系の力学，剛体の力学，実体振り子・ボルダの振り子，慣性モーメント，慣性テンソル，解析力学**など，次々と専門的な用語が出てきますが，不思議と違和感なく読みこなしていけるはずです。この**通し読みだけなら，短期間で十分**です。これで**力学の全体像**をつかむ事ができるはずです。

1 回通し読みが終わりましたら，後は各テーマの詳しい解説文を**精読**して，例題，演習問題，実践問題を**実際に自力で解きながら**，勉強を進めていってください。特に，実践問題は，演習問題と同型の問題を穴埋め形式にしているものもありますので，非常に学習しやすいはずです。

この精読が終わったならば，後は自分で納得がいくまで何度でも**繰り返し練習**することです。この反復練習により本物の実践力が身に付き，**「力学も自分自身の言葉で自在に語れる」**ようになるのです。こうなれば，**「力学の単位も，大学院の入試も，共に楽勝のはずです！」**

この『**力学キャンパス・ゼミ 改訂 6**』により，皆さんが**奥深くて面白い本格的な物理学の世界**に開眼されることを心より願ってやみません。

マセマ代表　馬場 敬之(けいし)

この改訂 6 では，2 質点系の連成振動の問題と関連して，“うなり”の現象について解説を加えました。

◆ 目 次 ◆

講義5 運動座標系

講義6 質点系の力学

講義7 剛体の力学

講　義
Lecture
1

位置，速度，加速度

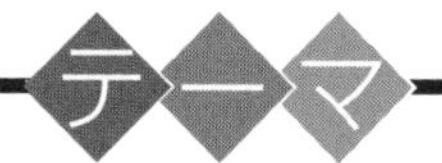

▶ 位置，速度，加速度の基本
（位置 $\boldsymbol{r}$，速度 $\boldsymbol{v}=\dot{\boldsymbol{r}}$，加速度 $\boldsymbol{a}=\ddot{\boldsymbol{r}}$）

▶ 座標系
（直交座標系，円柱座標系（極座標系），球座標系）

▶ 加速度ベクトルの応用
$\left(\boldsymbol{a}=\dfrac{dv}{dt}\boldsymbol{t}+\dfrac{v^2}{R}\boldsymbol{n}\right.$ の表現$\Big)$

$\left(\boldsymbol{a}=[a_r,\ a_\theta]=[\ddot{r}-r\dot{\theta}^2,\ 2\dot{r}\dot{\theta}+r\ddot{\theta}]\right)$

§1. 位置，速度，加速度

さァ，これから"**力学**"の講義を始めよう。力学とは何かと問われれば，「ある座標系において，物体に力が働いたとき，その物体がどのような運動をするかを調べる学問」と答えることができる。

ここではまず，物体にどのような力が働くかは考えず，また物体も大きさのない"**質点**（しってん）"と考えて，この質点の運動を直交座標を中心に表現してみることにしよう。その際，質点の位置，速度，加速度は，**1** 次元の運動を除いて，すべてベクトルで表されることに注意しよう。そしてさらに"**極座標**（きょくざひょう）"，"**円柱座標**（えんちゅうざひょう）"，"**球座標**（きゅうざひょう）"についても紹介するつもりだ。

● 1次元の運動から始めよう！

これからしばらくは，対象となる物体を，質量だけをもち，大きさのない"**質点**（しってん）"に限定して，その運動を調べることにする。そしてまず，高校数学や物理の復習も兼ねて，**1** 次元の質点の運動について考えてみよう。

質点 **P** の **1** 次元の運動を表したいのであれば，「質点 **P** が，いつ，どこにあるか」を示せばいい。つまり，図 **1** に示すように，座標として x 軸を定め，時刻 t における動点 **P** の"**位置**（いち）"(座標) x が分かればいいんだね。

これから，$x = x(t)$ の形

（x が t の関数であることを表す。）

で表せれば，点 **P** の **1** 次元の運動を完全に記述したことになる。

例として，$x = t^2$ ……①

に従う動点 **P** の運動の様子を図 **1** に示す。$t = 0$ のとき

図 1　1 次元の運動 (Ⅰ)
(等加速度運動：$x = t^2$)

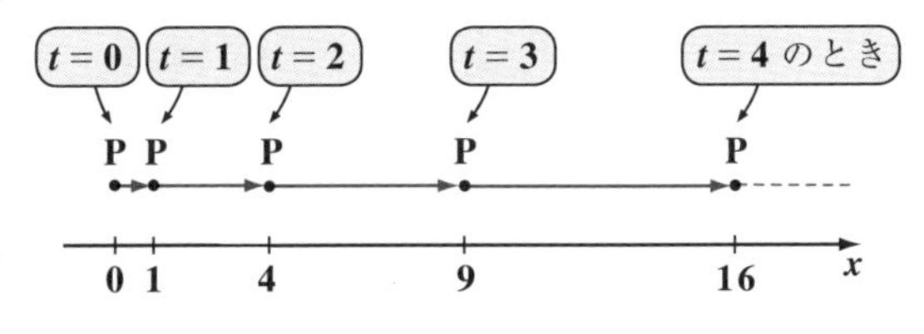

$x = 0$ にあった点 **P** が時刻 t の経過と共に，その速度を増加させながら x 軸上を動いていっているのが分かるね。このようにボク達は点 **P** の動きを見る場合，それが"いつどこにあるか"だけでなく，その"**速度**（そくど）"や"**加速度**（かそくど）"まで考慮に入れて見ていることが分かるだろう。

ここで，**1** 次元の運動における (ⅰ) 速度 $v(t)$ と (ⅱ) 加速度 $a(t)$ を定義しておこう。

(ⅰ) 時刻 t から $t+\Delta t$ の Δt 秒間に，点 $\mathbf{P}$ が位置 x から $x+\Delta x$ まで Δx だけ移動したとすると，この Δt 秒間の平均の速度は $\dfrac{\Delta x}{\Delta t}$ となる。ここで，$\Delta t \to 0$ の極限をとったものが，時刻 t における質点 $\mathbf{P}$ の速度 $v(t)$ になるんだね。

よって，速度 $v(t) = \lim_{\Delta t \to 0} \dfrac{\Delta x}{\Delta t} = \dfrac{dx}{dt} = \dot{x}\ (m/s)$ となる。

m は "メートル"，s は "秒" を表す。

時刻 t での微分を，物理では "•" で表すのが慣例だ。

(ⅱ) 同様に時刻 $[t,\ t+\Delta t]$ の Δt 秒間に，点 $\mathbf{P}$ の速度が v から $v+\Delta v$ に変化したとすると，Δt 秒間の速度の変化率は $\dfrac{\Delta v}{\Delta t}$ となる。ここで $\Delta t \to 0$ の極限をとったものが，時刻 t における質点 $\mathbf{P}$ の加速度 $a(t)$ になる。

"••" は，t による 2 階微分を表す。

よって，加速度 $a(t) = \lim_{\Delta t \to 0} \dfrac{\Delta v}{\Delta t} = \dfrac{dv}{dt} = \dfrac{d^2x}{dt^2} = \ddot{x}\ (m/s^2)$ となる。

$v = \dfrac{dx}{dt}$ より，$\dfrac{dv}{dt} = \dfrac{d}{dt}\left(\dfrac{dx}{dt}\right) = \dfrac{d^2x}{dt^2}$ だからね。

以上をまとめて，下に示そう。

1次元運動の位置，速度，加速度

x 軸上を運動する質点 $\mathbf{P}$ の時刻 t における位置を $x = x(t)$ とおくと，時刻 t における速度 $v(t)$ と加速度 $a(t)$ は次のように定義される。

(ⅰ) 速度 $v(t) = \dfrac{dx}{dt} = \dot{x}$　　(ⅱ) 加速度 $a(t) = \dfrac{dv}{dt} = \dfrac{d^2x}{dt^2} = \ddot{x}$

よって，質点 $\mathbf{P}$ の位置 x が $x = t^2$ ……①で与えられた場合の速度 v，加速度 a は，①を t で順に微分すればいいので，

速度 $v = \dfrac{dx}{dt} = (t^2)' = 2t$ ………②

加速度 $a = \dfrac{dv}{dt} = (2t)' = 2$ ……③　となる。

図2　位置，速度，加速度

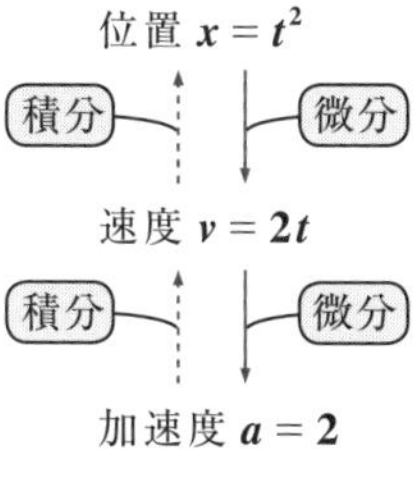

位置 $x = t^2$
積分　微分
速度 $v = 2t$
積分　微分
加速度 $a = 2$

この微分計算の流れを図 2 に模式図的に示した。

この場合，加速度 a は時刻 t によらず定数 2 となることから，質点 $\mathbf{P}$ は毎秒 $2(m/s)$ ずつ速度を増していく "**等加速度運動**(とうかそくどうんどう)" であることが分かるんだね。

それでは，微分の逆の操作が積分なので，図 **2** に示すように，逆に加速度 $a=2$(一定)……③ から出発して，t で順に積分して速度 v，位置 x を求めてみよう。すると，

速度 $v=\int a\,dt=\int 2\,dt=2t+v_0$ ……②′

(数学的には積分定数(物理的には $t=0$ のときの初速度のこと))

位置 $x=\int v\,dt=\int(2t+v_0)dt=t^2+v_0t+x_0$ ……①′

(数学的には積分定数(物理的には $t=0$ のときの始点の位置のこと))

となって，初速度 v_0 や始点の位置 x_0 という定数が新たに加わる。だから，$x=t^2$ ……① は，①′の $v_0=0$，$x_0=0$ の特別な場合と言えるんだね。
ここで，$v_0=-4$，$x_0=5$ の場合，①′，②′は，

$$\begin{cases} x=t^2-4t+5 & \cdots\cdots①'' \\ v=2t-4 & \cdots\cdots②'' \end{cases}$$ となる。

図 3　1 次元の運動(Ⅱ)
(等加速度運動：$x=t^2-4t+5$)

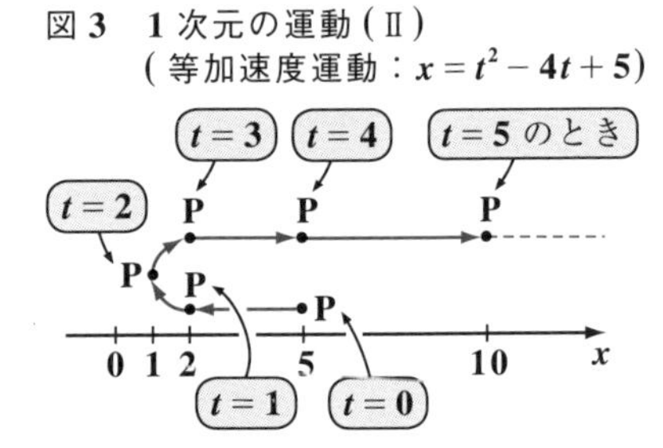

この①″，②″から質点 **P** は $t=0$ のとき，$x_0=5$ の位置から初速度 $v_0=-4$ で負の向きに急発進し，$t=2$ のとき $x=1$ の位置で，キキキッと一瞬停止し，その後正の向きにギュ～ンと加速しながら移動していくことが分かる。この **P** の運動の様子を図 **3** に示す。

同じ $a=2$ の等加速度運動でも，v_0 と x_0 の値によって，$x=t^2$ ……① と $x=t^2-4t+5$ ……①″とでは，ずい分運動の様子が違うことが分かったと思う。このように，**式を読んで**運動の様子を描くことは，力学ではとても重要だ。

それでは次，典型的な質点の **1** 次元運動として，“**単振動**(たんしんどう)”の位置，速度，加速度について示しておこう。図 **4** に示すように，滑らかな床面に壁から自然長 L のバネの先におもり(質点)**P** を付け，これを A だけ引っぱって手を離すと，質点 **P** の位置 x は，$t=0$ のとき $x=0$ とすると，次のように表されて単振動することは分かるね。

(“まさつ”がないということ。)

(実際には，これは大きさをもつ物体なので，その重心を質点と考えよう。)

位置 $x = A\sin\omega t$ ……④

④を時刻 t で順に2回微分すると，速度 v と加速度 a が求まるんだね。

図4　1次元の運動(Ⅲ)
(単振動：$x = A\sin\omega t$)

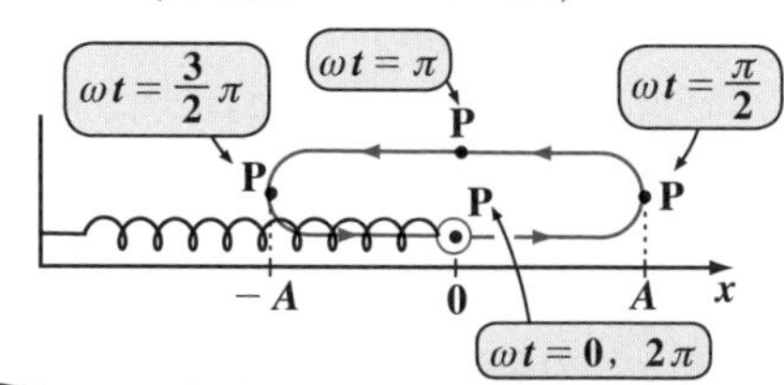

速度 $v = \dot{x} = (A\sin\omega t)'$

$= A\omega\cos\omega t$ ……⑤

加速度 $a = \ddot{x} = \dot{v} = (A\omega\cos\omega t)'$

$= -A\omega^2\sin\omega t$ ……⑥

$\omega t = \theta$ とおくと，$x = A\sin\theta$ より，

$v = \dot{x} = \frac{dx}{dt} = \frac{d\theta}{dt}\cdot\frac{dx}{d\theta}$

$\frac{d\theta}{dt}$：$(\omega t)' = \omega$　$\frac{dx}{d\theta}$：$A\cos\theta$

$= A\omega\cos\omega t$ となる。
(合成関数の微分)

$a = \ddot{x} = \dot{v}$ も同様だね。

ここで，ω(オメガ)は"**角振動数**"$(1/s)$のことで，1秒間に ω(ラジアン)回転することを表す。

単振動は，後で解説するけれど，"等速円運動(とうそくえんうんどう)"をある直線へ正射影したものと考えられるんだ。

よって，この単振動の"**周期**(しゅうき)"を $T(s)$ とおくと，当然

$\omega T = 2\pi$ が成り立つ。また，"**振動数**(しんどうすう)"を ν とおくと，$\nu = \frac{1}{T}\ (1/s)$ より

$\omega = \frac{2\pi}{T} = 2\pi\nu$ も導ける。これらも，重要公式だから頭に入れておこう。

単振動の場合，図5に示すように，

(ⅰ) $v = A\omega\cos\omega t$ ……⑤ より，
$\omega t = 0,\ \pi,\ 2\pi,\ \cdots$ のとき，
$|v| = A\omega$ となる。よって，
$x = 0$ (中心)で単振動の速さ$|v|$は最大となるんだね。
次，

図5　1次元の運動(Ⅲ)
(単振動：$x = A\sin\omega t$)

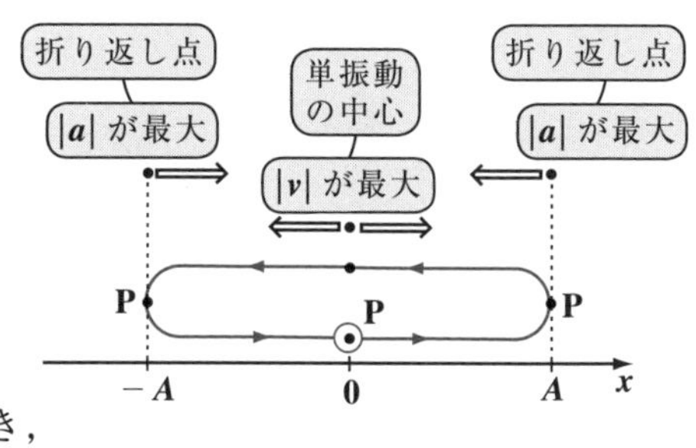

(ⅱ) $a = -A\omega^2\sin\omega t$ ……⑥ より，
$\omega t = \frac{\pi}{2},\ \frac{3}{2}\pi,\ \frac{5}{2}\pi,\ \cdots$ のとき，
$|a| = A\omega^2$ となる。よって，$x = \pm A$ (折り返し点)で単振動の加速度の大きさ $|a|$ が最大となる。この様子を図5に示す。

さらに，④と⑥から，$a = -\omega^2 x$ ($x = A\sin\omega t$) が導けることも覚えておこう。

● 2次元運動はベクトルで表す！

それでは次，xy 座標平面上を2次元運動する質点Pのイメージを図6に示す。時刻 $t = \cdots,\ t_1,\ t_2,\ t_3,\ \cdots$ に対応して，点Pが時々刻々運動しているので，この動点Pの"**位置ベクトル**"を $\boldsymbol{r} = [x,\ y]$ とおくと，当然これは t の関数となり，

図6　2次元運動のイメージ

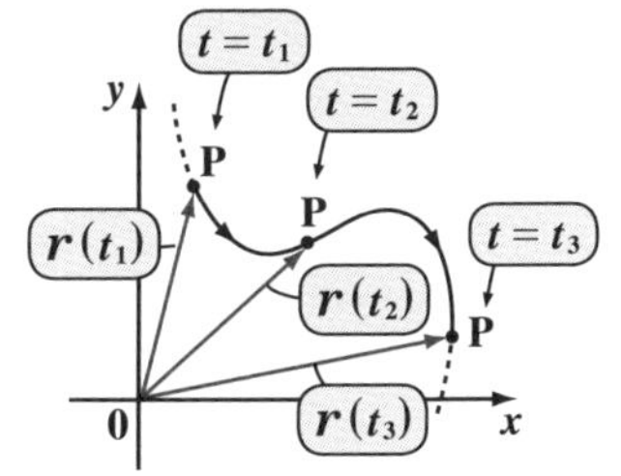

位置ベクトル $\boldsymbol{r}(t) = [x(t),\ y(t)]$ ←行ベクトル

または，$\boldsymbol{r}(t) = \begin{bmatrix} x(t) \\ y(t) \end{bmatrix}$ と表せる。←列ベクトル

このように，1次元運動のときとは違って，2次元運動ではベクトルを使って表現しなければならないんだね。エッ，じゃ速度も加速度もベクトルになるのかって？ 当然ベクトルで表すことになる。位置ベクトル $\boldsymbol{r}(t)$ を時刻 t で順に2回微分することによって，次に示すように"**速度ベクトル**" $\boldsymbol{v}(t)$ と"**加速度ベクトル**" $\boldsymbol{a}(t)$ が求まるんだ。

2次元運動の位置，速度，加速度

xy 座標平面上を運動する質点Pの時刻 t における位置ベクトルを $\boldsymbol{r}(t) = [x(t),\ y(t)]$ とおくと，時刻 t における速度ベクトル $\boldsymbol{v}(t)$ と加速度ベクトル $\boldsymbol{a}(t)$ は次のように定義される。

(i) 速度ベクトル $\boldsymbol{v}(t) = \dfrac{d\boldsymbol{r}}{dt} = \dot{\boldsymbol{r}} = [\dot{x},\ \dot{y}] = \left[\dfrac{dx}{dt},\ \dfrac{dy}{dt}\right]$

(ii) 加速度ベクトル $\boldsymbol{a}(t) = \dfrac{d\boldsymbol{v}}{dt} = \dfrac{d^2\boldsymbol{r}}{dt^2} = \ddot{\boldsymbol{r}}$

$$= [\ddot{x},\ \ddot{y}] = \left[\frac{d^2x}{dt^2},\ \frac{d^2y}{dt^2}\right]$$

(i)をていねいに解説すると，時刻 t と $t+\Delta t$ の間の Δt 秒間に位置ベクトルが $\boldsymbol{r}$ から $\boldsymbol{r}+\Delta\boldsymbol{r}$ に $\Delta\boldsymbol{r}$ だけ変化したとすると，その平均変化率は $\dfrac{\Delta\boldsymbol{r}}{\Delta t}$ となる。ここで，$\Delta t \to 0$ の極限をとったものが速度ベクトル $\boldsymbol{v}(t)$ になるんだね。(ii)の加速度ベクトル $\boldsymbol{a}(t)$ も同様だ。ベクトルを時刻 t で微分

するといっても，具体的には“各成分毎に微分すればいい”だけだから特に問題はないと思う。

それでは，次の例題で，2次元運動の速度，加速度を求めてみよう。

（ベクトルであることは明らかなので，特に“ベクトル”を付けて表現しなくてもいいよ。）

> 例題1　次の各位置ベクトル $\boldsymbol{r}(t)$ で表される質点Pの運動の速度 $\boldsymbol{v}(t)$ と加速度 $\boldsymbol{a}(t)$ を求めよう。（ただし，A，ω は共に正の定数とする。）
>
> (1) $\boldsymbol{r}(t)=\left[\frac{1}{2}t^2,\ t\right]$　　(2) $\boldsymbol{r}(t)=[A\cos\omega t,\ A\sin\omega t]$

(1) $\boldsymbol{r}(t)=[x(t),\ y(t)]=\left[\frac{1}{2}t^2,\ t\right]$ を時刻 t で順に2回微分すると，

$$\begin{cases}\text{速度 } \boldsymbol{v}(t)=[\dot{x},\ \dot{y}]=\left[\left(\frac{1}{2}t^2\right)',\ t'\right]=[t,\ 1] \text{ と，}\\ \text{加速度 } \boldsymbol{a}(t)=[\ddot{x},\ \ddot{y}]=[t',\ 1']=[1,\ 0] \text{ が求まるんだね。}\end{cases}$$

ここで，$\boldsymbol{v}=[v_x,\ v_y]$，$\boldsymbol{a}=[a_x,\ a_y]$ とおくと，この2次元運動は，

（$\boldsymbol{v}$ の x 成分）（y 成分）（$\boldsymbol{a}$ の x 成分）（y 成分）←（x や y での“偏微分”の意味ではない！）

・$v_y=1$（定数）より，y 軸方向には，“**等速度運動**”していて，

・$a_x=1$（定数）より，x 軸方向には，“**等加速度運動**”していることが分かるね。

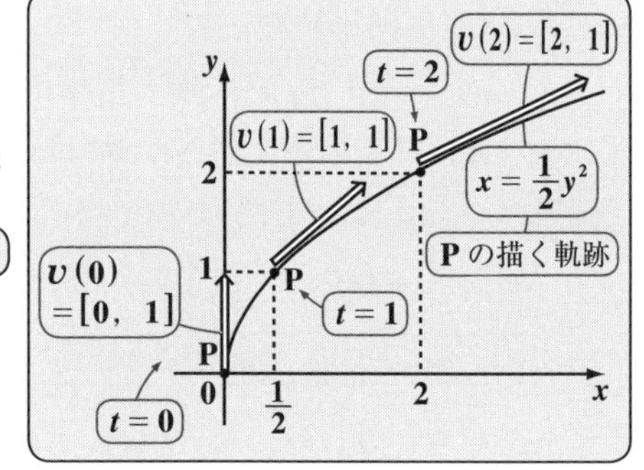

さらに，$x=\frac{1}{2}t^2$，$y=t$ より

時刻 t を消去すると，曲線 $x=\frac{1}{2}y^2$

（数学的には，これは“媒介変数”だ。）

が得られ，これが質点Pの描く軌跡を表している。ここで，速度ベクトル $\boldsymbol{v}(t)$ は，

$$\boldsymbol{v}(t)=\left[\frac{dx}{dt},\ \frac{dy}{dt}\right]/\!/[dx,\ dy]/\!/\left[1,\ \frac{dy}{dx}\right]$$ より，$\boldsymbol{v}(t)$ の向きは，Pの

（“平行”を表す。）（これは，一般論としても成り立つんだよ。）

描く曲線上の各点における接線方向と常に一致する。上図にこの様子を示す。

(2) $\boldsymbol{r}(t)=[x(t),\ y(t)]=[A\cos\omega t,\ A\sin\omega t]$ を時刻 t で順に2回微分することにより，

速度 $\boldsymbol{v}(t)=[v_x,\ v_y]=[\dot{x},\ \dot{y}]=[(A\cos\omega t)',\ (A\sin\omega t)']$

$=[-A\omega\sin\omega t,\ A\omega\cos\omega t]$ と，

加速度 $\boldsymbol{a}(t)=[a_x,\ a_y]=[\ddot{x},\ \ddot{y}]=[(-A\omega\sin\omega t)',\ (A\omega\cos\omega t)']$

$=[-A\omega^2\cos\omega t,\ -A\omega^2\sin\omega t]$ が求まる。（半径 A の円の方程式）

ここで，$x^2+y^2=A^2(\underbrace{\cos^2\omega t+\sin^2\omega t}_{1})=A^2$ であり，また，

速度 $\boldsymbol{v}(t)$ の大きさを $\|\boldsymbol{v}(t)\|$ で表すと，これが速さ v のことなので，

速さ $v=\|\boldsymbol{v}(t)\|=\sqrt{{v_x}^2+{v_y}^2}=\sqrt{A^2\omega^2(\underbrace{\sin^2\omega t+\cos^2\omega t}_{1})}=\underbrace{A\omega}_{一定}$

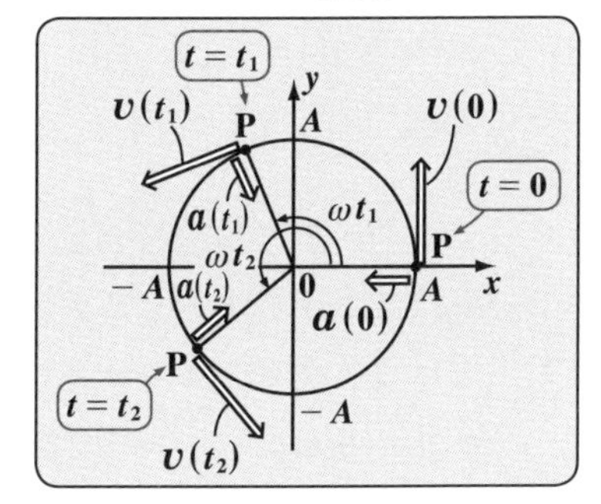

(A，ω は正の定数だからね。) となる。よって，質点Pは，点 $(A,\ 0)$ をスタートして半径 A の円周上を一定の速さ $v(=A\omega)$ で動く，すなわち"**等速円運動**"をするんだね。（円運動では"**角速度**"という。）右図に示すように，この場合も当然，速度ベクトル $\boldsymbol{v}(t)$ の向きは，Pの描く円周上の各点における接線方向と一致する。

では，この場合，加速度 $\boldsymbol{a}(t)$ の大きさと向きはどうなるのだろうか？調べてみよう。上記の結果より，

加速度 $\boldsymbol{a}(t)=-\omega^2[A\cos\omega t,\ A\sin\omega t]=-\omega^2[x,\ y]$

（$-\omega^2$ をくくり出した！）（これは，位置ベクトル $\boldsymbol{r}=[x,\ y]$ そのものだ！）

すなわち，$\boldsymbol{a}(t)=-\omega^2\boldsymbol{r}(t)$ となる。また，加速度の大きさは，

$\|\boldsymbol{a}(t)\|=\|-\omega^2\boldsymbol{r}(t)\|=\omega^2\|\boldsymbol{r}(t)\|=\omega^2\sqrt{A^2(\underbrace{\cos^2\omega t+\sin^2\omega t}_{1})}=\underbrace{A\omega^2}_{一定}$

となる。ここで $A\omega=v$ が成り立つので，$\omega=\frac{v}{A}$ を上式に代入して，

$\|\boldsymbol{a}(t)\|=A\cdot\omega^2=A\cdot\left(\frac{v}{A}\right)^2=\frac{v^2}{A}$ と表すこともできる。

よって，加速度 $\boldsymbol{a}(t)$ の大きさは，$A\omega^2\left(=\frac{v^2}{A}\right)$ で一定で，その向きは位置ベクトル $\boldsymbol{r}(t)$ とは常に逆向き，すなわち円の中心方向に向いていることが分かる。

これが何を意味するか，分かる？ 後で詳しく解説するけれど，実は加速度の向きが質点 **P** に働く力の向きになるため，等速円運動する質点には，中心に向かう力，すなわち“**向心力**（こうしんりょく）”が常に働いているということなんだ。

最後に，等速円運動と単振動との関係についても解説しておこう。

図 **7**(ⅰ) に示すように，角速度 ω で半径 A の円周上を等速円運動する質点 **P** を，新たに設けた x 軸上に正射影した点は，x 軸上を単振動することになるんだね。ここで，$t=0$ のとき，$x=0$ とすると，その単振動は，

$x=A\sin\omega t$

これは，P11 の④式と同じだ！

で表される。

これに対して，$t=0$ のとき，$x=A\sin\phi$ からスタートする単振動は，図 **7**(ⅱ) に示すように，

図 **7**(ⅰ)　等速円運動と単振動 $x=A\sin\omega t$

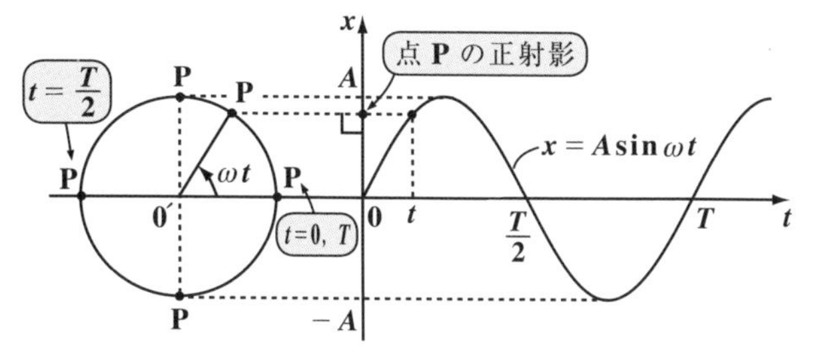

(ⅱ)　等速円運動と単振動 $x=A\sin(\omega t+\phi)$

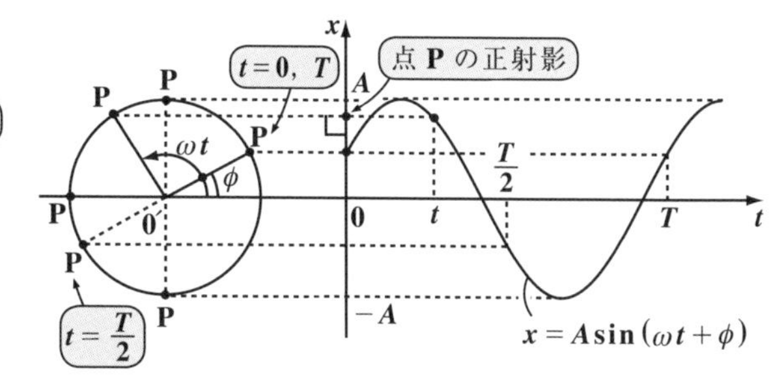

$x=A\sin(\omega t+\phi)$ で表される。この角度 ϕ のことを“**初期位相**（しょきいそう）”と呼ぶ。この $x=A\sin(\omega t+\phi)$ が単振動の一般的な表現で，図 **7**(ⅰ) の単振動は，この初期位相 ϕ が $\phi=0$ の特殊な場合だったと考えればいいんだよ。納得いった？

● 2次元運動は，極座標でも表せる！

2 次元運動する質点 **P** の位置ベクトル $\boldsymbol{r}$ は，図 **8**(ⅰ)に示すように，これまでは“**xy 直交座標**”で，

$\boldsymbol{r}=[x,\ y]$ ……①

と表してきた。

図 **8**　**2** つの **2** 次元座標

(ⅰ) xy 直交座標

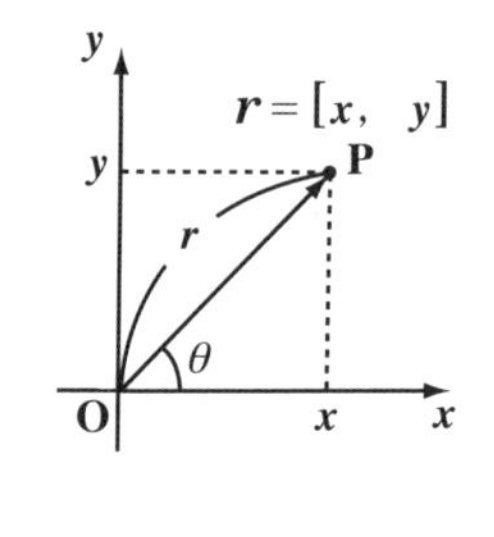

(ⅱ) 極座標

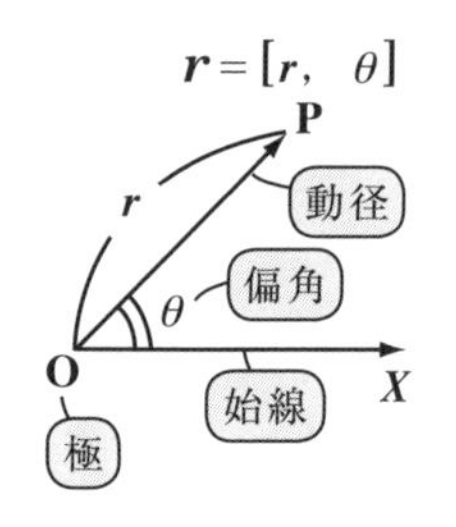

これに対して，図 **8**(ⅱ)に示すような“**極座標**（きょくざひょう）”で，位置ベクトル $\boldsymbol{r}$ を

$\boldsymbol{r}=[r,\ \theta]$ ……②　と表すこともできる。極座標では，**O**（原点のこと）を“**極**（きょく）”，半直線 **OX**（x 軸のこと）を“**始線**（しせん）”，**OP** を“**動径**（どうけい）”，そして θ を“**偏角**（へんかく）”と呼ぶ。始線 **OX** から偏角 θ をとり，極 **O** からの距離 r を指定すれば，点 **P** の位置，すなわち位置ベクトル $\boldsymbol{r}$ が②で示すように定められるんだね。

ここで，変換公式：

$$\begin{cases} x = r\cos\theta & \cdots\cdots ③ \\ y = r\sin\theta & \cdots\cdots ④ \end{cases}$$ より，

③^2 + ④^2 から，

$$x^2+y^2=r^2\underbrace{(\cos^2\theta+\sin^2\theta)}_{1}=r^2 \quad \cdots\cdots ⑤$$

図 **9**　xy 座標と極座標の変換公式

xy 直交座標		極座標
$[x,\ y]$ …①	$x^2+y^2=r^2$, $\theta=\tan^{-1}\dfrac{y}{x}$ →	$[r,\ \theta]$ …②
	← $\begin{cases} x=r\cos\theta \\ y=r\sin\theta \end{cases}$	

また，$x \neq 0$ として，④ ÷ ③から，

$$\frac{y}{x}=\frac{\sin\theta}{\cos\theta}=\tan\theta \qquad \text{よって，} \theta=\tan^{-1}\frac{y}{x} \quad \cdots\cdots ⑥$$ も導ける。

以上③～⑥より，直交座標 $[x,\ y]$ ……① と極座標 $[r,\ \theta]$ ……② の変換公式の模式図を図 **9** に示す。

ここで，r は，正，負の値を取り得ること，また，θ も一般角と考えると一意には定まらないことに気を付けよう。でも，もし，$r>0$，$0 \leqq \theta < 2\pi$ などのように指定すると，当然 $[r,\ \theta]$ は一意に定まることになる。

xy 座標系で，x と y の関係式（方程式）により，$y=x^2$ や $x^2+y^2=2$ などなど…，様々な曲線を表すことができた。これと同様に，極座標においても，r と θ との関係式（**極方程式**(きょくほうていしき)）により様々な曲線を表すことができる。その中でも特に重要な極方程式が，次式だ。

$$r=\frac{k}{1+e\cos\theta}$$ （k，e：正の定数），（e：**離心率**）

このたった1つの極方程式で，"だ円"，"放物線"，"双曲線"と，すべての2次曲線を表すことができる。スーパー方程式と言ってもいいかもね。

そして，これは「なぜ，惑星は太陽を一つの焦点とするだ円軌道を描いて運動するのか？」という力学の重要テーマ（ケプラーの第1法則）について，その答えをニュートンの運動方程式から導く際に威力を発揮することになる。この極方程式については，"惑星の運動"の所でまた詳しく解説するから，楽しみにしてくれ！

それでは，例題1の xy 座標で示された位置ベクトル $\boldsymbol{r}$ を極座標表示に変換してみよう。

例題2　次の xy 座標系で表した各位置ベクトル $\boldsymbol{r}(t)$ を，極座標で表してみよう。

(1) $\boldsymbol{r}(t)=[x,\ y]=\left[\frac{1}{2}t^2,\ t\right]$ （ただし，$t>0$）

(2) $\boldsymbol{r}(t)=[x,\ y]=[A\cos\omega t,\ A\sin\omega t]$ （ただし，$A>0$，$\omega>0$）

(1) xy 座標→極座標の変換公式を使えばいいんだね。

・$r^2=x^2+y^2=\left(\frac{1}{2}t^2\right)^2+t^2=\frac{t^4+4t^2}{4}$　　$\therefore\ r=\frac{t\sqrt{t^2+4}}{2}$

・$t>0$ より，$\frac{y}{x}=\frac{t}{\frac{1}{2}t^2}=\frac{2}{t}$ $(=\tan\theta)$　　$\therefore\ \theta=\tan^{-1}\frac{2}{t}$

以上より，$r>0$，$0\leqq\theta<2\pi$ として，$\boldsymbol{r}(t)$ を極座標で表すと，

$$\boldsymbol{r}(t)=[r,\ \theta]=\left[\frac{t\sqrt{t^2+4}}{2},\ \tan^{-1}\frac{2}{t}\right]$$ となる。大丈夫？

(2) $\boldsymbol{r}(t)=[x,\ y]=[A\cos\omega t,\ A\sin\omega t]$　$(A>0,\ \omega>0)$ についても，

xy 座標→極座標の変換公式を用いると，

・$r^2=x^2+y^2=A^2(\underbrace{\cos^2\omega t+\sin^2\omega t}_{1})=A^2$　　$\therefore\ r=A$ ←定数

・$x\neq 0$ として，$\dfrac{y}{x}=\dfrac{A\sin\omega t}{A\cos\omega t}=\tan\omega t\ (=\tan\theta)$　　$\therefore\ \theta=\omega t$ ←t の 1 次関数

以上より，$\boldsymbol{r}(t)$ を極座標で表すと，

$\boldsymbol{r}(t)=[r,\ \theta]=[A,\ \omega t]$　とスッキリ表すことができる。

このように極座標で表示した方がシンプルになる場合もあるんだよ。

エッ，位置ベクトル $\boldsymbol{r}(t)$ の極座標表示は分かったので，速度ベクトル $\boldsymbol{v}(t)=[v_x,\ v_y]$ と加速度ベクトル $\boldsymbol{a}(t)=[a_x,\ a_y]$ も r と θ で表してみたいって？ 知識欲旺盛だね！ でも，これは結構レベルの高い話になるので，次回の講義で詳しく教えよう。

● 3次元運動も押さえよう！

xyz 座標空間内を 3 次元運動する質点 P のイメージを図 10 に示す。これから，時刻 $t=\cdots,\ t_1,\ t_2,\ t_3,\ \cdots$ に対応して，点 P が時々刻々運動する様子が分かるだろう。

図 10　3 次元運動のイメージ

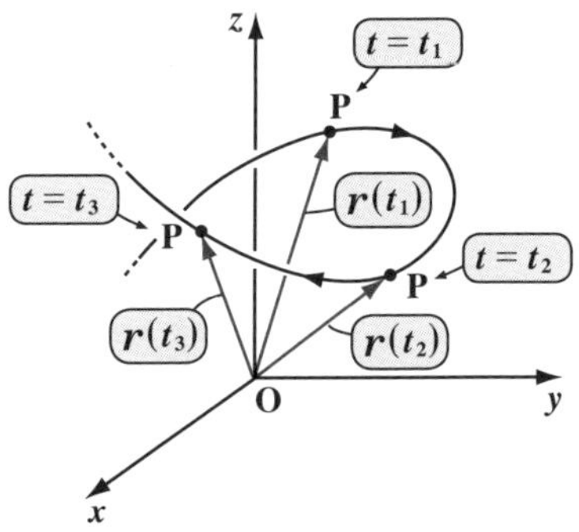

この動点 P の位置ベクトル $\boldsymbol{r}$ は，3 次元ベクトルの t の関数として当然，

$\boldsymbol{r}(t)=[x(t),\ y(t),\ z(t)]$　←行ベクトル

または，$\begin{bmatrix} x(t) \\ y(t) \\ z(t) \end{bmatrix}$　と表せる。←列ベクトル

この 3 次元ベクトル $\boldsymbol{r}(t)=\begin{bmatrix} x \\ y \\ z \end{bmatrix}$ は，次の 3 つの **"基本ベクトル"**

$\boldsymbol{i}=\begin{bmatrix}1\\0\\0\end{bmatrix}$, $\boldsymbol{j}=\begin{bmatrix}0\\1\\0\end{bmatrix}$, $\boldsymbol{k}=\begin{bmatrix}0\\0\\1\end{bmatrix}$ の1次結合として表すこともできる。すなわち，

$$\boldsymbol{r}=\begin{bmatrix}x\\y\\z\end{bmatrix}=\begin{bmatrix}x\\0\\0\end{bmatrix}+\begin{bmatrix}0\\y\\0\end{bmatrix}+\begin{bmatrix}0\\0\\z\end{bmatrix}=x\begin{bmatrix}1\\0\\0\end{bmatrix}+y\begin{bmatrix}0\\1\\0\end{bmatrix}+z\begin{bmatrix}0\\0\\1\end{bmatrix}$$

$=x\boldsymbol{i}+y\boldsymbol{j}+z\boldsymbol{k}$ と表現しても同じことだからだ。

ここで，ベクトルの内積と外積について，次の(参考)で解説しておこう。

参考

2つの3次元ベクトル $\boldsymbol{a}=[a_1,\ a_2,\ a_3]$, $\boldsymbol{b}=[b_1,\ b_2,\ b_3]$ について，

(Ⅰ) $\boldsymbol{a}$ と $\boldsymbol{b}$ の内積 $\boldsymbol{a}\cdot\boldsymbol{b}$ の定義は次の通りだ。

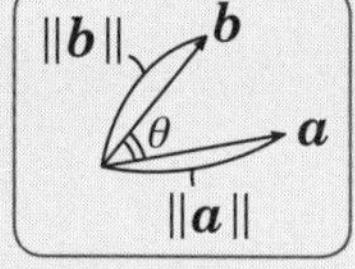

$$\boldsymbol{a}\cdot\boldsymbol{b}=\|\boldsymbol{a}\|\|\boldsymbol{b}\|\cos\theta$$
$$=a_1b_1+a_2b_2+a_3b_3$$

(ただし，$\|\boldsymbol{a}\|=\sqrt{{a_1}^2+{a_2}^2+{a_3}^2}$, $\|\boldsymbol{b}\|=\sqrt{{b_1}^2+{b_2}^2+{b_3}^2}$,
θ：$\boldsymbol{a}$ と $\boldsymbol{b}$ のなす角)

(Ⅱ) $\boldsymbol{a}$ と $\boldsymbol{b}$ の外積 $\boldsymbol{a}\times\boldsymbol{b}$ の定義は次の通りだ。

$$\boldsymbol{a}\times\boldsymbol{b}=[a_2b_3-a_3b_2,\ a_3b_1-a_1b_3,\ a_1b_2-a_2b_1]$$

$\boldsymbol{a}\times\boldsymbol{b}=\boldsymbol{c}$ ← これが外積を表すベクトル

とおくと，外積 $\boldsymbol{c}$ は右図のように

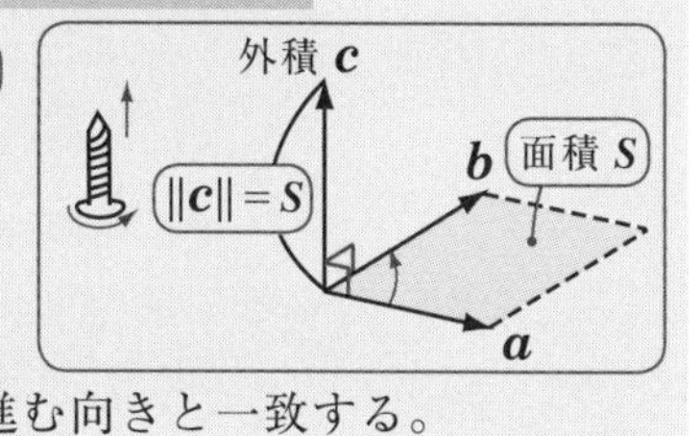

(ⅰ) $\boldsymbol{a}$ と $\boldsymbol{b}$ の両方に直交し，その向きは，$\boldsymbol{a}$ から $\boldsymbol{b}$ に向かうように回転するとき右ネジが進む向きと一致する。

(ⅱ) また，その大きさ $\|\boldsymbol{c}\|$ は，$\boldsymbol{a}$ と $\boldsymbol{b}$ を2辺にもつ平行四辺形の面積 S に等しい。

・$\boldsymbol{a}$ と $\boldsymbol{b}$ が直交するとき，$\cos\theta=\cos\frac{\pi}{2}=0$ となるので，

$\boldsymbol{a}\perp\boldsymbol{b} \iff \boldsymbol{a}\cdot\boldsymbol{b}=0$ $(\boldsymbol{a}\neq\boldsymbol{0},\ \boldsymbol{b}\neq\boldsymbol{0})$ が成り立つ。また，

・$\boldsymbol{a}$ と $\boldsymbol{b}$ が平行のとき，$\boldsymbol{a}$ と $\boldsymbol{b}$ を2辺にもつ平行四辺形の面積は0となるので，

$\boldsymbol{a}\,/\!/\,\boldsymbol{b} \iff \boldsymbol{a}\times\boldsymbol{b}=\boldsymbol{0}$ も成り立つ。納得いった？

それでは，次の例題で実際にベクトルの内積と外積を計算してみよう。

例題 3　$\boldsymbol{a}=[2,\ -1,\ 3]$，$\boldsymbol{b}=[1,\ 4,\ 1]$ のとき，
(1) 内積 $\boldsymbol{a}\cdot\boldsymbol{b}$ と　(2) 外積 $\boldsymbol{a}\times\boldsymbol{b}$ を求めてみよう。

(1) 内積 $\boldsymbol{a}\cdot\boldsymbol{b}$ はすぐ求まるね。

$$\boldsymbol{a}\cdot\boldsymbol{b}=2\cdot1+(-1)\cdot4+3\cdot1$$

$$=2-4+3=1$$ となる。

公式
$\boldsymbol{a}\cdot\boldsymbol{b}=a_1b_1+a_2b_2+a_3b_3$

内積の結果は "スカラー" だ。

向きをもたないただの数値のことを **"ベクトル"** と対比して，**"スカラー"** と呼ぶ。

(2) ベクトル $\boldsymbol{a}=[a_1,\ a_2,\ a_3]$ と $\boldsymbol{b}=[b_1,\ b_2,\ b_3]$ の外積の求め方は次の通りだ。

(i) $\boldsymbol{a}$ と $\boldsymbol{b}$ の成分を上下に並べて書き，最後に a_1 と b_1 を付け加える。

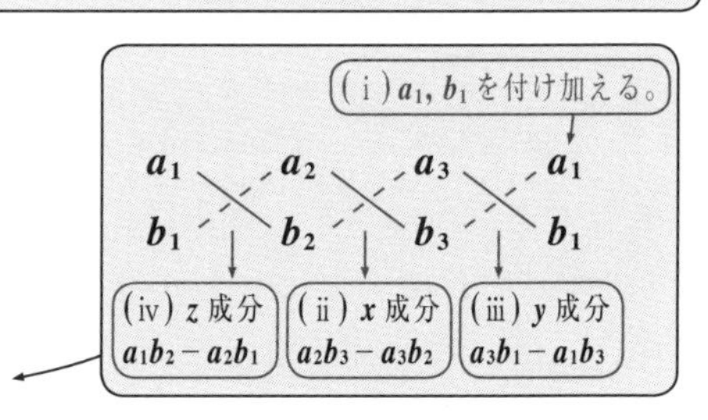

(ii) 真中の $\begin{matrix}a_2 & a_3\\ b_2 & b_3\end{matrix}$ を行列式の要領で計算して，$\begin{vmatrix}a_2 & a_3\\ b_2 & b_3\end{vmatrix}=a_2b_3-a_3b_2$

とし，これを外積の x 成分とする。

(iii) 右の $\begin{matrix}a_3 & a_1\\ b_3 & b_1\end{matrix}$ から同様に，$\begin{vmatrix}a_3 & a_1\\ b_3 & b_1\end{vmatrix}=a_3b_1-a_1b_3$ を求め，

これを y 成分とする。

(iv) 最後に，左の $\begin{matrix}a_1 & a_2\\ b_1 & b_2\end{matrix}$ から同様に，$\begin{vmatrix}a_1 & a_2\\ b_1 & b_2\end{vmatrix}=a_1b_2-a_2b_1$ を

求め，これを z 成分とする。これで，やり方が分かっただろう。

では，例題の外積を求めてみると，

$$\boldsymbol{a}\times\boldsymbol{b}=[-13,\ 1,\ 9]$$

となって，答えだ！

外積の結果は **"ベクトル"** だね。

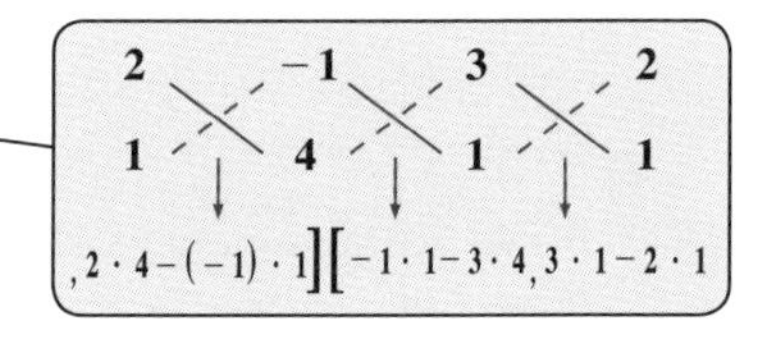

閑話休題(かんわきゅうだい)，それではまた，3 次元の質点 P の運動に話を戻そう。2 次元運動のときと同様に，位置ベクトル $\boldsymbol{r}(t)=[x(t),\ y(t),\ z(t)]$ を時刻 t で順に 2 回微分すると，"速度ベクトル" $\boldsymbol{v}(t)$，"加速度ベクトル" $\boldsymbol{a}(t)$ が求まる。これを，基本事項として，まとめて示しておく。

3次元運動の位置，速度，加速度

xyz 座標空間内を運動する質点 **P** の時刻 t における位置ベクトルを $\boldsymbol{r}(t)=[x(t),\ y(t),\ z(t)]$ とおくと，時刻 t における速度ベクトル $\boldsymbol{v}(t)$ と加速度ベクトル $\boldsymbol{a}(t)$ は次のようになる。

(i) 速度ベクトル $\boldsymbol{v}(t)=\dfrac{d\boldsymbol{r}}{dt}=\dot{\boldsymbol{r}}=[\dot{x},\ \dot{y},\ \dot{z}]=\left[\dfrac{dx}{dt},\ \dfrac{dy}{dt},\ \dfrac{dz}{dt}\right]$

(ii) 加速度ベクトル $\boldsymbol{a}(t)=\dfrac{d\boldsymbol{v}}{dt}=\ddot{\boldsymbol{r}}$

$$=[\ddot{x},\ \ddot{y},\ \ddot{z}]=\left[\frac{d^2x}{dt^2},\ \frac{d^2y}{dt^2},\ \frac{d^2z}{dt^2}\right]$$

では，次の例題で，**3** 次元運動の速度，加速度を求めてみよう。

例題 **4**　次の各位置ベクトル $\boldsymbol{r}(t)$ で表される質点 **P** の運動の速度 $\boldsymbol{v}(t)$ と加速度 $\boldsymbol{a}(t)$ を求めよう。(ただし，A，ω，k は正の定数とする。)

(1) $\boldsymbol{r}(t)=\left[\dfrac{1}{2}t^2,\ t,\ 2-t\right]$　　(2) $\boldsymbol{r}(t)=[A\cos\omega t,\ A\sin\omega t,\ kt]$

(1) $\boldsymbol{r}(t)=[x(t),\ y(t),\ z(t)]=\left[\dfrac{1}{2}t^2,\ t,\ 2-t\right]$ を時刻 t で順に **2** 回微分すると，

速度 $\boldsymbol{v}(t)=[\dot{x},\ \dot{y},\ \dot{z}]=[t,\ 1,\ -1]$ と

加速度 $\boldsymbol{a}(t)=[\ddot{x},\ \ddot{y},\ \ddot{z}]=[1,\ 0,\ 0]$ が求まる。

$\boldsymbol{v}=[v_x,\ v_y,\ v_z]$, $\boldsymbol{a}=[a_x,\ a_y,\ a_z]$ とおくと，この **3** 次元運動は，

・$v_y=1$，$v_z=-1$ より，y 軸と z 軸方向に“等速度運動”していて，

・$a_x=1$ より，x 軸方向には“等加速度運動”していることが分かる。

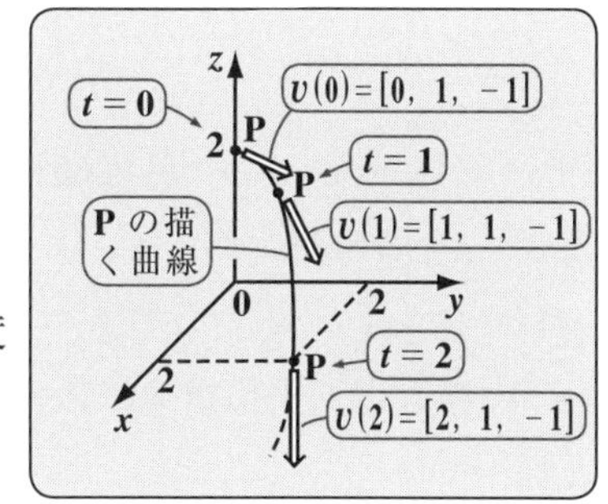

これらの運動を合成して，点 **P** の **3** 次元運動が描けるんだね。その様子を右上図に示す。ここでも，速度 $\boldsymbol{v}(t)$ の向きが，点 **P** の描く曲線上の各点における接線方向と一致していることが分かると思う。

(2) $\boldsymbol{r}(t)=[x(t),\ y(t),\ z(t)]=[A\cos\omega t,\ A\sin\omega t,\ kt]$ を時刻 t で順に2回微分すると，

速度 $\boldsymbol{v}(t)=[\dot{x},\ \dot{y},\ \dot{z}]=[-A\omega\sin\omega t,\ A\omega\cos\omega t,\ k]$ と

加速度 $\boldsymbol{a}(t)=[\ddot{x},\ \ddot{y},\ \ddot{z}]=[-A\omega^2\cos\omega t,\ -A\omega^2\sin\omega t,\ 0]$ が求まる。

これは，“**円柱らせん**（えんちゅう）”と呼ばれる曲線で，たとえば，$0\leqq\omega t\leqq 2\pi$ の範囲で t が変化するとき，点 P は，

$$\begin{cases} x=A\cos\omega t \\ y=A\sin\omega t \end{cases}$$

によって，半径 A の円を描きながら，$z=kt$ により，z 軸の正の向きに $z=k\cdot\dfrac{2\pi}{\omega}$ まで巻き上がっていく様子が右図から分かると思う。

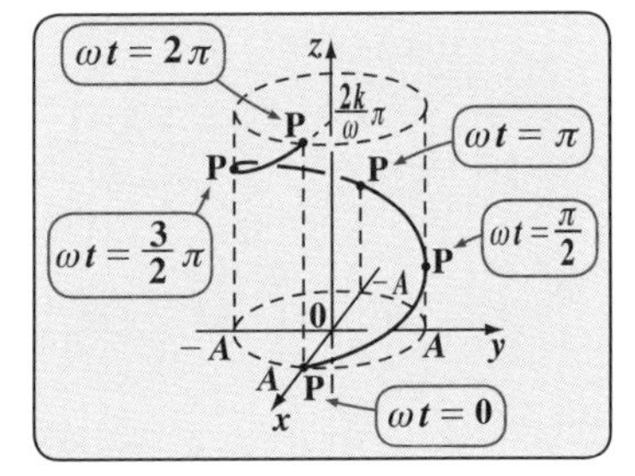

今回の“円柱らせん”を描く質点 P の加速度 $\boldsymbol{a}(t)$ は，

$\boldsymbol{a}(t)=-A\omega^2[\cos\omega t,\ \sin\omega t,\ 0]$ より，その大きさは，

$\|\boldsymbol{a}(t)\|=A\omega^2\underbrace{\sqrt{\cos^2\omega t+\sin^2\omega t}}_{1}=A\omega^2$（一定）であり，また，その向きは，中心軸である z 軸に垂直に向かう向きであることが分かるだろう。

● 3次元運動は，円柱座標や球座標でも表せる！

3次元運動する質点 P の位置ベクトル $\boldsymbol{r}(t)$ は，xyz 座標だけでなく，図11に示すような“**円柱座標**（えんちゅうざひょう）”（または“**円筒座標**（えんとうざひょう）”）を使って，$\boldsymbol{r}(t)=[r,\ \theta,\ z]$ と表すこともできる。

図11　円柱座標

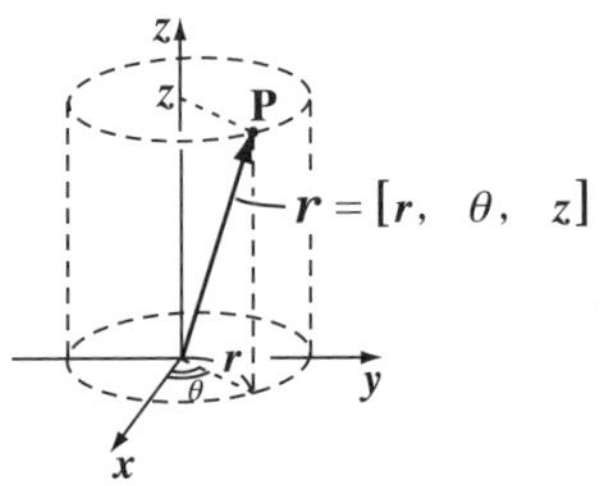

xyz 座標と円柱座標の変換公式は，

$$\begin{cases} x=r\cos\theta \\ y=r\sin\theta \quad (r>0,\ 0\leqq\theta<2\pi) \\ z=z \end{cases}$$

だ。この円柱座標において，

$z=0$ として平面座標にしたものが，前述の“極座標”だったんだね。

例題 **4(2)** の円柱らせんを描く，xyz 座標系での位置ベクトル

$\boldsymbol{r}(t)=[A\cos\omega t,\ A\sin\omega t,\ kt]$ を，円柱座標系で表すと，

$\boldsymbol{r}(t)=[r,\ \theta,\ z]=[A,\ \omega t,\ kt]$ ← $r^2=x^2+y^2=A^2(\cos^2\omega t+\sin^2\omega t)=A^2$　$\tan\theta=\dfrac{y}{x}=\dfrac{A\sin\omega t}{A\cos\omega t}=\tan\omega t$ だからね。

とシンプルに表現することができる。

一般に，軸対称な現象を表現するのに，この円柱座標が適していることを覚えておくといいよ。

次，**3** 次元運動する質点 **P** の位置ベクトル $\boldsymbol{r}=[x,\ y,\ z]$（$xyz$ 座標による表現）を，図 **12** に示すような“**球座標**”を用いて，

$\boldsymbol{r}=[r,\ \theta,\ \phi]$

と表すこともできる。

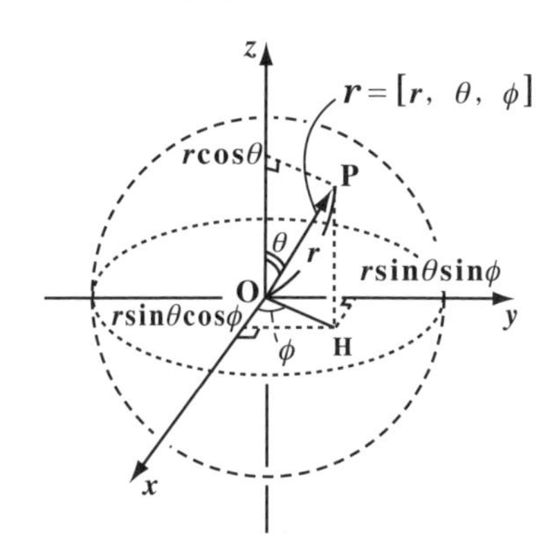

図 **12**　球座標

動径 **OP** の長さを r とおき，**OP** と z 軸の正の向きとがなす角を θ とおく。次に，**P** から xy 平面に下した垂線の足を **H** とおき，**OH** と x 軸の正の向きとがなす角を ϕ とおけば，点 **P** の位置ベクトル $\boldsymbol{r}$ が r と θ と ϕ のみで決定できることが分かると思う。ここで，角 θ を“**天頂角**（てんちょうかく）”，角 ϕ を“**方位角**（ほういかく）”と呼ぶこともあるので覚えておこう。

そして，図 **12** より，xyz 座標と球座標の変換公式が，

$$\begin{cases} x=r\sin\theta\cos\phi \\ y=r\sin\theta\sin\phi \quad (r>0,\ 0\leqq\theta\leqq\pi,\ 0\leqq\phi<2\pi) \\ z=r\cos\theta \end{cases}$$

となることも大丈夫だね。球座標は，球対称な現象を表すのに適した座標系であることも，頭に入れておこう！

結構盛りだく山な内容だったけれど，すべて力学のベースとなるものだから，今の内にシッカリ練習しておこう。次回の講義では，さらに“加速度”について深めていくつもりだ。

§2. 加速度の応用

前回の講義で，2 次元または 3 次元の運動で，速度 $\boldsymbol{v}(t)$ の向きは常に質点 P の描く曲線の接線方向と一致することを解説した。しかし，加速度 $\boldsymbol{a}(t)$ は接線方向だけでなく，これと直交する主法線方向にも成分をもつ。このことをまず教えよう。

さらに，2 次元運動で，その位置ベクトル $\boldsymbol{r}(t)$ が極座標表示されている場合，その速度 $\boldsymbol{v}(t)$ と加速度 $\boldsymbol{a}(t)$ が r と θ でどのように表されるかについても解説するつもりだ。大学の力学を学ぶ方が最初に頭を悩ますテーマだけれど，後で"惑星の軌道"を求めるのに欠かせないものなので，分かりやすく親切に教えるつもりだ。

● 加速度は主法線方向にも成分をもつ！

2 次元運動は，3 次元運動の特殊な場合として含まれるので，ここでは質点 P の $\boldsymbol{r}(t)=[x(t),\ y(t),\ z(t)]$ による 3 次元運動の速度 $\boldsymbol{v}(t)$ と加速度 $\boldsymbol{a}(t)$ について深めてみることにしよう。

速度 $\boldsymbol{v}(t)=[\dot{x},\ \dot{y},\ \dot{z}]=\left[\dfrac{dx}{dt},\ \dfrac{dy}{dt},\ \dfrac{dz}{dt}\right]/\!/[dx,\ dy,\ dz]$

より，速度ベクトル $\boldsymbol{v}(t)$ の向きは，常に点 P の描く曲線上の点における接線方向と一致する。よって，この $\boldsymbol{v}$ を速さ $v=\|\boldsymbol{v}\|=\sqrt{\dot{x}^2+\dot{y}^2+\dot{z}^2}$ で割って，単位ベクトルにしたものを"**単位接線ベクトル**" $\boldsymbol{t}$ とおくと，

図 1　速度 $\boldsymbol{v}=v\boldsymbol{t}$

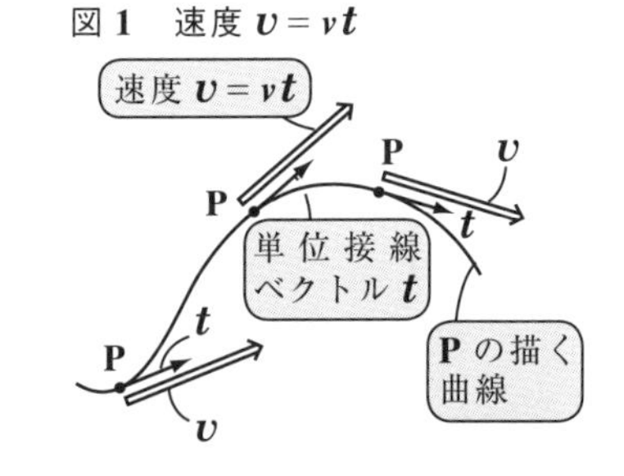

$\boldsymbol{t}=\dfrac{\boldsymbol{v}}{v}$ ……①　となる。

($\boldsymbol{v}$ を自分自身の大きさ v で割ったので，当然これは接線方向の単位ベクトルになる。)

よって，①より，$\boldsymbol{v}=v\boldsymbol{t}$ ……②　と表せる。

(つまり，$\boldsymbol{v}$ は接線方向の成分 v のみで表されるということだ。)

この②を時刻 t で微分したものが加速度 $\boldsymbol{a}(t)$ になるわけだけど，図 1 に示すように，単位接線ベクトル $\boldsymbol{t}$ も時刻と共に変化すること，つまり，$\boldsymbol{t}=\boldsymbol{t}(t)$ であることに気を付けてくれ。

では，②の両辺を t で微分すると，

$$\boldsymbol{a}=\dot{\boldsymbol{v}}=\dot{v}\boldsymbol{t}+v\dot{\boldsymbol{t}}=\frac{dv}{dt}\boldsymbol{t}+v\frac{d\boldsymbol{t}}{dt}\ \cdots\cdots③$$ となる。

これは，速さ v を t で微分すればいい。　これを求めるのがポイントだ！

ここで，$\frac{dv}{dt}$ は，ただ速さ v を t で微分するだけだから，スグ求まるね。そして，これが，加速度の接線方向成分になるんだ。

問題は，$\frac{d\boldsymbol{t}}{dt}$ の方だね。これから，これを求めてみよう。図2(ⅰ)に示すように，t と $t+\Delta t$ における質点の位置をそれぞれ P_0，P_1 とおき，それぞれの単位接線ベクトルを $\boldsymbol{t}(t)$，$\boldsymbol{t}(t+\Delta t)$ とおく。また，$\boldsymbol{t}(t)$ と $\boldsymbol{t}(t+\Delta t)$ に垂直な直線をそれぞれ P_0，P_1 から引き，その交点を C，$\angle P_0CP_1=\varphi$，$P_0C=R$ とおく。また，図2(ⅱ)に示すように，$\boldsymbol{t}(t+\Delta t)-\boldsymbol{t}(t)=\Delta\boldsymbol{t}$ とおくと，

図2(ⅰ)　$\frac{d\boldsymbol{t}}{dt}$ について

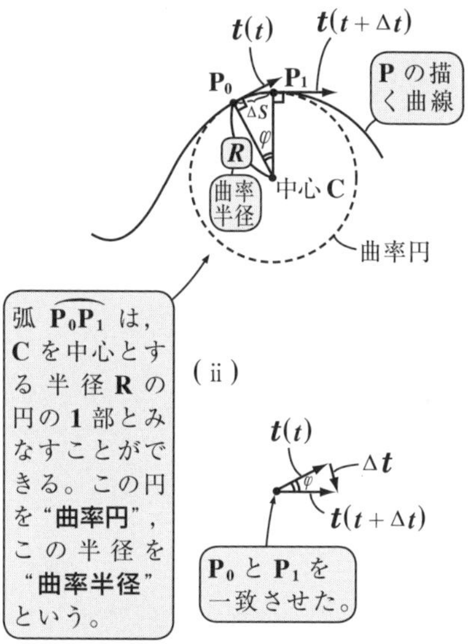

$\boldsymbol{t}(t)$　$\boldsymbol{t}(t+\Delta t)$　P_0　P_1　ΔS　φ　R　曲率半径　中心 C　Pの描く曲線　曲率円

弧 $\overset{\frown}{P_0P_1}$ は，C を中心とする半径 R の円の1部とみなすことができる。この円を"**曲率円**"，この半径を"**曲率半径**"という。

(ⅱ)

$\boldsymbol{t}(t)$　$\Delta\boldsymbol{t}$　φ　$\boldsymbol{t}(t+\Delta t)$

P_0 と P_1 を一致させた。

$$\|\Delta\boldsymbol{t}\|\fallingdotseq\underbrace{\|\boldsymbol{t}(t)\|}_{1}\cdot\varphi=\varphi\ \cdots\cdots④$$ ← 図2(ⅱ)

となる。$\|\Delta\boldsymbol{t}\|$ を近似的に円弧の長さだと考えればいいんだね。同様に弧 $\overset{\frown}{P_0P_1}=\Delta S$ とおくと，これも中心 C，半径 R の曲率円の円弧と考えられるので，

$$\Delta S=R\varphi\ \cdots\cdots⑤$$ となる。← 図2(ⅰ)

④，⑤より，$\|\Delta\boldsymbol{t}\|=\frac{\Delta S}{R}$ だね。この両辺を微小時間 Δt で割ると，

$$\left\|\frac{\Delta\boldsymbol{t}}{\Delta t}\right\|=\frac{1}{R}\cdot\frac{\Delta S}{\Delta t}\ \cdots\cdots⑥$$

ここで，$\Delta t\to 0$ の極限をとると，$\frac{\Delta S}{\Delta t}\to\frac{dS}{dt}=v$（速さ）になるので，⑥は

$$\left\|\frac{d\boldsymbol{t}}{dt}\right\|=\frac{v}{R}\ \cdots\cdots⑦$$ となる。

これで，$\frac{d\boldsymbol{t}}{dt}$ の大きさは分かったので，後は，この向きが分かればいい！

図 2 (ⅰ)(ⅱ) より，$\Delta t \to 0$ のとき，
$\Delta \boldsymbol{t}$ は，$\overrightarrow{P_0C}$ と同じ向きに近づくので，

$$\boldsymbol{a} = \frac{dv}{dt}\boldsymbol{t} + v\frac{d\boldsymbol{t}}{dt} \quad \cdots\cdots ③$$
$$\left\| \frac{d\boldsymbol{t}}{dt} \right\| = \frac{v}{R} \quad \cdots\cdots ⑦$$

$\dfrac{\Delta \boldsymbol{t}}{\Delta t}$ も $\overrightarrow{P_0C}$ と同じ向きのベクトルに

$\Delta \boldsymbol{t}$ を正のスカラー Δt で割っただけなので，
これも $\Delta \boldsymbol{t}$ と同じ向きのベクトル

なる。ここで，$\overrightarrow{P_0C}$ と同じ向きの単位ベクトル（大きさ 1 のベクトル）のことを "**単位主法線ベクトル**"（たんいしゅほうせん）と呼び，これを $\boldsymbol{n}$ で表す。

これが，$\dfrac{d\boldsymbol{t}}{dt}$ の向きを表す単位ベクトルだ。

よって，⑦から，

$$\frac{d\boldsymbol{t}}{dt} = \frac{v}{R}\boldsymbol{n} \quad \cdots\cdots ⑧$$

となる。この⑧を③に代入して，

$$\boldsymbol{a} = \frac{dv}{dt}\boldsymbol{t} + \frac{v^2}{R}\boldsymbol{n} \quad \cdots\cdots ⑨$$

が導ける。

（接線方向の成分）（主法線方向の成分）

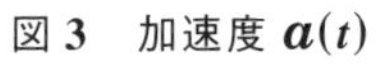
図 3　加速度 $\boldsymbol{a}(t)$

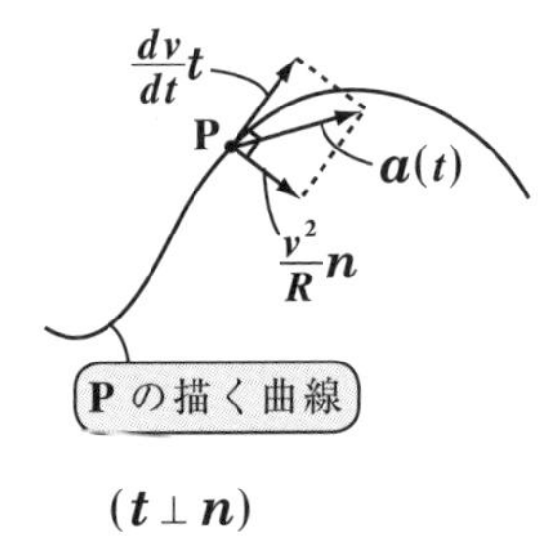

$(\boldsymbol{t} \perp \boldsymbol{n})$

⑨のイメージを図 3 に示そう。加速度とは，速度の変化率のことだから，⑨は車の運転にたとえて解釈することもできる。

(ⅰ) $\dfrac{dv}{dt}$ は，接線方向の加速度成分だから，アクセルを踏むことが $\dfrac{dv}{dt} > 0$ に，ブレーキを踏むことが $\dfrac{dv}{dt} < 0$ に対応する。つまり，これで速度の大きさを変えるんだね。次，

(ⅱ) $\dfrac{v^2}{R}$ は，主法線方向の加速度成分だから，車のハンドルを切って，速度の向きを変えることを表しているんだね。納得いった？

この $\dfrac{v^2}{R}$ は，P14 で求めた等速円運動の加速度の大きさ $\dfrac{v^2}{A}$ と本質的に同じことだから，覚えやすいはずだ。

⑨式を，数学的に厳密に求めたい方は，**「ベクトル解析キャンパス・ゼミ」（マセマ）**で学習されることを勧める。

以上の結果をまとめて次に示そう。

速度，加速度の $\boldsymbol{t}$ と $\boldsymbol{n}$ による表現

質点 $\mathbf{P}$ が位置ベクトル $\boldsymbol{r}(t)$ に従って運動するとき，この速度 $\boldsymbol{v}(t)$ と加速度 $\boldsymbol{a}(t)$ は，単位接線ベクトル $\boldsymbol{t}$ と単位主法線ベクトル $\boldsymbol{n}$ を使って，次のように表せる。

(ⅰ) 速度ベクトル $\boldsymbol{v}(t) = v\boldsymbol{t}$

(ⅱ) 加速度ベクトル $\boldsymbol{a}(t) = \dfrac{dv}{dt}\boldsymbol{t} + \dfrac{v^2}{R}\boldsymbol{n}$

(ただし，$v = \|\boldsymbol{v}\|$：速さ，R：曲率半径)

それでは，次の例題で練習しておこう。

例題 5　位置ベクトル $\boldsymbol{r}(t) = \left[\dfrac{1}{2}t^2,\ t,\ 2-t\right]$ で表される質点 $\mathbf{P}$ の運動の時刻 t における速さ v と曲率半径 R を求めてみよう。

例題 4(1)(P21) と同じ問題だけど，曲率半径 R をどう求めるかがポイントなんだね。まず，この速度と加速度は，

$\boldsymbol{v}(t) = [t,\ 1,\ -1]$，　$\boldsymbol{a}(t) = [1,\ 0,\ 0]$ となる。

よって，速さ $v = \|\boldsymbol{v}(t)\| = \sqrt{t^2+1^2+(-1)^2} = \sqrt{t^2+2}$ ……(a) となる。これはいいね。

次，加速度 $\boldsymbol{a}(t)$ の公式：$\boldsymbol{a}(t) = \dfrac{dv}{dt}\boldsymbol{t} + \dfrac{v^2}{R}\boldsymbol{n}$ ……(b) を使ってみよう。
（$v^2 = t^2+2$ ((a)より)）

$$\frac{dv}{dt} = \{(t^2+2)^{\frac{1}{2}}\}' = \frac{1}{2}(t^2+2)^{-\frac{1}{2}}\cdot 2t = \frac{t}{\sqrt{t^2+2}} \quad \cdots\cdots(c)$$ より，

(a)と(c)を(b)に代入して，

$$\boldsymbol{a}(t) = \frac{t}{\sqrt{t^2+2}}\boldsymbol{t} + \frac{t^2+2}{R}\boldsymbol{n} \quad \cdots\cdots(d)$$ となる。

ここで，$\boldsymbol{a}(t) = [1,\ 0,\ 0]$ より，$\|\boldsymbol{a}(t)\| = \sqrt{1^2+0^2+0^2} = 1$

また，$\boldsymbol{t}$ と $\boldsymbol{n}$ は互いに直交する単位ベクトルより，$\|\boldsymbol{t}\| = \|\boldsymbol{n}\| = 1$，

$\boldsymbol{t}\cdot\boldsymbol{n} = 0$ だね。以上より，(d)の両辺の大きさをとって 2 乗すると，

$$\underbrace{\|\boldsymbol{a}(t)\|^2}_{1^2=1} = \left\|\frac{t}{\sqrt{t^2+2}}\boldsymbol{t} + \frac{t^2+2}{R}\boldsymbol{n}\right\|^2$$

$$= \frac{t^2}{t^2+2}\underbrace{\|\boldsymbol{t}\|^2}_{1} + 2\frac{t}{\sqrt{t^2+2}}\cdot\frac{t^2+2}{R}\underbrace{\boldsymbol{t}\cdot\boldsymbol{n}}_{0} + \frac{(t^2+2)^2}{R^2}\underbrace{\|\boldsymbol{n}\|^2}_{1}$$

（$\|\boldsymbol{a}+\boldsymbol{b}\|^2 = \|\boldsymbol{a}\|^2 + 2\boldsymbol{a}\cdot\boldsymbol{b} + \|\boldsymbol{b}\|^2$）

よって，$1=\dfrac{t^2}{t^2+2}+\dfrac{(t^2+2)^2}{R^2}$，　$\dfrac{(t^2+2)^2}{R^2}=\dfrac{2}{t^2+2}$

$R^2=\dfrac{(t^2+2)^3}{2}$　　$\therefore R=\dfrac{(t^2+2)\sqrt{t^2+2}}{\sqrt{2}}$ と求まる！ 面白かった？

時刻 $t\to$大のとき，曲率半径 $R\to$大なので，曲線が直線に近づいていくことが分かるね。

● 速度，加速度を r と θ で表してみよう！

それでは次，極座標だから当然 **2** 次元の運動になるけれど，極座標表示された位置ベクトル $\boldsymbol{r}(t)=[r(t),\ \theta(t)]$ に対して，この速度 $\boldsymbol{v}(t)$，加速度 $\boldsymbol{a}(t)$ も共に r と θ で表すことにする。そのための準備として，まず"**点を回転移動する行列**" $R(\theta)$ について解説しよう。

点を回転移動する行列 $R(\theta)$

xy 座標平面上で，点 $A(x_1,\ y_1)$ を原点 O のまわりに θ だけ回転して，点 $B(x_2,\ y_2)$ に移動させる行列を $R(\theta)$ とおくと，

$R(\theta)=\begin{bmatrix}\cos\theta & -\sin\theta \\ \sin\theta & \cos\theta\end{bmatrix}$ である。

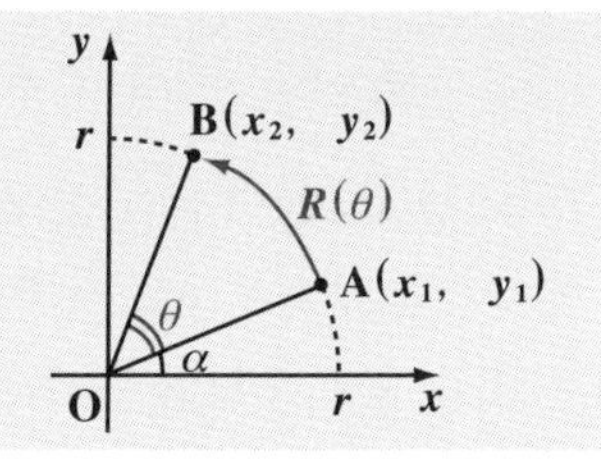

証明しておこう。

$OA=OB=r$，$\angle AOx=\alpha$ とおくと，

$(x_1,\ y_1)=(r\cos\alpha,\ r\sin\alpha)$, $(x_2,\ y_2)=(r\cos(\alpha+\theta),\ r\sin(\alpha+\theta))$ だね。よって，

$$\begin{bmatrix}x_2\\y_2\end{bmatrix}=\begin{bmatrix}r\cos(\alpha+\theta)\\r\sin(\alpha+\theta)\end{bmatrix}=\begin{bmatrix}r(\cos\alpha\cos\theta-\sin\alpha\sin\theta)\\r(\sin\alpha\cos\theta+\cos\alpha\sin\theta)\end{bmatrix}$$

$$=\begin{bmatrix}\underbrace{r\cos\alpha}_{x_1}\cdot\cos\theta-\underbrace{r\sin\alpha}_{y_1}\cdot\sin\theta\\\underbrace{r\sin\alpha}_{y_1}\cdot\cos\theta+\underbrace{r\cos\alpha}_{x_1}\cdot\sin\theta\end{bmatrix}=\begin{bmatrix}x_1\cos\theta-y_1\sin\theta\\x_1\sin\theta+y_1\cos\theta\end{bmatrix}$$

$$=\begin{bmatrix}\cos\theta & -\sin\theta\\\sin\theta & \cos\theta\end{bmatrix}\begin{bmatrix}x_1\\y_1\end{bmatrix}=R(\theta)\begin{bmatrix}x_1\\y_1\end{bmatrix}$$ となって，

xy 座標平面での回転の行列 $R(\theta)$ が導けた！ この $R(\theta)$ の公式として，

(i) $R(\theta)^{-1}=R(-\theta)$　　(ii) $R(\theta)^n=R(n\theta)$　も覚えておくといい。

$$\begin{bmatrix}\cos\theta & -\sin\theta\\\sin\theta & \cos\theta\end{bmatrix}^{-1}=\begin{bmatrix}\cos(-\theta) & -\sin(-\theta)\\\sin(-\theta) & \cos(-\theta)\end{bmatrix}=\begin{bmatrix}\cos\theta & \sin\theta\\-\sin\theta & \cos\theta\end{bmatrix}$$

次，ベクトルとは“大きさ”と“向き”をもった量なので，一般には，この大きさと向きさえ同じならば，始点の位置が異なっても，同じベクトルとみなす。これを“**自由ベクトル**”という。これに対して，位置ベクトル $\boldsymbol{r}(t)$ は始点が原点でなければならないし，また，質点 **P** の速度ベクトル $\boldsymbol{v}(t)$ や加速度ベクトル $\boldsymbol{a}(t)$ の始点も，その物理的な意味から当然質点 **P** でなければならないね。このように，力学では始点の位置が束縛されているベクトルが多い。このようなベクトルを特に“**束縛(そくばく)ベクトル**”と呼ぶことも覚えておこう。

もちろん，束縛ベクトルでも，その成分は始点を原点において求める。

ここで，図 **4**(ⅰ)に示すように，位置ベクトル $\boldsymbol{r}(t)$ で表される質点 **P** の速度 $\boldsymbol{v}(t)$ を r と θ で表示してみよう。図 **4**(ⅰ)のように r 方向として，動径 **OP** の向きをとり，θ 方向として，それと直交する向きをとる。すると，$\boldsymbol{v}(t)$ はあたかも $r\theta$ 座標があると考えると，r 成分 v_r と θ 成分 v_θ で，$\boldsymbol{v}=[v_r,\ v_\theta]$ と表されることが分かると思う。

ここで，図 **4**(ⅱ)に示すように，xy 座標系における $\boldsymbol{v}(t)$ の成分表示を $\boldsymbol{v}=[v_x,\ v_y]$ とおくと，図 **4**(ⅲ)に示すように，$r\theta$ 座標を逆に $-\theta$ だけ回転して，xy 座標と一致させて考えると，$[v_r,\ v_\theta]$ を原点 **O** のまわりに θ だけ回転したものが $[v_x,\ v_y]$ となることが分かるだろう。これから，

$$\begin{bmatrix} v_x \\ v_y \end{bmatrix} = \boldsymbol{R}(\theta)\begin{bmatrix} v_r \\ v_\theta \end{bmatrix}$$

$$\therefore \begin{bmatrix} v_x \\ v_y \end{bmatrix} = \begin{bmatrix} \cos\theta & -\sin\theta \\ \sin\theta & \cos\theta \end{bmatrix}\begin{bmatrix} v_r \\ v_\theta \end{bmatrix} \quad \cdots\cdots ①$$

が導かれる。

図 4　$\boldsymbol{v}(t)$ の $\boldsymbol{r}$ と θ による表示

(ⅰ)

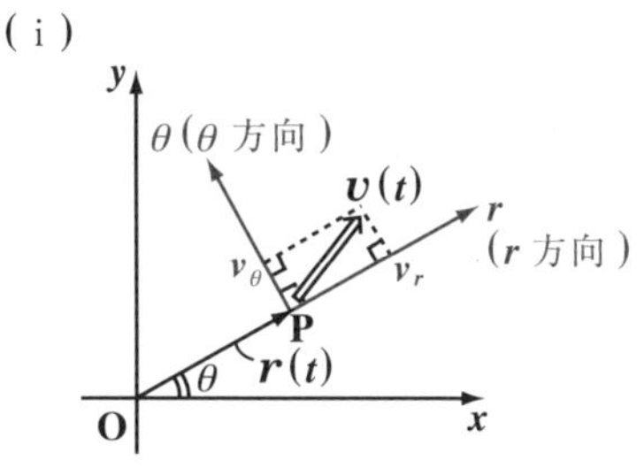

（r 方向と θ 方向は共に，r と θ が増加する向きにとる。）

(ⅱ)

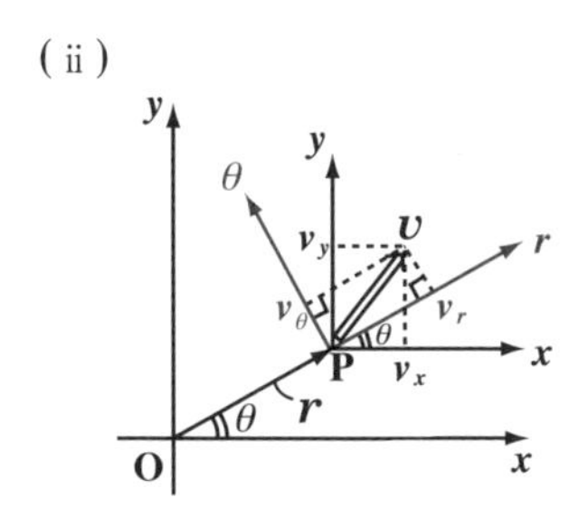

(ⅲ)

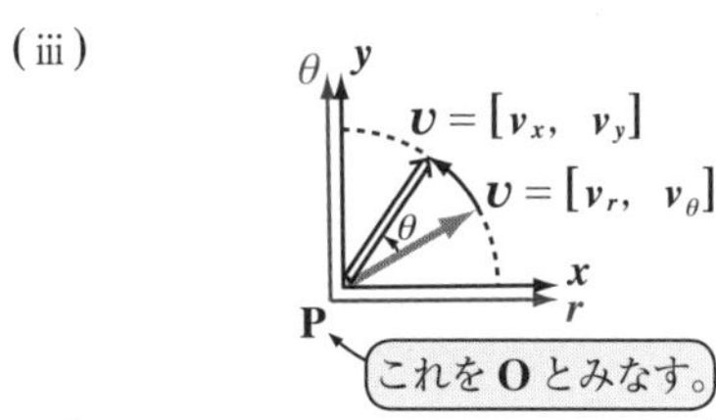

（r 軸，θ 軸を $-\theta$ だけ回転すると，$[v_x,\ v_y]$ は，$[v_r,\ v_\theta]$ を θ だけ回転したものであることが分かる。）

ここで，$[x,\ y]$ と $[r,\ \theta]$ の変換公式は，

$$\begin{bmatrix} v_x \\ v_y \end{bmatrix} = \begin{bmatrix} \cos\theta & -\sin\theta \\ \sin\theta & \cos\theta \end{bmatrix} \begin{bmatrix} v_r \\ v_\theta \end{bmatrix} \cdots\cdots①$$

$$\begin{cases} x = r\cos\theta \\ y = r\sin\theta \end{cases} \cdots\cdots②$$ より，

$x,\ y,\ r,\ \theta$ はすべて時刻 t の関数だ！

②の両辺を t で微分すると，

$$\begin{cases} \dot{x} = \dot{r}\cos\theta + r(\cos\theta)' = \dot{r}\cos\theta + r\cdot\dot{\theta}(-\sin\theta) \\ \dot{y} = \dot{r}\sin\theta + r(\sin\theta)' = \dot{r}\sin\theta + r\cdot\dot{\theta}\cos\theta \end{cases}$$

$\dot{x}$：v_x のこと　$\dot{y}$：v_y のこと

$\dfrac{d(\cos\theta)}{dt} = \dfrac{d\theta}{dt}\cdot\dfrac{d(\cos\theta)}{d\theta}$

$\dfrac{d(\sin\theta)}{dt} = \dfrac{d\theta}{dt}\cdot\dfrac{d(\sin\theta)}{d\theta}$

よって，

$$\begin{cases} v_x = \dot{x} = \dot{r}\cos\theta - r\dot{\theta}\sin\theta \\ v_y = \dot{y} = \dot{r}\sin\theta + r\dot{\theta}\cos\theta \end{cases} \cdots\cdots③$$ より，

$$\begin{bmatrix} v_x \\ v_y \end{bmatrix} = \begin{bmatrix} \dot{r}\cos\theta - r\dot{\theta}\sin\theta \\ \dot{r}\sin\theta + r\dot{\theta}\cos\theta \end{bmatrix} = \begin{bmatrix} \cos\theta & -\sin\theta \\ \sin\theta & \cos\theta \end{bmatrix} \begin{bmatrix} \dot{r} \\ r\dot{\theta} \end{bmatrix} \cdots\cdots④$$

$\dot{r}$：v_r のこと　$r\dot{\theta}$：v_θ のこと

$R^{-1}(\theta)$ が存在するので，④と①を比較して，速度 $\boldsymbol{v}(t)$ は r と θ により，

$\boldsymbol{v}(t) = [v_r,\ v_\theta] = [\dot{r},\ r\dot{\theta}]$ と表されることが分かった。

それでは，加速度ベクトル $\boldsymbol{a}(t)$ も r と θ で表してみよう。質点 P の加速度 $\boldsymbol{a}(t)$ の xy 座標表示を $\boldsymbol{a} = [a_x,\ a_y]$，$r\theta$ 座標表示を $\boldsymbol{a} = [a_r,\ a_\theta]$

（あたかもそう考えられるだけで，本当の座標系ではない。）

とおくと，速度 $\boldsymbol{v}(t)$ のときとまったく同じ考え方で，

$$\begin{bmatrix} a_x \\ a_y \end{bmatrix} = R(\theta)\begin{bmatrix} a_r \\ a_\theta \end{bmatrix} = \begin{bmatrix} \cos\theta & -\sin\theta \\ \sin\theta & \cos\theta \end{bmatrix} \begin{bmatrix} a_r \\ a_\theta \end{bmatrix} \cdots\cdots⑤$$

が成り立つことが分かるはずだ。

図 4(ⅰ)(ⅱ)(ⅲ) (P29) の $\boldsymbol{v}$ をすべて $\boldsymbol{a}$ で置き換えて考えてみるといいよ。

それでは，③の両辺をさらに時刻 t で微分してみよう。

$$a_x = \ddot{x} = (\dot{r}\cos\theta)' - (r\dot{\theta}\sin\theta)'$$

$(fgh)' = f'gh + fg'h + fgh'$

$$= \ddot{r}\cos\theta + \dot{r}\dot{\theta}(-\sin\theta) - (\dot{r}\dot{\theta}\sin\theta + r\ddot{\theta}\sin\theta + r\dot{\theta}\cdot\dot{\theta}\cos\theta)$$

$$= (\ddot{r} - r\dot{\theta}^2)\cos\theta - (2\dot{r}\dot{\theta} + r\ddot{\theta})\sin\theta$$

← $\cos\theta$ と $\sin\theta$ でまとめる。

$$a_y = \ddot{y} = (\dot{r}\sin\theta)' + (r\dot{\theta}\cos\theta)'$$
$$= \ddot{r}\sin\theta + \dot{r}\dot{\theta}\cos\theta + \{\dot{r}\dot{\theta}\cos\theta + r\ddot{\theta}\cos\theta + r\dot{\theta}\cdot\dot{\theta}(-\sin\theta)\}$$
$$= (\ddot{r} - r\dot{\theta}^2)\sin\theta + (2\dot{r}\dot{\theta} + r\ddot{\theta})\cos\theta$$ ← sinθ と cosθ でまとめる。

よって，

$$\begin{cases} a_x = \ddot{x} = (\ddot{r} - r\dot{\theta}^2)\cos\theta - (2\dot{r}\dot{\theta} + r\ddot{\theta})\sin\theta \\ a_y = \ddot{y} = (\ddot{r} - r\dot{\theta}^2)\sin\theta + (2\dot{r}\dot{\theta} + r\ddot{\theta})\cos\theta \end{cases}$$ より，

$$\begin{bmatrix} a_x \\ a_y \end{bmatrix} = \begin{bmatrix} (\ddot{r} - r\dot{\theta}^2)\cos\theta - (2\dot{r}\dot{\theta} + r\ddot{\theta})\sin\theta \\ (\ddot{r} - r\dot{\theta}^2)\sin\theta + (2\dot{r}\dot{\theta} + r\ddot{\theta})\cos\theta \end{bmatrix}$$

$$= \begin{bmatrix} \cos\theta & -\sin\theta \\ \sin\theta & \cos\theta \end{bmatrix} \begin{bmatrix} \ddot{r} - r\dot{\theta}^2 \\ 2\dot{r}\dot{\theta} + r\ddot{\theta} \end{bmatrix} \cdots\cdots⑥$$

（$\ddot{r} - r\dot{\theta}^2$：$a_r$ のこと，$2\dot{r}\dot{\theta} + r\ddot{\theta}$：$a_\theta$ のこと）

$R^{-1}(\theta)$ が存在するので，⑥と⑤を比較して，加速度 $\boldsymbol{a}(t)$ は r と θ により，

$\boldsymbol{a}(t) = [a_r,\ a_\theta] = [\ddot{r} - r\dot{\theta}^2,\ 2\dot{r}\dot{\theta} + r\ddot{\theta}]$ と表されることも分かった。

以上の結果を下にまとめておこう。

$\boldsymbol{v}(t)$ と $\boldsymbol{a}(t)$ の r と θ による表現

質点 P が，極座標表示された位置ベクトル $\boldsymbol{r}(t) = [r(t),\ \theta(t)]$ に従って運動するとき，この速度 $\boldsymbol{v}(t)$ と加速度 $\boldsymbol{a}(t)$ は r と θ により次のように表せる。

(i) 速度ベクトル　$\boldsymbol{v}(t) = [v_r,\ v_\theta] = [\dot{r},\ r\dot{\theta}]$

(ii) 加速度ベクトル $\boldsymbol{a}(t) = [a_r,\ a_\theta] = [\ddot{r} - r\dot{\theta}^2,\ 2\dot{r}\dot{\theta} + r\ddot{\theta}]$

ここで，$r^2\dot{\theta}$ を t で微分すると，

$$\frac{d}{dt}(r^2\dot{\theta}) = (r^2)'\dot{\theta} + r^2\ddot{\theta} = 2r\dot{r}\dot{\theta} + r^2\ddot{\theta}$$ ← これを r で割ったものが，a_θ になる。

となるので，a_θ は，

$$a_\theta = \frac{1}{r}\cdot\frac{d}{dt}(r^2\dot{\theta})$$ と表すこともできるんだね。

この $\boldsymbol{v}(t)$ と $\boldsymbol{a}(t)$ の r と θ による表示は，公式として覚えるよりも，導き方を覚えておくといいと思う。やり方さえ覚えておけば，簡単に導けるからだ。そして，この結果は“惑星の運動”を調べる際に，その威力を発揮することになるんだよ。よ～く練習しておいてくれ。

演習問題 1	● 加速度の $\boldsymbol{t}$ と $\boldsymbol{n}$ による表現 ●

位置ベクトル $\boldsymbol{r}(t)=[t,\ 1-t^2,\ \sqrt{3}t]$ で表される質点Pの運動の加速度 $\boldsymbol{a}(t)$ を $\boldsymbol{t}$ と $\boldsymbol{n}$ とで表せ。
(ただし，$\boldsymbol{t}$：単位接線ベクトル，$\boldsymbol{n}$：単位主法線ベクトル)

ヒント！ $\boldsymbol{a}(t)=\frac{dv}{dt}\boldsymbol{t}+\frac{v^2}{R}\boldsymbol{n}$ より，v とその微分および曲率半径 R を求めればいいんだね。ポイントは，$\|\boldsymbol{a}\|^2=4$ を利用することだ。

解答＆解説

$\boldsymbol{r}(t)=[t,\ 1-t^2,\ \sqrt{3}t]$ を t で順に2回微分すると，

$\boldsymbol{v}(t)=[1,\ -2t,\ \sqrt{3}]$ ……①

$\boldsymbol{a}(t)=[0,\ -2,\ 0]$ ………② となる。

$\therefore\ v=\|\boldsymbol{v}\|=\sqrt{1^2+(-2t)^2+(\sqrt{3})^2}$

$=2(t^2+1)^{\frac{1}{2}}$ ……………③

よって，$\frac{dv}{dt}=2\cdot\frac{1}{2}(t^2+1)^{-\frac{1}{2}}\cdot 2t=\frac{2t}{\sqrt{t^2+1}}$ ……④

③，④を公式：$\boldsymbol{a}=\frac{dv}{dt}\boldsymbol{t}+\frac{v^2}{R}\boldsymbol{n}$ (R：曲率半径) に代入して，

$$\boldsymbol{a}=\frac{2t}{\sqrt{t^2+1}}\boldsymbol{t}+\frac{4(t^2+1)}{R}\boldsymbol{n}\ \cdots\cdots⑤\qquad \left(\begin{array}{l}\boldsymbol{t}：単位接線ベクトル\\ \boldsymbol{n}：単位主法線ベクトル\end{array}\right)$$

ここで，$\boldsymbol{t}$ と $\boldsymbol{n}$ は，$\|\boldsymbol{t}\|=\|\boldsymbol{n}\|=1$，$\boldsymbol{t}\cdot\boldsymbol{n}=0$ より，

⑤の両辺の大きさをとって2乗すると，

(②より，$\|\boldsymbol{a}\|^2=4$)

$$\|\boldsymbol{a}\|^2=\frac{4t^2}{t^2+1}\underbrace{\|\boldsymbol{t}\|^2}_{1^2}+2\cdot\frac{8t(t^2+1)}{R\sqrt{t^2+1}}\underbrace{\boldsymbol{t}\cdot\boldsymbol{n}}_{0}+\frac{16(t^2+1)^2}{R^2}\underbrace{\|\boldsymbol{n}\|^2}_{1^2}=4$$

$$\frac{4t^2}{t^2+1}+\frac{16(t^2+1)^2}{R^2}=4,\quad \frac{1}{R^2}=\frac{1}{16(t^2+1)^2}\left(4-\frac{4t^2}{t^2+1}\right)=\frac{1}{4(t^2+1)^3}$$

$$\frac{1}{R}=\frac{1}{2(t^2+1)\sqrt{t^2+1}}\ \cdots\cdots⑥$$

⑥を⑤に代入して，

$$\boldsymbol{a}=\frac{2t}{\sqrt{t^2+1}}\boldsymbol{t}+\frac{2}{\sqrt{t^2+1}}\boldsymbol{n}$$ となる。

実践問題 1 ●加速度の $\boldsymbol{t}$ と $\boldsymbol{n}$ による表現●

位置ベクトル $\boldsymbol{r}(t)=[\cos t,\ \sin t,\ \sqrt{3}t]$ で表される質点Pの運動の加速度 $\boldsymbol{a}(t)$ を $\boldsymbol{t}$ と $\boldsymbol{n}$ とで表せ。
（ただし，$\boldsymbol{t}$：単位接線ベクトル，$\boldsymbol{n}$：単位主法線ベクトル）

ヒント！ これも同様に v と R を求めて，公式：$\boldsymbol{a}(t)=\frac{dv}{dt}\boldsymbol{t}+\frac{v^2}{R}\boldsymbol{n}$ に代入すればいいんだね。今回のポイントは，$\|\boldsymbol{a}\|^2=1$ を利用することだ。

解答＆解説

$\boldsymbol{r}(t)=[\cos t,\ \sin t,\ \sqrt{3}t]$ を t で順に2回微分すると，

$\boldsymbol{v}(t)=[-\sin t,\ \cos t,\ \sqrt{3}]$ ………①

$\boldsymbol{a}(t)=[-\cos t,\ -\sin t,\ 0]$ ……② となる。

$\therefore\ v=\|\boldsymbol{v}\|=\sqrt{(-\sin t)^2+\cos^2 t+(\sqrt{3})^2}$

$=$ (ア) ……③

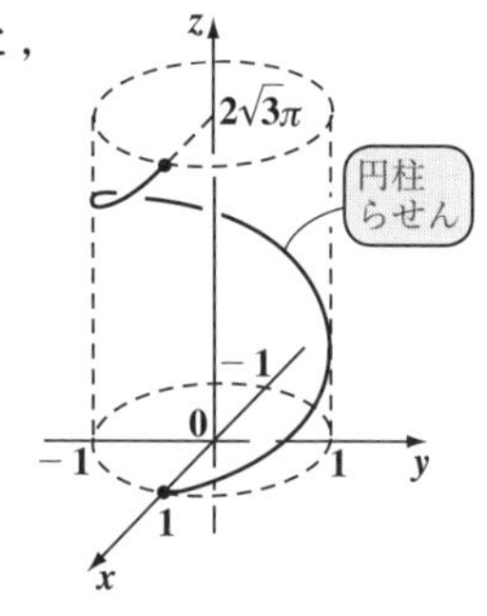

よって，$\frac{dv}{dt}=$ (イ) ……④

③，④を公式：$\boldsymbol{a}=\frac{dv}{dt}\boldsymbol{t}+\frac{v^2}{R}\boldsymbol{n}$ （R：曲率半径）に代入して，

$\boldsymbol{a}=$ (イ) $\boldsymbol{t}+\frac{(ウ)}{R}\boldsymbol{n}$ ……⑤ （$\boldsymbol{t}$：単位接線ベクトル，$\boldsymbol{n}$：単位主法線ベクトル）

ここで，$\boldsymbol{t}$ と $\boldsymbol{n}$ は，$\|\boldsymbol{t}\|=\|\boldsymbol{n}\|=1$， $\boldsymbol{t}\cdot\boldsymbol{n}=$ (エ) より，
⑤の両辺の大きさをとって2乗すると，

$\|\boldsymbol{a}\|^2=\frac{(オ)}{R^2}\|\boldsymbol{n}\|^2=\frac{(オ)}{R^2}=1$ （∵②より，$\|\boldsymbol{a}\|^2=1$）

$\therefore\ \frac{1}{R^2}=\frac{1}{(オ)}$ より，$\frac{1}{R}=\frac{1}{(カ)}$ ……⑥ ⑥を⑤に代入して，

$\boldsymbol{a}=$ (キ) $\cdot\boldsymbol{n}$ となる。

解答 (ア) 2 (イ) 0 (ウ) 4 (エ) 0
(オ) 16 (カ) 4 (キ) 1

講義1● 位置，速度，加速度　公式エッセンス

1. 1次元運動の位置，速度，加速度

x 軸上を運動する質点Pの時刻 t における位置を $x = x(t)$ とおくと，時刻 t におけるPの速度 $v(t)$ と加速度 $a(t)$ は，

(i) 速度 $v(t) = \dfrac{dx}{dt} = \dot{x}$　　(ii) 加速度 $a(t) = \dfrac{dv}{dt} = \dfrac{d^2x}{dt^2} = \ddot{x}$

2. 3次元運動の位置，速度，加速度

xyz 座標空間内を運動する質点Pの時刻 t における位置ベクトルを $\boldsymbol{r}(t) = [x(t),\ y(t),\ z(t)]$ とおくと，時刻 t における速度ベクトル $\boldsymbol{v}(t)$ と加速度ベクトル $\boldsymbol{a}(t)$ は，

(i) 速度ベクトル $\boldsymbol{v}(t) = \dfrac{d\boldsymbol{r}}{dt} = \dot{\boldsymbol{r}} = [\dot{x},\ \dot{y},\ \dot{z}] = \left[\dfrac{dx}{dt},\ \dfrac{dy}{dt},\ \dfrac{dz}{dt}\right]$

(ii) 加速度ベクトル $\boldsymbol{a}(t) = \dfrac{d\boldsymbol{v}}{dt} = \ddot{\boldsymbol{r}}$

$$= [\ddot{x},\ \ddot{y},\ \ddot{z}] = \left[\frac{d^2x}{dt^2},\ \frac{d^2y}{dt^2},\ \frac{d^2z}{dt^2}\right]$$

3. 速度，加速度の $\boldsymbol{t}$ と $\boldsymbol{n}$ による表現

xy 座標平面または xyz 座標空間内を，質点Pが位置ベクトル $\boldsymbol{r}(t)$ に従って運動するとき，この速度 $\boldsymbol{v}(t)$ と加速度 $\boldsymbol{a}(t)$ は，単位接線ベクトル $\boldsymbol{t}$ と単位主法線ベクトル $\boldsymbol{n}$ を使って，次のように表せる。

(i) 速度ベクトル $\boldsymbol{v}(t) = v\boldsymbol{t}$

(ii) 加速度ベクトル $\boldsymbol{a}(t) = \dfrac{dv}{dt}\boldsymbol{t} + \dfrac{v^2}{R}\boldsymbol{n}$　($v = \|\boldsymbol{v}\|$：速さ，R：曲率半径)

4. $\boldsymbol{v}(t)$ と $\boldsymbol{a}(t)$ の r と θ による表現

xy 座標平面上を，質点Pが，極座標表示された位置ベクトル $\boldsymbol{r}(t) = [r(t),\ \theta(t)]$ に従って運動するとき，この速度 $\boldsymbol{v}(t)$ と加速度 $\boldsymbol{a}(t)$ は r と θ により次のように表せる。

(i) 速度ベクトル　$\boldsymbol{v}(t) = [v_r,\ v_\theta] = [\dot{r},\ r\dot{\theta}]$

(ii) 加速度ベクトル $\boldsymbol{a}(t) = [a_r,\ a_\theta] = [\ddot{r} - r\dot{\theta}^2,\ 2\dot{r}\dot{\theta} + r\ddot{\theta}]$

運動の法則

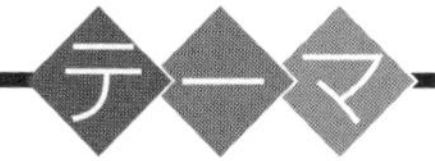

- ▶ **運動の第1法則**（慣性の法則）
  （慣性座標系）

- ▶ **運動の第2法則**（運動方程式）
  （微分方程式，速度に比例する抵抗を受ける場合の落下運動，力積と運動量）

- ▶ **運動の第3法則**（作用・反作用の法則）
  （運動量保存則，力のモーメントと角運動量）

§1. 運動の第1法則（慣性の法則）

前回，ある座標系において物体に力が働いたときその物体がどのような運動をするかを調べることが力学であると解説したね。この座標系と力と運動の関係は次に示すニュートンの3つの“**運動の法則**”に集約される。

- 運動の第1法則：“**慣性の法則**”
- 運動の第2法則：“**運動方程式**”
- 運動の第3法則：“**作用・反作用の法則**”

これらに“**万有引力の法則**”を加えるだけで，地上における物体の放物運動や単振動などの様々な運動だけでなく，惑星など天体の運動まで含めて，すべて導けるということは驚異に値するね!!
それではまず，運動の第1法則(慣性の法則)の解説から始めよう。

● 運動の第1法則（慣性の法則）から慣性系が導ける！

まず，“**運動の第1法則**”を下に示す。

運動の第1法則：慣性の法則

物体に外力が作用しない限り，その物体は静止し続けるか，または等速度運動(等速直線運動)を続ける。

地上では常に様々な抵抗力が働くため，外力の働かない状態というのはイメージしづらいけれど，他の天体から十分に離れた宇宙空間に存在する物体を連想するといいかも知れないね。この場合，物体には外力(その物体に対して，外から加えられる力のこと)は働いていないと考えてよいので，この第1法則によれば，静止している物体は，静止状態を続け，運動している物体は同じ速さで一直線上を運動し続けることになる。

つまり物体は外力が働かなければ，自分自身のもつ速度をそのまま維持し続けようとする性質，つまり“**慣性**”(***inertia***)をもっていると，第1法則は言っているんだね。だから，この第1法則のことを“**慣性の法則**”(***law of inertia***)と呼んでもいいんだよ。

エッ，SF 映画などで宇宙にポツンと浮かんでいる物体は回転している場合が多くて静止なんかしていないから **“慣性の法則”** は間違っているんじゃないかって？ 良い質問だ！ 確かに宇宙にポツンと浮かんでいる物体には外力は作用していないと考えていい。でも物体は自転している。じつは，この自転とは物体の内部運動であって外力とは関係ない。では外力がないときに物体の何が静止または等速度運動を続けるのか？ ってことだね。一般に有限な大きさと質量をもった物体には，その物体の質量が **1** 点に集中していると考えられる点が存在する。これを **“質量中心（しつりょうちゅうしん）”** または **“重心（じゅうしん）”** と呼ぶ。この点を前回解説した **“質点”**（質量だけがあって，大きさのない点）と考えてもいいね。そして，外力が働かないときに静止し続けるか，または等速度運動を続けるのは，物体のこの質点（重心）のことなんだね。だから，ここで言う **“物体”** とは **“質点（重心）”** のことだと考えてくれたらいい。これは運動の第 **2**，第 **3** 法則においても同様だ。

次によく出てくる批判だけれど，この後解説する運動の第 **2** 法則（運動方程式）の特殊な場合として第 **1** 法則（慣性の法則）は導き出せるので，「この第 **1** 法則は不要である！」というものだ。もし，本当に不要ならば，かのニュートンがこれを第 **1** 法則として挙げるはずもない。この意味を再検討してみよう。「外力が働かないとき，物体（質点）は静止または等速度運動を続ける」と言われた場合，ボク達はこの物体を観測するための **“座標系”** をもっていなければならない。座標系なしでは，物体（質点）の運動を記述できないからね。ということは，この第 **1** 法則は，「外力が働かないときに物体（質点）が静止または等速度運動を続けているように見える座標系，つまり **“慣性系”**（静止または等速度運動を続ける座標系のこと）(***inertial system***) を設定しなさい」と読み取ることができるわけなんだ。

ニュートンの時代に流行ったオペラ（歌劇）をニュートンが好んだかどうかを，ボクは知らないけれど，オペラにたとえるならば，ニュートンはこの運動の第 **1** 法則によって，まず舞台（慣性座標系）を用意したことになるんだね。そしていよいよ，この後に解説する運動の第 **2**，第 **3** 法則で，この舞台上で華やかに舞う役者が登場することになるんだ。どう？ 興味が湧いてきた？

§2. 運動の第2法則（運動方程式）

さァ，これから“**運動の第2法則(運動方程式)**”の解説に入ろう。第1法則で設定した慣性系(舞台)の中で，1つの物体(1人の役者)に作用する力とその運動の関係を記述したものが，この“**運動方程式**”で，とてもシンプルな形をしている。

しかし，これを様々な条件下で解こうとすると，“**微分方程式**”の問題になってしまうため，ここで力学につまずいてしまう方が多いのも事実だ。だから，この講義では必要に応じて適宜，微分方程式の解法パターンについても教えていくつもりだ。

ここでは“**速度に比例する抵抗を受ける場合の落下運動**”を中心に，運動方程式(微分方程式)を具体的に解いてみせよう。レベルは上がるけれど，マスターすると，力学がますます楽しくなるはずだ。頑張ろう！

> 予め，微分方程式をキチンと学びたい方は「**常微分方程式キャンパス・ゼミ**」(マセマ)で学習されることを勧める。

● 運動方程式から様々な物体の運動が導ける！

それではまず，ニュートンが提示したものに少しアレンジを加えた“**運動の第2法則**”を下に示そう。こちらの方が一般によく知られているからだ。

運動の第2法則：運動方程式(Ⅰ)

物体に外力 $\boldsymbol{f}$ が作用すると，物体には $\boldsymbol{f}$ に比例した，$\boldsymbol{f}$ と同じ向きの加速度 $\boldsymbol{a}$ が生じる。すなわち，次式が成り立つ。

$$\boldsymbol{f} = m\boldsymbol{a} \quad \cdots\cdots(*1)$$

$(m：質量 (kg))$

この $(*1)$ を“**運動方程式**”(*equation of motion*)と呼ぶ。

ここでも，質量 m の物体とは質量 m をもった重心(質点)と考えよう。第1法則により与えられた慣性座標系の中で1つの物体の運動のルールが，$(*1)$ というシンプルな方程式で表されているんだね。ここで，$\boldsymbol{f} = \boldsymbol{0}$

のとき(*1)より，$m\boldsymbol{a} = m\dfrac{d\boldsymbol{v}}{dt} = \boldsymbol{0}$ $(m > 0)$ よって，$\dfrac{d\boldsymbol{v}}{dt} = \boldsymbol{0}$ から質点に外力が働かなければ，この質点は一定の速度 $\boldsymbol{v}$ ($\boldsymbol{v} = \boldsymbol{0}$ のときは静止）で等速度運動を続ける，すなわち“**慣性の法則**”が導けるんだ。

また，(*1)の運動方程式は，$\boldsymbol{0}$ ではない外力 $\boldsymbol{f}$ が質点に作用するとき，当然その速度は変化するはずであり，その変化率 $\dfrac{d\boldsymbol{v}}{dt} = \boldsymbol{a}$ が外力 $\boldsymbol{f}$ に比例すると言っているんだね。この(*1)は経験式であるけれど，これを基に様々な物体の速度を正確に導き出すことができる，いわゆるスーパー方程式なんだ。

質量 m は正のスカラーだけど，外力 $\boldsymbol{f}$ と加速度 $\boldsymbol{a}$ は共にベクトルなので，(*1)の式から $\boldsymbol{f}$ と $\boldsymbol{a}$ の向きが一致することも分かる。ここで，ベクトル $\boldsymbol{f}$ と $\boldsymbol{a}$ を成分表示して，

$$\begin{cases} \boldsymbol{f} = [f_x,\ f_y,\ f_z] \\ \boldsymbol{a} = [a_x,\ a_y,\ a_z] = [\ddot{x},\ \ddot{y},\ \ddot{z}] = \left[\dfrac{d^2x}{dt^2},\ \dfrac{d^2y}{dt^2},\ \dfrac{d^2z}{dt^2}\right] \end{cases}$$ と表すと，

運動方程式(*1)は具体的には，

$[f_x,\ f_y,\ f_z] = m\left[\dfrac{d^2x}{dt^2},\ \dfrac{d^2y}{dt^2},\ \dfrac{d^2z}{dt^2}\right]$ となる。よって，(*1)の式からは実は

3つの方程式：$f_x = m\dfrac{d^2x}{dt^2}$，$f_y = m\dfrac{d^2y}{dt^2}$，$f_z = m\dfrac{d^2z}{dt^2}$ が導けるんだね。

ここで話を簡単にするために，1次元の運動方程式に切り替えよう。すなわち，$f_x = f$，$a_x = a$ $\left[= \dfrac{d^2x}{dt^2}\right]$ とおくと，(*1)の運動方程式は，

$f = ma$ ……(*1)′ $\left[\text{または，} f = m\dfrac{d^2x}{dt^2}\right]$ となる。（x 軸方向のみの1次元の運動方程式）

(*1)′から，同じ外力 f を物体に加えても質量 m が大きければ加速度 a は小さくなることが分かる。よって，(*1)′の質量 m は物体の慣性（外力に抵抗して，速度を変化させまいとする性質）の大きさを表しているので，これを“**慣性質量**(かんせいしつりょう)”と呼ぶこともある。他に，“**万有引力の法則**”で使われる質量のことを“**重力質量**(じゅうりょくしつりょう)”と呼ぶこともある。けれど，これらは一致することが分かっているので，特に区別する必要はない。

次に，力の単位 **N**（ニュートン）についても解説しておこう。

これは **MKS** 単位系での力の単位で，質量 **1 (kg)** の物体（質点）に作用し
（m（メートル））（kg）（s（秒））

て $\mathbf{1\,(m/s^2)}$ の加速度を生じさせる力を **1 (N)** と定義する。つまり，

$f = ma$ より，　$\mathbf{1\,(N) = 1\,(kgm/s^2)}$ となる。
（1(N)）（1(kg)）（$1(\mathrm{m/s^2})$）　（“ニュートン”と読む。）

　地球上で **1 (kg)** の物体に働く重力を **1 (kg重)** と呼ぶこともあるけれど，地表上での重力加速度は $g = \mathbf{9.8\,(m/s^2)}$ なので，

$\mathbf{1\,(kg重) = 1\,(kg) \cdot 9.8\,(m/s^2) = 9.8\,(N)}$ となる。大丈夫？

それでは次の例題で，**1** 次元の運動方程式 $f = ma$ を使って，空気抵抗のない場合の自由落下の問題を解いてみることにしよう。

例題 **6**　地上 **490 (m)** の位置から質量 m **(kg)** の物体を，初速度 $v_0 = 0$ **(m/s)** で自由落下させたとき，地面に到達するまでの時間 T**(s)** と，地面に衝突する直前の速度 V**(m/s)** を求めよう。
(ただし，重力加速度 $g = \mathbf{9.8(m/s^2)}$ とし，空気抵抗は働かないものとする。)

単純な **1** 次元座標の問題だけど，いい練習になるので，

(ⅰ) 地面を $x = 0$ として，x 軸を鉛直上向きにとった場合と，
(ⅱ) 地上 **490 (m)** の位置を $x = 0$ として，x 軸を鉛直下向きにとった場合の **2** つの場合について，並行して解いてみよう。

質量 m の物体に働く外力 f は重力のみで，$f = m(-g)$ ［または $f = mg$］
（(ⅰ)の場合）（(ⅱ)の場合）

だね。(ⅰ)の場合，x 軸を上向きにとっているので，g は負の向きになる。よって，$-g$ となることに気を付けよう。

また，加速度 $a = \dfrac{d^2x}{dt^2}$ より，これらを運動方程式

$ma = f$ に代入して，微分方程式を作り，これを解けばいいんだね。
（$\dfrac{d^2x}{dt^2}$）（$-mg$ または mg）

(i) 初期条件

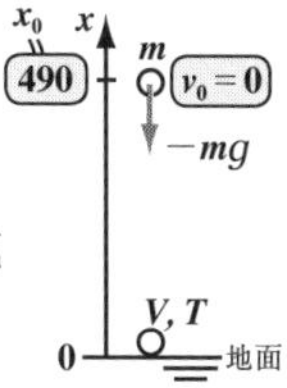

$$\begin{cases} x_0 = 490\,(\mathrm{m}) \\ v_0 = 0\,(\mathrm{m/s}) \end{cases}$$

の下で，運動方程式

$$m\frac{d^2x}{dt^2} = -mg$$

を解く。

両辺を $m(>0)$ で割って，

$$\frac{d^2x}{dt^2} = -g \quad \cdots ①$$ ← 微分方程式

・①の両辺を t で積分して，

$$\frac{dx}{dt} = \int(-g)dt = -gt + \underset{0}{v_0} \quad \cdots ②$$

・②の両辺をさらに t で積分して，

$$x = \int(-gt)dt = -\frac{1}{2}\underset{9.8}{g}t^2 + \underset{490}{x_0}$$

$\therefore x = 490 - 4.9t^2$ となる。← 微分方程式①の解

・$x = 0$ のとき $t = T$ より，

$$0 = 490 - 4.9 \times T^2$$

$$T^2 = \frac{490}{4.9} = 100 \qquad \therefore T = 10(\mathrm{s})$$

・$T = 10$ を②に代入して，

$$V = \frac{dx}{dt} = -g \times T = -9.8 \times 10$$

$\therefore V = -98\,(\mathrm{m/s})$ となる。

(ii) 初期条件

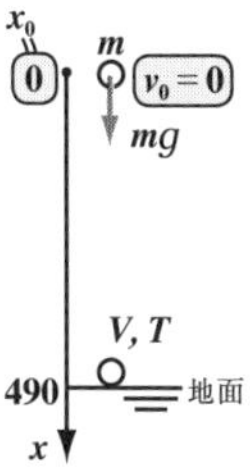

$$\begin{cases} x_0 = 0\,(\mathrm{m}) \\ v_0 = 0\,(\mathrm{m/s}) \end{cases}$$

の下で，運動方程式

$$m\frac{d^2x}{dt^2} = mg$$

を解く。

両辺を $m(>0)$ で割って，

$$\frac{d^2x}{dt^2} = g \quad \cdots ①$$ ← 微分方程式

・①の両辺を t で積分して，

$$\frac{dx}{dt} = \int g\,dt = gt + \underset{0}{v_0} \quad \cdots ②$$

・②の両辺をさらに t で積分して，

$$x = \int gt\,dt = \frac{1}{2}\underset{9.8}{g}t^2 + \underset{0}{x_0}$$

$\therefore x = 4.9t^2$ となる。← 微分方程式①の解

・$x = 490$ のとき $t = T$ より，

$$490 = 4.9 \times T^2$$

$$T^2 = \frac{490}{4.9} = 100 \qquad \therefore T = 10(\mathrm{s})$$

・$T = 10$ を②に代入して，

$$V = \frac{dx}{dt} = g \times T = 9.8 \times 10$$

$\therefore V = 98(\mathrm{m/s})$ となる。

このような易しい問題を解くのでも，座標の取り方によって様子がかなり違って見えるのが分かっただろう。ここで，加速度が $\ddot{x} = \frac{d^2x}{dt^2}$ なので，運動方程式を立てるとどうしても，微分方程式が現われる。微分方程式とは，x が t の関数のとき，x と t，および $\dot{x}$，$\ddot{x}$，…などの関係式のことで，これを解いて，解である関数 $x(t)$ を求めればいいんだよ。

今回の自由落下の微分方程式①は，ただ **2** 回直接積分すればいいだけの単

（これを“**直接積分形の微分方程式**”という。）

純なものだったので，特に問題はなかったと思う。

● 速度に比例する抵抗を受ける場合の落下運動も調べてみよう！

それでは，より本格的な問題，すなわち物体が速度 $v = \frac{dx}{dt}$ に比例する抵抗を受ける場合の落下運動についてもチャレンジしてみよう。ただし，そのための準備として，“**変数分離形**（へんすうぶんりけい）”の微分方程式とその解法パターンをまず示すので，練習しておこう。

変数分離形の微分方程式

$\frac{dx}{dt} = g(t) \cdot h(x)$ …(a)　$(h(x) \neq 0)$ の形の微分方程式を“**変数分離形**”の微分方程式と呼び，その一般解は次のように求める。

(a) を変形して，

$$\frac{1}{h(x)}\frac{dx}{dt} = g(t)$$

この両辺を t で積分して，

$$\int \frac{1}{h(x)}\frac{dx}{dt}dt = \int g(t)dt$$

$$\int \frac{1}{h(x)}dx = \int g(t)dt$$

（(a) より $\frac{1}{h(x)}dx = g(t)dt$　（x の式）$\times dx$，（t の式）$\times dt$ として，両辺に $\int$ を付けると覚えておいていいよ。）

少し練習しておこう。

(i) $\frac{dx}{dt} = \frac{3t^2}{2x}$　$(x \neq 0)$ を解くと，（導関数は $\dot{x}$ のみなので，これを **1** 階微分方程式という。）

$2x\,dx = 3t^2\,dt$ より，

（（x の式）dx =（t の式）dt ← 左辺は x のみ，右辺は t のみに変数を分離した！）

$$\int 2x\,dx = \int 3t^2\,dt \qquad \therefore\ x^2 = t^3 + C \quad (C：任意定数)$$

（$x^2 + C_1 = t^3 + C_2$ より，$x^2 = t^3 + C_2 - C_1$）（微分方程式の一般解）

（これをまとめて C とおく。）

一般に**1**階$(\dot{x})$の微分方程式の一般解には，任意定数Cが**1**つ現われる。

（自由に値を取り得る定数）

(ⅱ) $\frac{dx}{dt} = \sin t \cdot \tan x \quad (\tan x \neq 0)$ を解くと，←（1階微分方程式）

$\frac{1}{\tan x}dx = \sin t\,dt \qquad \frac{\cos x}{\sin x}dx = \sin t\,dt$ ←（変数を分離した！）

（(xの式)dx）（(tの式)dt）

$\int \frac{\cos x}{\sin x}dx = \int \sin t\,dt \qquad \log|\sin x| = -\cos t + C$ (C：任意定数)

（微分方程式の一般解）

（公式$\int \frac{f'}{f}dx = \log|f|$を使った。）

となる。

これで準備も整ったので，次の例題で早速，“速度に比例する抵抗を受ける場合の落下運動の問題”を解いてみることにしよう。

例題 7　地上y_0の位置から質量mの物体を初速度$v_0 = 0$で落下させた。物体は速度に比例する空気抵抗を受けて落下するものとすると，まず次の微分方程式が成り立つことを確認しよう。

$$\frac{d^2y}{dt^2} = -b\frac{dy}{dt} - g \quad \cdots\cdots ① \quad (b：\text{正の定数})$$

そして，①を解いて速度vと位置yをtの関数で表してみよう。

①の右辺の$-g$から，右図のように**1**次元座標としてy軸をとっていることが分かるね。

（xの代わりに，yを位置変数として使ってもいいね。）

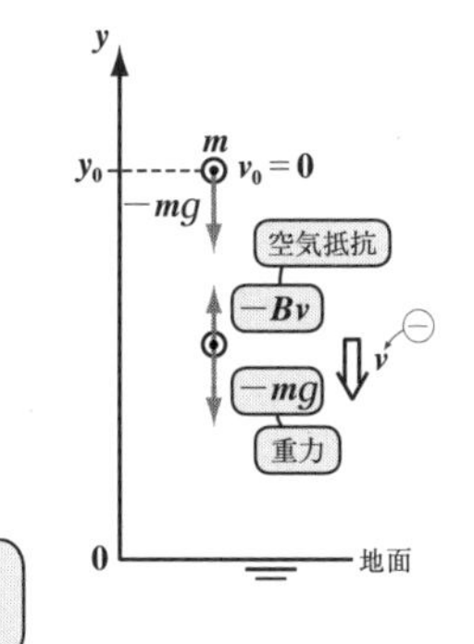

落下中の質量mの物体に働く力は右図に示すように，

- 下向きに重力$-mg$
- 上向きに空気抵抗$-Bv$ (B: 正の定数) だね。

（vの符号はマイナスより，これに負の数$-B$をかけて，上向きの⊕の力になっていることに気を付けよう！）

この**2**つの合力が今回物体に働く外力fになるので，$f = -Bv - mg$

これを運動方程式$ma = f$に代入して，

（$a = \frac{d^2y}{dt^2}$）（$f = -Bv - mg$）

$$m\frac{d^2y}{dt^2} = -B\underset{\frac{dy}{dt}}{v} - mg$$

この両辺を $m(>0)$ で割り，$\frac{B}{m} = b$（新たな正の定数）とおくと，

微分方程式 $\frac{d^2y}{dt^2} = -b\frac{dy}{dt} - g$ ……①（b：正の定数）が導ける！

これはチョッと工夫すれば，変数分離形の微分方程式になることが分かる？

… そう，$\frac{dy}{dt} = v$ とおくと，$\frac{d^2y}{dt^2} = \frac{d}{dt}\left(\frac{dy}{dt}\right) = \frac{dv}{dt}$ となるので，（$\frac{dy}{dt}$ は v）

①は次のような変数分離形の微分方程式：

$\frac{dv}{dt} = -(bv+g)$ になるんだね。よって変数を分離して，

$\frac{1}{bv+g}dv = -1\cdot dt$　　両辺に b をかけて積分すると，

（$\frac{1}{bv+g}$：v の式）（-1：これも（t の定数関数）だと考えればいい。）

$\int\frac{b}{bv+g}dv = -b\int dt$ より，　$\log|bv+g| = -bt + C_1$（C_1：任意定数）

（公式 $\int\frac{f'}{f}dx = \log|f|$ を使った。）

$|bv+g| = e^{-bt+C_1}$　　$bv+g = \pm e^{C_1}e^{-bt}$（$\pm e^{C_1}$ を C（新たな任意定数）とする。）

$\therefore$ 速度 $v = -\frac{g}{b} + \frac{C}{b}e^{-bt}$ ……②（C：任意定数）←v の一般解

ここで初期条件：$t=0$ のとき $v=0$（$=v_0$）より，これを②に代入して，

$0 = -\frac{g}{b} + \frac{C}{b}e^0$　$\therefore C = g$　　これを②に代入して，（$e^0 = 1$）

$v = -\frac{g}{b}(1-e^{-bt})$ ……③ ←初期条件から任意定数 C を決定した解を **"特殊解"** という。

となる。

③の右辺について $t \to \infty$ の極限をとると，

$$\lim_{t\to\infty}\left\{-\frac{g}{b}\left(1-\underset{\substack{\downarrow\\0}}{e^{-bt}}\right)\right\}=-\frac{g}{b}$$ に収束する。

これは“終端速度”(しゅうたんそくど)（*terminal velocity*）と呼ばれるもので，これを v_∞ で表すと，$v_\infty=-\frac{g}{b}$ となる。落下して次第に速度が大きくなると抵抗も増加して，やがて重力 $-mg$ と空気抵抗 $-Bv$ とがつり合って，加速度が 0 となって，もうそれ以上速度が増えることはない。この最終的な速度が，終端速度 v_∞ なんだね。納得いった？

それでは次，$\frac{dy}{dt}=-\frac{g}{b}+\frac{g}{b}e^{-bt}$ ……③ ← これは直接積分形の微分方程式だ。

の両辺を t で積分して位置 y も求めよう。

$$y=\int\left(-\frac{g}{b}+\frac{g}{b}e^{-bt}\right)dt=-\frac{g}{b}t-\frac{g}{b^2}e^{-bt}+A \quad \cdots\cdots ④$$

（任意定数：A）← 一般解

ここで，初期条件：$t=0$ のとき $y=y_0$ より，

$$y_0=-\frac{g}{b}\cdot 0-\frac{g}{b^2}\underset{}{\overset{1}{e^0}}+A \qquad \therefore A=\frac{g}{b^2}+y_0$$

これを④に代入して，位置 y も，

$$y=-\frac{g}{b}t-\frac{g}{b^2}e^{-bt}+\frac{g}{b^2}+y_0=y_0-\frac{g}{b}t+\frac{g}{b^2}\left(1-e^{-bt}\right)$$

← A の値が決定されたので，これは特殊解

と求められるんだね。

このように実際に微分方程式を解くことにより，“**初期条件**”，“**任意定数**”，“**一般解**”，“**特殊解**”など，微分方程式独特の用語（ターム）にも慣れることができたと思う。物理学の講義では，数学の解説に使える時間が少ないため，なかなかこのような微分方程式の解法についての解説まで聴けないと思う。だけど本来，数学と物理は不即不離(ふそくふり)の関係で発展してきたものだから，このように同時に学習していくことは，とても良いことだと思う。これからも数学の解説を適宜入れていくつもりだ。物理・数学共にモリモリ吸収していってくれ！

● 運動量と力積の関係も押さえよう！

それではニュートンが提示した形に近い“運動の第2法則”を下に示す。

運動の第2法則：運動方程式(Ⅱ)

物体の運動量 $(m\boldsymbol{v})$ の変化率 $\left(\frac{d}{dt}(m\boldsymbol{v})\right)$ は，その物体に作用する力 $\boldsymbol{f}$ に等しい。

$$\boldsymbol{f}=\frac{d}{dt}(m\boldsymbol{v})\ \cdots\cdots(*2)\quad (m\text{：質量 (kg)})$$

質量 m が一定であるならば，$(*2)$ の右辺の m を微分の外に出せて，

$\boldsymbol{f}=m\frac{d\boldsymbol{v}}{dt}=m\boldsymbol{a}$ ……$(*1)$ となり，P38で示した運動方程式と一致する。

（$\frac{d\boldsymbol{v}}{dt}$：加速度 $\boldsymbol{a}$）

では，なぜニュートンは $(*1)$ ではなく，$(*2)$ の式を運動方程式として提示したのだろうか？　その理由は次の2つだ。

(i) 雨滴の落下のように，運動と共に物体の質量 m が変化する場合もあり得るからであり，もう1つは

(ii) $m\boldsymbol{v}$ は“運動量(うんどうりょう)”(*momentum*)と呼ばれるもので，物体の運動を記述する上で，とても重要な基本的な量だからだ。

（$m\boldsymbol{v}$：(スカラー)×(ベクトル)だから，運動量はベクトルだ。）

ここで，運動量 $m\boldsymbol{v}$ を $\boldsymbol{p}$ で表すと $\boldsymbol{p}=m\boldsymbol{v}$ より，これから $(*2)$ は，

$\boldsymbol{f}=\frac{d\boldsymbol{p}}{dt}$ ……$(*3)$　($\boldsymbol{p}$：運動量) と表してもいい。

(i) の雨滴の問題については，

- 雨滴が，周囲の静止している雨滴を吸収，すなわちその質量 m を $\frac{dm}{dt}=\mu$ (質量の増加率) の割合で増加させながら落下する場合と，
- 雨滴が蒸発，すなわちその質量 m を $\frac{dm}{dt}=-\mu$ (質量の減少率) の割合で減少させながら落下する場合の，2通りがある。

これら**2**通りの問題については，その極限の速度も含めて，演習問題**2**と実践問題**2**で実際に解いて練習してみよう。

次，力も運動量も時刻tの関数として$f(t)$，$p(t)$とおき，$(*3)$の両辺をt_1からt_2の範囲で，時刻tで積分してみると，

$$\int_{t_1}^{t_2} f(t)\,dt = \underline{\int_{t_1}^{t_2} \frac{dp(t)}{dt}\,dt} \text{ より，}$$

$$\left[p(t)\right]_{t_1}^{t_2} = p(t_2) - p(t_1)$$

$$\int_{t_1}^{t_2} f\,dt = p(t_2) - p(t_1) \quad \cdots\cdots① \text{ となる。}$$

t_1からt_2までの"**力積**"

t_1からt_2までの"**運動量**"の変化

ここで，$\int_{t_1}^{t_2} f\,dt$を，t_1からt_2までに物体が受ける"**力積**(りきせき)"($impulse$)といい，$p(t_1)$，$p(t_2)$は時刻t_1，t_2におけるそれぞれの運動量を表している。①を変形すると，

$$p(t_1) + \int_{t_1}^{t_2} f(t)\,dt = p(t_2) \quad \cdots\cdots①' \text{ となる。}$$

①′から，力積とは(力の時間的な効果)のことで，これにより，運動量が$p(t_1)$から$p(t_2)$に変化することが分かるんだね。

それでは力積と運動量について，次の**2**次元の運動の例題を解いてみよう。

> 例題8　$t=0$の時点で運動量$p(0)=[2,\ 1]$をもっていた物体に，時刻$0 \leqq t \leqq 2$の範囲で力$f(t)=[2t,\ 3-4t]$が作用したとき，$t=2$における物体の運動量$p(2)$を求めてみよう。

①′を使えばいいんだね

$$p(2) = \underline{p(0)} + \int_0^2 \underline{f(t)}\,dt = [2,\ 1] + \underline{\int_0^2 [2t,\ 3-4t]\,dt}$$

$p(0) = [2,\ 1]$，$f(t) = [2t,\ 3-4t]$

$$\left[\int_0^2 2t\,dt,\ \int_0^2 (3-4t)\,dt\right] = \left[\left[t^2\right]_0^2,\ \left[3t-2t^2\right]_0^2\right] = [4,\ 6-8] = [4,\ -2]$$

$$= [2,\ 1] + [4,\ -2] = [6,\ -1] \text{ となって，答えだ！　大丈夫？}$$

演習問題 2　●雨滴の落下問題●

はじめ静止していた質量 m_0 の雨滴が，周囲に静止していた雨滴を横から吸収しつつ，その質量 m を $\mu = \dfrac{dm}{dt}$ の割合で増加させながら，重力により落下していくものとする。t が十分大きいとき $v \fallingdotseq \dfrac{1}{2}gt$ となることを示せ。(空気抵抗は考えない。)

ヒント！ 運動方程式 $\dfrac{d}{dt}(mv) = mg$ …(＊2) を利用する。条件より，質量 m が時刻と共に変化して，$m = m_0 + \mu t$ $(t \geqq 0)$ となるんだね。

解答＆解説

$t = 0$ のとき，$v = 0$，$m = m_0$ ← 初期条件

$\dfrac{dm}{dt} = \mu$(定数) ……① より， ← 直接積分形の微分方程式

①の両辺を t で積分して，

$$m = \int \mu\, dt = \mu t + m_0 \quad \cdots\cdots ②$$

← $m = \mu t + C$ ここで，$t = 0$ のとき $m = m_0$ $\therefore C = m_0$ だね。

座標軸を，落下開始位置を原点に，鉛直下向きにとると，運動方程式は，

$$\frac{d}{dt}(mv) = mg \quad \cdots\cdots ③$$

← 直接積分形 （$mv = (m_0 + \mu t)v$，$mg = f$，$m = (m_0 + \mu t)$）

②を③に代入して，t で積分すると，

$$(m_0 + \mu t)v = \int (m_0 + \mu t)g\, dt = g\left(m_0 t + \frac{1}{2}\mu t^2\right)$$

（g：定数）

← $(m_0 + \mu t)v = g\left(m_0 t + \dfrac{1}{2}\mu t^2 + C_1\right)$ ここで，$t = 0$ のとき $v = 0$ $\therefore C_1 = 0$ だね。

よって，$v = \dfrac{g\left(m_0 t + \frac{1}{2}\mu t^2\right)}{m_0 + \mu t}$ より，t が十分大きいとき，

$$v = \frac{g\left(m_0 + \frac{1}{2}\mu t\right)}{\frac{m_0}{t} + \mu} \fallingdotseq \frac{g m_0}{\mu} + \frac{1}{2}gt \fallingdotseq \frac{1}{2}gt \text{ となる。}$$

（分子・分母を t で割った。$\dfrac{m_0}{t} \fallingdotseq 0$，$\dfrac{gm_0}{\mu}$：定数，$\dfrac{1}{2}gt$：十分大きい）

実践問題 2　● 雨滴の落下問題 ●

はじめ静止していた質量 m_0 の雨滴が，蒸発しつつ，その質量を $-\mu = \dfrac{dm}{dt}$ の割合で減少させながら，重力により落下していくものとする。この雨滴が消滅する直前の速度 v を求めよ。(空気抵抗は考えない。)

ヒント！ 条件より，質量 $m = -\mu t + m_0$ となる。同様に運動方程式を利用しよう！

解答＆解説

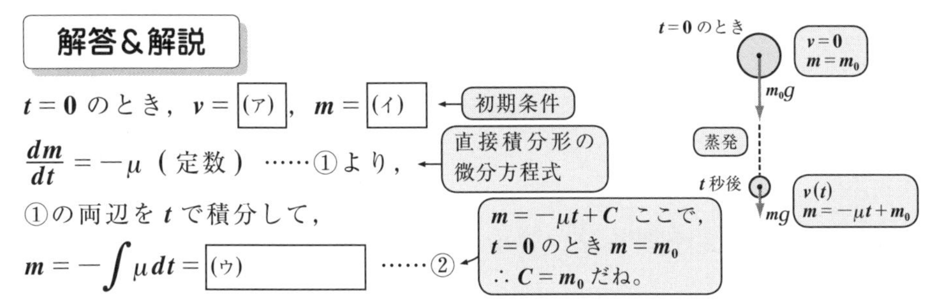

$t=0$ のとき，$v=$ (ア)，$m=$ (イ) ← 初期条件

$\dfrac{dm}{dt} = -\mu$ （定数） ……① より，← 直接積分形の微分方程式

①の両辺を t で積分して，

$m = -\displaystyle\int \mu\, dt =$ (ウ) ……②

（$m=-\mu t+C$ ここで，$t=0$ のとき $m=m_0$　$\therefore C=m_0$ だね。）

座標軸を，落下開始位置を原点に，鉛直下向きにとると，運動方程式は，

$$\frac{d}{dt}(mv) = mg \quad \cdots\cdots ③$$

← 直接積分形（m は $(m_0-\mu t)$，右辺 mg は f，m は $(m_0-\mu t)$）

②を③に代入して，両辺を t で積分すると，

$$(m_0-\mu t)v = \int (m_0-\mu t)g\,dt = g\left(m_0 t - \frac{1}{2}\mu t^2\right)$$

（g：定数）

（$(m_0-\mu t)v = g\left(m_0 t - \dfrac{1}{2}\mu t^2 + C_1\right)$　ここで，$t=0$ のとき $v=0$　$\therefore C_1=0$ だね。）

（$m_0-\mu t$：これは⊕より，$0 \leqq t < \dfrac{m_0}{\mu}$）

よって，$v(t) = \dfrac{g\left(m_0 t - \frac{1}{2}\mu t^2\right)}{m_0-\mu t}$　$\left(0 \leqq t < \dfrac{m_0}{\mu}\right)$ より，

$t \to \dfrac{m_0}{\mu} - 0$，すなわち雨滴が消滅する直前の速度 v は，

$$\lim_{t\to\frac{m_0}{\mu}-0} v = \lim_{t\to\frac{m_0}{\mu}-0} \frac{g\left(m_0 t - \frac{1}{2}\mu t^2\right)}{m_0-\mu t} = \text{(エ)}$$

となる。

（分子：$g\left(\dfrac{m_0^2}{\mu} - \dfrac{1}{2}\dfrac{m_0^2}{\mu}\right) = \dfrac{g}{2}\cdot\dfrac{m_0^2}{\mu}$（⊕の有限な値），分母：$+0$）

解答　(ア) 0　(イ) m_0　(ウ) $-\mu t + m_0$　(エ) $+\infty$

§3. 運動の第3法則（作用・反作用の法則）

"運動の第1法則"で慣性系という舞台設定がなされ，"運動の第2法則"で1つの物体(1人の役者)の運動のルールが与えられた。そして，これから解説する**"運動の第3法則"(作用・反作用の法則)**により，2つの物体(2人の役者)の相互関係が規定されるんだ。この運動の第3法則は実は3つ以上，すなわち複数の物体にまで適用範囲を広げることができる。これについては，**"質点系の力学"**のところで詳しく解説する。

ここではあくまでも，2つの物体の相互作用について詳しく教えよう。さらに**"運動量の保存則"**や，**"角運動量"**と**"力のモーメント"**の関係についても解説するつもりだ。

● 運動の第3法則もシンプルな法則だ！

壁を手で押すと，同じ力で逆向きに壁は手を押し返してくる。これがニュートンの運動の第3法則で，「作用に対して反作用は同じ大きさで逆向きに働く」ということになる。これを，式を使って，より厳密に示すと次のようになる。

運動の第3法則：作用・反作用の法則

物体1が物体2に力$\boldsymbol{f}_{12}$をおよぼしているとき，必ず物体2は物体1に，大きさが等しく逆向きの力$\boldsymbol{f}_{21}$をおよぼす。
すなわち，次式が成り立つ。

$\boldsymbol{f}_{12} = -\boldsymbol{f}_{21}$ ……(∗1)

これを**"作用・反作用の法則"**(*law of action and reaction*)という。

$\boldsymbol{f}_{21}$　$\boldsymbol{f}_{12}$

ここでは物体1，2は，質点1，2であると考えていいよ。この第3法則はとてもシンプルな法則だけれど，この法則によって，複数の物体(複数の役者)の相互関係が規定され，これと"運動方程式"を併用することにより，それらの運動を記述できるようになるんだよ。

$(*1)$ から分かるように，作用 $(\boldsymbol{f}_{12})$ と反作用 $(\boldsymbol{f}_{21})$ の力は，大きさが等しく互いに逆向きに，しかも同一直線上にある。この 2 物体間の相互作用の力 $\boldsymbol{f}_{12}$，$\boldsymbol{f}_{21}$ を "内力（ないりょく）" (*internal force*) といい，これ以外に外部から加わる力 "外力（がいりょく）" (*external force*) とは区別する。図 1 (ⅰ)，(ⅱ) にはこの内力が引力の場合と斥力の場合のイメージをそれぞれ示しておいた。図 1 から分かるように，物体 1 と 2 の位置ベクトルをそれぞれ $\boldsymbol{r}_1$，$\boldsymbol{r}_2$ とおくと，

図 1　作用・反作用の法則

(ⅰ) $\boldsymbol{f}_{12}$，$\boldsymbol{f}_{21}$ が引力のイメージ

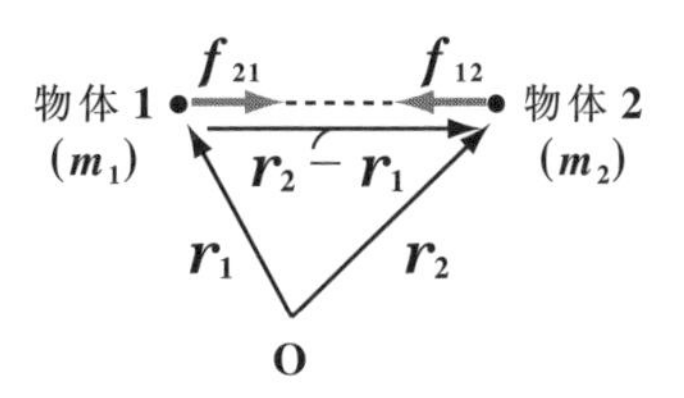

(ⅱ) $\boldsymbol{f}_{12}$，$\boldsymbol{f}_{21}$ が斥力のイメージ

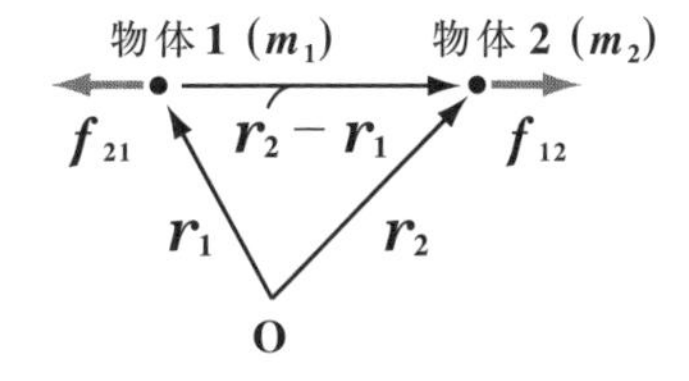

$$\boldsymbol{f}_{12}=-\boldsymbol{f}_{21}\,/\!/\,(\boldsymbol{r}_2-\boldsymbol{r}_1) \quad \cdots\cdots ①$$ （平行）

であることが分かる。

また，物体 1，2 の質量と加速度をそれぞれ m_1，m_2 および $\boldsymbol{a}_1$，$\boldsymbol{a}_2$ とおき，さらに，物体 1，2 には外力は働かず，内力のみで運動するものとすると，物体 1，2 の運動方程式は，

$$\begin{cases} m_1\boldsymbol{a}_1=\boldsymbol{f}_{21} \quad \cdots\cdots ② \\ m_2\boldsymbol{a}_2=\boldsymbol{f}_{12} \quad \cdots\cdots ③ \end{cases}$$ となる。

（物体 1 の運動方程式）（物体 2 の運動方程式）

②と③の両辺の大きさをとると，

$$\begin{cases} m_1\|\boldsymbol{a}_1\|=\|\boldsymbol{f}_{21}\| \quad \cdots\cdots ②' \\ m_2\|\boldsymbol{a}_2\|=\|\boldsymbol{f}_{21}\| \quad \cdots\cdots ③' \end{cases}$$ となる。

（$\boldsymbol{f}_{12}=-\boldsymbol{f}_{21}$ ……$(*1)$ より，$\|\boldsymbol{f}_{12}\|=\|-\boldsymbol{f}_{21}\|=\|\boldsymbol{f}_{21}\|$ だからね。）

ここで，②′ ÷ ③′ を実行すると，

$$\frac{m_1\|\boldsymbol{a}_1\|}{m_2\|\boldsymbol{a}_2\|}=1 \qquad \text{よって，}\ \frac{m_1}{m_2}=\frac{\|\boldsymbol{a}_2\|}{\|\boldsymbol{a}_1\|} \quad \cdots\cdots ④$$ が得られる。

この④は，相互作用によってのみ運動する 2 つの物体の加速度の大きさの比を求めれば，2 つの物体の (慣性) 質量の比が分かることを示している。だから，基準となる質量 1(kg) の物体を基にすれば，他の物体の (慣性) 質量は④から求めることができるんだね。納得いった？

● 作用・反作用の法則から，運動量保存則も導ける！

1つの物体に力が働いていない場合$(\boldsymbol{f}=\boldsymbol{0})$，運動方程式は，$\dfrac{d\boldsymbol{p}}{dt}=\boldsymbol{0}$となるので，その物体の運動量$\boldsymbol{p}=m\boldsymbol{v}$は一定に保たれる。これは1つの物体についての"**運動量保存則**(うんどうりょうほぞんそく)"で，さらに，質量mが定数ならば，$\boldsymbol{v}$が一定となり，これは"**慣性の法則(運動の第1法則)**"そのものを表すんだね。

ここで，2つの物体について"作用・反作用の法則"を用いると，2つの物体についても，この"運動量保存則"は成り立つんだ。

2つの物体の運動量保存則

時刻tが，$t_1 \leqq t \leqq t_2$の間，2つの物体1と2が外力を受けず相互作用(内力)のみで運動する場合，それぞれの運動量を$\boldsymbol{p}_1(t)$，$\boldsymbol{p}_2(t)$とおくと，次のように，"**運動量保存則**"が成り立つ。

$$\boldsymbol{p}_1(t_1)+\boldsymbol{p}_2(t_1)=\boldsymbol{p}_1(t_2)+\boldsymbol{p}_2(t_2) \quad \cdots\cdots(*2)$$

$t_1 \leqq t \leqq t_2$の間，2つの物体1と2が外力を受けず相互作用の内力$\boldsymbol{f}_{21}$と$\boldsymbol{f}_{12}$のみを受けて運動するものとしよう。さらに，その間，物体1と2が受ける力積をそれぞれ$\boldsymbol{I}_1$，$\boldsymbol{I}_2$とおくと，

$$\begin{cases} \boldsymbol{I}_1=\displaystyle\int_{t_1}^{t_2}\boldsymbol{f}_{21}dt=\int_{t_1}^{t_2}\frac{d\boldsymbol{p}_1(t)}{dt}dt=\left[\boldsymbol{p}_1(t)\right]_{t_1}^{t_2}=\boldsymbol{p}_1(t_2)-\boldsymbol{p}_1(t_1) \quad \cdots\cdots④ \\ \boldsymbol{I}_2=\displaystyle\int_{t_1}^{t_2}\underbrace{\boldsymbol{f}_{12}}_{(-\boldsymbol{f}_{21})}dt=\int_{t_1}^{t_2}\frac{d\boldsymbol{p}_2(t)}{dt}dt=\left[\boldsymbol{p}_2(t)\right]_{t_1}^{t_2}=\boldsymbol{p}_2(t_2)-\boldsymbol{p}_2(t_1) \quad \cdots\cdots⑤ \end{cases}$$

$\because \boldsymbol{f}_{21}=m_1\boldsymbol{a}_1=\dfrac{d\boldsymbol{p}_1(t)}{dt}$ ……②，$\boldsymbol{f}_{12}=m_2\boldsymbol{a}_2=\dfrac{d\boldsymbol{p}_2(t)}{dt}$ ……③ だからね。

ここで，作用・反作用の法則：$\boldsymbol{f}_{12}=-\boldsymbol{f}_{21}$ ……$(*1)$ より，

$\boldsymbol{I}_1+\boldsymbol{I}_2=\displaystyle\int_{t_1}^{t_2}\underbrace{(\boldsymbol{f}_{21}-\boldsymbol{f}_{21})}_{0}dt=\boldsymbol{0}$ となるので，④＋⑤を実行すると，

$$\boldsymbol{0}=\boldsymbol{p}_1(t_2)-\boldsymbol{p}_1(t_1)+\boldsymbol{p}_2(t_2)-\boldsymbol{p}_2(t_1)$$

これから2つの物体の運動量保存則：

$\boldsymbol{p}_1(t_1)+\boldsymbol{p}_2(t_1)=\boldsymbol{p}_1(t_2)+\boldsymbol{p}_2(t_2)$ ……$(*2)$ が導かれる！ 大丈夫？

（左辺：時刻t_1における物体1と2の運動量の和）（右辺：時刻t_2における物体1と2の運動量の和）

それでは，この“運動量保存則”を用いて，次のロケットの加速の問題を解いてみよう。

> 例題 9　他の天体から十分に離れた宇宙空間で，質量 m，速度 v のロケットが，進行方向と逆向きに，ロケットから見て相対速度 $-u(u>0)$ で質量 Δm のガスを噴射した。噴射後のロケットの速度 v' を求めてみよう。

条件より，ロケットには外力のかからない状態と考えていいね。下図のように，ロケットとガスの運動は同一直線上で起こっていると考える。また，ガスの噴射速度は，慣性系から見て $v'-u$ と見えるはずだね。

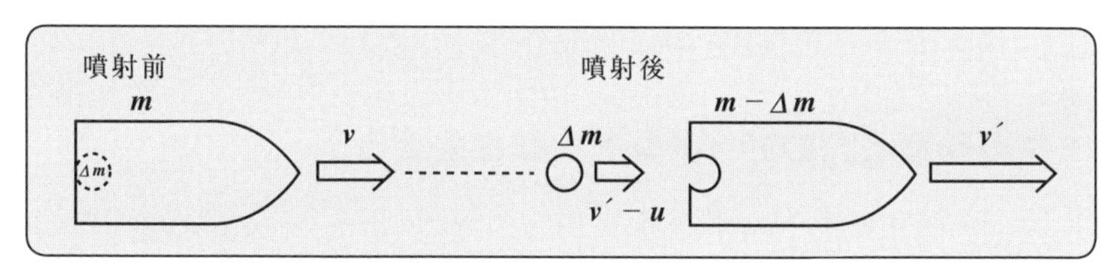

よって，噴射前後の運動量はそれぞれ，

$$\begin{cases} \text{噴射前：} mv \\ \text{噴射後：} (m-\Delta m)v' + \Delta m(v'-u) \end{cases}$$ となる。

運動量保存則より，これらは等しいので，

$$mv = (m-\Delta m)v' + \Delta m(v'-u) \qquad mv' = mv + \Delta m u$$

よって，求める噴射後のロケットの速度 v' は，

$v' = v + \dfrac{\Delta m}{m}u$ となって，$\dfrac{\Delta m}{m}u$ の分だけ加速されることが分かったんだね。大丈夫？

この 2 物体の運動量保存則は，図 2 に示すように，2 つの物体 1 と 2 の衝突問題にも適用できる。衝突時，2 つの物体には，“撃力（げきりょく）”という大きな力が，微小な時間に働くので，その撃力（f と $-f$）の時間的な変化の様子を調べることは難し

図 2　2 物体の衝突

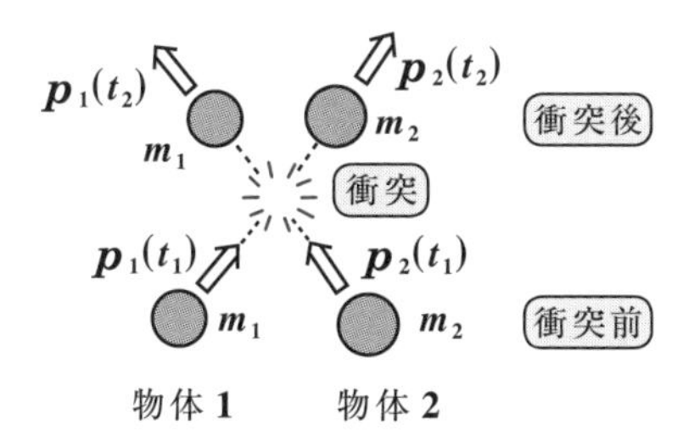

いが，t_1 と t_2 を $t_2-t_1=\Delta t$ とおいて，衝突前後のごく短い時間とし，物体 **1** と **2** に働く力積をそれぞれ $\boldsymbol{I}_1$，$\boldsymbol{I}_2$ とすれば，

$\boldsymbol{I}_1=\int_{t_1}^{t_2}\boldsymbol{f}\,dt$,　　$\boldsymbol{I}_2=\int_{t_1}^{t_2}(-\boldsymbol{f}\,dt)=-\boldsymbol{I}_1$　となる。これから，**2** つの物体の衝突前後の運動量をそれぞれ，$\boldsymbol{p}_1(t_1)$，$\boldsymbol{p}_1(t_2)$，$\boldsymbol{p}_2(t_1)$，$\boldsymbol{p}_2(t_2)$ とおくと，

$$\begin{cases}\boldsymbol{p}_1(t_1)+\boldsymbol{I}_1=\boldsymbol{p}_1(t_2) & \cdots\cdots④' \\ \boldsymbol{p}_2(t_1)+\boldsymbol{I}_2=\boldsymbol{p}_2(t_2) & \cdots\cdots⑤'\end{cases}$$

$\boldsymbol{I}_2 = -\boldsymbol{I}_1$

物体 **1** と **2** それぞれについて，
（衝突前の運動量）+（力積）
=（衝突後の運動量）
が成り立つ。**(P47)** これも重要な公式だ！

となる。よって，　④′＋⑤′ より，衝突の前後においても運動量保存則：
$\boldsymbol{p}_1(t_1)+\boldsymbol{p}_2(t_1)=\boldsymbol{p}_1(t_2)+\boldsymbol{p}_2(t_2)$ が成り立つんだね。納得いった？

● 角運動量と力のモーメントも押さえよう！

まず，モーメントの一般論から始めよう。図 **3** に示すように，位置ベクトル $\boldsymbol{r}$ をもつ質点 **P** に束縛ベクトル $\boldsymbol{b}$ が作用しているものとしよう。

この $\boldsymbol{b}$ は，速度 $\boldsymbol{v}$，加速度 $\boldsymbol{a}$，力 $\boldsymbol{f}$，運動量 $\boldsymbol{p}(=m\boldsymbol{v})$ など，なんでもかまわない。だから，一般論だ！

図 **3** モーメントの定義

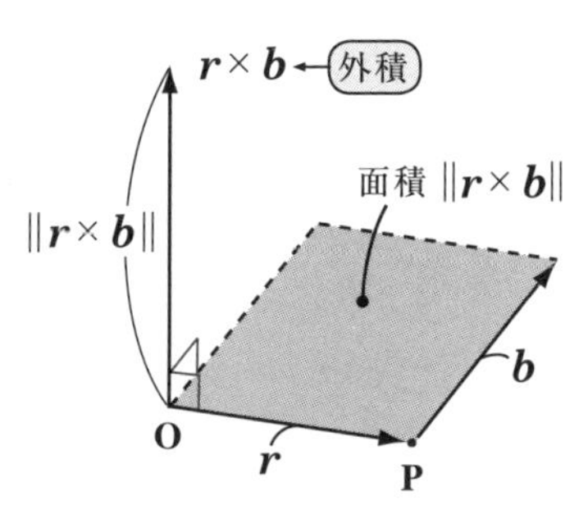

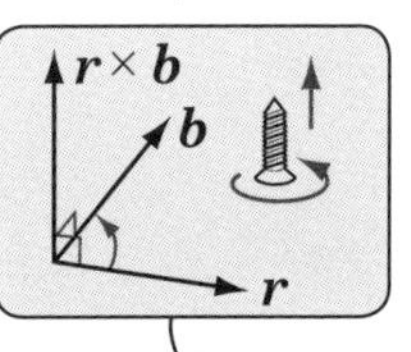

$\boldsymbol{r}$ と $\boldsymbol{b}$ の始点を合わせると，$\boldsymbol{r}\times\boldsymbol{b}$ は，$\boldsymbol{r}$ から $\boldsymbol{b}$ に向かうように回転するとき，右ネジの進む向きに一致する。

このとき，外積 $\boldsymbol{r}\times\boldsymbol{b}$ のことを，“**$\boldsymbol{b}$ の原点 O に関するモーメント**”，または略して，“**$\boldsymbol{b}$ のモーメント**”と呼ぶ。だから，$\boldsymbol{r}\times\boldsymbol{v}$ は“**速度のモーメント**”と呼び，$\boldsymbol{r}\times\boldsymbol{f}$ は“**力のモーメント**”などと呼べばいいんだね。

それでは，運動方程式：

$\boldsymbol{f}=\dfrac{d\boldsymbol{p}}{dt}$ ……(a) の両辺のモーメントをとってみよう。すると，

$\underline{r \times f} = \underline{\underline{r \times \frac{dp}{dt}}}$ ……(b) となる。ここで，“**力のモーメント**”(*moment*)

力のモーメント N とおく。

$\frac{d}{dt}(r \times p)$ と変形できる。

を N とおくと，(b)の左辺は $\underline{r \times f} = \underline{N}$ ……(c)

となる。(b)の右辺については，

$$\frac{d}{dt}(r \times p) = \dot{r} \times p + r \times \dot{p}$$

（$\dot{r} = v$，$p = mv$）

$$= v \times mv + r \times \dot{p} = r \times \frac{dp}{dt} \quad \cdots\cdots(d)$$

（$v \times mv = 0$）

∵ $a /\!/ b$ のとき $a \times b = 0$ だからね。(P19)

スカラー値関数 f と g の積の微分が，$(fg)' = f'g + fg'$ となるように，一般にベクトル値関数 f と g の内積や外積の微分も，

$$\begin{cases} (f \cdot g)' = f' \cdot g + f \cdot g' \\ (f \times g)' = f' \times g + f \times g' \end{cases}$$

と表せる。

（これらの公式の証明を知りたい方は，「ベクトル解析キャンパス・ゼミ」（マセマ）で学習されることを勧める。）

となるので，(c)と(d)を(b)に代入すると，

$N = \frac{d}{dt}\underline{(r \times p)}$ ……(e) となる。ここで，

運動量のモーメント（角運動量）：L とおく。

(e)の右辺の運動量 p のモーメントのことを，特に“**角運動量**（かくうんどうりょう）”(*angular moment*)と呼び，これを L で表すことにすると，(e)はさらにシンプルに，

$N = \frac{dL}{dt}$ ……(f) （N：力のモーメント，L：角運動量）と表される。

この“**角運動量の方程式**”は主に回転運動を調べる際に役に立つ公式なので，“**回転の運動方程式**”と呼ぶことにしよう。

回転の運動方程式

物体の角運動量 $(L = r \times p)$ の変化率 $\left(\frac{dL}{dt}\right)$ は，その物体に作用する力のモーメント $(N = r \times f)$ に等しい。

$$N = \frac{dL}{dt} \qquad (N：力のモーメント，L：角運動量)$$

回転の運動方程式における物体とは，力のモーメントによる回転を考えているので，対象はもはや質点ではなく，ある大きさをもった物体か，複数の質点からなる質点系を想定していることに気を付けよう。

エッ，“回転の運動方程式”は“運動の第 2 法則の運動方程式”とソックリだって!? その通りだね。これら 2 つは対比して覚えておくと忘れないはずだ。もう 1 度並べて書いておこう。

・運動方程式

$$\boldsymbol{f} = \frac{d\boldsymbol{p}}{dt}$$

（$\boldsymbol{f}$：力， $\boldsymbol{p}$：運動量）

・回転の運動方程式

$$\boldsymbol{N} = \frac{d\boldsymbol{L}}{dt}$$

（$\boldsymbol{N} = \boldsymbol{r} \times \boldsymbol{f}$：力のモーメント
$\boldsymbol{L} = \boldsymbol{r} \times \boldsymbol{p}$：角運動量）

● 万有引力の法則からケプラーの第 2 法則を導こう！

準備も整ったので，これから“**万有引力**（ばんゆういんりょく）**の法則**”からケプラーの第 2 法則を導くことにしよう。まず，“万有引力の法則”を下に示す。

万有引力の法則

距離 r だけ離れた質量 M と m の 2 つの物体には常に互いに引き合う力が作用する。この力を“**万有引力**”(***universal gravitation***) と呼び，その大きさ f は質量の積 Mm に比例し，距離の 2 乗 r^2 に反比例する。よって，

万有引力の大きさ $f = G\dfrac{Mm}{r^2}$ ……($*$3) となる。

(G：万有引力定数 $6.672 \times 10^{-11}\,(\mathrm{Nm^2/kg^2})$)

質量 M と m の 2 つの物体は“地球とリンゴ”でも良ければ，“太陽と惑星”でもかまわない。ここでは，“太陽と惑星”の万有引力の法則を基に，次の 3 つの“ケプラーの法則”の内，第 2 法則が成り立つことを示してみよう。

ケプラーの法則

・第 1 法則：惑星は太陽を 1 つの焦点とするだ円軌道上を運動する。

・第 2 法則：惑星と太陽を結ぶ線分が同一時間に通過してできる図形の面積は一定である。

・第 3 法則：惑星の公転周期 T の 2 乗は惑星のだ円軌道の長半径 a の 3 乗に比例する。

運動方程式と万有引力の法則から，惑星がだ円軌道を描くこと（第 1 法則）を導くことができるんだけれど，これは“惑星の運動”の所で詳しく解説しよう。

今回は，この第 1 法則が成り立つものとして，“**面積速度一定の法則**（めんせきそくどいってい）”と呼ばれるケプラーの第 2 法則が成り立つことを示す。

図 4 万有引力の法則

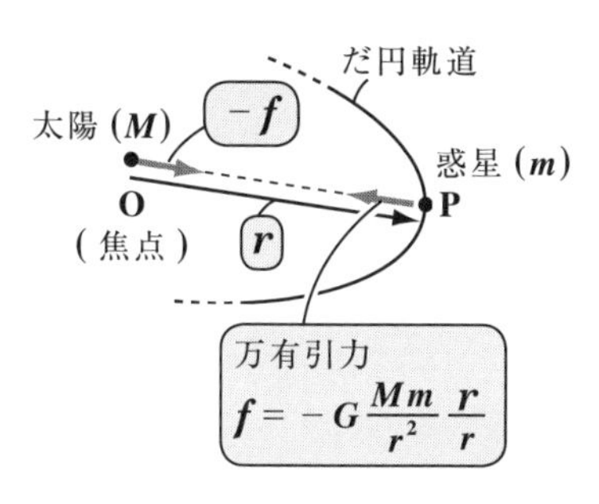

図 4 に示すように，太陽と惑星の質量をそれぞれ M と m とおき，また，それぞれの重心を O と P とおくと，O を原点（だ円の焦点）としたときの惑星 P の位置ベクトル $\boldsymbol{r}$ は，$\boldsymbol{r} = \overrightarrow{\mathrm{OP}}$ となる。

万有引力は 2 つの質点 O と P の間に働く内力で，作用・反作用の法則から，太陽が惑星におよぼす万有引力を $\boldsymbol{f}$ とすると，惑星が太陽におよぼす万有引力は $-\boldsymbol{f}$ となる。ここで，万有引力 $\boldsymbol{f}$ をベクトルの式で示すと，

$$\boldsymbol{f} = -G\frac{Mm}{r^2}\frac{\boldsymbol{r}}{r} \quad \cdots\cdots ①$$ となるのは大丈夫だね。

$\boldsymbol{r}$ を $\|\boldsymbol{r}\| = r$ で割っているので，これは $\boldsymbol{r}$ と同じ向きの単位ベクトル $\boldsymbol{e}$ を表す。
太陽が惑星におよぼす引力 $\boldsymbol{f}$ は $\boldsymbol{e}$ と逆向きで，大きさは $G\dfrac{Mm}{r^2}$ より，①となる！

①はさらにシンプルに，

$$\boldsymbol{f} = -k\boldsymbol{r} \quad \cdots\cdots ①' \quad \left(k = \frac{GMm}{r^3}\right)$$ と表してもいい。

太陽の質量 M は惑星の質量 m と比べて，$M \gg m$ より，太陽の位置 O は不動で，惑星 P のみが O を焦点とするだ円軌道を描くと考えていい。①′より，万有引力 $\boldsymbol{f}$ は原点（だ円の焦点）O に向かう力なので，“**中心力**（ちゅうしんりょく）”，または“**向心力**（こうしんりょく）”と呼ぶこともできる。

ここで，回転の運動方程式：

$$\boldsymbol{N} = \frac{d\boldsymbol{L}}{dt} \quad \cdots\cdots ②$$ を登場させよう。　すると，①′より，

力のモーメント $\boldsymbol{N} = \boldsymbol{r} \times \underset{(-k\boldsymbol{r})}{\boldsymbol{f}} = \boldsymbol{r} \times (-k\boldsymbol{r}) = \boldsymbol{0}$ となる。

（$\because \boldsymbol{r} /\!/ (-k\boldsymbol{r})$ だからね。）

よって，②は $\mathbf{0}=\frac{d\boldsymbol{L}}{dt}$ となるので角運動量 $\boldsymbol{L}=\boldsymbol{r}\times\boldsymbol{p}$ （$m\boldsymbol{v}$）は定ベクトルになる。この意味が分かる？

図 **5** に示すように，$\boldsymbol{L}$ は太陽 **O** のまわりを回転運動する惑星 **P** の回転軸を表すベクトルなんだ。これが一定で，フラフラ動かないということは，惑星の描く軌道面も一定となるので，惑星 **P** は，$\boldsymbol{L}$ と直交する水平面内のだ円軌道を描くことを意味しているんだね。だから，惑星 **P** が上下に波打つような運動をすることは決してない。納得いった？

図 5　$\boldsymbol{L}$ =（定ベクトル）の意味

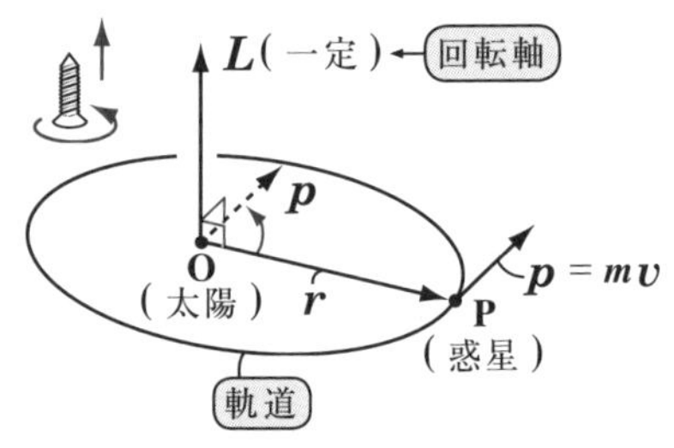

それでは次，**面積速度** $A(t)$ の定義を下に示そう。

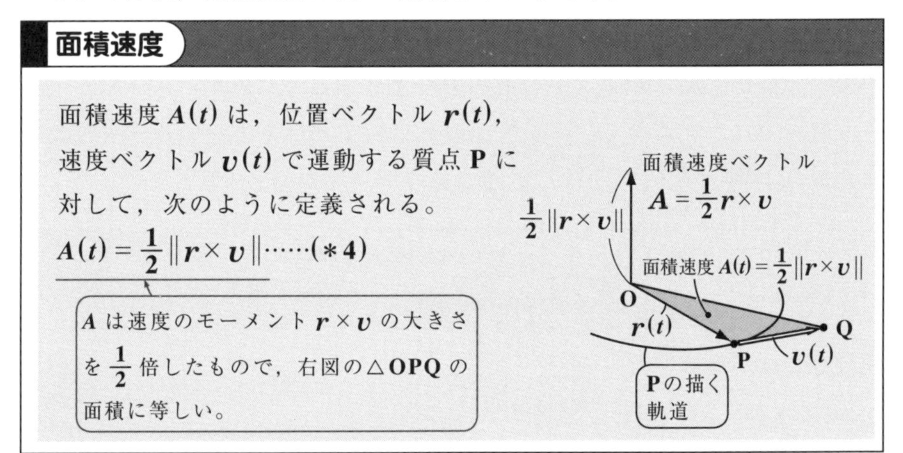

面積速度

面積速度 $A(t)$ は，位置ベクトル $\boldsymbol{r}(t)$，速度ベクトル $\boldsymbol{v}(t)$ で運動する質点 **P** に対して，次のように定義される。

$$A(t)=\frac{1}{2}\|\boldsymbol{r}\times\boldsymbol{v}\| \quad \cdots\cdots(*4)$$

A は速度のモーメント $\boldsymbol{r}\times\boldsymbol{v}$ の大きさを $\frac{1}{2}$ 倍したもので，右図の△**OPQ** の面積に等しい。

時刻 t と $t+\Delta t$ の間の Δt 秒間に，動径 **OP** が通過する微小な面積は，図 **6** に示すように，近似的に

$\frac{1}{2}\|\boldsymbol{r}\times\Delta t\,\boldsymbol{v}\|=\frac{\Delta t}{2}\|\boldsymbol{r}\times\boldsymbol{v}\|$ となり，（Δt：⊕の数）

これを微小時間 Δt で割ったものが，単位時間に動径 **OP** が通過する面積，

図 6　面積速度 $A(t)$

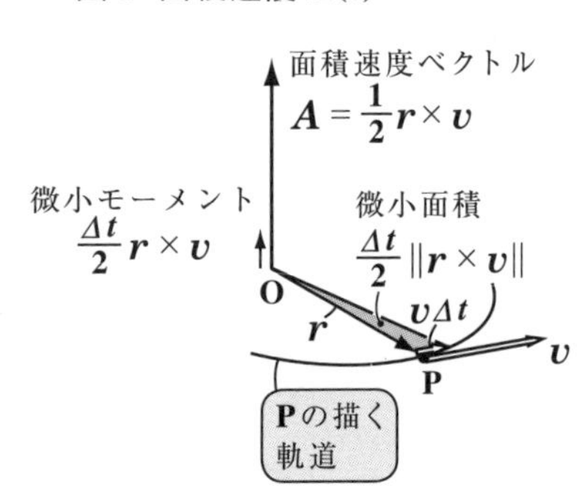

すなわち面積速度 $A(t)$ になる。

∴面積速度 $A(t)=\dfrac{1}{2}\|\boldsymbol{r}\times\boldsymbol{v}\|$ ……(*4)　となるんだね。

これは，面積速度ベクトル $\boldsymbol{A}(t)=\dfrac{1}{2}\boldsymbol{r}\times\boldsymbol{v}$ の大きさのことなんだ。

ここで，ケプラーの第2法則は，「惑星Pと太陽Oを結ぶ線分が，同一時間Tに通過してできる図形の面積は一定である。」と言っているので，図7に示す2つの面積 A_1 と A_2 は，当然 $A_1=A_2$ となる。

図7 ケプラーの第2法則

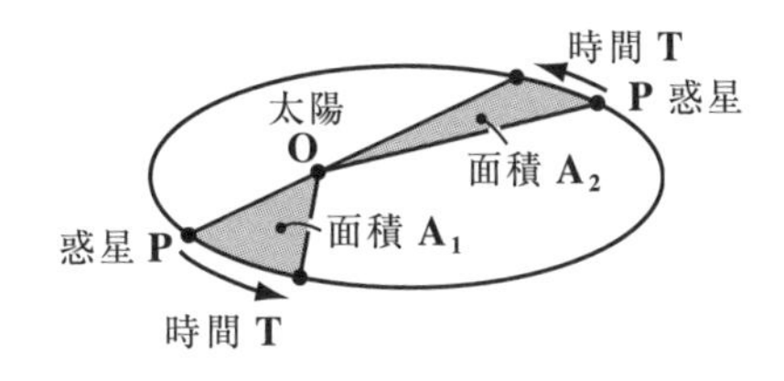

このケプラーの第2法則をより正確に表現すると，さらに次のようになる。

「質量 m の惑星Pが，原点Oに向かう万有引力 $\boldsymbol{f}=-k\boldsymbol{r}$ を受けて運動する場合，その面積速度 $A(t)=\dfrac{1}{2}\|\boldsymbol{r}\times\boldsymbol{v}\|$ は一定である。」

そして，このことは，これまでの解説から，既に明らかなのは大丈夫？

そう…，万有引力 $\boldsymbol{f}=-k\boldsymbol{r}$ ……①′ より，回転の運動方程式は，

$$\frac{d\boldsymbol{L}}{dt}=\boldsymbol{N}=\boldsymbol{r}\times(-k\boldsymbol{r})=\boldsymbol{0}$$ となるので，

角運動量 $\boldsymbol{L}=\boldsymbol{r}\times\underset{m\boldsymbol{v}}{\boldsymbol{p}}=(一定)$ となったんだね。これをさらに変形すると，

$$\boldsymbol{L}=\boldsymbol{r}\times m\boldsymbol{v}=m\boldsymbol{r}\times\boldsymbol{v}=2m\underbrace{\left(\frac{1}{2}\boldsymbol{r}\times\boldsymbol{v}\right)}_{面積速度ベクトル\boldsymbol{A}(t)}=\underbrace{2m}_{定数}\boldsymbol{A}(t)=(一定)$$

となり，$2m$ は定数だから，面積速度ベクトル $\boldsymbol{A}(t)=\dfrac{1}{2}\boldsymbol{r}\times\boldsymbol{v}$ も時刻 t に関わらず，一定となる。よって，面積速度 $A(t)=\|\boldsymbol{A}(t)\|$ も当然，一定となるので，単位時間に動径OPが通過する面積は常に一定となるんだね。納得いった？

演習問題 3　● 運動量保存則 ●

質量 m の質点 P_1 は速度 $\boldsymbol{v}_1=[0,\ 2,\ 2\sqrt{2}]$ で，また，質量 $3m$ の質点 P_2 は速度 $\boldsymbol{v}_2=[-2,\ 0,\ 0]$ で等速度運動していたが，ある点で衝突した後，質点 P_1 は速度 $\boldsymbol{v}_1{}'=[-3,\ -1,\ -\sqrt{2}]$ で，また，質点 P_2 は速度 $\boldsymbol{v}_2{}'$ で再び等速度運動をした。このとき，速度 $\boldsymbol{v}_2{}'$ を求めよ。また，この衝突により，質点 P_1 が受けた力積 $\boldsymbol{I}_1$ を求めよ。
(ただし，2 つの質点 P_1，P_2 には外力は働いていないものとする。)

ヒント！ 運動量保存則から，$m\boldsymbol{v}_1+3m\boldsymbol{v}_2=m\boldsymbol{v}_1{}'+3m\boldsymbol{v}_2{}'$ だね。これから $\boldsymbol{v}_2{}'$ を求める。次に，$m\boldsymbol{v}_1+\boldsymbol{I}_1=m\boldsymbol{v}_1{}'$ から $\boldsymbol{I}_1$ を求めればいい。

解答＆解説

衝突の前後で 2 つの質点 P_1 と P_2 の運動量の和は保存されるので，

衝突前後のイメージ

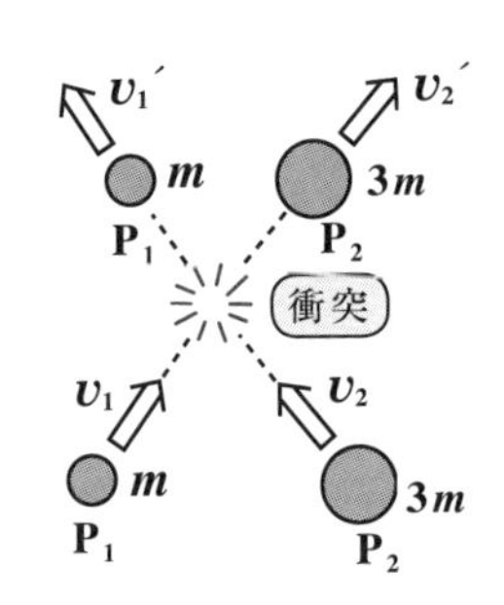

$$\cancel{m}\boldsymbol{v}_1+3\cancel{m}\boldsymbol{v}_2=\cancel{m}\boldsymbol{v}_1{}'+3\cancel{m}\boldsymbol{v}_2{}'$$

$\boldsymbol{v}_1=[0,\ 2,\ 2\sqrt{2}]$，$\boldsymbol{v}_2=[-2,\ 0,\ 0]$，$\boldsymbol{v}_1{}'=[-3,\ -1,\ -\sqrt{2}]$

両辺を $m(>0)$ で割って $\boldsymbol{v}_2{}'$ を求めると，

$$\boldsymbol{v}_2{}'=\frac{1}{3}(\boldsymbol{v}_1+3\boldsymbol{v}_2-\boldsymbol{v}_1{}')$$
$$=\frac{1}{3}\{[0,\ 2,\ 2\sqrt{2}]+3[-2,\ 0,\ 0]-[-3,\ -1,\ -\sqrt{2}]\}$$
$$=\frac{1}{3}\{[0,\ 2,\ 2\sqrt{2}]+[-6,\ 0,\ 0]+[3,\ 1,\ \sqrt{2}]\}$$
$$=\frac{1}{3}[-3,\ 3,\ 3\sqrt{2}]=[-1,\ 1,\ \sqrt{2}]$$ となる。

質点 P_1 について，衝突前の運動量 $m\boldsymbol{v}_1$ に，衝突による力積 $\boldsymbol{I}_1$ が加わって，衝突後の運動量 $m\boldsymbol{v}_1{}'$ になるので，

$m\boldsymbol{v}_1+\boldsymbol{I}_1=m\boldsymbol{v}_1{}'$　　よって，求める力積 $\boldsymbol{I}_1$ は，

$$\boldsymbol{I}_1=m(\boldsymbol{v}_1{}'-\boldsymbol{v}_1)=m\{[-3,\ -1,\ -\sqrt{2}]-[0,\ 2,\ 2\sqrt{2}]\}$$
$$=m[-3,\ -3,\ -3\sqrt{2}]=[-3m,\ -3m,\ -3\sqrt{2}\,m]$$ となる。

実践問題 3 ● 運動量保存則 ●

質量 $2m$ の質点 P_1 は速度 $\boldsymbol{v}_1=[0,\ 0,\ 3]$ で，また，質量 m の質点 P_2 は速度 $\boldsymbol{v}_2=[3,\ 6,\ 9]$ で等速度運動していたが，ある点で衝突した後，質点 P_1 は速度 $\boldsymbol{v}_1{}'=[2,\ 4,\ 7]$ で，また，質点 P_2 は速度 $\boldsymbol{v}_2{}'$ で再び等速度運動をした。このとき，速度 $\boldsymbol{v}_2{}'$ を求めよ。また，この衝突により，質点 P_2 が受けた力積 $\boldsymbol{I}_2$ を求めよ。
(ただし，2 つの質点 P_1，P_2 には外力は働いていないものとする。)

ヒント！ 同様に，$2m\boldsymbol{v}_1+m\boldsymbol{v}_2=2m\boldsymbol{v}_1{}'+m\boldsymbol{v}_2{}'$ と $m\boldsymbol{v}_2+\boldsymbol{I}_2=m\boldsymbol{v}_2{}'$ を使う。

解答&解説

衝突の前後で 2 つの質点 P_1 と P_2 の運動量の和は (ア) されるので，

$$2m\boldsymbol{v}_1 + m\boldsymbol{v}_2 = 2m\boldsymbol{v}_1{}' + m\boldsymbol{v}_2{}'$$

$\boldsymbol{v}_1=[0,\ 0,\ 3]$，$\boldsymbol{v}_2=[3,\ 6,\ 9]$，$\boldsymbol{v}_1{}'=[2,\ 4,\ 7]$

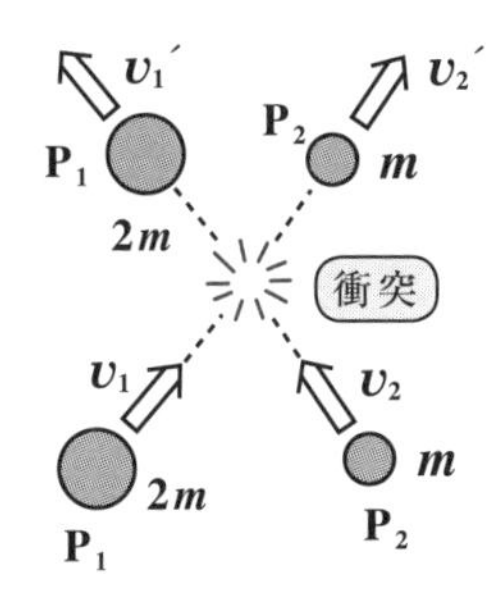

両辺を $m(>0)$ で割って $\boldsymbol{v}_2{}'$ を求めると，

$$\boldsymbol{v}_2{}' = \text{(イ)}$$
$$=2[0,\ 0,\ 3]+[3,\ 6,\ 9]-2[2,\ 4,\ 7]$$
$$=[0,\ 0,\ 6]+[3,\ 6,\ 9]-[4,\ 8,\ 14]$$
$$=\text{(ウ)}$$ となる。

質点 P_2 について，衝突前の運動量 $m\boldsymbol{v}_2$ に，衝突による力積 $\boldsymbol{I}_2$ が加わって，衝突後の運動量 $m\boldsymbol{v}_2{}'$ になるので，

$m\boldsymbol{v}_2+\boldsymbol{I}_2=$ (エ)　　よって，求める力積 $\boldsymbol{I}_2$ は，

$$\boldsymbol{I}_2=m(\boldsymbol{v}_2{}'-\boldsymbol{v}_2)=m\{[-1,\ -2,\ 1]-[3,\ 6,\ 9]\}$$
$$=m[-4,\ -8,\ -8]=\text{(オ)}$$ となる。

解答 (ア) 保存　(イ) $2\boldsymbol{v}_1+\boldsymbol{v}_2-2\boldsymbol{v}_1{}'$　(ウ) $[-1,\ -2,\ 1]$　(エ) $m\boldsymbol{v}_2{}'$
(オ) $[-4m,\ -8m,\ -8m]$ (または $-4m[1,\ 2,\ 2]$)

講義2 ● 運動の法則　公式エッセンス

1. 運動の第1法則：慣性の法則

物体に外力が作用しない限り，その物体は静止し続けるか，等速度運動を続ける。

2. 運動の第2法則：運動方程式

$\boldsymbol{f}=\frac{d\boldsymbol{p}}{dt}=\frac{d}{dt}(m\boldsymbol{v})$　特に，m 一定のときは，$\boldsymbol{f}=m\boldsymbol{a}$　$\left(\boldsymbol{a}=\frac{d\boldsymbol{v}}{dt}\right)$

3. 運動の第3法則：作用・反作用の法則

物体1が物体2に力 $\boldsymbol{f}_{12}$ を及ぼせば，物体2は物体1に大きさが等しく逆向きの力 $\boldsymbol{f}_{21}$ を及ぼす：$\boldsymbol{f}_{12}=-\boldsymbol{f}_{21}$

4. 2つの物体の運動量保存則

$t_1 \leqq t \leqq t_2$ の間，2つの物体1と2が外力を受けず，内力のみで運動するとき，それぞれの運動量の和は保存される：

$\boldsymbol{p}_1(t_1)+\boldsymbol{p}_2(t_1)=\boldsymbol{p}_1(t_2)+\boldsymbol{p}_2(t_2)$

5. 回転の運動方程式

物体の角運動量 $\boldsymbol{L}(=\boldsymbol{r}\times\boldsymbol{p})$ の変化率 $\frac{d\boldsymbol{L}}{dt}$ は，その物体に作用する力のモーメント $\boldsymbol{N}(=\boldsymbol{r}\times\boldsymbol{f})$ に等しい：$\boldsymbol{N}=\frac{d\boldsymbol{L}}{dt}$

6. 万有引力の法則

距離 r だけ離れた質量 M と m の2つの物体には，互いに引き合う万有引力が作用し，その大きさ f は質量の積 Mm に比例し，距離 r の2乗に反比例する：

$f=G\frac{Mm}{r^2}$　（万有引力定数　$G=6.672\times10^{-11}(Nm^2/\mathrm{kg}^2)$）

7. ケプラーの法則

(i) 第1法則：惑星は太陽を1つの焦点とするだ円軌道上を運動する。

(ii) 第2法則：惑星と太陽を結ぶ線分が同一時間に通過してできる図形の面積は一定である。

(iii) 第3法則：惑星の公転周期 T の2乗は惑星のだ円軌道の長半径 a の3乗に比例する。

講義 Lecture 3

仕事とエネルギー

▶ 仕事と運動エネルギー

$$\left(\int_{P_1}^{P_2} \boldsymbol{f} \cdot d\boldsymbol{r} = \frac{1}{2}m{v_2}^2 - \frac{1}{2}m{v_1}^2\right)$$

▶ 保存力，ポテンシャル（位置エネルギー）

$$\left(\boldsymbol{f}_c = -\mathbf{grad}\,U = -\nabla U = -\left[\frac{\partial U}{\partial x},\ \frac{\partial U}{\partial y},\ \frac{\partial U}{\partial z}\right]\right)$$

▶ 力学的エネルギー保存則

$$\left(\frac{1}{2}m{v_1}^2 + U(\mathrm{P}_1) = \frac{1}{2}m{v_2}^2 + U(\mathrm{P}_2)\right)$$

§1. 仕事と運動エネルギー

前回，力 f を時間で積分した“力積”が“運動量”に変化を与えることを学習した。今回はこの力 f を質点の描く軌道に沿って積分してみよう。これは“**仕事**”と呼ばれる(スカラー)量で，文字通り，力が物体になした仕事の量を表す。そして，その結果，物体の“**運動エネルギー**”が変化することになるんだね。

以上の要点は高校の物理でも既に習っていると思うけれど，大学の力学だから，“**接線線積分**”の手法も含めて数学的にももっとキチンと解説するつもりだ。エッ，難しそうだって？ 大丈夫！ 今回も分かりやすく教えるからね。

● まず，仕事のイメージをつかもう！

図1に示すように，xy 座標をとり，x 軸を滑らかな(まさつのない)水平面とし，$x=x_1$ の点に質量 m の物体をおく。この物体に，一定の力 $f=[f_x,\ f_y]$ を加えながら，$x=x_2$ の点まで移動させるものとする。このとき，

図1 仕事 $W=f\cdot r$ のイメージ

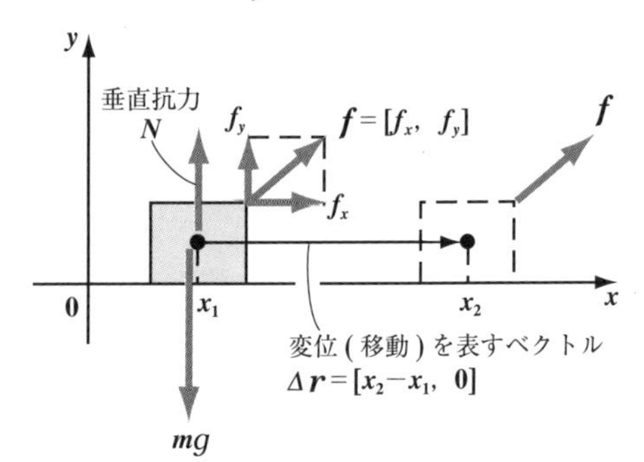

y 軸方向の力は，

$f_y+N=mg$ となって，つり合う。 ← y 軸方向には静止状態

(f_y：f の y 成分，N：垂直抗力，mg：物体に働く重力)

x 軸方向には，f_x の力が作用する。

x 軸方向の運動方程式 $f_x=ma$ から，この物体は x 軸方向に加速度 a で等加速度運動することが分かる！

ここで，この力 f が物体にした“**仕事**”(*work*)W は，「物体の移動した変位 (x_2-x_1) と，力 f の移動の向きの成分 (f_x) との積」で定義される。よって，この例で力 f のなした仕事 W は，

$W = f_x(x_2 - x_1)$ ……① ということになる。
この①の右辺は，力 $\boldsymbol{f} = [f_x,\ f_y]$，変位 $\Delta \boldsymbol{r} = [x_2 - x_1,\ 0]$ とおくと，これらのベクトルの内積の形で，一般的に表現することができる。すなわち，

$$W = \boldsymbol{f} \cdot \Delta \boldsymbol{r}$$

$$\boldsymbol{f} \cdot \Delta \boldsymbol{r} = [f_x,\ f_y] \cdot [x_2 - x_1,\ 0]$$

$$= f_x(x_2 - x_1) + \cancel{f_y \cdot 0} = f_x(x_2 - x_1)$$

$\boldsymbol{a} \cdot \boldsymbol{b} = [a_1,\ a_2] \cdot [b_1,\ b_2] = a_1b_1 + a_2b_2$

となって，①の右辺と一致するからだ。$\boldsymbol{f}$ の f_y は変位ベクトル $\Delta \boldsymbol{r}$ とは垂直な向きの成分なので，内積をとったら 0 となって，仕事 W には何も寄与しないことに気を付けよう。

● 仕事により運動エネルギーが変化する！

それでは"仕事"の一般論について解説しよう。

図2 接線線積分による仕事の表現(Ⅰ)

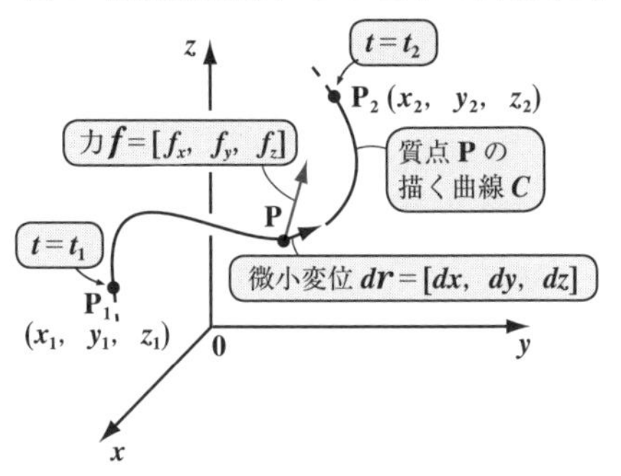

図2に示すように，xyz 座標空間内を質量 m をもつ質点 P が，力 $\boldsymbol{f} = [f_x,\ f_y,\ f_z]$ を受けながら点 P_1 から P_2 まで曲線(軌跡) C を描いて移動するものとする。図2から分かるように，曲線(変位)の向きは常に変化するので，ここではまず，力 $\boldsymbol{f}$ が質点 P に働いて微小変位 $d\boldsymbol{r} = [dx,\ dy,\ dz]$ だけ移動させた微小な仕事 dW を求めることにしよう。すると

$dW = \boldsymbol{f} \cdot d\boldsymbol{r}$ ……② となる。よって，
②を点 $\mathrm{P}_1(x_1,\ y_1,\ z_1)$ から点 $\mathrm{P}_2(x_2,\ y_2,\ z_2)$ まで積分することにより，この間に力 $\boldsymbol{f}$ が質点 P になした仕事 W は，

$$W = \int_{\mathrm{P}_1}^{\mathrm{P}_2} \boldsymbol{f} \cdot d\boldsymbol{r} \quad \cdots\cdots (*1)$$

と求まるんだね。（この力 $\boldsymbol{f}$ は $x,\ y,\ z$ の関数と考える。）

（力 $\boldsymbol{f} = [f_x,\ f_y,\ f_z]$，微小変位 $d\boldsymbol{r} = [dx,\ dy,\ dz]$）
$(*1)$ の右辺は，力のベクトル $\boldsymbol{f}$ を，曲線(軌道)の接線方向に沿って積分しているので，"**接線線積分**"と呼ばれる。また，$(*1)$ を具体的に表すと，

これは次のように，

$$W=\int_{P_1}^{P_2}\boldsymbol{f}\cdot d\boldsymbol{r}=\int_{P_1}^{P_2}[f_x,\ f_y,\ f_z]\cdot[dx,\ dy,\ dz]$$

$$\therefore\ W=\int_{P_1}^{P_2}(f_x dx+f_y dy+f_z dz)\ \cdots\cdots(*2)$$

$\boldsymbol{a}\cdot\boldsymbol{b}=[a_1,\ a_2,\ a_3]\cdot[b_1,\ b_2,\ b_3]=a_1b_1+a_2b_2+a_3b_3$

と表される。この表し方は，この後に解説する“**ポテンシャル**”のところで重要な役割を演じるので，覚えておこう。

さらに，この仕事 W を調べてみよう。加速度 $\boldsymbol{a}$ は質点 P の描く曲線(軌道)の接線方向と主法線方向に分解されて，

$$\boldsymbol{a}=\frac{dv}{dt}\boldsymbol{t}+\frac{v^2}{R}\boldsymbol{n}\ \cdots\cdots③$$

$\left(\begin{array}{l}\boldsymbol{t}:\text{単位接線ベクトル}\\ \boldsymbol{n}:\text{単位主法線ベクトル}\end{array}\right)$

と表される(P27)ことは既に解説した。よって図3に示すように，質点 P に働く力 $\boldsymbol{f}$ も③を使って，$\boldsymbol{t}$ と $\boldsymbol{n}$ で，

$$\boldsymbol{f}=m\boldsymbol{a}=m\left(\frac{dv}{dt}\boldsymbol{t}+\frac{v^2}{R}\boldsymbol{n}\right)$$

$$\boldsymbol{f}=m\frac{dv}{dt}\boldsymbol{t}+m\frac{v^2}{R}\boldsymbol{n}\ \cdots\cdots④$$

と表すことができる。

図3 接線線積分による仕事の表現(Ⅱ)

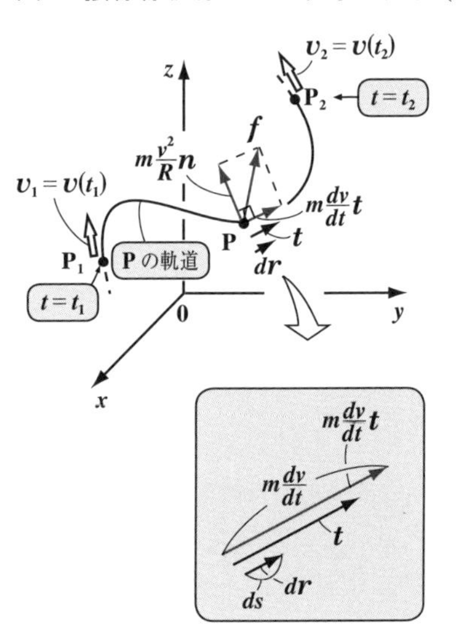

また，微小変位 $d\boldsymbol{r}$ の大きさを

$ds=\|d\boldsymbol{r}\|$ とおくと，$d\boldsymbol{r}=ds\boldsymbol{t}\ \cdots\cdots⑤$ となる。

よって，仕事の公式：$W=\int_{P_1}^{P_2}\boldsymbol{f}\cdot d\boldsymbol{r}\ \cdots\cdots(*1)$ に④と⑤を代入して，

$$W=\int_{P_1}^{P_2}\left(\underbrace{m\frac{dv}{dt}\boldsymbol{t}+m\frac{v^2}{R}\boldsymbol{n}}_{\boldsymbol{f}}\right)\cdot\underbrace{ds\boldsymbol{t}}_{d\boldsymbol{r}}$$

$$=\int_{P_1}^{P_2}\left(m\frac{dv}{dt}ds\underbrace{\|\boldsymbol{t}\|^2}_{1^2}+m\frac{v^2}{R}ds\underbrace{\boldsymbol{n}\cdot\boldsymbol{t}}_{0}\right)$$

∵ $\boldsymbol{n}\perp\boldsymbol{t}$ だからね。

$\therefore\ W=m\int_{P_1}^{P_2}\frac{dv}{dt}ds$ となる。(∵ $\|\boldsymbol{t}\|=1$, $\boldsymbol{n}\cdot\boldsymbol{t}=0$)

ここで, $\frac{ds}{dt}=v\ (=\|\boldsymbol{v}\|)$ より, この積分を時刻 t での積分に変換すると,

$$W=m\int_{t_1}^{t_2}\frac{dv}{dt}\underbrace{\frac{ds}{dt}}_{v}dt=m\int_{t_1}^{t_2}v\frac{dv}{dt}dt$$ となる。

さらに, $\frac{d}{dt}\left(\frac{1}{2}v^2\right)=\frac{1}{2}\cdot 2v\cdot\frac{dv}{dt}=v\frac{dv}{dt}$ より

v は t の関数 $v(t)$ と考える。

$$W=m\int_{t_1}^{t_2}\frac{d}{dt}\left(\frac{1}{2}v^2\right)dt=m\left[\frac{1}{2}v(t)^2\right]_{t_1}^{t_2}=\frac{1}{2}m\{v(t_2)^2-v(t_1)^2\}$$

ここで, 時刻 t_1, t_2, すなわち点 P_1, P_2 における質点 P の速さをそれぞれ v_1, v_2 とおくと, 仕事 W は次のように表すこともできる。

$v_1 = v(t_1)$, $v_2 = v(t_2)$

$$W=\frac{1}{2}mv_2^2-\frac{1}{2}mv_1^2 \quad \cdots\cdots(*3)$$

$(*3)$ で出てきた $\frac{1}{2}mv^2$ という量を **"運動エネルギー"** (*kinetic energy*)

これはベクトルではなくて "スカラー" だ!

といい, これを K で表すこともある。$(*3)$ を変形して,

$\frac{1}{2}mv_1^2+W=\frac{1}{2}mv_2^2$ ……⑥ とおくと, ⑥は,

「質点 P に仕事 W がなされた結果, 質点 P のもっていた運動エネルギーは, $K_1=\frac{1}{2}mv_1^2$ から $K_2=\frac{1}{2}mv_2^2$ に仕事 W の分だけ増加する」ことを表しているんだね。

エッ，力積と運動量の関係にソックリだって？ その通り！ よく復習してるね。仕事と運動エネルギーの関係と力積と運動量の関係は，それぞれスカラーとベクトルの違いはあるけれど，よく似ているので，対比して覚えておくといいよ。

仕事と運動エネルギーの関係

$$\underbrace{\frac{1}{2}mv_1^2}_{\text{はじめの運動エネルギー}} + \underbrace{\int_{P_1}^{P_2} \boldsymbol{f} \cdot d\boldsymbol{r}}_{\text{なされた仕事}} = \underbrace{\frac{1}{2}mv_2^2}_{\text{仕事後の運動エネルギー}}$$

力積と運動量の関係

$$\underbrace{m\boldsymbol{v}_1}_{\text{はじめの運動量}} + \underbrace{\int_{t_1}^{t_2} \boldsymbol{f}dt}_{\text{加えられた力積}} = \underbrace{m\boldsymbol{v}_2}_{\text{力積後の運動量}}$$

ここで，仕事の公式をもう 1 度まとめて，下に示す。

仕事と運動エネルギー

力 $\boldsymbol{f} = [f_x, f_y, f_z] = m\dfrac{dv}{dt}\boldsymbol{t} + m\dfrac{v^2}{R}\boldsymbol{n}$ を受けながら，質量 m をもった質点 P が，点 P_1 から点 P_2 まである軌道 $\boldsymbol{r}(t)$ を描いて運動するとき，この力 $\boldsymbol{f}$ が P になした仕事 W は次式で求められる。

$$W = \underbrace{\int_{P_1}^{P_2} \boldsymbol{f} \cdot d\boldsymbol{r}}_{(*1)} = \underbrace{\int_{P_1}^{P_2} (f_x dx + f_y dy + f_z dz)}_{(*2)} = \underbrace{\frac{1}{2}mv_2^2 - \frac{1}{2}mv_1^2}_{(*3)}$$

（ただし v_1，v_2 は点 P_1，P_2 における質点 P の速さ）

ここで，仕事 W は（力）×（道のり）なので，その単位は "N・m"（ニュートン・メートル）であり，これを "J"（ジュール）と表す。したがって，当然（運動）エネルギーの単位も "J" となる。つまり，

$1\,(\mathrm{N \cdot m}) = 1\,(\mathrm{kgm^2/s^2}) = 1\,(\mathrm{J})$　なんだね。

それでは，次の例題を解いてみよう。

例題 10　長さ l の軽い糸の先に，質量 m の重り（質点）を付けた振り子の糸を振れ角 $\theta_0 = \dfrac{\pi}{2}$ だけ引き上げて，静かに離す。この振り子の傾角が $\theta_1 \left(0 \leqq \theta_1 < \dfrac{\pi}{2}\right)$ となったとき，重りの運動エネルギーと，そのときの速さ v を求めよう。ただし，重力加速度の大きさは g で，空気抵抗はないものとする。

右図に示すように，重り(質点)には重力 mg が作用するので，当然重りの軌道は半径 l の円になる。初め重りは $\theta_0=\frac{\pi}{2}$，初速度 $v_0=0$ の状態から運動を開始する。そして，傾角が θ となったとき，重りに働く重力 mg を接線成分と法線成分に分解して考えると，仕事に寄与するのは接線成分だけだね。ここで，微小変位 ds は，$ds=-ld\theta$ となる。

（接線成分 $= mg\sin\theta=m\frac{d^2s}{dt^2}$，法線成分 $= mg\cos\theta$）

半径 l の微小な円弧。θ は㊝→㊛へ負の向きに積分するので㊀が必要だ！

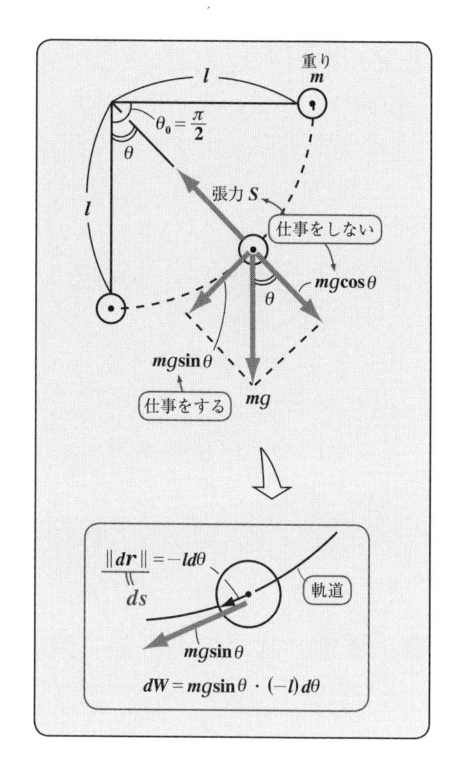

よって，傾角が θ から $\theta+d\theta$ に変化する間に重力が重りになす微小な仕事 dW は，

$$dW=mg\sin\theta\cdot(-l)d\theta=-mgl\sin\theta d\theta$$ となる。

よって，これを θ について，積分区間 $\left[\frac{\pi}{2},\ \theta_1\right]$ で積分して，重力が重りになす仕事 W を求めると，

$$W=\int_{\frac{\pi}{2}}^{\theta_1}dW=-mgl\int_{\frac{\pi}{2}}^{\theta_1}\sin\theta d\theta=mgl\left[\cos\theta\right]_{\frac{\pi}{2}}^{\theta_1}=mgl\cos\theta_1 \quad \cdots\cdots①$$

（$\cos\theta_1-\cos\frac{\pi}{2}=\cos\theta_1$）

となる。

また，$(*3)$ の公式より，

$$W=\frac{1}{2}mv^2-\frac{1}{2}m\cdot0^2=\frac{1}{2}mv^2 \quad \cdots\cdots②$$ だね。

（傾角が θ_1 のときの運動エネルギー）

（$v_0=0$ より，初めの運動エネルギーは 0 だね。）

①，②より，傾角が θ_1 のときの運動エネルギーは，

$\frac{1}{2}mv^2=mgl\cos\theta_1$ となる。よって，これから質点の速さ v は，

$v=\sqrt{2gl\cos\theta_1}$ と求まる。大丈夫だった？

§2. 保存力とポテンシャル

前回は“仕事”と“運動エネルギー”の基本について解説した。今回はその応用として，力 $\boldsymbol{f}$ が“**保存力**”であるための条件を教えよう。そして力 $\boldsymbol{f}$ が保存力であれば，保存力 $\boldsymbol{f}$ には“**ポテンシャル**” U と呼ばれるスカラー値関数が存在し，$\boldsymbol{f}$ がなす仕事もこの U を使ってシンプルに表現できる。さらにこのとき，“**力学的エネルギーの保存則**”が成り立つことも示すことができるんだ。

エッ，かなり難しそうだって？ そうだね，ここでは ∇(ナブラ)や **grad**(グラディエント)といった“**演算子**”も登場するから，かなりハードな講義になるかも知れないね。でも，またできるだけ親切に分かりやすく解説するから，すべて理解できるはずだ。気を楽にして聞いてくれ。

それではまず，保存力に入る前に，“**まさつ力**”と“**束縛力**”の解説から始めよう！

● まず“まさつ力”と“束縛力”を押さえよう！

力には様々な種類のものがあるけれど，まず“**まさつ力**”(*friction*)について解説しておこう。

まさつ力

(Ⅰ) 静止まさつ力

右図のように，滑らかでない水平な床面に置かれた質量 m の物体には床面から重力 mg と同じ大きさで逆向きの垂直抗力 N が働く。この物体に力 $\boldsymbol{f}$ を加えて動かそうとするとき，“**最大静止まさつ力**”として，最大 μN のまさつ力が働き得る。(μ: **静止まさつ係数**)

（“まさつ力”が働く）

（これは経験式だ。まさつ力を理論的に調べることは難しい！）

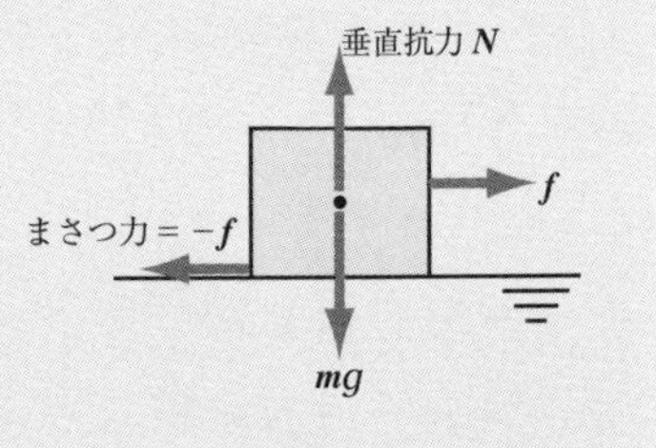

ここで，$f \leqq \mu N$ をみたす小さな力 $\boldsymbol{f}$ をこの物体に作用させて動かそうとしても，これと同じ大きさで逆向きに静止まさつ力 $-\boldsymbol{f}$ が働くため，この物体は静止したままである。

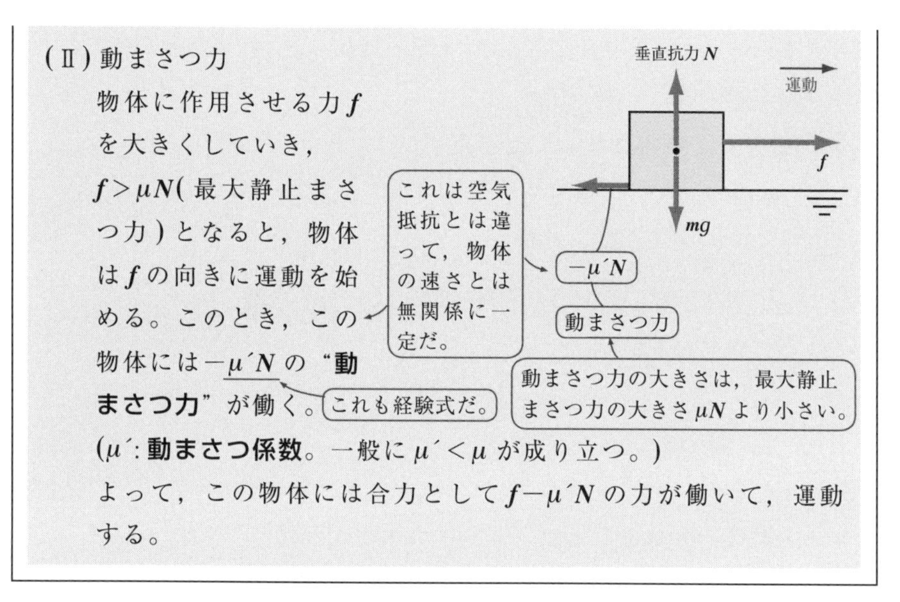

(Ⅱ) 動まさつ力

物体に作用させる力 f を大きくしていき，$f > \mu N$（最大静止まさつ力）となると，物体は f の向きに運動を始める。このとき，この物体には $-\mu' N$ の“**動まさつ力**”が働く。

（μ'：**動まさつ係数**。一般に $\mu' < \mu$ が成り立つ。）

よって，この物体には合力として $f - \mu' N$ の力が働いて，運動する。

以上より，まさつ力は常に，物体が運動している向き（または運動しようとしている向き）と逆向きに働くことに気を付けよう。

次，“**束縛力**”(*constraining force*) について解説しよう。図 **1**(ⅰ)(ⅱ) に示すように，物体が斜面に沿った運動をしたり，半径 l の球面上を運動したり，ある曲面や曲線上に沿った運動，すなわち“**束縛運動**（そくばくうんどう）”をするために必要な拘束力のことを“**束縛力**（そくばくりょく）”と呼ぶ。

図 **1**(ⅰ) では，$mg\cos\theta$ の力で物体が斜面に**めり込まず**斜面上にあるために，“束縛力”として垂直抗力 N が必要となるんだね。

また，図 **1**(ⅱ) に示すように，例題 **10** の振り子では重りを半径 l の円周（球面）上に束縛するための力として，張力 S が存在する。ここで，この S の値を求めてみよう。

図 **1**　束縛力の例

（ⅰ）斜面を運動する物体の垂直抗力 N

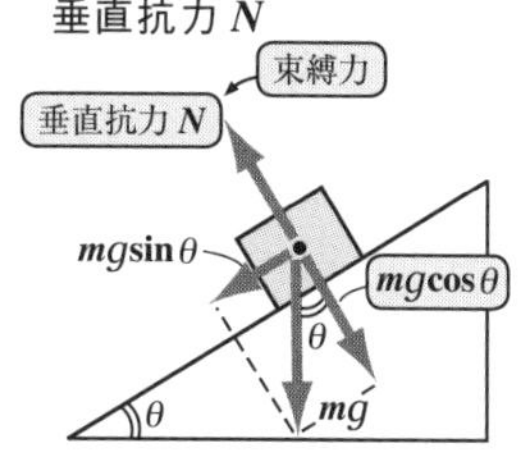

（ⅱ）単振り子の張力 S

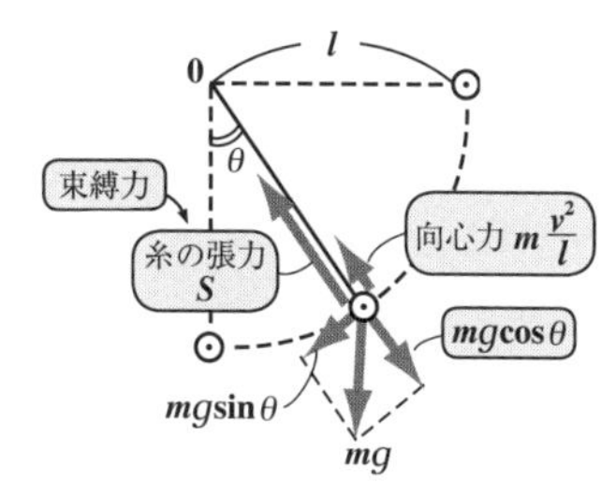

振れ角がθのとき，重りの速さvは，$v=\sqrt{2gl\cos\theta}$ (P69 例題 10) であり，重りは円を描くので，向心力として

$m\frac{v^2}{l}$が働く。この向心力は，張力Sから$mg\cos\theta$を引いたものとして与えられるので，次式が成り立つ。

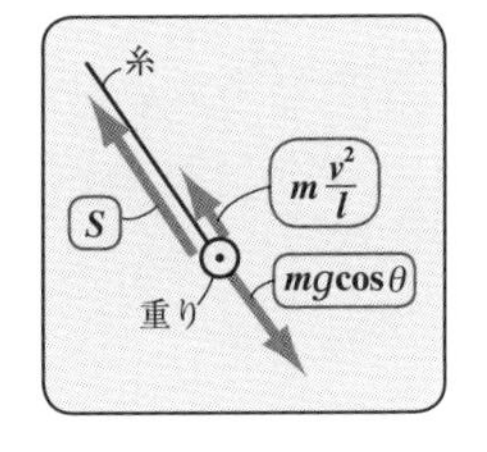

$$\underset{\text{張力}}{S}-\underset{\text{重力の半径方向成分}}{mg\cos\theta}=\underset{\text{向心力}}{m\frac{v^2}{l}}\quad\left(v=\sqrt{2gl\cos\theta}\right)$$

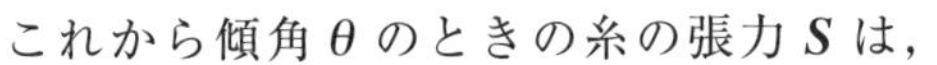

これから傾角θのときの糸の張力Sは，

$$S=m\frac{v^2}{l}+mg\cos\theta=2mg\cos\theta+mg\cos\theta=3mg\cos\theta$$

（v^2 ← $2gl\cos\theta$）

と求められる。大丈夫だった？

> この振り子の重りは等速でない円運動をする。このときの向心力が$m\frac{v^2}{l}$になることを使ったけれど，その理由は P101 で詳しく解説する。

● 保存力は，ポテンシャルで表せる！

それではいよいよ"保存力（ほぞんりょく）"(*conservative force*)について解説しよう。まず，力$\boldsymbol{f}$が保存力であるとき$\boldsymbol{f}_c$と表すことにする。この保存力$\boldsymbol{f}_c$が

（*conservative force* の"*c*"をとった。）

3 次元と 2 次元の場合，それぞれその定義を示すと次のようになる。

(Ⅰ) 保存力$\boldsymbol{f}_c$が 3 次元の場合

$$\boldsymbol{f}_c=[f_x,\ f_y,\ f_z]=\left[-\frac{\partial U}{\partial x},\ -\frac{\partial U}{\partial y},\ -\frac{\partial U}{\partial z}\right]\ \cdots\cdots(*a)$$

(Ⅱ) 保存力$\boldsymbol{f}_c$が 2 次元の場合

$$\boldsymbol{f}_c=[f_x,\ f_y]=\left[-\frac{\partial U}{\partial x},\ -\frac{\partial U}{\partial y}\right]\ \cdots\cdots(*b)$$

ン？ 何のことかさっぱり分からないって？ 当然だ！ これから詳しく解説していこう。

3 次元の f_c の各成分 f_x, f_y, f_z はすべて，x, y, z の関数として表される

（f_c は時刻 t の関数ではなくて位置 r の関数とする。2 次元の f_c も同様だ。）

ものとし，また 2 次元の f_c の各成分 f_x, f_y もすべて x, y の関数で表されるものとする。つまり保存力 f_c は位置によって決まる力と言える。そしてさらに，$(*a)$ や $(*b)$ で示すように，f_c の各成分はあるスカラー値関数 U の x, y, z での"偏微分（へんびぶん）"で表すことができる。この U のことを保存力 f_c の"**ポテンシャル**"（または"**位置エネルギー**"または"**ポテンシャルエネルギー**"）と呼ぶ。当然，

$$\begin{cases} (\text{I})\,3\text{ 次元の保存力 } f_c \text{ に対しては，} U = U(x,\ y,\ z) \leftarrow \boxed{3\text{ 変数関数}} \\ (\text{II})\,2\text{ 次元の保存力 } f_c \text{ に対しては，} U = U(x,\ y) \leftarrow \boxed{2\text{ 変数関数}} \end{cases}$$

となるのも大丈夫だね。つまり，保存力 f_c の場合，3 つ（または 2 つ）の力の成分を，ただ 1 つのスカラー値関数 U のみで求めることができると言っているんだ。

それでは"偏微分"についても話しておこう。これは，$U(x,\ y,\ z)$ や $U(x,\ y)$ などの多変数関数に対して，その 1 つの変数に着目し，他の変数は定数とみなして行う微分のことなんだ。次の例で練習しておこう。例えば，

$(ex1)$ $U(x,\ y,\ z) = x^2 + y^2 + z^2$ に対して，← （x, y, z の 3 変数関数）

これを，x に着目して，他の y, z は定数と考えて x で偏微分すると，

$$\frac{\partial U}{\partial x} = \frac{\partial}{\partial x}(x^2 + \underbrace{(y^2 + z^2)}_{\text{定数扱い}}) = 2x \quad \text{となる。}$$

（これは"ラウンド U・ラウンド x"などと読む。∂ は偏微分を表す記号だ！）

同様に，

$$\frac{\partial U}{\partial y} = \frac{\partial}{\partial y}(\underbrace{x^2}_{\text{定数扱い}} + y^2 + \underbrace{z^2}_{}) = 2y \quad \text{となり，}$$

$$\frac{\partial U}{\partial z} = \frac{\partial}{\partial z}(\underbrace{(x^2 + y^2)}_{\text{定数扱い}} + z^2) = 2z \quad \text{となるのも大丈夫だね。}$$

以上より，力 $f = [-2x,\ -2y,\ -2z]$ は保存力 f_c であり，これは

$$-2x = -\frac{\partial U}{\partial x},\quad -2y = -\frac{\partial U}{\partial y},\quad -2z = -\frac{\partial U}{\partial z}$$

ポテンシャル（位置エネルギー）$U(x,\ y,\ z) = x^2 + y^2 + z^2$ をもつと言える。納得いった？

$(ex2)$ $U(x,\ y) = 2x^2y$ に対しても同様に，← x と y の 2 変数関数

定数扱い

$$\frac{\partial U}{\partial x} = \frac{\partial}{\partial x}(2x^2y) = 2y \cdot 2x = 4xy$$ となるし，

定数扱い

$$\frac{\partial U}{\partial y} = \frac{\partial}{\partial y}(2x^2y) = 2x^2 \cdot 1 = 2x^2$$ となる。

これから力 $f = [-4xy,\ -2x^2]$ は保存力 f_c であり，これは

$\left(-4xy = -\frac{\partial U}{\partial x}\right)$　$\left(-2x^2 = -\frac{\partial U}{\partial y}\right)$

ポテンシャル(位置エネルギー) $U(x,\ y) = 2x^2y$ をもつと言える。

これも大丈夫だね。

以上の例から，ポテンシャル $U(x,\ y,\ z)$ や $U(x,\ y)$ が与えられたとき，これから 3 次元や 2 次元の保存力 f_c が求められることが分かったと思う。

エッ，保存力が 1 次元の場合はどうなるのかって？　いい質問だ！

(Ⅲ) 保存力が 1 次元の場合

$$f_x = -\frac{dU(x)}{dx},\ f_y = -\frac{dU(y)}{dy},\ \text{など},\ \cdots\cdots(*c)$$ となる。

1 変数関数の微分だから，偏微分の "∂" ではなく，常微分の "d" を使う。

たとえば，f_x が x の関数で，積分可能であれば，$(*c)$ よりそのポテンシャル $U(x)$ は，$f_x(x)$ の不定積分に ⊖ をつけたものになる。つまり，

$U(x) = -\int f_x(x)\,dx$ ……① と，簡単にポテンシャル U が求まるんだね。

ここで，ポテンシャル $U(x)$ は，その絶対値(大きさ)に意味があるわけではない。2 地点間のポテンシャルの差に意味があるので，一般に①の不定積分で，積分定数 C は付けないものを用いることが多い。

でも，何故ポテンシャル U を考える必要があるのか，今一まだ分からないって？　いいよ。この U の存在価値について，これから 3 次元の f_c，すなわち 3 変数関数のポテンシャル $U(x,\ y,\ z)$ を使って，詳しく解説しよう。

保存力 $\boldsymbol{f}_c=[f_x,\ f_y,\ f_z]$ によりなされる仕事を W_c とおくと，P68 の仕事の公式 $(*1)$，$(*2)$ より，

$$W_c=\int_{P_1}^{P_2}\boldsymbol{f}_c\cdot d\boldsymbol{r}=\int_{P_1}^{P_2}(f_xdx+f_ydy+f_zdz)\ \cdots\cdots②$$ となるね。

ここで，ポテンシャル $U(x,\ y,\ z)$ が“全微分可能(ぜんびぶんかのう)”であるとする。U が全微分可能であるということは，dU が，次のように表されるということなんだ。

$$dU=\frac{\partial U}{\partial x}dx+\frac{\partial U}{\partial y}dy+\frac{\partial U}{\partial z}dz$$ ← 全微分の定義式

ちなみに 2 変数関数 $U(x,\ y)$ が全微分可能ならば
$dU=\frac{\partial U}{\partial x}dx+\frac{\partial U}{\partial y}dy$ が成り立つ。全微分について知識のない方は
「微分積分キャンパス・ゼミ」（マセマ）で学習されることを勧める。

$\boldsymbol{f}_c$ は保存力より，ポテンシャル U を使って，

$$\boldsymbol{f}_c=[f_x,\ f_y,\ f_z]=\left[-\frac{\partial U}{\partial x},\ -\frac{\partial U}{\partial y},\ -\frac{\partial U}{\partial z}\right]\ \cdots\cdots③$$ と表されるのはいいね。

この③を②に代入すると，

$$W_c=\int_{P_1}^{P_2}\left(\underbrace{-\frac{\partial U}{\partial x}}_{f_x}dx\underbrace{-\frac{\partial U}{\partial y}}_{f_y}dy\underbrace{-\frac{\partial U}{\partial z}}_{f_z}dz\right)$$

$$=-\int_{P_1}^{P_2}\left(\underbrace{\frac{\partial U}{\partial x}dx+\frac{\partial U}{\partial y}dy+\frac{\partial U}{\partial z}dz}_{dU\ (U\text{ は全微分可能だからね。})}\right)$$

$$=-\int_{P_1}^{P_2}dU=-\Big[U(P)\Big]_{P_1}^{P_2}=-U(P_2)+U(P_1)$$

$$=U(P_1)-U(P_2)=U_1-U_2$$

よって，$W_c=U_1-U_2\ \cdots\cdots④$ となるんだね。

（ただし，U_1，U_2 は点 P_1，P_2 におけるポテンシャルを表す。）

点 P_1，P_2 の位置ベクトルをそれぞれ $\boldsymbol{r}_1$，$\boldsymbol{r}_2$ とおいて，
$U(\boldsymbol{r}_1)-U(\boldsymbol{r}_2)=U_1-U_2$ と表しても同じことだ！

W_c は④のようなシンプルな式になってしまったけれど，この意味は分かるだろうか？　これは「点 P_1 から点 P_2 まで，質点 P に対して保存力 $\boldsymbol{f}_c$ がなした仕事 W_c は，その途中の経路によらず，2 点 P_1 と P_2 におけるポテンシャルの差 (U_1-U_2) だけで決まってしまう」と言っているんだね。

これってスゴイことだ！　図2に示すように，保存力 $\boldsymbol{f}_c$ のみが質点Pに作用して，点 P_1 から点 P_2 までになした仕事 W_c は，点Pの軌道，すなわち積分経路 C_1，C_2，C_3，C_4… によらず，$W_c = U_1 - U_2$ のみで決まってしまうわけだからね。つまり，保存力 $\boldsymbol{f}_c$ のなす仕事 W_c には，“接線線積分”といった積分操作は不要なんだ。

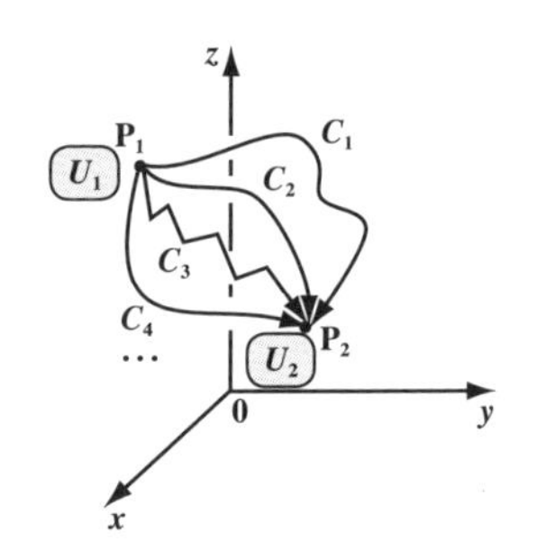

図2 保存力 $\boldsymbol{f}_c$ による仕事 W_c

どう？　これで，保存力 $\boldsymbol{f}_c$ やポテンシャル U の有用性がよく分かっただろう。

● 力学的エネルギーの保存則も導いてみよう！

一般に，物体に作用する力 $\boldsymbol{f}$ はこれまで解説した保存力 $\boldsymbol{f}_c$ と，そうでない非保存力 $\widetilde{\boldsymbol{f}}$ の2つに分解することができる。つまり，

$\boldsymbol{f} = \boldsymbol{f}_c + \widetilde{\boldsymbol{f}}$ ……⑤　と表せる。

⑤の両辺について，点 P_1 から点 P_2 まで質点Pのある軌道に沿った接線線積分を行うと，

$$\underbrace{\int_{\mathrm{P}_1}^{\mathrm{P}_2} \boldsymbol{f} \cdot d\boldsymbol{r}}_{W} = \int_{\mathrm{P}_1}^{\mathrm{P}_2} (\boldsymbol{f}_c + \widetilde{\boldsymbol{f}}) \cdot d\boldsymbol{r} = \underbrace{\int_{\mathrm{P}_1}^{\mathrm{P}_2} \boldsymbol{f}_c \cdot d\boldsymbol{r}}_{W_c} + \underbrace{\int_{\mathrm{P}_1}^{\mathrm{P}_2} \widetilde{\boldsymbol{f}} \cdot d\boldsymbol{r}}_{\widetilde{W}}$$ となる。

力 $\boldsymbol{f}$ が質点Pになした仕事 W も，保存力によるもの W_c と非保存力によるもの $\widetilde{W}$ に分けることができる。よって，

$W = W_c + \widetilde{W}$ ……⑥　だね。

ここで，$W = \underbrace{\frac{1}{2}mv_2^2}_{K_2} - \underbrace{\frac{1}{2}mv_1^2}_{K_1}$ ……(＊3) ← P67　と，

$W_c = U_1 - U_2$ ……④　を⑥に代入すると，

$K_2 - K_1 = U_1 - U_2 + \widetilde{W}$　となり，これから，

$K_1 + U_1 + \underbrace{\widetilde{W}}_{\text{非保存力}\widetilde{\boldsymbol{f}}\text{がなした仕事}} = K_2 + U_2$ ……⑦　が成り立つ。

（非保存力 $\widetilde{\boldsymbol{f}}$ がなした仕事）←（これが0のとき，力学的エネルギーが保存される。）

非保存力$\widetilde{f}$が$\mathbf{0}$か，または$\mathbf{0}$でなくとも運動(変位)の向きに対して垂直な力のみの場合，$\widetilde{W} = \int_{P_1}^{P_2} \widetilde{f} \cdot d\boldsymbol{r} = 0$となるので，このとき⑦から，

たとえば，斜面上を運動する物体に働く“垂直抗力”や振り子の重りに働く糸の“張力”などの“束縛力”がそうだね。

$K_1 + U_1 = K_2 + U_2$ ……$(*d)$　が導ける。

ここで，運動エネルギー$K = \frac{1}{2}mv^2$と位置エネルギーUの和をEで表し，

“ポテンシャル”のこと

これを“(全)**力学的エネルギー**”(($total$)$mechanical\ energy$)と呼ぶ。すなわち，

全力学的エネルギー$E = K + U = \frac{1}{2}mv^2 + U$と表せる。

したがって，$(*d)$は点P_1と点P_2においても全力学的エネルギーは変化しないことを示しているので，これはさらに

$K_1 + U_1 = K_2 + U_2 = E$(一定) ……$(*d)'$

と表すことができ，これを“(全)**力学的エネルギーの保存則**”と呼ぶ。例題で練習しておこう。

例題 11　地上$\mathbf{490(m)}$の位置から，質量m(kg)の物体を初速度$v_0 = 0$ (m/s)で自由落下させたとき，地面に到達する直前の速度V(m/s)を，力学的エネルギーの保存則を使って，求めてみよう。
(ただし，重力加速度$g = 9.8$(m/s^2)とし，空気抵抗は考えないものとする。)

この問題は例題6(P40)と同じものだけれど，今回は“力学的エネルギーの保存則”を使って解いてみよう。

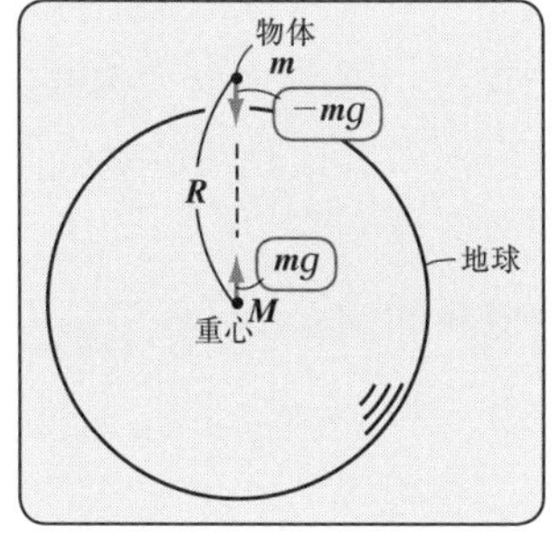

地球表面付近で，質量mの物体に働く重力は，地表面を$\mathbf{0}$(原点)として鉛直上向きにy軸をとったとき，$-mg$となるのはいいね。実は これは，質量Mの地球と質量mの物体が地球の半径Rだけ離れた状態で働く万有引力のことなんだ。つまり，

地表付近だから，2点間の距離はほぼRでいい！

$-mg = -\underbrace{G\dfrac{M}{R^2}}_{g}m$ だから，重力加速度 $g = \dfrac{GM}{R^2}$ ということなんだね。

よって，右図のように地表付近では y 座標に関わらず，質量 m の物体には重力 $-mg$ が作用することになるんだけれど，この力 f_y は y に関する定数関数

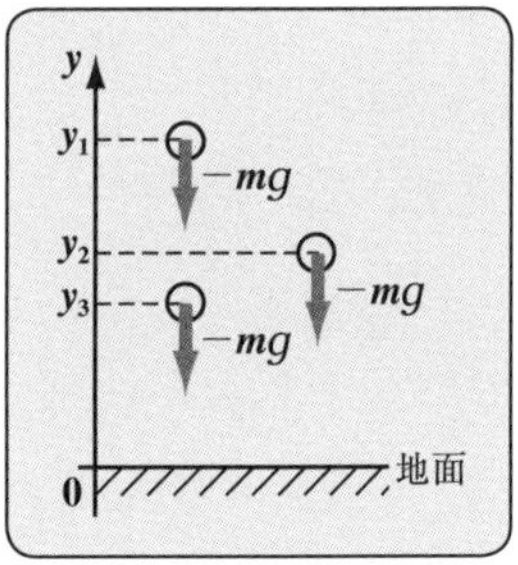

$f_y = -mg$（一定）　とみなすことができ，これを y で積分して ⊖ を付けたものが，この問題の位置エネルギー（ポテンシャル）U になるんだね。よって，

$$U = -\int f_y\,dy = -\int (-mg)\,dy = mgy$$

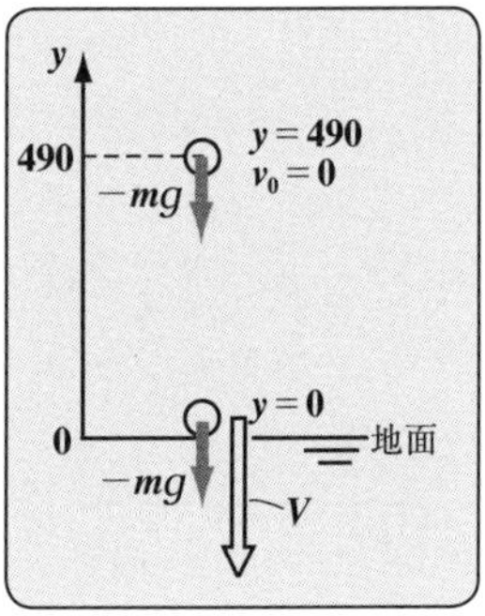

となる。今回，物体に 1 次元の保存力（重力）f_y 以外は働いていないので，

$$\begin{cases}(\text{i})\ y = 490(\text{m}), & v_0 = 0(\text{m/s}) \text{ のときと} \\ (\text{ii})\ y = 0(\text{m}), & v = V(\text{m/s}) \text{ のときの}\end{cases}$$

力学的エネルギーは保存される。

$$\therefore\ mg \cdot 490 + \cancel{\frac{1}{2}m \cdot 0^2} = \cancel{mg \cdot 0} + \frac{1}{2}mV^2$$

$$[\quad U_1 \quad + \quad K_1 \quad = \quad U_2 \quad + \quad K_2 \quad]$$

$\cancel{m} \cdot 9.8 \cdot 490 = \dfrac{1}{2}\cancel{m}V^2$　　$V^2 = 4 \times 4.9 \times 490$　　$V < 0$ に注意して，

$V = -\sqrt{4 \times 49^2} = -2 \times 49 = -98\,(\text{m/s})$ となって，例題 6 と同じ結果が導けるんだね。納得いった？

この抵抗のない自由落下と関連して言っておくと，まさつのない斜面を質点がすべり落ちる場合や，振り子の重りが抵抗を受けずに運動する場合においても，それぞれの束縛力である垂直抗力 N や糸の張力 S は運動の方向と直交して，仕事には寄与しないので，同様に力学的エネルギーの保存則が成り立つ。

初速度 $v_0 = 0$，落差 l でこれらが運動するとき，最下点での質点（重り）

の速さ V は，同じ力学的エネルギーの保存則：

$\frac{1}{2}m\cdot 0^2 + mgl = \frac{1}{2}mV^2 + mg\cdot 0$ が利用できるので，$V=\sqrt{2gl}$ となる。

この様子を 3 つまとめて，次の図 3(ⅰ)(ⅱ)(ⅲ) に示す。

図 3　力学的エネルギーの保存則

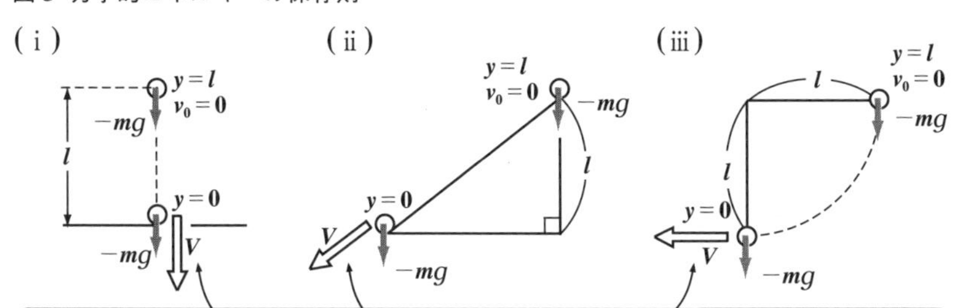

● 勾配ベクトル (グラディエント) による表現にも慣れよう！

これから，保存力 $\boldsymbol{f}_c$ とポテンシャル U の関係式を，grad や ∇ などの記号を使って表す方法を教えよう。（grad：“グラディエント”，∇：“ナブラ” と読む）

(Ⅰ) 3 次元の保存力 $\boldsymbol{f}_c = [f_x,\ f_y,\ f_z]$ の場合

ポテンシャル $U(x,\ y,\ z)$ を用いて，

$$\boldsymbol{f}_c = [f_x,\ f_y,\ f_z] = -\left[\frac{\partial U}{\partial x},\ \frac{\partial U}{\partial y},\ \frac{\partial U}{\partial z}\right] \quad \cdots\cdots ①$$ と表せるんだった。

ここで新たな“演算子(えんざんし)”として $\nabla = \left[\frac{\partial}{\partial x},\ \frac{\partial}{\partial y},\ \frac{\partial}{\partial z}\right]$ を定義し，これがポテンシャル U に作用して，

$$\nabla U = \left[\frac{\partial}{\partial x},\ \frac{\partial}{\partial y},\ \frac{\partial}{\partial z}\right]U = \left[\frac{\partial U}{\partial x},\ \frac{\partial U}{\partial y},\ \frac{\partial U}{\partial z}\right]$$ となると考えよう。

さらに，∇U は $\mathrm{grad}\,U$ と表現しても同じことだ。

（∇U：これは“ナブラ U”）（$\mathrm{grad}\,U$：これは“グラディエント U”と読む。grad は “gradient” (勾配) の略だ。勾配：“傾き” のこと）

以上より，①は

$\boldsymbol{f}_c = -\nabla U$ 　または　 $\boldsymbol{f}_c = -\mathrm{grad}\,U$ と簡潔に表現することができる。

ここで，$\mathrm{grad}\,U$ のことを “**U の勾配(こうばい)ベクトル**” とも言うことも覚えておこう。

この演算子 $\nabla=\left[\frac{\partial}{\partial x},\ \frac{\partial}{\partial y},\ \frac{\partial}{\partial z}\right]$ はベクトルのような形をしているけれど，これだけでは意味をなさない。あくまでも，U などのスカラー値関数に作用して初めて，$\nabla U=\left[\frac{\partial U}{\partial x},\ \frac{\partial U}{\partial y},\ \frac{\partial U}{\partial z}\right]$ と，ベクトルになるんだね。

参考

このベクトルもどきの演算子 $\nabla=\left[\frac{\partial}{\partial x},\ \frac{\partial}{\partial y},\ \frac{\partial}{\partial z}\right]$ と，任意のベクトル値関数 $\boldsymbol{f}=[f,\ g,\ h]$ の間に，内積や外積のような操作を行って，新たな関数を作り出すことができる。これらをそれぞれ

（各成分の f，g，h はそれぞれ x，y，z の 3 変数のスカラー値関数を表す。）

div $\boldsymbol{f}$（“$\boldsymbol{f}$ の発散(はっさん)”），**rot $\boldsymbol{f}$**（“$\boldsymbol{f}$ の回転(かいてん)”）という。紹介しておこう。

（“ダイバージェンス $\boldsymbol{f}$”）（“ローテイション $\boldsymbol{f}$”と読む。）

(i) 発散 **div $\boldsymbol{f}$**

（内積のようなもの）

$$\mathrm{div}\,\boldsymbol{f}=\nabla\cdot\boldsymbol{f}=\left[\frac{\partial}{\partial x},\ \frac{\partial}{\partial y},\ \frac{\partial}{\partial z}\right]\cdot[f,\ g,\ h]$$

$$=\frac{\partial f}{\partial x}+\frac{\partial g}{\partial y}+\frac{\partial h}{\partial z}$$ ←（スカラー値関数）

（本当の内積は $\boldsymbol{a}\cdot\boldsymbol{b}=[a_1,\ a_2,\ a_3]\cdot[b_1,\ b_2,\ b_3]=a_1b_1+a_2b_2+a_3b_3$ のように，「各成分同士の積の和」だけれど，これは「各成分に作用したものの和」であることに気を付けよう！）

(ii) 回転 **rot $\boldsymbol{f}$**

（外積のようなもの）

$$\mathrm{rot}\,\boldsymbol{f}=\nabla\times\boldsymbol{f}=\left[\frac{\partial}{\partial x},\ \frac{\partial}{\partial y},\ \frac{\partial}{\partial z}\right]\times[f,\ g,\ h]$$

$$=\left[\frac{\partial h}{\partial y}-\frac{\partial g}{\partial z},\ \frac{\partial f}{\partial z}-\frac{\partial h}{\partial x},\ \frac{\partial g}{\partial x}-\frac{\partial f}{\partial y}\right]$$ ←（ベクトル値関数）

（これは，外積と同じ要領で，右のように計算すればいい。）

$$\begin{array}{cccc}\frac{\partial}{\partial x} & \frac{\partial}{\partial y} & \frac{\partial}{\partial z} & \frac{\partial}{\partial x}\\ f & g & h & f\end{array}$$

$$,\ \frac{\partial g}{\partial x}-\frac{\partial f}{\partial y}\Big]\ \Big[\frac{\partial h}{\partial y}-\frac{\partial g}{\partial z},\ \frac{\partial f}{\partial z}-\frac{\partial h}{\partial x}$$

(Ⅱ) 2 次元の保存力 $\boldsymbol{f}_c=[f_x,\ f_y]$ の場合

このときも 2 次元の“演算子”ナブラ $\nabla=\left[\dfrac{\partial}{\partial x},\ \dfrac{\partial}{\partial y}\right]$ を使って，同様に，

$\boldsymbol{f}_c=-\nabla U=-\mathrm{grad}U=-\left[\dfrac{\partial}{\partial x},\ \dfrac{\partial}{\partial y}\right]U=-\left[\dfrac{\partial U}{\partial x},\ \dfrac{\partial U}{\partial y}\right]$ と簡潔に表せる。

● 等ポテンシャル線(面)と保存力の関係も押さえよう！

これまでポテンシャル U について詳しく解説してきたけれど，これからポテンシャル U と保存力 $\boldsymbol{f}_c$ の関係をグラフを使ってヴィジュアルに示そうと思う。

(Ⅰ) 1 次元の保存力 f_c の場合

ポテンシャルを x の関数として $U(x)$ とおくと，$f_c=-\dfrac{dU(x)}{dx}$ だから，図 4 に示すように，点 x_0 における保存力 f_c は曲線 $U(x)$ の $x=x_0$ における接線の傾きに ⊖ をつけたものになるんだね。

図 4　1 次元の f_c と $U(x)$

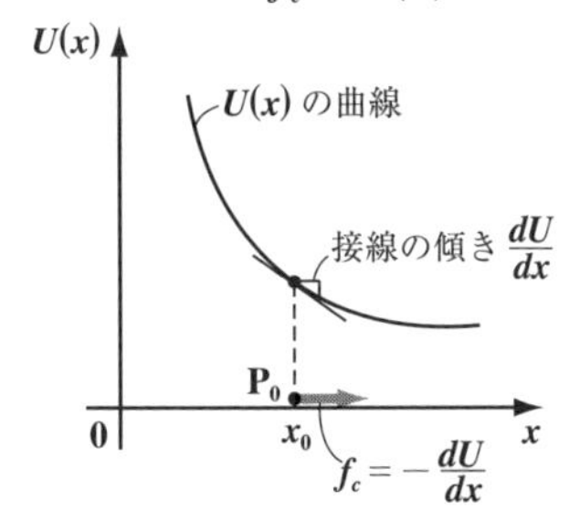

(Ⅱ) 2 次元の保存力 $\boldsymbol{f}_c$ の場合

点 $(x,\ y)$ が与えられると $U(x,\ y)$ の値が決まるので，xyU 座標系で考えると図 5(ⅰ) に示すように，ポテンシャル $U(x,\ y)$ のグラフがある曲面として描けるのは大丈夫だね。そして，

点 $P_0(x_0,\ y_0)$ に対応する U の値は $U(x_0,\ y_0)$ なので，

$$U(x,\ y)=U(x_0,\ y_0)$$

(これはある定数)

となるような曲線が存在するはずだね。これは同じポテンシャル $U(x_0,\ y_0)$ の値をとる曲線なので，“**等ポテンシャル線**”と呼ぶ。そして点 P_0 に

(地図における“等高線”と同じようなものだ。)

図 5　等ポテンシャル線と保存力

(ⅰ)

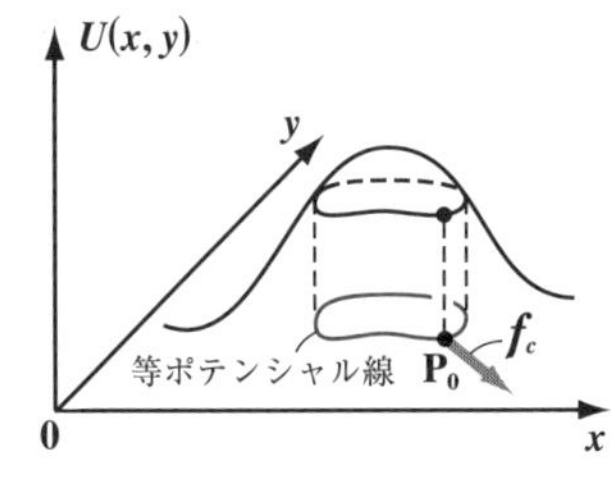

(ⅱ)

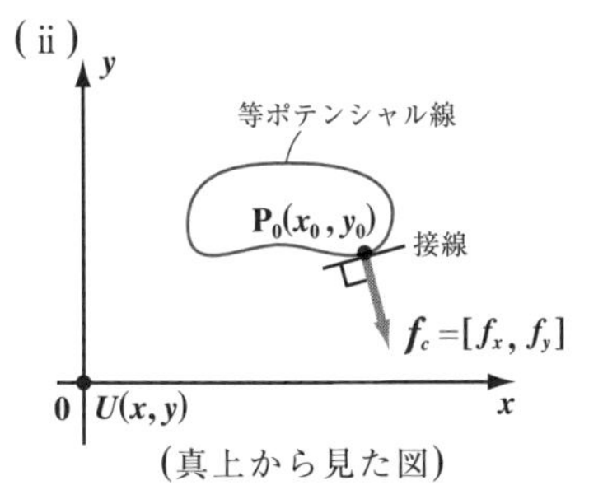

(真上から見た図)

おける保存力 $\boldsymbol{f}_c=[f_x,\ f_y]=-\mathbf{grad}\,U=\left[-\dfrac{\partial U}{\partial x},\ -\dfrac{\partial U}{\partial y}\right]$ は文字通り，点 $\mathbf{P}_0$ において U の最大の下り勾配の向きをもつベクトルで，これは図 5(ⅱ) に示すように，等ポテンシャル線と必ず直交する。

これは「点 $\mathbf{P}_0$ における等ポテンシャル線の接線と $\boldsymbol{f}_c$ が直交する」という意味だ。

地図の等高線と同様に，等ポテンシャル線が混み合っているところでは U の傾斜が大きいので，その大きさが大きな $\boldsymbol{f}_c$ になるし，逆に等ポテンシャル線がまばらなところでは U の傾斜が小さいことを表しているので，大きさが小さな $\boldsymbol{f}_c$ になることが，イメージとしてとらえられると思う。

以上の内容を，より数学的にキチンと学習したい方は
「ベクトル解析キャンパス・ゼミ」(マセマ) で学習されることを勧める。

(Ⅲ) 3 次元の保存力 $\boldsymbol{f}_c$ の場合

ポテンシャル U は 3 変数関数 $U(x,\ y,\ z)$ になり，イメージが湧きにくくなるんだけれど，2 次元の保存力 $\boldsymbol{f}_c$ から類推して点 $\mathbf{P}_0(x_0,\ y_0,\ z_0)$ のときの $U(x_0,\ y_0,\ z_0)$ と同じ値をとる曲面が

$$U(x,\ y,\ z)=U(x_0,\ y_0,\ z_0)$$

これはある定数

と与えられるはずだね。これを“**等ポテンシャル面**”という。図 6 には点 $\mathbf{P}_0$ 以外にも，点 $\mathbf{P}_1$，点 $\mathbf{P}_2$ に対応する等ポテンシャル面を示しておいた。そして，これも 2 次元の $\boldsymbol{f}_c$ からの類推になるけれど，点 $\mathbf{P}_0$，$\mathbf{P}_1$，$\mathbf{P}_2$ におけるそれぞれの保存力

図 6　等ポテンシャル面と保存力

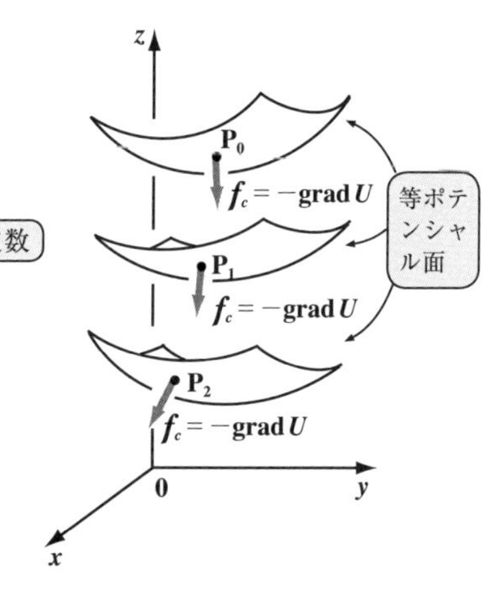

$$\boldsymbol{f}_c=[f_x,\ f_y,\ f_z]=-\mathbf{grad}\,U=\left[-\frac{\partial U}{\partial x},\ -\frac{\partial U}{\partial y},\ -\frac{\partial U}{\partial z}\right]$$ は，

それぞれの等ポテンシャル面と直交し，U の負の勾配ベクトルなので，U が最も減少する向きをとることになる。

これは，「各点における等ポテンシャル面の接平面と $\boldsymbol{f}_c$ が直交する」という意味だ。

それでは具体的に万有引力 $\boldsymbol{f} = -G\dfrac{Mm}{r^2}\dfrac{\boldsymbol{r}}{r}$ ……① について考えてみよう。（単位ベクトル $\boldsymbol{e}$）①から万有引力は3次元の球対称な力になることが分かる。でも，ここで原点Oに質量 M の太陽をおき，そのまわりを公転する質量 m の惑星Pを考えるとき，その軌道は1つの平面上にあるので2次元の問題に帰着する。さらに，この万有引力はOに関して対称な力なので，極座標 $[r,\ \theta]$ をとったとき，θ とは無関係にその r 軸を右図のいずれにとってもかまわない。

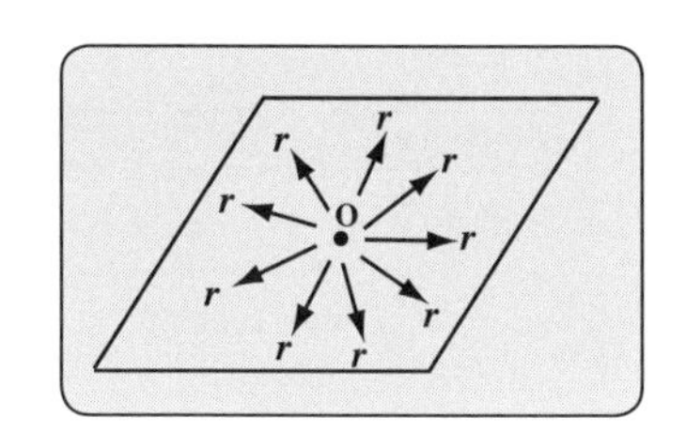

以上より，この場合の万有引力は，変数 r のみの1次元の保存力として

$f_c(r) = -G\dfrac{Mm}{r^2}$ ……② とおくことができる。

ここで，$-GMm$ は定数なので，②を r で積分し⊖を付けたものが，この $f_c(r)$ のポテンシャル（位置エネルギー）$U(r)$ になる。よって，

$$U(r) = -\int f_c(r)\,dr = -\int\left(-G\frac{Mm}{r^2}\right)dr$$

$$= GMm\int\frac{1}{r^2}\,dr = -G\frac{Mm}{r}$$

$$\int r^{-2}dr = \frac{1}{-2+1}r^{-2+1} = -r^{-1}$$

ここでは，積分定数を0とおいた。これは，
$\lim_{r\to\infty}U(r) = \lim_{r\to\infty}\left(-G\dfrac{Mm}{r}\right) = 0$（$r\to\infty$）
より，$r=\infty$ のとき U の基準値として0を選んだことになるんだよ。

図7　万有引力のポテンシャル

(i)

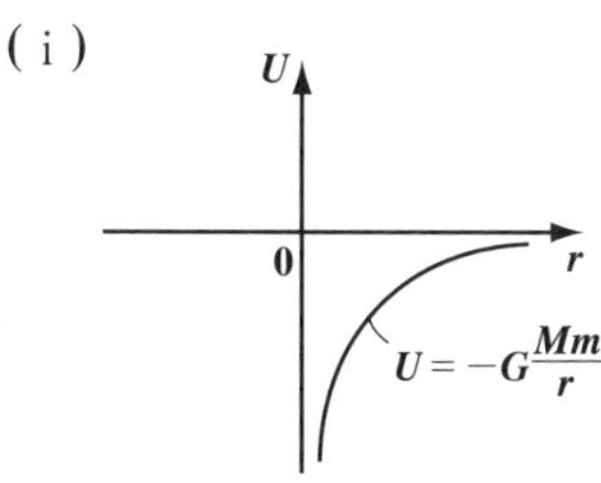

(ii)

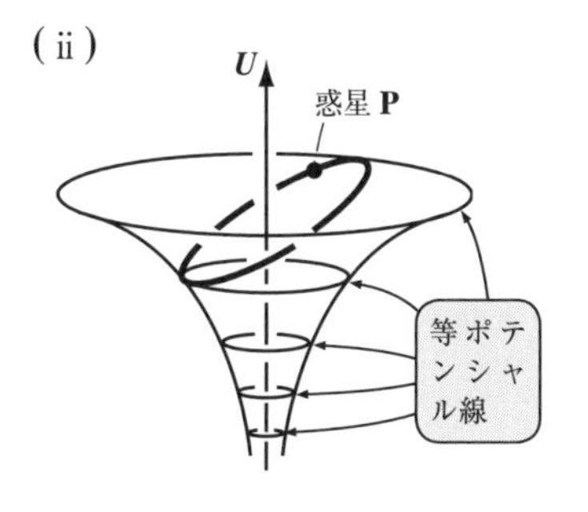

r と U のグラフを図7(i)に示す。さらに対称性も考慮に入れ，等ポテンシャル線も示したものが，図7(ii)のグラフだ。そして惑星Pが，このラッパ状の U の曲面をすべるように運動しながらだ円軌道を描く様子も示しておいた。これがポテンシャルから見た惑星運動のイメージなんだ。

● 保存力となるための条件を求めよう！

最後に，位置 $\boldsymbol{r}$ の関数として力 $\boldsymbol{f}$ が与えられているとき，これが保存力 $\boldsymbol{f}_c$ なのか，否かの判定の仕方と，そのポテンシャル U の求め方を教えておこう。

(Ⅰ) **1** 次元の力 f の場合

たとえば，$f=f(x)$ のとき，$f(x)$ が x で積分可能ならば，

(これは，y でも，z でも，r でも，**1** 変数関数ならなんでもかまわない。)

このポテンシャル $U(x)$ は，

$$U(x)=-\int f(x)\,dx$$ で

(**1** 次元の保存力の定義は $f_c=-\dfrac{dU}{dx}$ だからね。)

すぐに求められるので，一般に位置で決まる **1** 次元の力 f は，それが定数関数も含めて，保存力と言える。

(Ⅱ) **2** 次元の力 $\boldsymbol{f}$ の場合

$\boldsymbol{f}=[f_x,\ f_y]$ が，保存力 $\boldsymbol{f}_c=-\nabla U=\left[-\dfrac{\partial U}{\partial x},\ -\dfrac{\partial U}{\partial y}\right]$ となるための条件は，

$f_x=-\dfrac{\partial U}{\partial x}$，$f_y=-\dfrac{\partial U}{\partial y}$ から，

$$\frac{\partial f_x}{\partial y}=-\frac{\partial}{\partial y}\left(\frac{\partial U}{\partial x}\right)=-\frac{\partial^2 U}{\partial y\partial x}=-\frac{\partial^2 U}{\partial x\partial y}=\frac{\partial}{\partial x}\left(-\frac{\partial U}{\partial y}\right)=\frac{\partial f_y}{\partial x}$$

($\dfrac{\partial^2 U}{\partial y\partial x}$ と $\dfrac{\partial^2 U}{\partial x\partial y}$ が共に連続ならば，$\dfrac{\partial^2 U}{\partial y\partial x}=\dfrac{\partial^2 U}{\partial x\partial y}$ が成り立つ。(シュワルツの定理))

$\therefore\ \dfrac{\partial f_x}{\partial y}=\dfrac{\partial f_y}{\partial x}$ ……(＊)　が，$\boldsymbol{f}$ が保存力であるための判定条件だ。

このとき，$f_x=-\dfrac{\partial U}{\partial x}$ より，$U=-\int f_x\,dx+F(y)$

(積分定数の代わりに y の任意関数になる。)

これを y で偏微分して ⊖ をつけたものが f_y となることから，$F(y)$ が求まり，U が定まる。例題で練習しておこう。

例題 **12**　力 $\boldsymbol{f}=[f_x,\ f_y]=[y,\ x+2y]$ が保存力であることを示し，そのポテンシャル $U(x,\ y)$ を求めてみよう。

力 $\boldsymbol{f}=[f_x,\ f_y]=[y,\ x+2y]$ が保存力であるか否かをまず調べよう。

$$\frac{\partial f_x}{\partial y}=\frac{\partial y}{\partial y}=1 \qquad \frac{\partial f_y}{\partial x}=\frac{\partial}{\partial x}(x+2y)=1$$

$\therefore\ \dfrac{\partial f_x}{\partial y}=\dfrac{\partial f_y}{\partial x}$ ……(＊) が成り立つので，この力 $\boldsymbol{f}$ は保存力 $\boldsymbol{f}_c$ といえる。

よって，$\boldsymbol{f}_c=[f_x,\ f_y]=[y,\ x+2y]=\left[-\dfrac{\partial U}{\partial x},\ -\dfrac{\partial U}{\partial y}\right]$ より，

まず，$-\dfrac{\partial U}{\partial x}=y$ 　この両辺を x で積分して符号を ⊖ にすると，

$$U(x,\ y)=-\int y\,dx+F(y)=-xy+F(y) \quad \cdots\cdots ①$$

これは，x で微分したら 0 になるからだ。

U は 2 変数関数より，これは積分定数 C ではなくて，何かある y の関数だ。

次に，$-\dfrac{\partial U}{\partial y}$ を求めて，これが $f_y=x+2y$ と一致するように $F(y)$ を定める。

$$-\frac{\partial U}{\partial y}=-\frac{\partial}{\partial y}\{-xy+F(y)\}=-\{-x+F'(y)\}=x-F'(y)=x+2y \text{ より，}$$

$$F'(y)=-2y \qquad \therefore\ F(y)=-y^2+C \quad \cdots\cdots ②$$

②を①に代入して，求めるポテンシャル $U(x,\ y)$ は，

$U(x,\ y)=-xy-y^2+C$ （C: 積分定数） となる。大丈夫？

(Ⅲ) 3 次元の力 $\boldsymbol{f}$ の場合

これが力学の試験問題として問われることはないと思うけれど，その結果だけは示しておこう。

$\boldsymbol{f}=[f_x,\ f_y,\ f_z]$ が保存力となる必要十分条件は

$\mathrm{rot}\,\boldsymbol{f}=\boldsymbol{0}$ で，このときのポテンシャル $U(x,\ y,\ z)$ は，

$\nabla\times\boldsymbol{f}$ のこと (P80)

$$U(x,\ y,\ z)=-\int_0^x f_x(x,\ y,\ z)dx-\int_0^y f_y(0,\ y,\ z)dy-\int_0^z f_z(0,\ 0,\ z)dz+C$$

（C: 積分定数）となる。

ここまで究めてみたい方は，「ベクトル解析キャンパス・ゼミ」（マセマ）で学習されることを勧める。

演習問題 4　● 保存力とポテンシャル ●

質量 $1(\mathrm{kg})$ の質点に対する 2 次元の保存力 $\boldsymbol{f}_c$ のポテンシャル U が

$U(x,\ y)=\dfrac{6}{x^2+y^2+2}\ (\mathrm{J})$　であるとき，次の問いに答えよ。

(1) $U(x,\ y)=\dfrac{1}{2},\ 1,\ 2\ (\mathrm{J})$ をみたす各等ポテンシャル線を求めよ。

(2) 点 $\mathrm{A}(0,\ -1)$ と点 $\mathrm{B}(3,\ 1)$ における保存力を求めよ。

(3) 質量 $1(\mathrm{kg})$ の質点 P が，保存力 $\boldsymbol{f}_c$ のみの作用を受けて，原点 O から点 $\mathrm{B}(3,\ 1)$ まで運動した。原点 O における P の速さが $v_0=2(\mathrm{m/s})$ のとき，点 $\mathrm{B}(3,\ 1)$ における P の速さ v_B を求めよ。

ヒント！ (1) $U=k$（定数）から得られる x と y の関係式が，等ポテンシャル線になる。(2) $f_x=-\dfrac{\partial U}{\partial x}$，$f_y=-\dfrac{\partial U}{\partial y}$ を求めて，各点における保存力 $\boldsymbol{f}_c$ が計算できるんだね。(3) 質点 P には保存力のみが作用しているので，原点 O と点 B における力学的エネルギーは保存される。頑張ろう！

解答＆解説

(1) (i) $U=\dfrac{1}{2}$ のとき，　$\dfrac{6}{x^2+y^2+2}=\dfrac{1}{2}$ より　$12=x^2+y^2+2$

∴ 等ポテンシャル線は，円 $x^2+y^2=10$ である。

(ii) $U=1$ のとき，　$\dfrac{6}{x^2+y^2+2}=1$

より，$6=x^2+y^2+2$

∴ 等ポテンシャル線は，

円 $x^2+y^2=4$ である。

(iii) $U=2$ のとき，　$\dfrac{6}{x^2+y^2+2}=2$

より，$3=x^2+y^2+2$

∴ 等ポテンシャル線は，

円 $x^2+y^2=1$ である。

(i)(ii)(iii) より，各等ポテンシャル線を右図に示す。

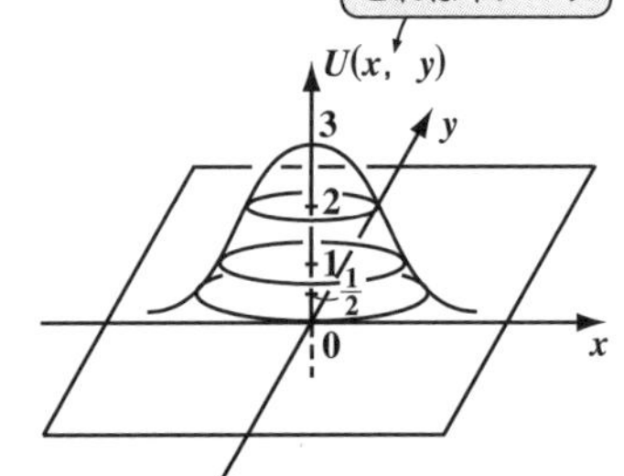

等ポテンシャル線

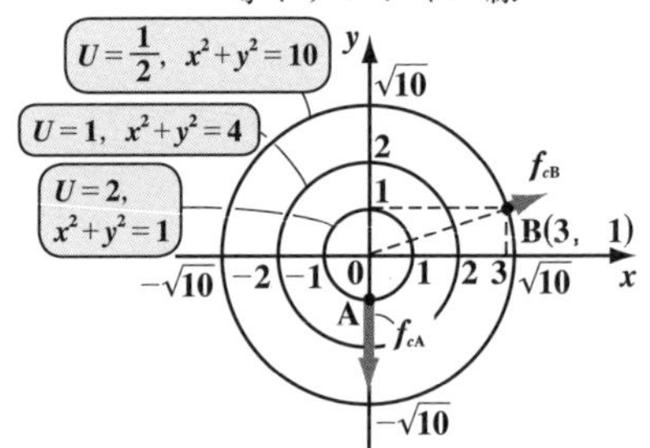

(2) 保存力 $\boldsymbol{f}_c = [f_x,\ f_y]$ について，

$$f_x = -\frac{\partial U}{\partial x} = -\frac{\partial}{\partial x}\{6(x^2+y^2+2)^{-1}\} = 6(x^2+y^2+2)^{-2} \cdot 2x = \frac{12x}{(x^2+y^2+2)^2}$$

$$f_y = -\frac{\partial U}{\partial y} = -\frac{\partial}{\partial y}\{6(x^2+y^2+2)^{-1}\} = 6(x^2+y^2+2)^{-2} \cdot 2y = \frac{12y}{(x^2+y^2+2)^2}$$

より，$\boldsymbol{f}_c = \left[\frac{12x}{(x^2+y^2+2)^2},\ \frac{12y}{(x^2+y^2+2)^2}\right]$ となる。よって，

(ⅰ) 点 $\mathrm{A}(0,\ -1)$ における保存力を $\boldsymbol{f}_{c\mathrm{A}}$ とおくと，

$$\boldsymbol{f}_{c\mathrm{A}} = \left[\frac{12\cdot 0}{\{0^2+(-1)^2+2\}^2},\ \frac{12\cdot(-1)}{\{0^2+(-1)^2+2\}^2}\right] = \left[0,\ -\frac{4}{3}\right] \text{ である。}$$

(ⅱ) 点 $\mathrm{B}(3,\ 1)$ における保存力を $\boldsymbol{f}_{c\mathrm{B}}$ とおくと，

$$\boldsymbol{f}_{c\mathrm{B}} = \left[\frac{12\cdot 3}{(3^2+1^2+2)^2},\ \frac{12\cdot 1}{(3^2+1^2+2)^2}\right] = \left[\frac{1}{4},\ \frac{1}{12}\right] \text{ である。}$$

(3) 質量 $1(\mathrm{kg})$ の質点 P は，保存力 $\boldsymbol{f}_c$ のみを受けて運動するので，力学的エネルギーは保存される。

(ⅰ) 点 O における $\begin{cases} \text{P の速さ } v_0 = 2\ (\mathrm{m/s}) \\ \text{ポテンシャル } U_0 = U(0,\ 0) = \dfrac{6}{0^2+0^2+2} = 3\ (\mathrm{J}) \end{cases}$

(ⅱ) 点 B における $\begin{cases} \text{P の速さを } v_\mathrm{B}(\mathrm{m/s}) \text{ とおく} \\ \text{ポテンシャル } U_\mathrm{B} = U(3,\ 1) = \dfrac{6}{3^2+1^2+2} = \dfrac{1}{2}\ (\mathrm{J}) \end{cases}$

以上 (ⅰ)(ⅱ) から，力学的エネルギーの保存則を用いると，

$$\frac{1}{2}\cdot 1\cdot 2^2 + 3 = \frac{1}{2}\cdot 1\cdot {v_\mathrm{B}}^2 + \frac{1}{2} \qquad \text{両辺に 2 をかけて，}$$

$$[\quad K_0 \quad + U_0 = \quad K_\mathrm{B} \quad + U_\mathrm{B}]$$

$$4 + 6 = {v_\mathrm{B}}^2 + 1 \qquad {v_\mathrm{B}}^2 = 9$$

$\therefore\ v_\mathrm{B} = 3\,(\mathrm{m/s})$ である。

講義3 ● 仕事とエネルギー　公式エッセンス

1. 仕事と運動エネルギー・力積と運動量の関係

(i) 仕事と運動エネルギーの関係

$$\frac{1}{2}mv_1{}^2 + \int_{P_1}^{P_2} \boldsymbol{f} \cdot d\boldsymbol{r} = \frac{1}{2}mv_2{}^2$$

（はじめの運動エネルギー）（なされた仕事）（仕事後の運動エネルギー）

(ii) 力積と運動量の関係

$$m\boldsymbol{v}_1 + \int_{t_1}^{t_2} \boldsymbol{f}dt = m\boldsymbol{v}_2$$

（はじめの運動量）（加えられた力積）（力積後の運動量）

2. まさつ力

(Ⅰ) 静止まさつ力：滑らかでない床面上に置かれた物体に力 $\boldsymbol{f}$ を加えて動かそうとするとき，最大静止まさつ力 μN (N: 垂直抗力) が働き得る。$f \leqq \mu N$ のとき，静止まさつ力 $-f$ が働き，物体は静止したままである。(μ: 静止まさつ係数)

(Ⅱ) 動まさつ力：$f > \mu N$ になると，物体は f の向きに運動を始める。このとき，この物体には $-\mu' N$ の動まさつ力が働くため，$f - \mu' N$ の合力を受けて，運動する。(μ': 動まさつ係数。一般に $\mu' < \mu$)

3. 保存力 f_c のなす仕事 W_c

保存力 f_c のみが質点 P に作用して，点 P_1 から点 P_2 までなした仕事 W_c は，その途中の経路によらず，2 点 P_1 と P_2 におけるポテンシャルの差 $U_1 - U_2$ だけで決まる：$W_c = U_1 - U_2$

4. 全力学的エネルギーの保存則

点 P_1 から点 P_2 まで質点 P に仕事をする力が保存力のみのとき，点 P_1 と点 P_2 における質点 P のもつ力学的エネルギー E は保存される：
$K_1 + U_1 = K_2 + U_2 = E$ (一定)

5. 保存力となるための条件とその求め方

(Ⅰ) 1 次元の力 $f = f(x)$ が保存力であるための条件は，$f(x)$ が積分可能であること。そして，そのポテンシャル $U(x)$ は，

$$U(x) = -\int f(x)\,dx$$ で求まる。 ← 1 次元の保存力の定義：$f_c = -\frac{dU(x)}{dx}$ より。

(Ⅱ) 2 次元の力 $\boldsymbol{f} = [f_x, f_y]$ が，保存力 $\boldsymbol{f}_c = -\nabla U = \left[-\frac{\partial U}{\partial x}, -\frac{\partial U}{\partial y}\right]$ となるための条件は，$\frac{\partial f_x}{\partial y} = \frac{\partial f_y}{\partial x}$ が成り立つこと。

さまざまな運動

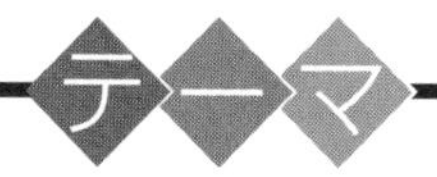

▶ **放物運動**
（速度に比例する空気抵抗を受ける場合の放物運動）

▶ **円運動**

▶ **単振動**（$\ddot{x} = -\omega^2 x$ の解法）

▶ **減衰振動と強制振動**

$$\left(\begin{array}{l} \ddot{x} + a\dot{x} + bx = 0 \text{ の解法} \\ \ddot{x} + a\dot{x} + bx = \gamma \cos\omega t \text{ の解法} \end{array} \right)$$

▶ **惑星の運動** $\left(r = \dfrac{k}{1 + e\cos(\theta - \theta_0)} \right)$

▶ **地球振り子**（単振動の応用）

§1. 放物運動

前回までで，力学の基本的な解説が終わったので，これからさまざまな物体(質点)の運動，具体的には“**放物運動**”，“**円運動**”，“**単振動**”，“**減衰振動と強制振動**”，“**惑星の運動**”，“**地球振り子**”について詳しく教えよう。

今回は，その第**1**回目として“**放物運動**”について解説する。空気抵抗がない場合の放物運動は既に高校で習っていると思うけれど，復習も兼ねて，まず解説しよう。そしてここではさらに，速度に比例する空気抵抗がある場合の放物運動についても詳しく教えるつもりだ。

それでは，早速講義を始めよう！

● 空気抵抗がない場合の放物運動から始めよう！

空気抵抗を受けない場合の放物運動を考えてみよう。図**1**に示すように地表面の**1**点を原点**0**に取り，xy座標軸を設定する。

図1 空気抵抗のない場合の放物運動

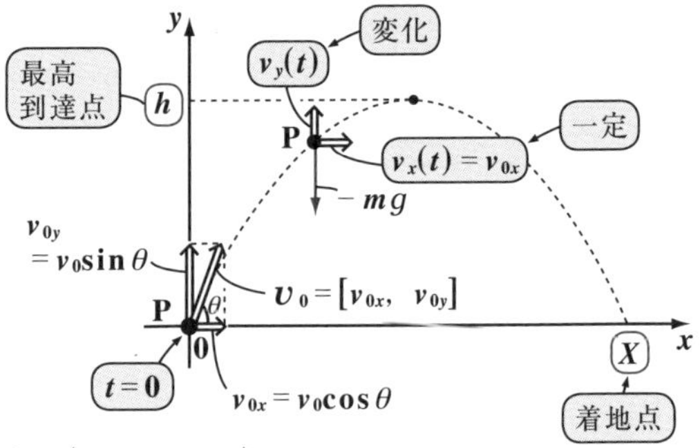

そして，原点**0**から仰角(ぎょうかく) θ $\left(0 < \theta < \frac{\pi}{2}\right)$，初速度$\boldsymbol{v}_0 = [v_{0x},\ v_{0y}]$で質量$m$の物体(質点)**P**を投げ上げるものとしよう。このとき，初めの速さを$v_0 = \|\boldsymbol{v}_0\|$とおくと，三角関数を使って，

$$\begin{cases} v_{0x} = v_0 \cos\theta \\ v_{0y} = v_0 \sin\theta \end{cases} \quad \cdots\cdots ①$$ となるのも大丈夫だね。

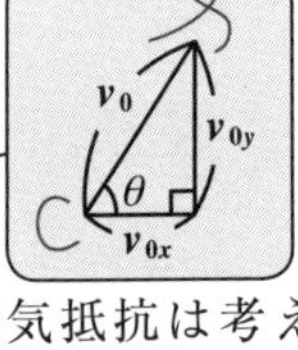

この質点に働く力は何か分かる？ そう，今回は空気抵抗は考えていないので，質点**P**には，図**1**に示すように，鉛直下向き(y軸の負の向き)に重力$-mg$が働くだけなんだね。

これは保存力だ。だから，この放物運動では当然，力学的エネルギーは保存されるんだね。$\left(\frac{1}{2}mv_1^2 + U_1 = \frac{1}{2}mv_2^2 + U_2\right)$

よって，(Ⅰ) x 軸方向には力は働かないので，質点 P は x 軸方向には初速度 $v_{0x}\left[=v_0\cos\theta\right]$ のまま，等速度運動を続ける。(慣性の法則)
これに対して，(Ⅱ) y 軸方向には $-mg$ の重力(保存力)が常にかかるので，質点 P は y 軸方向には $-g$ の等加速度運動をする。

このように，具体的に運動を考える場合，(i) x 軸方向と (ii) y 軸方向に分解して考えると，スッキリ表現できる！

それでは，両軸の方向それぞれに運動方程式を立てて，具体的に考えていこう。

(Ⅰ) x 軸方向における運動方程式：

$$m\frac{d^2x}{dt^2}=\underline{0}\ \cdots\cdots②\quad(\text{初期条件}:x_0=0,\ v_x(0)=v_{0x}\left[=v_0\cos\theta\right])$$

P に x 軸方向に作用する力は 0

を解いてみよう。②の両辺を $m(>0)$ で割って，

$$\frac{d^2x}{dt^2}=0$$ この両辺を t で積分して，

積分定数(初期条件)

$$v_x(t)=\frac{dx}{dt}=v_{0x}$$ この両辺をさらに t で積分して，

0 (初期条件)

$$x(t)=v_{0x}t+x_0$$

$$\therefore\ x(t)=v_{0x}t\ \cdots\cdots\cdots\cdots\cdots\cdots\cdots\cdots③$$

または，$x(t)=v_0\cos\theta\cdot t\ \cdots\cdots③'$

これは，点 P が x 軸方向に等速度運動していることを示している。

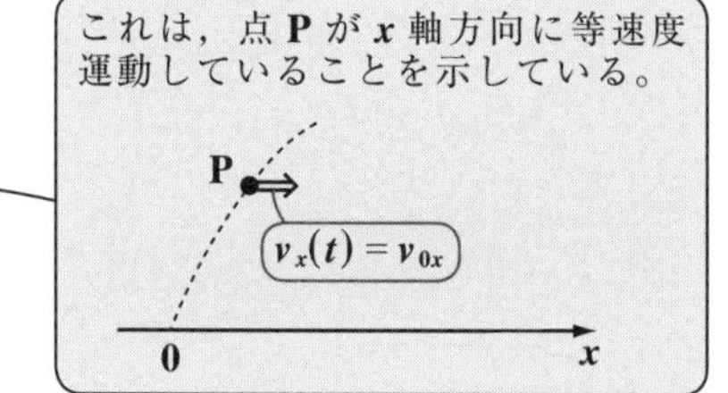

(Ⅱ) y 軸方向における運動方程式：

$$m\frac{d^2y}{dt^2}=\underline{-mg}\ \cdots\cdots④\quad(\text{初期条件}:y_0=0,\ v_y(0)=v_{0y}\left[=v_0\sin\theta\right])$$

P に y 軸方向に作用する力は，重力(保存力)のみだね。

を解いてみよう。④の両辺を $m(>0)$ で割って，

$$\frac{d^2y}{dt^2}=-g$$ この両辺を t で積分して，

積分定数(初期条件)

$$v_y(t)=\frac{dy}{dt}=-gt+v_{0y}$$ この両辺をさらに t で積分して，

$$y(t) = -\frac{1}{2}gt^2 + v_{0y}t + y_0 \quad (y_0 = 0\ (\text{初期条件}))$$

$$\therefore\ y(t) = -\frac{1}{2}gt^2 + v_{0y}t \quad \cdots\cdots⑤$$

または，$y(t) = -\frac{1}{2}gt^2 + v_0\sin\theta \cdot t \quad \cdots⑤'$

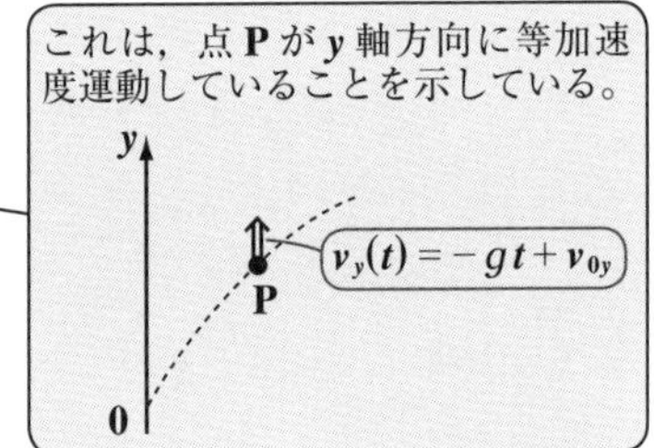

以上の結果をまとめておこう。

(Ⅰ) x 軸方向

$$\begin{cases} v_x(t) = v_0\cos\theta \quad (\text{一定}) & (v_0\cos\theta = v_{0x}\ (①より)) \\ x(t) = v_0\cos\theta \cdot t \quad \cdots\cdots③' \end{cases}$$

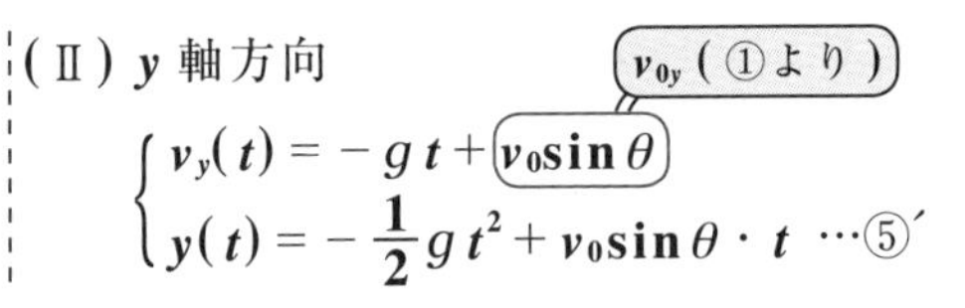

(Ⅱ) y 軸方向

$$\begin{cases} v_y(t) = -gt + v_0\sin\theta & (v_0\sin\theta = v_{0y}\ (①より)) \\ y(t) = -\frac{1}{2}gt^2 + v_0\sin\theta \cdot t \quad \cdots⑤' \end{cases}$$

それでは，この放物運動の最高到達点 h と，着地点 X の座標を求めてみよう。

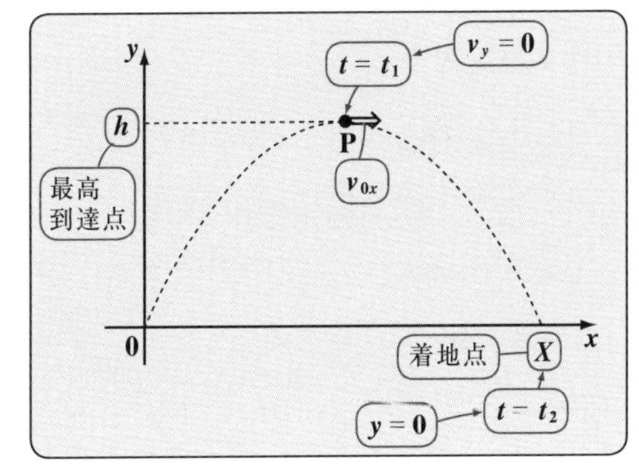

(ⅰ) 最高到達点 h について

$t = t_1$ のとき，点Pが最高到達点に達するものとすると，

$$v_y(t_1) = \boxed{-gt_1 + v_0\sin\theta = 0}$$

よって，$t_1 = \frac{v_0\sin\theta}{g} \cdots⑥$ となる。

よって，⑥を⑤′に代入すると，最高到達点 h が，

$$h = y\left(\frac{v_0\sin\theta}{g}\right) = -\frac{1}{2}g \cdot \frac{v_0^2\sin^2\theta}{g^2} + v_0\sin\theta \cdot \frac{v_0\sin\theta}{g} = \frac{v_0^2\sin^2\theta}{2g} \quad \cdots⑦ \text{ と求まる。}$$

(ⅱ) 着地点 X について

$t = t_2$ のとき，点Pが地表に着地するものとすると，

$$y(t_2) = \boxed{-\frac{1}{2}gt_2^2 + v_0\sin\theta \cdot t_2 = 0}$$

$$t_2\left(-\frac{1}{2}gt_2 + v_0\sin\theta\right) = 0 \qquad \text{ここで，} t_2 > 0 \text{ より，}$$

$$t_2 = \frac{2v_0\sin\theta}{g} \quad \cdots⑧ \quad \text{となる。} \leftarrow (t_2 = 2t_1 \text{ が成り立っている！})$$

よって，⑧を③´に代入すると，着地点 X が，

$$X = x\left(\overset{t_2}{\frac{2v_0\sin\theta}{g}}\right) = v_0\cos\theta\cdot\frac{2v_0\sin\theta}{g} = \frac{{v_0}^2}{g}\underbrace{(2\sin\theta\cos\theta)}_{\sin 2\theta\,(2\text{倍角の公式より})} = \frac{{v_0}^2}{g}\underbrace{\sin 2\theta}_{1\text{のとき最大}} \text{と求まる。}$$

ここで，v_0 は定数より，最も遠くまで点 P が飛ぶ，すなわち X が最大となる仰角 θ は，$\sin 2\theta = 1$ より，$\theta = \frac{\pi}{4}\ (= 45°)$ であることが分かる。

それでは，次の例題で，力学的エネルギーの保存則を使って，最高到達点 h を求めてみよう。

例題 13　地表から，質量 m の質点 P を仰角 $\theta\left(0 < \theta < \frac{\pi}{2}\right)$，初速度 $\boldsymbol{v}_0 = [v_{0x},\ v_{0y}]$ で投げ上げるとき，点 P の最高到達点 h を力学的エネルギーの保存則から求めてみよう。(空気抵抗は考えないものとする。)

重力場において，重力 (保存力)

（重力場：重力の働く地表付近の領域のこと。）

$-mg$ の位置エネルギー (ポテンシャル) U は，

$$U = -\int(-mg)dy = mgy \quad \text{だね。}$$

（$y = 0$ を基準点とした。）

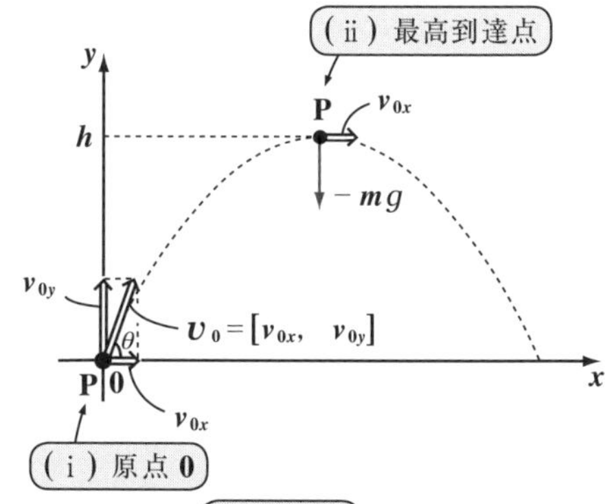

保存力のみが質点 P に働くとき，P の運動の力学的エネルギーは保存されるので，

$$\underbrace{\frac{1}{2}m\overset{({v_{0x}}^2+{v_{0y}}^2)}{{v_0}^2} + mg\cdot 0}_{(\text{ⅰ})\text{原点}0\text{における}} = \underbrace{\frac{1}{2}m{v_{0x}}^2 + mgh}_{(\text{ⅱ})\text{最高到達点}h\text{における全力学的エネルギー}}$$

（三平方の定理：v_0，v_{0y}，θ，v_{0x}）

$$\frac{1}{2}({v_{0x}}^2 + {v_{0y}}^2) = \frac{1}{2}{v_{0x}}^2 + gh \quad \leftarrow \text{両辺を } m \text{ で割った！}$$

$$\therefore\ h = \frac{{v_{0y}}^2}{2g} = \frac{(v_0\sin\theta)^2}{2g} = \frac{{v_0}^2\sin^2\theta}{2g} \quad \text{となって，⑦の結果と一致する！}$$

● 速度に比例する抵抗を受ける場合の放物運動もマスターしよう！

それでは次，質点 **P** が速度に比例する空気抵抗を受ける場合の放物運動がどのようなものになるのか？ 詳しく調べてみよう。

図 **2** に示すように，地表面の **1** 点を原点 **0** にとり，xy 座標を設定し，質量 m の質点 **P** を原点 **0** から仰角 $\theta\left(0<\theta<\frac{\pi}{2}\right)$，初速度：$\boldsymbol{v}_0=[v_{0x},\ v_{0y}]$ で投げ上げるものとする。

図 **2** 速度に比例する空気抵抗を受ける場合の放物運動

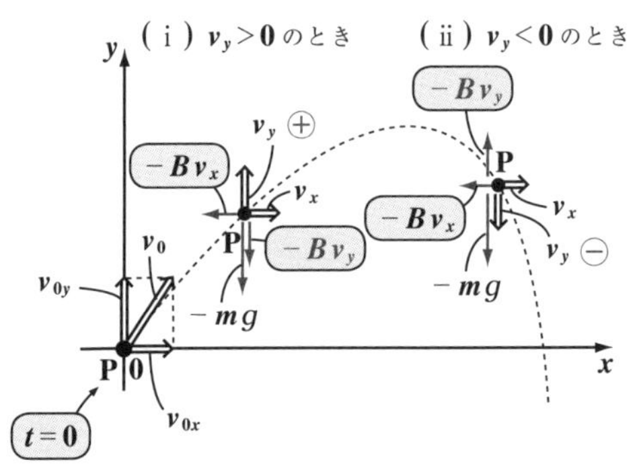

前回の例との違いは，この質点 **P** が速度に比例する空気抵抗を受けることなんだね。今回も，(Ⅰ) x 軸方向，(Ⅱ) y 軸方向に分解して，この放物運動を調べてみよう。

(Ⅰ) x 軸方向の運動方程式は，

$$m\frac{d^2x}{dt^2}=-B\frac{dx}{dt}\ \cdots\cdots(\text{a})\quad (B：正の比例定数)$$

$\frac{dx}{dt}$ は v_x

v_x は，初速 v_{0x} だけど，空気抵抗を受けて徐々に減速していく。

P $v_x>0$ 空気抵抗 $-Bv_x$

となる。$\frac{dx}{dt}=v_x$ より，$\frac{d^2x}{dt^2}=\frac{d}{dt}\left(\frac{dx}{dt}\right)=\frac{dv_x}{dt}$ だね。

以上より，(a)は次のような変数分離形の微分方程式になる。

$$\frac{dv_x}{dt}=-bv_x\ \cdots\cdots①\quad \left(b=\frac{B}{m}\right)$$

← 変数分離形

$\int(v_x\text{の式})dv_x=\int(t\text{の式})dt$ の形にして解く！

(Ⅱ) y 軸方向の運動方程式は,

$$m\frac{d^2y}{dt^2} = -B\frac{dy}{dt} - mg \quad \cdots\cdots \text{(b)}$$ (B：正の比例定数) となる。

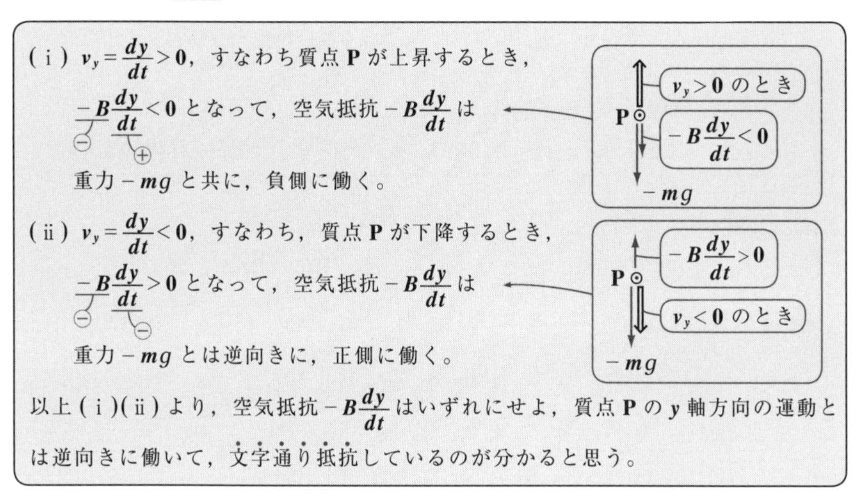

$\frac{dy}{dt} = v_y$ より, $\frac{d^2y}{dt^2} = \frac{d}{dt}\left(\frac{dy}{dt}\right) = \frac{dv_y}{dt}$ だね。

よって, (b)の両辺を m (>0) で割って, $b = \frac{B}{m}$ とおくと, これも次のように変数分離形の微分方程式になる。

$$\frac{dv_y}{dt} = -bv_y - g \quad \cdots\cdots ② \quad \left(b = \frac{B}{m}\right)$$ ← 変数分離形

$\int(v_y \text{の式})dv_y = \int(t \text{の式})dt$ の形にして解く！

それでは, この解法の続きは, 演習問題5で示そう！

演習問題 5　● 抵抗を受ける場合の放物運動 ●

速度に比例した空気抵抗を受ける質点 **P** の放物運動は，次の微分方程式（運動方程式）で表される。

（i）x 軸方向 $\frac{dv_x}{dt} = -bv_x$ …①　（ii）y 軸方向 $\frac{dv_y}{dt} = -bv_y - g$ …②

①，②を初期条件：$t=0$ のとき，$v_x = v_{0x}$，$v_y = v_{0y}$，$x = y = 0$

の下で解け。（ただし，v_x，v_y は速度の x 成分と y 成分を表す。）

ヒント！　①，②はいずれも，"変数分離形"の微分方程式より，これを解いて，v_x と v_y を求め，さらにこれを t で積分して，x と y を求めればいいんだね。

解答＆解説

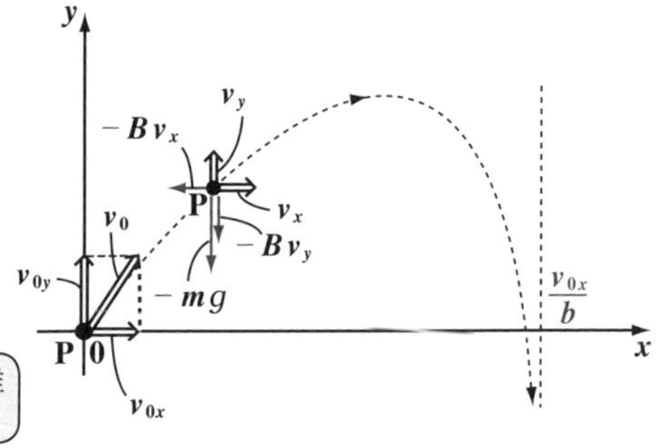

（i）x 軸方向について

初期条件 $t=0$ のとき，

$$v_x = v_{0x},\quad x = 0$$

$$\frac{dv_x}{dt} = -bv_x \quad \cdots ① \qquad (v_x > 0)$$

を解くと，

$$\int \frac{1}{v_x}dv_x = -b\int dt$$ ← 変数分離した！

$$\log \underset{\oplus}{v_x} = -bt + C_1 \quad \therefore v_x(t) = e^{-bt+C_1} = C_2 e^{-bt} \quad \cdots ③ \qquad (C_2 = e^{C_1})$$

（C_1：積分定数）（C_2：新たな積分定数）

初期条件：$v_x(0) = v_{0x}$（定数）より，③は，

$$v_x(0) = C_2 \underbrace{e^{-b\cdot 0}}_{1} = C_2 = v_{0x} \qquad \therefore C_2 = v_{0x} \quad \cdots ④$$ となる。

④を③に代入して，$v_x(t) = v_{0x}e^{-bt}$ …⑤　となる。

⑤の両辺をさらに t で積分して，

$$x(t) = \int v_{0x}e^{-bt}dt = -\frac{v_{0x}}{b}e^{-bt} + C_3 \quad \cdots ⑥$$

初期条件：$x(0) = 0$ より，⑥は，

$$x(0) = -\frac{v_{0x}}{b}\underbrace{e^{-b\cdot 0}}_{1} + C_3 = 0 \qquad \therefore C_3 = \frac{v_{0x}}{b} \quad \cdots ⑦$$ となる。

⑦を⑥に代入して，$x(t) = \frac{v_{0x}}{b}(1 - e^{-bt})$　となる。

(ⅱ) y 軸方向について

初期条件 $t=0$ のとき，$v_y=v_{0y}$，$y=0$

$\frac{dv_y}{dt}=-bv_y-g$ …② を解くと，← v_y は，⊕，⊖ いずれもとり得る！

$\int\frac{b}{bv_y+g}dv_y=-b\int dt$ ← $\int(v_y$ の式$)dv_y=\int(t$ の式$)dt$ の形にした。

$\log|bv_y+g|=-bt+A_1$ （$|bv_y+g|$：⊕ or ⊖，A_1：積分定数）　$bv_y+g=\pm e^{-bt+A_1}=A_2e^{-bt}$ $(A_2=\pm e^{A_1})$ （A_2：新たな積分定数）

$\therefore\ v_y(t)=\frac{1}{b}(A_2e^{-bt}-g)$ …⑧

初期条件：$v_y(0)=v_{0y}$ より，⑧は，← $t=0$ のとき，$v_y=v_{0y}$

$$v_y(0)=\frac{1}{b}(A_2\underbrace{e^{-b\cdot0}}_{1}-g)=v_{0y}\qquad\therefore\ A_2=bv_{0y}+g\ \cdots⑨$$

⑨を⑧に代入して，

$$v_y(t)=\frac{1}{b}\{(bv_{0y}+g)e^{-bt}-g\}=\left(v_{0y}+\frac{g}{b}\right)e^{-bt}-\frac{g}{b}\ \cdots⑩$$ となる。

⑩の両辺をさらに t で積分して，

$$y(t)=\int\left\{\left(v_{0y}+\frac{g}{b}\right)e^{-bt}-\frac{g}{b}\right\}dt=-\frac{1}{b}\left(v_{0y}+\frac{g}{b}\right)e^{-bt}-\frac{g}{b}t+A_3\ \cdots⑪$$

（A_3：積分定数）

初期条件：$y(0)=0$ より，⑪は，

$$y(0)=-\frac{1}{b}\left(v_{0y}+\frac{g}{b}\right)\underbrace{e^{-b\cdot0}}_{1}-\frac{g}{b}\cdot0+A_3=0\qquad\therefore\ A_3=\frac{1}{b}\left(v_{0y}+\frac{g}{b}\right)\ \cdots⑫$$

⑫を⑪に代入して，

$$y(t)=\frac{1}{b}\left(v_{0y}+\frac{g}{b}\right)(1-e^{-bt})-\frac{g}{b}t$$ となる。

$$\therefore\ \begin{cases}v_x=v_{0x}e^{-bt}\\ v_y=\left(v_{0y}+\dfrac{g}{b}\right)e^{-bt}-\dfrac{g}{b}\end{cases}\qquad\begin{cases}x=\dfrac{v_{0x}}{b}(1-e^{-bt})\\ y=\dfrac{1}{b}\left(v_{0y}+\dfrac{g}{b}\right)(1-e^{-bt})-\dfrac{g}{b}t\end{cases}$$

$t\to\infty$ のとき $e^{-bt}\to0$ より，$\lim_{t\to\infty}v_x=0$，$\lim_{t\to\infty}x=\frac{v_{0x}}{b}$　よって，$t\to\infty$ のとき $v_x\to0$ となって，$x=\frac{v_{0x}}{b}$ に近づきながらほぼ沿直下向きに落下するんだね。

§2. 円運動

これから，"**円運動**"について解説しよう。"等速円運動"については，力を考慮に入れなかったけれど，その概略を **P14** で既に話した。ここでは，等速でない円運動も含めて，さらに詳しく解説していくつもりだ。

物体（質点 **P**）が円運動をする場合，慣性系から見たとき，質点 **P** には常に中心に向かう力"**向心力**（こうしんりょく）"が働く。しかし，円運動の応用問題を考えるとき，質点 **P** と共に回転する座標系で考えて，"**遠心力**（えんしんりょく）"を導入する方が分かりやすいので，この考え方についても教えよう。さらに，角速度 ω もスカラーではなく，ベクトル $\boldsymbol{\omega}$ と考えたときの重要公式についても解説するつもりだ。今回も盛り沢山の内容だね！

● まず，等速円運動から始めよう！

質量 m の質点 **P** が原点 **0** を中心とする半径 r_0 の円周上を角速度 ω で"等速円運動"する（（周）速度 $v = r_0\omega$）とき，xy 座標系での点 **P** の位置ベクトルは，図 **1** より，

図1 等速円運動と向心力

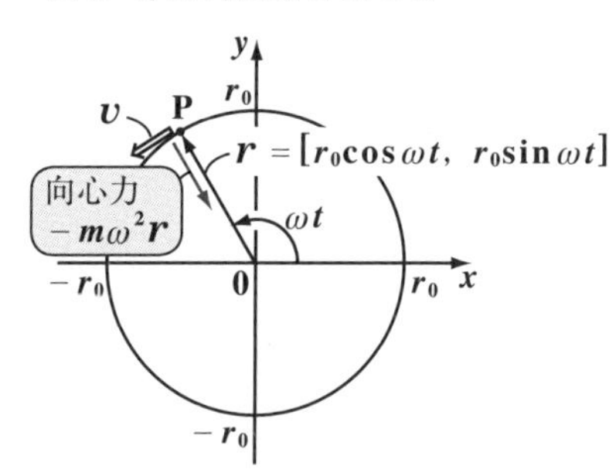

$$\boldsymbol{r} = [x,\ y] = [r_0\cos\omega t,\ r_0\sin\omega t]$$

となり，この速度 $\boldsymbol{v}$，加速度 $\boldsymbol{a}$ は，

$$\boldsymbol{v} = [\dot{x},\ \dot{y}] = [-r_0\omega\sin\omega t,\ r_0\omega\cos\omega t]$$

$$\boldsymbol{a} = [\ddot{x},\ \ddot{y}] = [-r_0\omega^2\cos\omega t,\ -r_0\omega^2\sin\omega t]$$

$$= -\omega^2[r_0\cos\omega t,\ r_0\sin\omega t] = -\omega^2\boldsymbol{r} \quad \text{となる。}$$

（合成関数の微分）

よって，図 **1** に示すように，等速円運動を行う質点 **P** には，常に中心 **0** に向かう力，すなわち"**向心力**（こうしんりょく）"(*centripetal force*) $\boldsymbol{f}_0$：

$$\boldsymbol{f}_0 = m\boldsymbol{a} = -m\omega^2\boldsymbol{r}$$

が働くことが分かる。向心力の大きさは，

$$f_0 = \|\boldsymbol{f}_0\| = \|-m\omega^2\boldsymbol{r}\| = m\omega^2\|\boldsymbol{r}\| = mr_0\omega^2 \quad \cdots\cdots①$$ となる。

（$\|\boldsymbol{r}\| = r_0$）

ここで，$v = r_0\omega$ より，$\omega = \dfrac{v}{r_0}$　これを①に代入して，

向心力の大きさは，$f_0 = mr_0\omega^2$ または $m\dfrac{v^2}{r_0}$ と表されるのも大丈夫だね。

また，この等速円運動の周期を T とおくと，$\omega T = 2\pi$ より，

$T = \frac{2\pi}{\omega}$ で計算できることも，頭に入れておこう。

それでは，等速円運動の問題として，次の例題を解いてみよう。

> 例題 14　質量の無視できる長さ l の軽い糸の先に，質量 m の重り(質点)P を付けて，円すい振り子を作ったところ，糸は鉛直線から θ の角度を保って，同一平面内を等速円運動した。このとき，糸の張力 S，角速度の大きさ ω，周期 T を求めよう。ただし，重力加速度の大きさは g とする。

右図に示すように，円すい振り子の回転円の中心を O とおくと，その半径は

$\mathrm{OP} = l\sin\theta$ …(a)　となる。

また，糸の張力 S を鉛直方向の成分 $S\cos\theta$ と，水平方向の成分 $S\sin\theta$ に分解するといいんだね。

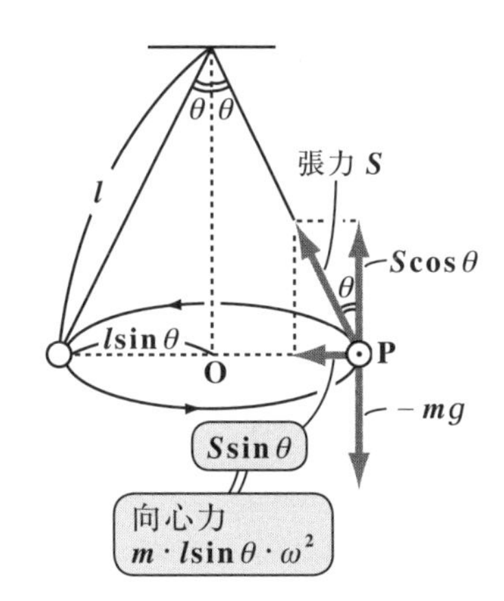

(i) 鉛直方向について

$S\cos\theta$ と重力 $-mg$ がつり合うので，

$S\cos\theta - mg = 0$

∴糸の張力 $S = \frac{mg}{\cos\theta}$ ……(b)　となる。

(ii) 水平方向について

$S\sin\theta$ により，質点 P の円運動の向心力 $m \cdot l\sin\theta \cdot \omega^2$ が与えられるので，（$l\sin\theta$：OP(半径)((a)より)）

$S\sin\theta = ml\sin\theta \cdot \omega^2$　　この両辺を $\sin\theta$ (>0) で割って，

$S = ml\omega^2$ …(c)　となる。

(b)，(c)より S を消去して，

$\frac{mg}{\cos\theta} = ml\omega^2$　　∴角速度 $\omega = \sqrt{\frac{g}{l\cos\theta}}$ となる。

また，周期 $T = \frac{2\pi}{\omega} = 2\pi\sqrt{\frac{l\cos\theta}{g}}$ と求まるんだね。

参考

例題 **14** について，(ⅰ)鉛直方向のつり合いは納得いくけれど，(ⅱ)水平方向の向心力が $S\sin\theta$ により与えられるという表現がピンとこない方も多いと思う。

同様の表現は **P72** にもある！

右図に示すように，ry 座標系を設定すると，高校時代の物理では，次のように解いたと思う。質点 **P** に遠心力 $m\cdot l\sin\theta\cdot\omega^2$ が r 軸の正の向きに働き，これと張力 S の水平方向の成分 $-S\cdot\sin\theta$ とがつり合うので，

r 軸の負の向きより⊖が付く。

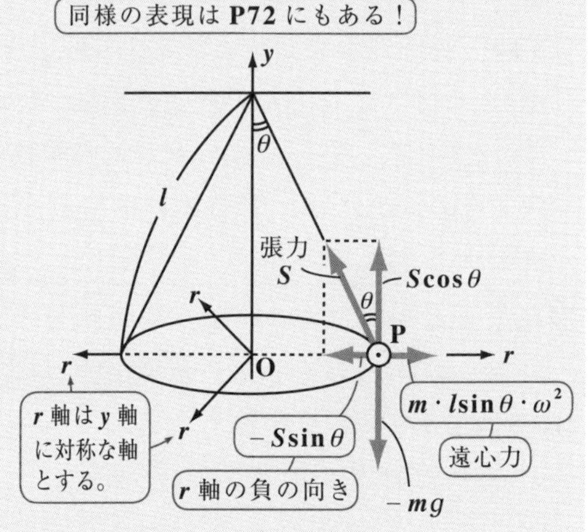

$m\cdot l\sin\theta\cdot\omega^2-S\cdot\sin\theta=0$ となる。よって，これから，さっきの解法と同じ $S=ml\omega^2$ ……(c) を導くことができるんだね。

では，この解法の差はどこから出てくるのか，分かる？…… 実はこれは円すい振り子を観察している座標系の違いから生じるんだよ。

(ⅰ) 慣性系(静止した座標系)から，この円すい振り子を観た場合，円運動をしている質点 **P** には必ず向心力が働き，それは $S\cdot\sin\theta$ によって与えられることになる。これに対して，

(ⅱ) 質点 **P** に乗った人から観た場合，質点 **P** は当然静止して見えるはずだね。だから，中心に向かって働く向心力 $-S\cdot\sin\theta$ とつり合う，外側に働く見かけ上の力，すなわち遠心力 $m\cdot l\sin\theta\cdot\omega^2$ が必要となるんだね。

正確には，質点 **P** と共に，**O** のまわりを回転する座標系

これを "**慣性力**" という。←これについては，"回転座標系" (**P150**)で詳述する。

急カーブを曲がる電車や車の中などで，ボク達はいつもこの遠心力(外にはじき出されそうな力)を実感として経験している。だから，(ⅱ)の解法の方が，より分かりやすく感じるのかも知れないね。

● 等速でない円運動の向心力も，同じ $m\frac{v^2}{r}$ で表せる！

それでは等速でない，すなわち，図2に示すように，質点Pの接線方向の速さ v が変化する円運動についても考えてみよう。

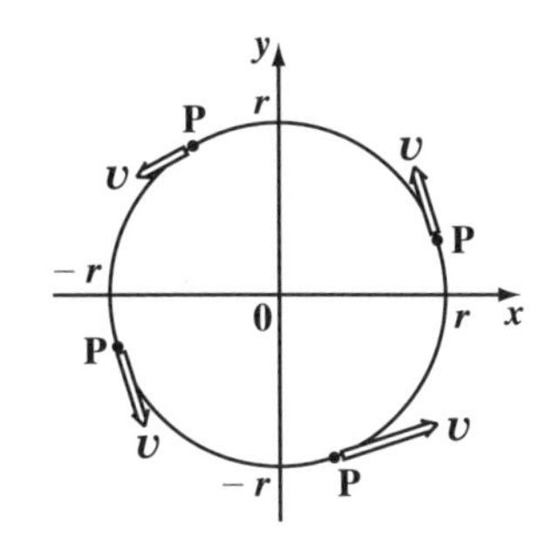

図2　等速でない円運動のイメージ

ここで重要なのは，円に限らず，一般の曲線（軌道）を描きながら運動する質点Pの加速度 $\boldsymbol{a}(t)$ が，図3に示すように，接線方向成分と主法線方向に分解されて，

$$\boldsymbol{a} = \frac{dv}{dt}\boldsymbol{t} + \frac{v^2}{R}\boldsymbol{n} \quad \cdots\cdots①$$

接線方向成分（$\frac{dv}{dt}$）　主法線方向成分（$\frac{v^2}{R}$）

（$\boldsymbol{t}$：単位接線ベクトル
$\boldsymbol{n}$：単位主法線ベクトル）

と表されることだ。P27参照

図3　$\boldsymbol{a} = \frac{dv}{dt}\boldsymbol{t} + \frac{v^2}{R}\boldsymbol{n}$

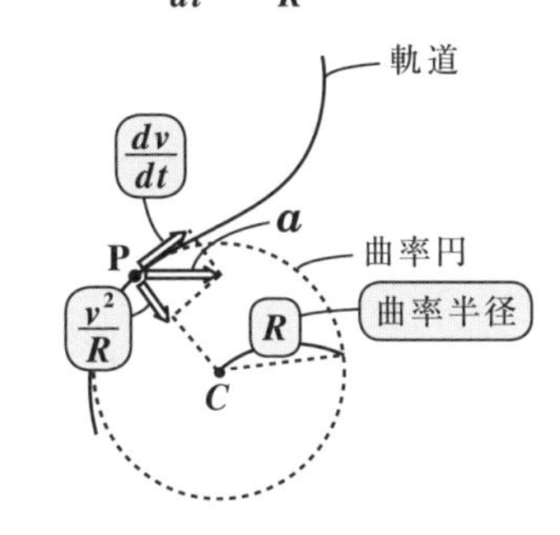

この①は当然，質量 m の質点Pが図4のような半径 r（一定）の円運動をするときでも成り立つ。よって，①の曲率半径 R が定数 r に置き変わるだけで，円運動する質点Pに働く力を $\boldsymbol{f}$ とおくと，

図4　等速でない円運動

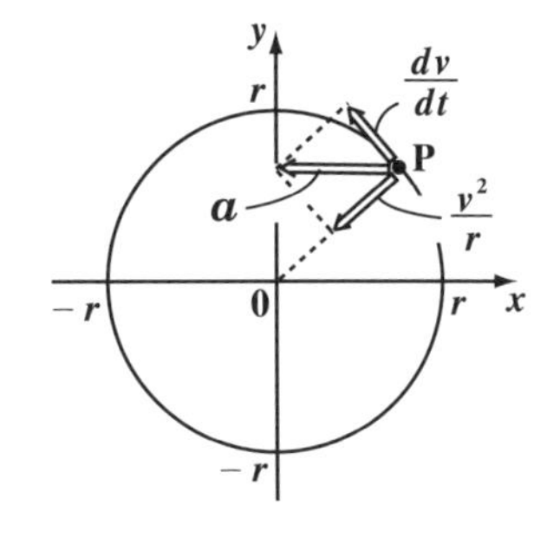

$$\boldsymbol{f} = m\boldsymbol{a} = m\left(\frac{dv}{dt}\boldsymbol{t} + \frac{v^2}{r}\boldsymbol{n}\right)$$

$$\boldsymbol{f} = m\frac{dv}{dt}\boldsymbol{t} + m\frac{v^2}{r}\boldsymbol{n} \quad \cdots\cdots②$$

接線方向に働く力（$m\frac{dv}{dt}$）　向心力（$m\frac{v^2}{r}$）

となり，②から等速円運動のときと同様に，点Pには向心力 $m\frac{v^2}{r}$ が働くことが分かる。

また，接線方向には $m\frac{dv}{dt}$ の力が働くことが分かったんだけれど，この $m\frac{dv}{dt}=0$，すなわち，$\frac{dv}{dt}=0$ の特殊な場合が，速さ v 一定となる等速円運動を表すんだね。納得いった？

それでは，次の例題で等速でない円運動の問題を練習してみよう。

例題 15　質量の無視できる長さ l の軽い糸の先に質量 m の重り (質点) P を付けて，下に垂らした状態で，水平方向に初速度 v_0 を与えて運動を開始させる。この重り P が重力場の中で円を描くための初速度 v_0 の条件を求めよう。ただし，重力加速度の大きさは g とする。

右図のように，円の中心を C，最下点を A，最高点を B とおき，鉛直上向きに y 軸をとる。

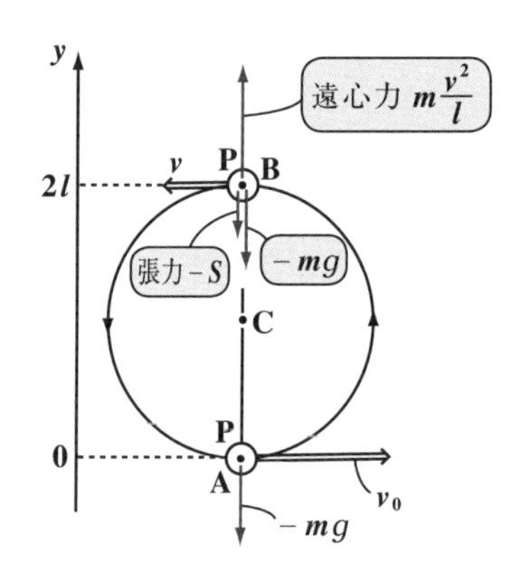

質点 P に仕事をする力は重力 (保存力) $-mg$ だけなので，A 点と B 点における質点 P のもつ力学的エネルギーは保存される。

よって，最高点 B での質点 P の速さを v とおくと，

$$\frac{1}{2}mv_0^2 + mg\cdot 0 = \frac{1}{2}mv^2 + mg\cdot 2l$$ となる。これをまとめて，

（A での運動エネルギー）（A での位置エネルギー）（B での運動エネルギー）（B での位置エネルギー）

位置エネルギー U は，A 点の位置を基準点 0 においた。

$$v_0^2 = v^2 + 4gl \qquad \therefore\ v^2 = v_0^2 - 4gl \quad \cdots\cdots(\text{a})$$

次に，質点 P の運動に合わせて C のまわりを回転する座標系で考えると，

これから，遠心力を使って，点 B での力のつり合いの方程式にもち込める。

点 B において，下向きに重力 $-mg$ と糸の張力 $-S$ が働き，上向きには遠心力 $m\frac{v^2}{l}$ が働き，これらはつり合う。

よって，$m\dfrac{v^2}{l}-mg-S=0$　　$\therefore S=m\dfrac{v^2}{l}-mg$ ……(b)

(a)を(b)に代入して，v^2 を消去すると，

$$S=\frac{m}{l}(v_0{}^2-4gl)-mg=m\left(\frac{v_0{}^2}{l}-5g\right) \cdots\cdots (c)$$

ここで，質点 P が最高点 B においても，糸の張力 S が 0 以上であれば，糸はピンと張った状態なので，質点 P は円運動することができる。よって，(c)より，

$$S=\boxed{m\left(\frac{v_0{}^2}{l}-5g\right)\geqq 0}$$　　$m(>0)$ でこの両辺を割って，

$$\frac{v_0{}^2}{l}-5g\geqq 0 \qquad \frac{v_0{}^2}{l}\geqq 5g \qquad v_0{}^2\geqq 5gl$$

∴質点 P が円運動を行うために必要な最下点 A での P の速さ v_0 の条件は，

$v_0\geqq\sqrt{5gl}$ となる。大丈夫だった？

● 最後に，公式：$\boldsymbol{\omega}\times\boldsymbol{r}=\boldsymbol{v}$ も紹介しておこう！

$r\omega=v$ は，角速度 ω と速さ v のスカラーの公式だけれど，これを図 5 のように 3 次元のベクトル

$$\begin{cases}\boldsymbol{\omega}=[0,\ 0,\ \omega] \\ \boldsymbol{r}=[r\cos\omega t,\ r\sin\omega t,\ 0]\end{cases}$$

これを，"角速度ベクトル"と呼ぼう。これは回転軸方向のベクトルだ！

で考えると，

$$\boldsymbol{\omega}\times\boldsymbol{r}=[-r\omega\sin\omega t,\ r\omega\cos\omega t,\ 0]$$

外積の計算

0		0		ω		0
$r\cos\omega t$	╳	$r\sin\omega t$	╳	0	╳	$r\cos\omega t$
	, 0	] [	$-r\omega\sin\omega t$,		$r\omega\cos\omega t$	

となる。

図 5　公式 $\boldsymbol{\omega}\times\boldsymbol{r}=\boldsymbol{v}$

xy 平面上での半径 r，角速度 ω の円運動

$\boldsymbol{\omega}=[0,\ 0,\ \omega]$

0　P　$\boldsymbol{v}$

$\boldsymbol{r}=[r\cos\omega t,\ r\sin\omega t,\ 0]$

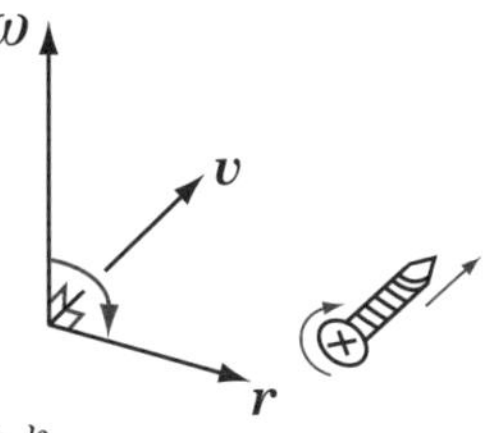

ここで，$\boldsymbol{v}=[\dot{x},\ \dot{y},\ 0]=[-r\omega\sin\omega t,\ r\omega\cos\omega t,\ 0]$ より，

公式：$\boldsymbol{\omega}\times\boldsymbol{r}=\boldsymbol{v}$ が成り立つことが分かると思う。これは，良く使うスカラーの公式 $r\omega=v$ のベクトル・ヴァージョンなんだね。覚えておこう！

§3. 単振動（調和振動）

さァ，これから，“**単振動**”について解説しよう。単振動の速度，加速度(**P10**)や，単振動が円運動をある軸に正射影したものであること(**P15**)など，その基本については既に教えたね。ここではさらに深めて，単振動の方程式をニュートンの運動方程式から導いてみよう。その際，簡単な“**2階定数係数線形微分方程式**”が出てくるので，“**ロンスキアン**”も含めて，その解法パターンについても解説しよう。さらに単振動において作用している力(復元力)は保存力なので，そのポテンシャル U を求め，単振動の力学的エネルギーの保存則についても教えるつもりだ。面白そうだろう？

● 単振動の運動方程式を導いてみよう！

“**単振動**”(*simple oscillation*)は“**調和振動**”(*harmonic oscillation*)とも呼ばれ，その変位(位置)x の方程式は，

$x = A\sin(\omega t + \phi)$ ……①

(A：振幅，ω：角振動数，ϕ：初期位相)

ω は，円運動では“**角速度**”といい，単振動では“**角振動数**”という。本質的には同じものだ。

と表されるんだね。

具体的には，図**1**に示すように，滑らかな(まさつのない)床面で，バネに取り付けた質量 m の重り(質点)**P**が空気抵抗を受けることなく，左右にビョーンビョーンと動く振動運動のことだね。

図**1** 単振動

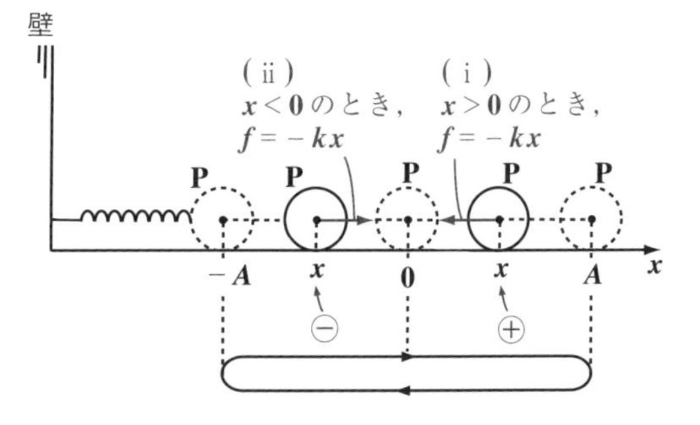

ここで，図**1**のように x 軸をとったとき，質点**P**の位置 x が，

(i) $x>0$ のとき，バネにより質点**P**は負側に $-kx$ (x：⊕) の力を受け，

(ii) $x<0$ のとき，バネにより質点**P**は正側に $-kx$ (x：⊖) の力を受ける。

この力は，バネが自然長に戻ろうとする復元力のことで，この力を f とおくと，(i)(ii)いずれにせよ，

$f=-kx$ ……② (k：ばね定数(N/m))と表される。これを“**フックの法則**”という。

質点 $\mathbf{P}$ の質量は m より，$f=ma=m\dfrac{d^2x}{dt^2}=m\ddot{x}$ ……③ だね。

③を②に代入すると，この単振動を表す，次の運動方程式：

$m\ddot{x}=-kx$ ……③ ($m>0$，$k>0$)が導かれるんだね。

③の両辺を $m(>0)$ で割って，$\dfrac{k}{m}=\omega^2$ とおくと，より一般的な単振動の微分方程式：

$\ddot{x}=-\omega^2x$ ……④ すなわち $\ddot{x}+\omega^2x=0$ ……④′ が導ける。

これは，$-\omega^2$ が定数で，2 階導関数 $\ddot{x}$ を含む微分方程式なので，“**2 階定数係数線形微分方程式**”と呼ぶ。この微分方程式の解は，

$x=A\sin(\omega t+\phi)$ ……① となることが分かっているわけなんだけれど，本当にそうなのか？ これから調べていこう。

ここで，

(ⅰ) $x_1=\sin\omega t$ とおいて，x_1 を t で 2 回微分すると，

$\ddot{x}_1=(\sin\omega t)''=(\omega\cos\omega t)'=-\omega^2\sin\omega t=-\omega^2x_1$ となり，また

(ⅱ) $x_2=\cos\omega t$ とおいて，x_2 を t で 2 回微分すると，

$\ddot{x}_2=(\cos\omega t)''=(-\omega\sin\omega t)'=-\omega^2\cos\omega t=-\omega^2x_2$ となるので，

$x_1=\sin\omega t$ と $x_2=\cos\omega t$ は，共に④の解であることが分かるね。一般に 2 階線形微分方程式の一般解を X とおくと，X は 2 つの 1 次独立な解 x_1 と x_2 の 1 次結合により，

$X=C_1x_1+C_2x_2$ ……⑤ (C_1，C_2：任意定数)と表される。

実際に⑤を④′の左辺に代入すると，

$$\ddot{X}+\omega^2X=(C_1x_1+C_2x_2)''+\omega^2(C_1x_1+C_2x_2)$$
$$=C_1\ddot{x}_1+C_2\ddot{x}_2+\omega^2C_1x_1+\omega^2C_2x_2$$
$$=C_1(\ddot{x}_1+\omega^2x_1)+C_2(\ddot{x}_2+\omega^2x_2)=0 \quad (④′より)$$

0 (④′より)　0 (④′より)

2 つの解 x_1 と x_2 の線形結合 $C_1x_1+C_2x_2$ も解となるので，“線形性”が成り立つ。

となって，⑤が④′，すなわち④の解であることが分かるだろう。

では次，$\boldsymbol{x}_1$ と $\boldsymbol{x}_2$ が1次独立な解と，そうでない場合の定義を示そう。

$C_1\boldsymbol{x}_1 + C_2\boldsymbol{x}_2 = \boldsymbol{0}$ ……(*) について，

(i) $C_1 = C_2 = 0$ のときしか(*)が成り立たないとき，$\boldsymbol{x}_1$ と $\boldsymbol{x}_2$ を1次独立な解といい，

(ii) C_1，C_2 の少なくとも1つが0でないとき，$\boldsymbol{x}_1$ と $\boldsymbol{x}_2$ を1次従属な解という。

ここで，$\boldsymbol{x}_1$ と $\boldsymbol{x}_2$ が1次独立な解であることを判定するものとして，"**ロンスキアン**" $W(\boldsymbol{x}_1,\ \boldsymbol{x}_2)$ がある。ロンスキアン $W(\boldsymbol{x}_1,\ \boldsymbol{x}_2)$ の定義は次の通りだ。

$$W(\boldsymbol{x}_1,\ \boldsymbol{x}_2) = \begin{vmatrix} \boldsymbol{x}_1 & \boldsymbol{x}_2 \\ \dot{\boldsymbol{x}}_1 & \dot{\boldsymbol{x}}_2 \end{vmatrix} = \boldsymbol{x}_1\dot{\boldsymbol{x}}_2 - \dot{\boldsymbol{x}}_1\boldsymbol{x}_2$$

行列式 $\begin{vmatrix} a & b \\ c & d \end{vmatrix} = ad - bc$ の計算と同じだ！

そして，「このロンスキアン $W(\boldsymbol{x}_1,\ \boldsymbol{x}_2) \neq 0$ のとき，$\boldsymbol{x}_1$ と $\boldsymbol{x}_2$ は1次独立な解」と言えるんだ。この証明は，

対偶命題「$\boldsymbol{x}_1$ と $\boldsymbol{x}_2$ が1次従属 $\Longrightarrow W(\boldsymbol{x}_1,\ \boldsymbol{x}_2) = 0$」

を示せばいい。

$\boldsymbol{x}_1$ と $\boldsymbol{x}_2$ が1次従属な解ならば，

$C_1\boldsymbol{x}_1 + C_2\boldsymbol{x}_2 = \boldsymbol{0}$ ……(a) をみたす C_1，C_2 には，$\begin{bmatrix} C_1 \\ C_2 \end{bmatrix} \neq \begin{bmatrix} 0 \\ 0 \end{bmatrix}$ となるものが存在する。(a)の両辺を t で微分して，

$C_1\dot{\boldsymbol{x}}_1 + C_2\dot{\boldsymbol{x}}_2 = \boldsymbol{0}$ ……(b)

(a)，(b)をまとめて，

$$\begin{bmatrix} C_1\boldsymbol{x}_1 + C_2\boldsymbol{x}_2 \\ C_1\dot{\boldsymbol{x}}_1 + C_2\dot{\boldsymbol{x}}_2 \end{bmatrix} = \begin{bmatrix} 0 \\ 0 \end{bmatrix} \qquad \begin{bmatrix} \boldsymbol{x}_1 & \boldsymbol{x}_2 \\ \dot{\boldsymbol{x}}_1 & \dot{\boldsymbol{x}}_2 \end{bmatrix}\begin{bmatrix} C_1 \\ C_2 \end{bmatrix} = \begin{bmatrix} 0 \\ 0 \end{bmatrix} \cdots\cdots(c)$$

ここで，$\begin{bmatrix} C_1 \\ C_2 \end{bmatrix} \neq \begin{bmatrix} 0 \\ 0 \end{bmatrix}$ より，$W(\boldsymbol{x}_1,\ \boldsymbol{x}_2) = \begin{vmatrix} \boldsymbol{x}_1 & \boldsymbol{x}_2 \\ \dot{\boldsymbol{x}}_1 & \dot{\boldsymbol{x}}_2 \end{vmatrix} = 0$ となる。

もし，$W(\boldsymbol{x}_1,\ \boldsymbol{x}_2) = \begin{vmatrix} \boldsymbol{x}_1 & \boldsymbol{x}_2 \\ \dot{\boldsymbol{x}}_1 & \dot{\boldsymbol{x}}_2 \end{vmatrix} \neq 0$ ならば，$\begin{bmatrix} \boldsymbol{x}_1 & \boldsymbol{x}_2 \\ \dot{\boldsymbol{x}}_1 & \dot{\boldsymbol{x}}_2 \end{bmatrix}$ の逆行列 $\begin{bmatrix} \boldsymbol{x}_1 & \boldsymbol{x}_2 \\ \dot{\boldsymbol{x}}_1 & \dot{\boldsymbol{x}}_2 \end{bmatrix}^{-1}$ が存在するので，この逆行列を(c)の両辺に左からかけると，$\begin{bmatrix} C_1 \\ C_2 \end{bmatrix} = \begin{bmatrix} \boldsymbol{x}_1 & \boldsymbol{x}_2 \\ \dot{\boldsymbol{x}}_1 & \dot{\boldsymbol{x}}_2 \end{bmatrix}^{-1}\begin{bmatrix} 0 \\ 0 \end{bmatrix} = \begin{bmatrix} 0 \\ 0 \end{bmatrix}$ となって，$\begin{bmatrix} C_1 \\ C_2 \end{bmatrix} \neq \begin{bmatrix} 0 \\ 0 \end{bmatrix}$ の条件に矛盾するからだ。背理法の考え方だね。

よって，対偶命題が証明されたので，元の命題：
「$W(x_1,\ x_2) \neq 0 \implies x_1$ と x_2 は 1 次独立な解」も証明できたんだね。
それでは，$x_1 = \sin\omega t$，$x_2 = \cos\omega t$ が 1 次独立な解であることを確認しておこう。このロンスキアン $W(x_1,\ x_2)$ は，

$$W(x_1,\ x_2) = \begin{vmatrix} x_1 & x_2 \\ \dot{x}_1 & \dot{x}_2 \end{vmatrix} = \begin{vmatrix} \sin\omega t & \cos\omega t \\ (\sin\omega t)' & (\cos\omega t)' \end{vmatrix} = \begin{vmatrix} \sin\omega t & \cos\omega t \\ \omega\cos\omega t & -\omega\sin\omega t \end{vmatrix}$$

$$= -\omega\sin^2\omega t - \omega\cos^2\omega t = -\omega(\underbrace{\sin^2\omega t + \cos^2\omega t}_{1}) = -\omega \neq 0$$

よって，$x_1 = \sin\omega t$ と $x_2 = \cos\omega t$ は 1 次独立な解なので，微分方程式：
$\ddot{x} + \omega^2 x = 0$ …④′ の一般解 X は，$X = C_1\sin\omega t + C_2\cos\omega t$ …⑤ となる。
エッ，初めに予想した解 $x = A\sin(\omega t + \phi)$ …① と違うって？ そんなことないよ。⑤の右辺を"三角関数の合成"によって変形すればいいだけだ。
つまり，

$$X = C_1\sin\omega t + C_2\cos\omega t$$

$$= A\Big(\underbrace{\frac{C_1}{A}}_{\cos\phi}\sin\omega t + \underbrace{\frac{C_2}{A}}_{\sin\phi}\cos\omega t\Big)$$

$\sqrt{C_1^{\ 2} + C_2^{\ 2}} = A$ とおくと，

$$= A(\sin\omega t\cos\phi + \cos\omega t\sin\phi)$$

$$= A\sin(\omega t + \phi)$$

加法定理
$\sin(\alpha + \beta) = \sin\alpha\cos\beta + \cos\alpha\sin\beta$

$\left(\text{ただし，} A = \sqrt{C_1^{\ 2} + C_2^{\ 2}},\ \cos\phi = \frac{C_1}{A},\ \sin\phi = \frac{C_2}{A}\right)$

となって，①式と一致する。納得いった？

ここで，$\frac{k}{m} = \omega^2$ より，角振動数 $\omega = \sqrt{\frac{k}{m}}$ となる。

また，周期 T について，$\omega T = 2\pi$ より，周期 $T = 2\pi\sqrt{\frac{m}{k}}$

さらに振動数 $\nu = \frac{1}{T}$ より，振動数 $\nu = \frac{1}{2\pi}\sqrt{\frac{k}{m}}$ となる。

以上も重要な公式なので，シッカリ頭に入れておこう。

エッ，でもこれまでの解説では，"初めに答えありき！"で，④′の微分方程式を解いたことになっていないって？その通りだね。これから解説しよう！

● 単振動の運動方程式を解いてみよう！

それでは，これから単振動の微分方程式：

$\ddot{x}+\omega^2x=0$ ……④′ $\left(\omega=\sqrt{\dfrac{k}{m}},\ m：質量,\ k：ばね定数\right)$

を解いて，1 次独立な 2 つの基本解 $\sin\omega t$ と $\cos\omega t$ から一般解が

$X=C_1\cos\omega t+C_2\sin\omega t$ となることを，実際に示してみよう。

ここで，$x=e^{\lambda t}$ とおくと，$\dot{x}=\lambda e^{\lambda t}$，$\ddot{x}=\lambda^2e^{\lambda t}$ ← 合成関数の微分

となることから④′の解が $x=e^{\lambda t}$ (λ：定数) の形になることが，容易に推定できると思う。実際にこれを④′に代入すると，

$\underbrace{\lambda^2e^{\lambda t}}_{\ddot{x}}+\omega^2\underbrace{e^{\lambda t}}_{x}=0$ 　 $(\lambda^2+\omega^2)\underbrace{e^{\lambda t}}_{\neq 0}=0$

ここで，$e^{\lambda t}(\neq 0)$ で両辺を割ると，

$\lambda^2+\omega^2=0$ ……(a) と，λ の 2 次方程式が導ける。この 2 次方程式を λ の "**特性方程式**(とくせいほうていしき)" と呼ぶことも覚えておこう。

でも，ここで，$\omega^2>0$ より，(a)の λ の 2 次方程式の解は，

$\lambda=\pm\sqrt{-\omega^2}=\pm\omega i$ (i：虚数単位，$i^2=-1$)

となって，虚数が出てきてしまう。しかし，まずこれで，④′の解として，2 つの関数 $x_1=e^{i\omega t}$ と $x_2=e^{-i\omega t}$ が求まったんだね。

それではここで，虚数を指数部にもつ指数関数について重要な "**オイラーの公式**" を下に示そう。

$e^{i\theta}=\cos\theta+i\sin\theta$ ……(*1) (θ：実数，i：虚数単位)

これは，指数関数と三角関数，および虚数単位 i の関係をシンプルにまとめた，数学史上最も美しい公式の 1 つなんだ。(*1) は，指数関数や三角関数の "**マクローリン展開**" から導くことも出来るんだけれど，本当はこれは複素指数関数の定義から直接導かれるものなんだ。だから，このオイラーの公式 (*1) は，$e^{i\theta}$ の定義式として覚えておいていいよ。ここで，(*1) の θ に $-\theta$ を代入したものを (*2) として，この 2 つを列挙する。

$$\begin{cases} e^{i\theta}=\cos\theta+i\sin\theta & \cdots\cdots(*1) \\ e^{-i\theta}=\cos\theta-i\sin\theta & \cdots\cdots(*2) \end{cases}$$

← $e^{i(-\theta)}=\underbrace{\cos(-\theta)}_{\cos\theta}+i\underbrace{\sin(-\theta)}_{(-\sin\theta)}$

それでは，話を $\ddot{x}+\omega^2x=0$ …④′ の 2 つの 1 次独立な解 $x_1=e^{i\omega t}$ と $x_2=e^{-i\omega t}$ に戻すと，④′の一般解 X は，これから

$\begin{vmatrix} x_1 & x_2 \\ \dot{x}_1 & \dot{x}_2 \end{vmatrix}=-2i\omega\neq 0$ となるからだ。自分で確かめてごらん。

$X=B_1e^{i\omega t}+B_2e^{-i\omega t}$ …(b) となる。

ここで，

$$\begin{cases}(*1)\text{ より，} e^{i\omega t}=\cos\omega t+i\sin\omega t & \cdots\cdots(c)\\(*2)\text{ より，} e^{-i\omega t}=\cos\omega t-i\sin\omega t & \cdots\cdots(d)\end{cases}$$

となるので，

(c)，(d)を(b)に代入して，

$X=B_1(\cos\omega t+i\sin\omega t)+B_2(\cos\omega t-i\sin\omega t)$

$=\underbrace{(B_1+B_2)}_{C_1}\cos\omega t+\underbrace{i(B_1-B_2)}_{C_2}\sin\omega t$ となり，さらに，

ここで，$B_1+B_2=C_1$，$i(B_1-B_2)=C_2$ とおけば，前述した一般解

i が気になる方は，$B_1=a+bi$，$B_2=a-bi$（a，b：実数）とすれば，$B_1+B_2=2a$（実数），$i(B_1-B_2)=i\cdot 2bi=-2b$ と，いずれも実数になる。

$X=C_1\cos\omega t+C_2\sin\omega t$ が得られる。これが，微分方程式 $\ddot{x}+\omega^2x=0$ …④′ の解法の全貌だ。

以上をまとめて下に示しておこう。

単振動の微分方程式と解

単振動の微分方程式：

$\ddot{x}=-\omega^2x$ の一般解は，$X=C_1\cos\omega t+C_2\sin\omega t$ になる。

これは，$\ddot{x}+\omega^2x=0$ でもいい。

これは，$X=C_1\sin\omega t+C_2\cos\omega t$ でも $X=A\sin(\omega t+\phi)$ でも $X=A\cos(\omega t+\phi)$ でもいい。

よって，質量 $m=0.5(\mathrm{kg})$，ばね定数 $k=0.1$ のとき，単振動の運動方程式は，

$0.5\ddot{x}=-0.1x$ より， ← $m\ddot{x}=-kx$

$\ddot{x}=-\underbrace{\frac{1}{5}}_{\omega^2}x$ ← 単振動の微分方程式：$\ddot{x}=-\omega^2x$

よって，この一般解を X とおくと，

$X=C_1\cos\dfrac{t}{\sqrt{5}}+C_2\sin\dfrac{t}{\sqrt{5}}$ となる。 ← 一般解 $X=C_1\cos\omega t+C_2\sin\omega t$

どう？ 単振動の問題がシンプルに解けるようになっただろう。

● 単振動の力学的エネルギーの保存則もマスターしよう！

単振動している物体（質点）に作用する力（復元力）f は，

$f = -kx$ …① なので，当然 $f = -\dfrac{dU}{dx}$ …② をみたすポテンシャル U が

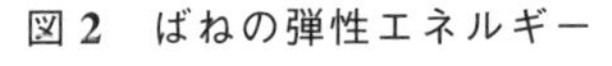

存在する。よって，この復元力 f は保存力と言えるんだね。

早速，このポテンシャル U を求めてみよう。②より，

$$U = -\int f dx = -\int (-kx)dx = k\int x dx$$

（f は $(-kx)$（①より））

$\therefore U = \dfrac{1}{2}kx^2$ ……③ $(-A \leqq x \leqq A)$ となる。（A：振幅，$x = 0$ のとき基準点 $U = 0$ とした。）

この単振動のポテンシャル U のことを特に"**ばねの弾性**（だんせい）**エネルギー**"または"**ばねの位置エネルギー**"と呼ぶことも覚えておこう。これは，①をみたす力であれば，特にばねである必要はないのだけれど，典型的な例として，ばねに蓄えられる弾性（位置）エネルギーと考えておけばいい。

③の弾性エネルギー U は，x の下に凸の 2 次関数で，$x = 0$（ばねの自然長）のとき，当然蓄えられる U は 0 で，$x = \pm A$（ばねが最も伸びている（または縮んでいる））とき，U は最大値 $\dfrac{1}{2}kA^2$ をとるんだね。

図 2　ばねの弾性エネルギー

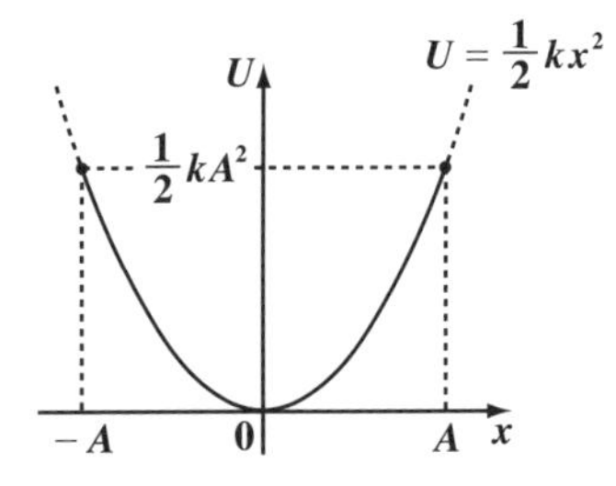

図 1(P104) から明らかに，重りに重力 mg や垂直抗力が働いても，それは運動（変位）の向きと垂直であるため，仕事に寄与しない。

よって，図 1 のような単振動では，運動エネルギー $K = \dfrac{1}{2}mv^2$ と弾性エネルギー $U = \dfrac{1}{2}kx^2$ の和，すなわち力学的エネルギー E は，常に一定に保たれるはずだね。実際に確かめてみよう。

①の解は，$x = A\sin(\omega t + \phi)$……④ $\left(\omega = \sqrt{\dfrac{k}{m}}\right)$ より，これを t で微分して，

（今回は，$x = C_1\sin\omega t + C_2\cos\omega t$ の代わりに，これを使う。）

$v = \dot{x} = A\omega\cos(\omega t + \phi)$ ……⑤ となる。 ←（合成関数の微分）

さァ，これから $K + U = \dfrac{1}{2}mv^2 + \dfrac{1}{2}kx^2$ を計算してみよう。すると，

$$K + U = \frac{1}{2}m \cdot \underbrace{A^2\overset{\frac{k}{m}}{\omega^2}\cos^2(\omega t + \phi)}_{v^2\ (⑤より)} + \frac{1}{2}k \cdot \underbrace{A^2\sin^2(\omega t + \phi)}_{x^2\ (④より)}$$

$$= \frac{1}{2}\cancel{m}A^2 \cdot \frac{k}{\cancel{m}}\cos^2(\omega t + \phi) + \frac{1}{2}kA^2\sin^2(\omega t + \phi)$$

$$= \frac{1}{2}kA^2\{\underbrace{\cos^2(\omega t + \phi) + \sin^2(\omega t + \phi)}_{1}\}$$

$$= \frac{1}{2}kA^2 \text{（一定）}$$ ←（これが全力学的エネルギー E のことだ！）

となって，見事に $K + U = E$（一定），すなわち，力学的エネルギーの保存則が成り立つことが示せたんだね。これをグラフで示すと図 **3** のようになる。$-A \leqq x \leqq A$ の範囲であれば，x の位置に関わらず，$K + U$ が常に一定値 $E = \dfrac{1}{2}kA^2$ になることがヴィジュアルにつかめて面白いと思う。

図 **3** 単振動における力学的エネルギーの保存則

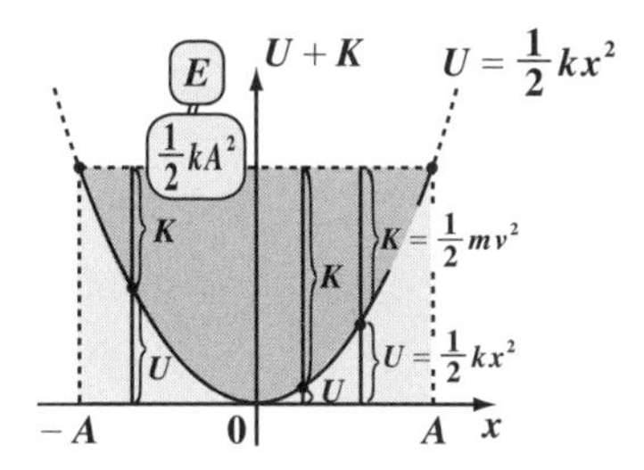

演習問題 6　●単振動(単振り子)●

質量を無視できる長さ l の軽い糸の上端を天井に固定し，下端に質量 m の重り $\mathbf{P}$ を付けて単振り子を作る。この単振り子の振れ角 θ が十分に小さいとき，θ について近似的に次の微分方程式：

$\ddot{\theta} = -\omega^2\theta$ ……(＊) $\left(\text{ただし，} \omega = \sqrt{\dfrac{g}{l}}\right)$ が成り立つことを示し，θ の一般解を求めよ。また，この単振り子の周期 T を求めよ。

(ただし，$\theta \fallingdotseq 0$ のとき，$\sin\theta \fallingdotseq \theta$ としてよい。)

ヒント！ 加速度 $\boldsymbol{a}$ を接線方向と主法線方向に分解して表すと，$\boldsymbol{a} = \dfrac{dv}{dt}\boldsymbol{t} + \dfrac{v^2}{R}\boldsymbol{n}$ だったね。今回着目するのは，接線方向成分 $\dfrac{dv}{dt} = \dfrac{d^2s}{dt^2}$ (s：円弧の長さ)で，$s = l\theta$ を代入すると話が見えてくるはずだ。

解答&解説

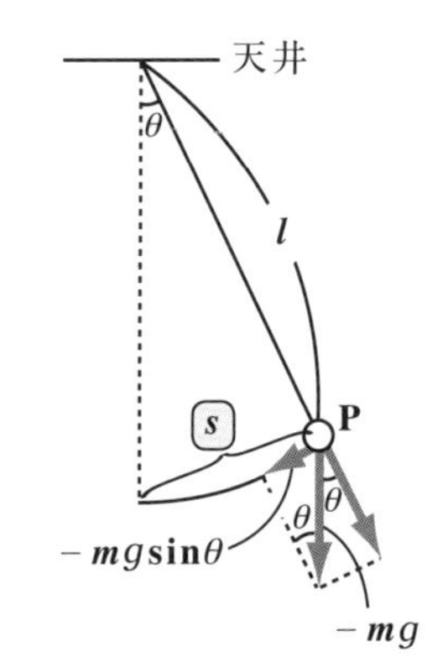

(ⅰ) 右図に示すように，振れ角 θ のとき，重り $\mathbf{P}$ に働く重力 $-mg$ の接線方向成分は，$-mg\sin\theta$ である。

(ⅱ) 次，重り $\mathbf{P}$ の加速度ベクトル $\boldsymbol{a}$ は次のように接線方向と主法線方向に分解して表せる。

$$\boldsymbol{a} = \frac{dv}{dt}\boldsymbol{t} + \frac{v^2}{l}\boldsymbol{n}$$

$\begin{pmatrix} \boldsymbol{t}：\text{単位接線ベクトル} \\ \boldsymbol{n}：\text{単位主法線ベクトル} \end{pmatrix}$

この内，変数である角 θ の運動に関係するのは，接線方向成分だけである。よって，$v = \dfrac{ds}{dt}$ であることに注意して変形すると，

接線方向成分 $\dfrac{dv}{dt} = \dfrac{d^2 s}{dt^2} = \dfrac{d^2}{dt^2}(l\theta) = l\dfrac{d^2\theta}{dt^2}$ となる。(s：円弧の長さ)

(上の式で s に「$l\theta$」，l に「定数」と注記)

以上 (i)(ii) より，重り P の接線方向の運動方程式は，

$$m \cdot l\frac{d^2\theta}{dt^2} = -mg\sin\theta$$ となる。

三角関数の極限の公式
$\lim_{\theta\to 0}\frac{\sin\theta}{\theta}=1$ より，
$\theta \fallingdotseq 0$ のとき，
$\frac{\sin\theta}{\theta} \fallingdotseq 1$
$\therefore \sin\theta \fallingdotseq \theta$ となるんだね。

この両辺を $ml(>0)$ で割り，さらに $\frac{g}{l}=\omega^2$ とおくと，

$$\frac{d^2\theta}{dt^2} = -\frac{g}{l}\sin\theta \qquad \ddot{\theta} = -\omega^2\sin\theta \cdots\cdots①$$ となる。

ここで，$\theta \fallingdotseq 0$ より，$\sin\theta \fallingdotseq \theta$　これを①に代入すると，近似的に，

$\ddot{\theta} = -\omega^2\theta \cdots\cdots(*)$ が成り立つ。

これは，単振動の微分方程式
$\ddot{x} = -\omega^2 x$ とまったく同じ
だね。よって，
一般解 $x = C_1\sin\omega t + C_2\cos\omega t$
とまったく同じ一般解になる。

これは，単振動の微分方程式と同形なので，この一般解は，

$$\theta = C_1\sin\omega t + C_2\cos\omega t$$ である。

(C_1，C_2：任意定数)

これは，$A\sin(\omega t+\phi)$ としてもいい。
この場合の任意定数は A と ϕ の 2 つだ！

この角振動数 $\omega = \sqrt{\frac{g}{l}}$ より，周期 T は，

$$T = \frac{2\pi}{\omega} = 2\pi\sqrt{\frac{l}{g}}$$ である。

この単振動の微分方程式：$\ddot{\theta} = -\omega^2\theta \cdots(*)$ は，この後，P164 の "**フーコー振り子**" でも重要な役割りを演じるので，シッカリ頭に入れておこう！

§4. 減衰振動と強制振動

前回学んだ"単振動"の応用として，"**減衰振動**"と"**強制振動**"について考えてみよう。ばねに付けられた物体に速度に比例する抵抗が働く場合，振動が減衰していき，やがては止まることが分かると思う。これが，"**減衰振動**"で，これと同じ条件でさらに"**過減衰**"や"**臨界減衰**"も生じ得ることを教えよう。次に，速度に比例する抵抗を受けながら振動する物体に，さらに強制的に外部から周期的な力が加えられる場合の振動を"**強制振動**"という。これについても詳しく解説する。

これらの問題を解くには，より本格的な"**2階定数係数線形微分方程式**"の知識が必要になる。エッ，難しそうだって？ 大丈夫。また，ていねいに分かりやすく解説するからね。

● 減衰振動の微分方程式を導いてみよう！

放物運動のときと同様に，振動するばねに付けられた重り $\mathbf{P}$（質量 m）にも，速度 v に比例する空気抵抗が働く場合を考えてみよう。

図1 速度に比例する空気抵抗がある場合の振動

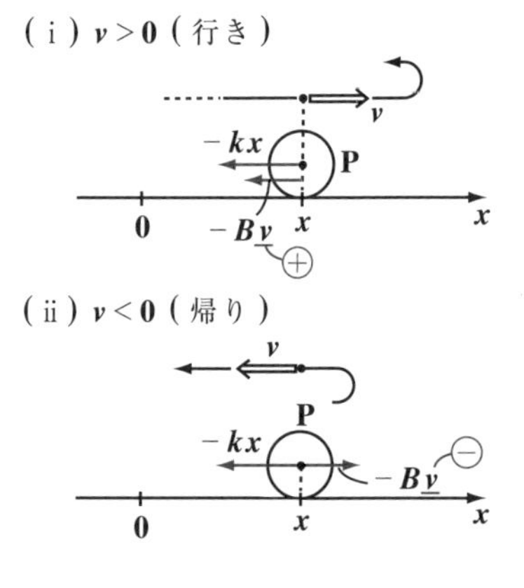

図1では，振動する重り $\mathbf{P}$ の位置 x がある正の値をとる場合を示している。ここで，

$$\begin{cases} \text{(i)}\ v>0\ \text{(行き)のときと，} \\ \text{(ii)}\ v<0\ \text{(帰り)のときと} \end{cases}$$

では空気抵抗 $-Bv$（B：正の比例定数）の向きは異なるけれど，重り $\mathbf{P}$ に働く力は，これとばねの復元力とを併せて，常に

$-kx-B\underset{\dot{x}}{v}$ と表せることが分かるはずだ。← x が負のある値をとるときも同様だ。

よって，単振動に速度に比例する空気抵抗が加わったときの振動を表す運動方程式は，次のようになる。

$m\ddot{x} = -kx - B\dot{x}$　（m：質量，k：ばね定数，B：正の比例定数）

（$\ddot{x}$：a，$\dot{x}$：v）

$m\ddot{x} + B\dot{x} + kx = 0$　この両辺を m で割って，

$\ddot{x} + a\dot{x} + bx = 0$ ……①　$\left(\text{ただし，} a = \frac{B}{m}，b = \frac{k}{m}\right)$ となる。

単振動において，$\frac{k}{m}$ は $\frac{k}{m} = \omega^2$ と，角振動数 ω の 2 乗を表す重要な数値だが，減衰振動における角振動数は空気抵抗により当然，これより小さくなる。よって，$\frac{k}{m}$ には特に意味はないので，ただの定数 b とおいた。

この①が空気抵抗も考慮に入れた振動を表す微分方程式で，これを特に

“**2 階定数係数線形微分方程式**”というんだよ。

- 2 階：$\ddot{x}$ があるから
- 定数係数：$\ddot{x}$，$\dot{x}$，x の係数 1，a，b はすべて定数だから
- 線形：x_1 と x_2 が解なら $C_1x_1 + C_2x_2$ も解だから ← 線形性

ン？ 難しくないって!?

そうだね。単振動のときの微分方程式のときと同様に，①の解は $x = e^{\lambda t}$ (λ：定数) の形をしていることが容易に分かる。実際，

$\dot{x} = \lambda e^{\lambda t}$，$\ddot{x} = \lambda^2 e^{\lambda t}$ を①に代入して，$e^{\lambda t}$ で割れば，

特性方程式：$\lambda^2 + a\lambda + b = 0$ …②　が導ける。

そして，②を解いて，相異なる解 λ_1，λ_2 ($\lambda_1 \neq \lambda_2$) が求まれば，

2 つの 1 次独立な解 $x_1 = e^{\lambda_1 t}$，$x_2 = e^{\lambda_2 t}$ が得られる。

ロンスキアン $W = \begin{vmatrix} x_1 & x_2 \\ \dot{x}_1 & \dot{x}_2 \end{vmatrix} = \begin{vmatrix} e^{\lambda_1 t} & e^{\lambda_2 t} \\ \lambda_1 e^{\lambda_1 t} & \lambda_2 e^{\lambda_2 t} \end{vmatrix} = \lambda_2 e^{\lambda_1 t} e^{\lambda_2 t} - \lambda_1 e^{\lambda_1 t} e^{\lambda_2 t}$

$= (\lambda_2 - \lambda_1) e^{(\lambda_1 + \lambda_2)t} \neq 0$ となるからね。（$\lambda_2 - \lambda_1 \neq 0$，$e^{(\lambda_1 + \lambda_2)t} \neq 0$）

よって，①の一般解は，$x = C_1 e^{\lambda_1 t} + C_2 e^{\lambda_2 t}$ と求まってオシマイだからね。

この一連の流れを是非マスターしよう！

実は，この微分方程式から，“**減衰振動**”だけでなく，“**過減衰**”や“**臨界減衰**”も出てくるんだ。これから，例題で具体的に調べてみよう。

● 減衰振動の問題を解いてみよう！

次の例題は，"**減衰振動**"(*damped oscillation*)の問題だ。早速解いてみよう。

例題 16　速度に比例する空気抵抗を受けて振動するばねの重り **P** の位置 x が次の微分方程式で表されるとき，これを解いてみよう。

$$\ddot{x}+\frac{2}{3}\dot{x}+\frac{37}{9}x=0 \quad \cdots\cdots①$$

（$\frac{2}{3}$：$\frac{B}{m}$，$\frac{37}{9}$：$\frac{k}{m}$）

（$t=0$ のとき，$x=0$，$v=2$ とする。）← 初期条件

初期条件：$t=0$ のとき，$x=0$，$v=\dot{x}=2$ の条件の下で，

微分方程式：$\ddot{x}+\frac{2}{3}\dot{x}+\frac{37}{9}x=0 \cdots\cdots①$ を解くんだね。

①の解は，$x=e^{\lambda t}$（λ：定数）と推定できる。このとき，

$\dot{x}=\lambda e^{\lambda t}$，$\ddot{x}=\lambda^2 e^{\lambda t}$ より，これらを①に代入して，

$\lambda^2 e^{\lambda t}+\frac{2}{3}\lambda e^{\lambda t}+\frac{37}{9}e^{\lambda t}=0$　　両辺を $e^{\lambda t}(>0)$ で割って，

$\lambda^2+\frac{2}{3}\lambda+\frac{37}{9}=0$ ← 特性方程式

$9\lambda^2+6\lambda+37=0$

$\lambda=\frac{-3\pm\sqrt{9-9\cdot 37}}{9}$

（$\sqrt{9(1-37)}=\sqrt{-9\cdot 36}=18i$）

（$a\lambda^2+2b'\lambda+c=0$，$\lambda=\frac{-b'\pm\sqrt{b'^2-ac}}{a}$）

$\therefore \lambda_1=-\frac{1}{3}+2i$，$\lambda_2=-\frac{1}{3}-2i$ より，← 異なる **2** つの虚数解！

①の **2** つの **1** 次独立な解は，$x_1=e^{\left(-\frac{1}{3}+2i\right)t}$，$x_2=e^{\left(-\frac{1}{3}-2i\right)t}$ となる。

よって，①の一般解 x は，

$$x=B_1x_1+B_2x_2=B_1e^{-\frac{1}{3}t+2ti}+B_2e^{-\frac{1}{3}t-2ti} \quad (B_1,\ B_2：任意定数)$$

$$=e^{-\frac{1}{3}t}(B_1e^{2ti}+B_2e^{-2ti})$$

（$e^{2ti}=\cos 2t+i\sin 2t$，$e^{-2ti}=\cos 2t-i\sin 2t$　オイラーの公式：$e^{i\theta}=\cos\theta+i\sin\theta$ より）

$\therefore x(t)=e^{-\frac{1}{3}t}(C_1\cos 2t+C_2\sin 2t) \cdots②$　となる。

（ただし，$C_1=B_1+B_2$，$C_2=i(B_1-B_2)$）

ここで，初期条件：$x(0)=0$ より，②は，

$$x(0)=\underbrace{e^0}_{1}(C_1\underbrace{\cos 0}_{1}+\cancel{C_2\sin 0})=C_1=0$$ $\therefore C_1=0$ を②に代入して，

$x(t)=C_2e^{-\frac{1}{3}t}\sin 2t$ …②′ となる。この②′の両辺を t で微分して，

$$v(t)=\dot{x}(t)=C_2\left(-\frac{1}{3}e^{-\frac{1}{3}t}\sin 2t+2e^{-\frac{1}{3}t}\cos 2t\right)$$

ここで，初期条件：$v(0)=2$ より，

$$v(0)=C_2\left(\cancel{-\frac{1}{3}\cdot\underbrace{e^0}_{1}\cdot\underbrace{\sin 0}_{0}}+2\cdot\underbrace{e^0}_{1}\cdot\underbrace{\cos 0}_{1}\right)$$

$$=2C_2=2$$

$\therefore C_2=1$ を②′に代入して，

$x(t)=e^{-\frac{1}{3}t}\sin 2t$ となる。

初期条件：$x(0)=0$，$v(0)=2$ から任意定数 C_1，C_2 の値が決まって，特殊解が得られたんだ。

これは，

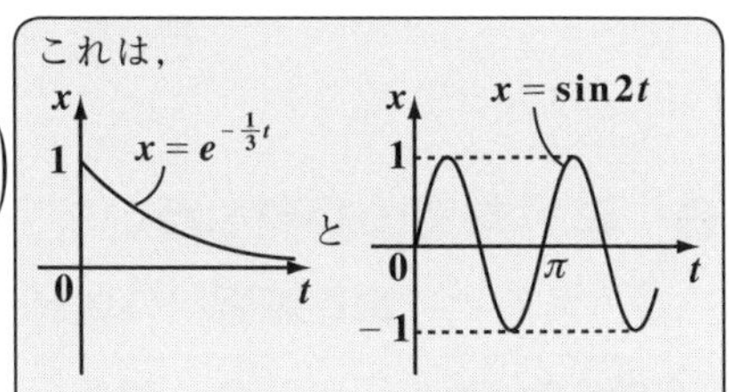

の積なので，次のような減衰振動のグラフが得られる！

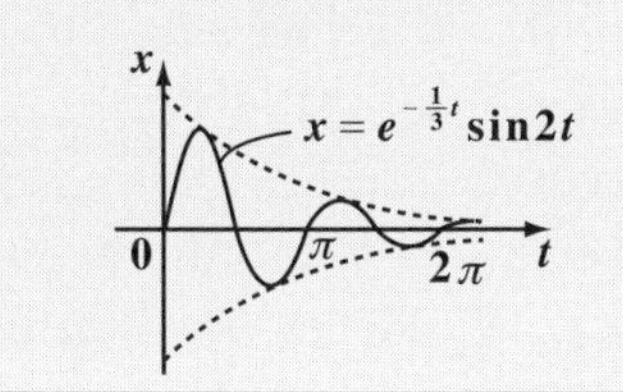

● 過減衰の問題も解いてみよう！

次の例題は“**過減衰**”の問題だ。これも解いてみよう。

例題 17　速度に比例する空気抵抗を受けて振動するばねの重り **P** の位置 x が次の微分方程式で表されるとき，これを解いてみよう。

$$\ddot{x}+5\dot{x}+6x=0 \quad \cdots\cdots\text{(a)}$$

(a)の解は，$x=e^{\lambda t}$（λ：定数）と推定できる。

$\dot{x}=\lambda e^{\lambda t}$，$\ddot{x}=\lambda^2 e^{\lambda t}$ より，これらを(a)に代入して，

$\lambda^2 e^{\lambda t}+5\lambda e^{\lambda t}+6e^{\lambda t}=0$　　両辺を $e^{\lambda t}(>0)$ で割って，

$\lambda^2+5\lambda+6=0$ ←特性方程式

$(\lambda+2)(\lambda+3)=0$　　$\therefore \lambda_1=-2$，$\lambda_2=-3$ ←異なる **2** つの実数解！

よって，(a)の **2** つの **1** 次独立な解は，$x_1=e^{-2t}$，$x_2=e^{-3t}$ となる。

よって，(a)の一般解 x は，

$x = C_1e^{-2t} + C_2e^{-3t}$ （C_1，C_2：任意定数）

とアッサリ求まるんだね。

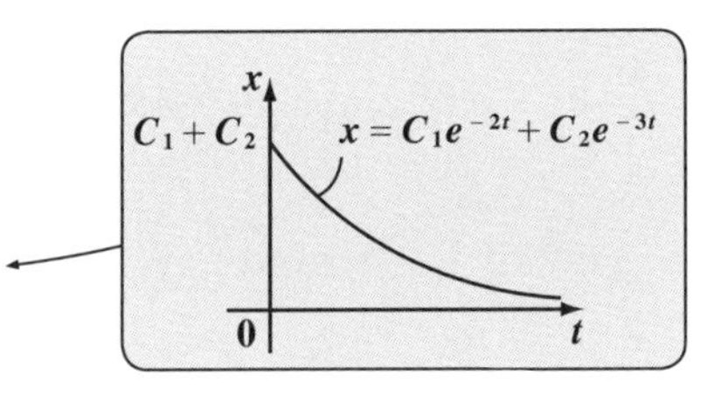

ここで，$C_1 > 0$，$C_2 > 0$ とすると，このグラフは右のようになって，振動することなく x はそのまま 0 に近づいていく。この現象を“**過減衰**”といい，復元力に対して空気抵抗が大きいときに起こる現象だ。

● 臨界減衰の問題も解いて，最後にまとめてみよう！

次の例題で“**臨界減衰**”の問題も解いてみることにしよう。

> 例題 18　速度に比例する空気抵抗を受けて振動するバネの重り P の位置 x が次の微分方程式で表されるとき，これを解いてみよう。
>
> $\ddot{x} + 6\dot{x} + 9x = 0$ ……①
>
> （ただし，$t = 0$ のとき，$x = 0$，$v = 1$ とする。）← 初期条件

初期条件：$t = 0$ のとき，$x = 0$，$v = \dot{x} = 1$ の条件の下で，

$\ddot{x} + 6\dot{x} + 9x = 0$ ……①　の解を求める。

①の解は，$x = e^{\lambda t}$ （λ：定数）と推定できる。

$\dot{x} = \lambda e^{\lambda t}$，$\ddot{x} = \lambda^2 e^{\lambda t}$ より，これらを①に代入して，

$\lambda^2 e^{\lambda t} + 6\lambda e^{\lambda t} + 9e^{\lambda t} = 0$　　両辺を $e^{\lambda t}(>0)$ で割って，

$\lambda^2 + 6\lambda + 9 = 0$ ←（特性方程式）

$(\lambda + 3)^2 = 0$ より，$\lambda_1 = -3$ （重解）←（重解！）

困ったね！ これでは，①の解として，$x_1 = e^{-3t}$ のみしか出てこないからだ。

この場合，もう1つの解として，$x_2 = t \cdot x_1 = te^{-3t}$ があることを覚えておいてくれ。実際に，

$x_2 = te^{-3t}$ のとき，$\dot{x}_2 = e^{-3t} + t \cdot (-3)e^{-3t} = (1 - 3t)e^{-3t}$

$\ddot{x}_2 = -3e^{-3t} + (1 - 3t) \cdot (-3)e^{-3t} = (9t - 6)e^{-3t}$ だね。

これらを①の左辺に代入すると，

$\underbrace{(9t - 6)e^{-3t}}_{\ddot{x}_2} + 6\underbrace{(1 - 3t)e^{-3t}}_{\dot{x}_2} + 9\underbrace{te^{-3t}}_{x_2} = 0 \cdot e^{-3t} = 0$ となるので，$x_2 = te^{-3t}$ は

①の解であることに間違いない。

さらに，ロンスキアン $W(x_1,\ x_2)$ も，

$$W(x_1,\ x_2)=\begin{vmatrix} x_1 & x_2 \\ \dot{x}_1 & \dot{x}_2 \end{vmatrix}=\begin{vmatrix} e^{-3t} & te^{-3t} \\ -3e^{-3t} & (1-3t)e^{-3t} \end{vmatrix}$$

$$=(1-3t)e^{-6t}+3te^{-6t}=e^{-6t}\neq 0$$

となるので，$x_1=e^{-3t}$ と $x_2=te^{-3t}$ は，①の 1 次独立な解と言える。

よって，①の一般解 x は，

$x(t)=C_1e^{-3t}+C_2te^{-3t}=(C_1+C_2t)e^{-3t}$ ……②　となる。

ここで，初期条件：$x(0)=0$ より，②は，

$x(0)=C_1e^0=C_1=0$　　　$\therefore C_1=0$ を②に代入して，

$x(t)=C_2te^{-3t}$ …②′　となる。この②′の両辺を t で微分して，

$v(t)=\dot{x}(t)=C_2(e^{-3t}-3te^{-3t})=C_2(1-3t)e^{-3t}$ ……③

ここで，初期条件：$v(0)=1$ より，③は，

$v(0)=C_2e^0=C_2=1$

$\therefore C_2=1$ を②′に代入して，

$x(t)=te^{-3t}$ となる。

このグラフは右図のようになる。

これは，空気抵抗が，これよりもう少し小さければ減衰振動になり，これよりもう少し大きければ，過減衰になる，ちょうど，ギリギリ(臨界)の状態なので，“**臨界減衰**”と呼ばれるんだよ。納得いった？

以上で，ばねの重り P に，速度に比例する空気抵抗が働く場合の振動には，“減衰振動”，“過減衰”，そして“臨界減衰”の 3 つがあることが分かったと思う。これをもう 1 度まとめて示すから，シッカリ頭に入れておこう。例題で具体的に解いているので，このまとめの意味もすべて理解できるはずだ。

減衰振動，過減衰，臨界減衰

単振動に，速度に比例する抵抗が加わった場合の運動方程式は，

$m\ddot{x} = -kx - B\dot{x}$　（m：質量，k：ばね定数，B：正の比例定数）

である。これをまとめると，微分方程式：

$\ddot{x} + a\dot{x} + bx = 0$ …①　$\left(a = \frac{B}{m} > 0,\ b = \frac{k}{m} > 0\right)$ が得られる。

①の解を $x = e^{\lambda t}$ とおくと，①から

特性方程式：$\lambda^2 + a\lambda + b = 0$ …②　が導ける。

(Ⅰ) ②が相異なる2つの虚数解：

$\lambda_1 = \alpha + \beta i$，$\lambda_2 = \alpha - \beta i$

(α，β：実数，$\alpha < 0$) をもつとき，

①の解は，

$x = e^{\alpha t}(C_1\cos\beta t + C_2\sin\beta t)$　である。

これは，“**減衰振動**”を表す。

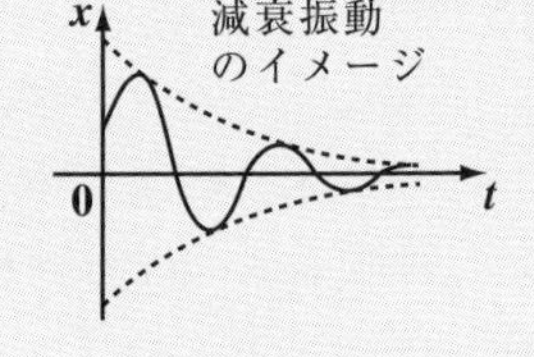

(Ⅱ) ②が異なる2つの実数解：

λ_1，λ_2　($\lambda_1 < 0$，$\lambda_2 < 0$) をもつとき，

①の解は，

$x = C_1e^{\lambda_1 t} + C_2e^{\lambda_2 t}$　である。

これは，“**過減衰**”を表す。

過減衰のイメージ

(Ⅲ) ②が重解：

λ_1　($\lambda_1 < 0$) をもつとき，

①の解は，

$x = (C_1 + C_2t)e^{\lambda_1 t}$　である。

これは，“**臨界減衰**”を表す。

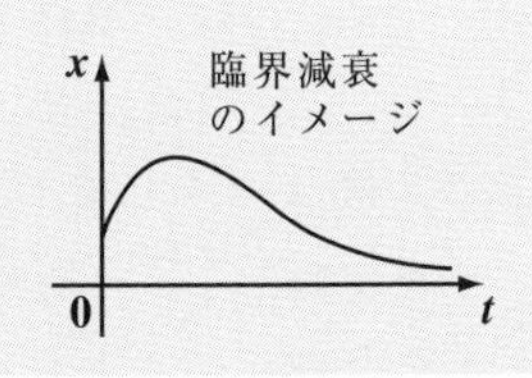

● 強制振動にもチャレンジしてみよう！

速度に比例する抵抗を受けながら減衰振動している物体に，外部から強制的に振動する力 $f_0\cos\omega t$ が加えられるとき，これを“**強制振動**”の問題といい，この運動方程式は次のようになる。

$$m\ddot{x} = -kx - B\dot{x} + \underline{f_0\cos\omega t}$$

（振動しながら外部から加えられる力）

これを変形して，

$$m\ddot{x} + B\dot{x} + kx = f_0\cos\omega t$$

$\ddot{x} + a\dot{x} + bx = \gamma\cos\omega t$ ……(a) となる。

$\left(ただし，a = \dfrac{B}{m}，b = \dfrac{k}{m}，\gamma = \dfrac{f_0}{m} \right)$

参考

$\ddot{x} + a\dot{x} + bx = \gamma\cos\omega t$ …(a) の一般解 x は，

(i) まず，$\ddot{x} + a\dot{x} + bx = 0$ …(b) の一般解 $X = C_1e^{\lambda_1 t} + C_2e^{\lambda_2 t}$ と

（(b)が，減衰振動の微分方程式なら，当然 $X = e^{\alpha t}(C_1\cos\beta t + C_2\sin\beta t)$ だね。）

(ii) $\ddot{x} + a\dot{x} + bx = \gamma\cos\omega t$ …(a) の特殊解 x_0 との和，

すなわち，$x = X + x_0 = C_1e^{\lambda_1 t} + C_2e^{\lambda_2 t} + x_0$ となるんだ。

よって，$\ddot{x} + a\dot{x} + bx = 0$ ……(b) の解 X は，**P120** の減衰振動（または過減衰，または臨界減衰）の解法ですぐに求められるので，後は(a)の微分方程式の特殊解 x_0 を求めればいいんだね。

この場合，この特殊解 x_0 は，未知数 δ（デルタ）と ϕ（ファイ）を使って，

$x_0 = \delta\cos(\omega t - \phi)$ ……(c) の形をしていると推定できる。

これは，(b)の解 X は，**P120** のグラフに示す通り，$t \to \infty$ のときいずれも $X \to 0$ に収束するため，(a)の解は最終的には，振幅が δ に変化し，位相も ϕ だけずれるかもしれないけれど，外部から加わる強制振動の角振動数 ω の単振動になると考えられるからなんだ。

(c)から，$\dot{x}_0 = -\delta\omega\sin(\omega t - \phi)$，$\ddot{x}_0 = -\delta\omega^2\cos(\omega t - \phi)$ となるので，これらを(a)に代入して，δ と ϕ の値を決定することにしよう。

$$\underline{-\delta\omega^2\cos(\omega t-\phi)}\ \underline{-a\delta\omega\sin(\omega t-\phi)}+\underline{b\delta\cos(\omega t-\phi)}=\gamma\cos\omega t$$

（$\ddot{x}_0$）（$a\dot{x}_0$）（bx_0 のこと）

$$\delta\{(b-\omega^2)\cos(\omega t-\phi)-a\omega\sin(\omega t-\phi)\}=\gamma\cos\omega t \quad \cdots\cdots\text{(d)}$$

これに三角関数の合成を行う。
右図のような $b-\omega^2$ と $a\omega$ を 2 辺にもつ直角三角形を考え，斜辺を l，頂角の 1 つを ψ とおくと，

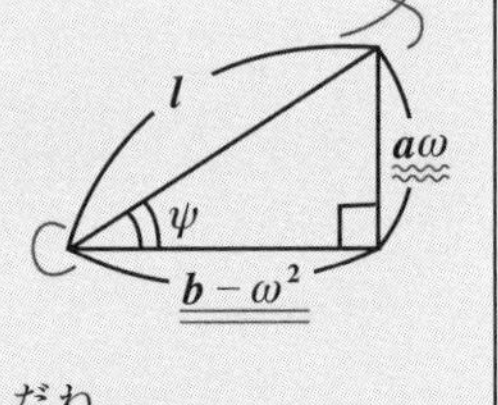

$l=\sqrt{(b-\omega^2)^2+(a\omega)^2}$，$\tan\psi=\dfrac{a\omega}{b-\omega^2}$ だね。

ここで，$l=\sqrt{(b-\omega^2)^2+(a\omega)^2}$，$\tan\psi=\dfrac{a\omega}{b-\omega^2}$ ……(e) とおくと，

$\cos\psi=\dfrac{b-\omega^2}{l}$，$\sin\psi=\dfrac{a\omega}{l}$ となる。よって，(d)をさらに変形すると，

$$\delta l\left\{\frac{b-\omega^2}{l}\cos(\omega t-\phi)-\frac{a\omega}{l}\sin(\omega t-\phi)\right\}=\gamma\cos\omega t$$ となる。

（$\cos\psi$）（$\sin\psi$）

（l をムリやりくくり出す。）

$$\delta l\{\cos(\omega t-\phi)\cdot\cos\psi-\sin(\omega t-\phi)\cdot\sin\psi\}=\gamma\cos\omega t$$

（加法定理 $\cos\alpha\cos\beta-\sin\alpha\sin\beta=\cos(\alpha+\beta)$）

$$\delta l\cos(\omega t-\phi+\psi)=\gamma\cos\omega t$$

$\therefore\ \delta l=\gamma$ …(f)，かつ $\omega t-\phi+\psi=\omega t+2n\pi$ ……(g)（n：整数）

(g)より，$\phi=\psi-2n\pi$ $\quad\therefore\ \tan\phi=\tan(\psi-2n\pi)=\tan\psi=\dfrac{a\omega}{b-\omega^2}$ ……(h)（∵(e)）

以上(f)，(h)より，未知数 δ と ϕ は，

$\delta=\dfrac{\gamma}{l}$，$\tan\phi=\dfrac{a\omega}{b-\omega^2}$ $\left(\text{ただし，} l=\sqrt{(b-\omega^2)^2+a^2\omega^2}\right)$

となるようにとればいい。このように，δ と ϕ の値をとると，
強制振動の微分方程式：$\ddot{x}+a\dot{x}+bx=\gamma\cos\omega t$ ……(a) の一般解 x は，

$x=C_1e^{\lambda_1 t}+C_2e^{\lambda_2 t}+\delta\cos(\omega t-\phi)$ となる。

（X（(b)の一般解））（x_0（(a)の特殊解））

この一般解の強制振動の項 $\delta\cos(\omega t-\phi)$ について，その振幅 $\delta=\frac{\gamma}{l}$ をさらに調べてみよう。$\gamma\left(=\frac{f_0}{m}\right)$ は定数なので，

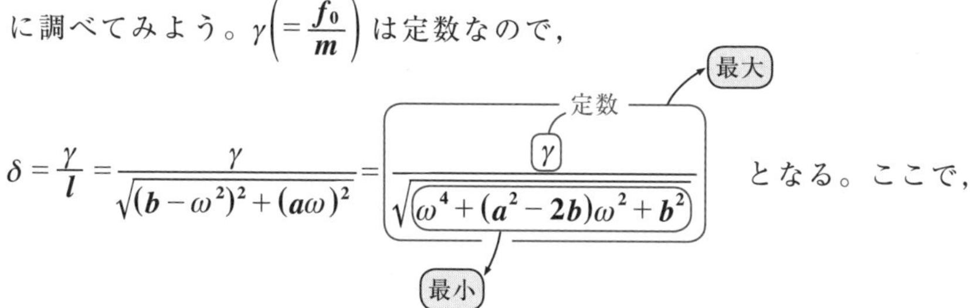

$$\delta=\frac{\gamma}{l}=\frac{\gamma}{\sqrt{(b-\omega^2)^2+(a\omega)^2}}=\frac{\gamma}{\sqrt{\omega^4+(a^2-2b)\omega^2+b^2}}$$ となる。ここで，

分母の $\sqrt{\ }$ 内を ω の関数 $g(\omega)$ とおくと，これが最小のとき，振幅 δ は最大となる。

この $g(\omega)=\omega^4+(a^2-2b)\omega^2+b^2$ は，ω の 4 次の偶関数より，これを ω で微分して，0 とおくと，

$$g'(\omega)=\boxed{4\omega^3+2(a^2-2b)\omega=0}$$

$$\omega\{4\omega^2+2(a^2-2b)\}=0$$

$$\therefore\ \omega=\sqrt{\frac{2b-a^2}{2}}=\sqrt{b-\frac{a^2}{2}}=\sqrt{\frac{k}{m}-\frac{B^2}{2m^2}}$$ のとき，（$b=\frac{k}{m}$，$a=\frac{B}{m}$）

振幅 δ は最大となる。ここで，空気抵抗が小さいとき $B\fallingdotseq 0$ であり，また，$\frac{k}{m}=\omega_0{}^2$（ω_0：元の単振動の角振動数）だね。

よって，この場合，$\omega\fallingdotseq\sqrt{\omega_0{}^2-0}=\omega_0$ となって，強制振動の角振動数 ω が元の単振動の角振動数 ω_0 と近い値になったとき，振幅 δ が大きくなることが分かる。

このように，強制振動が加わった結果，振幅が大きくなる現象を"**共鳴**（きょうめい）"または"**共振**（きょうしん）"というんだよ。身近な例では，

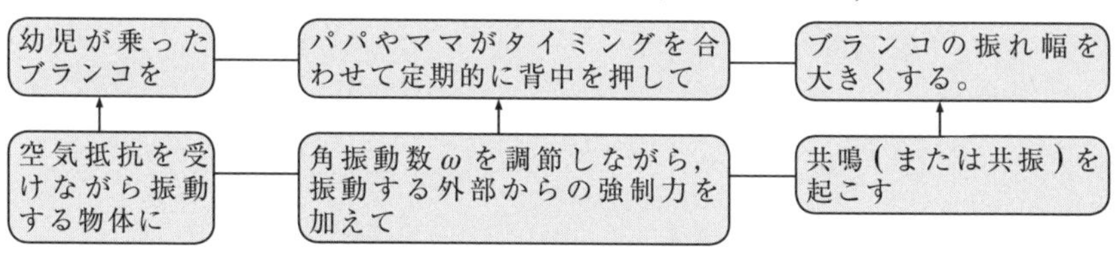

って，ことだね。微笑ましい風景が損なわれたって？ ゴメン！ でも，この共鳴は，その他，電気回路など様々な分野で見られる重要な物理現象であることを覚えておこう。

§5. 惑星の運動

さァ，それではこれから“**惑星の運動**”(**ケプラーの第1法則**)について解説しよう。ここでは，右図に示すように“運動方程式”$\boldsymbol{f}=m\boldsymbol{a}$と“万有引力の法則”$f_r=-G\dfrac{Mm}{r^2}$を用いて，**ケプラーの第1法則**，すなわち「惑星は太陽を1つの焦点とするだ円軌道上を運動する」ことを導いてみる。ニュートン力学の偉大な成果の1つを，ここでシッカリマスターしておこう。

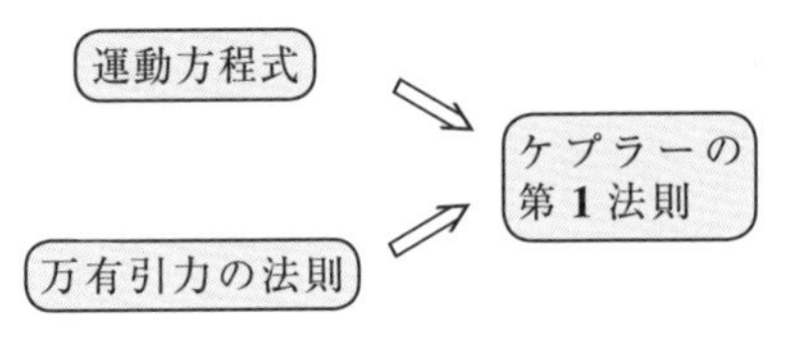

尚，“運動方程式”と“ケプラーの第1法則”から“万有引力の法則”を導くこともできるんだけれど，ここでは上図の流れに沿って解説する。

さらに，“**ケプラーの第3法則**”についても，“**ケプラーの第2法則**”(**P56**)を利用して証明してみよう。

それでは，その下準備として，“**2次曲線**”(だ円，放物線，双曲線)の極方程式から講義を始めよう！ みんな，準備はいい？

● 2次曲線の極方程式から始めよう！

それでは，だ円，放物線，双曲線などの2次曲線を表す極方程式をまず下に示す。たった1つの極方程式で，これらすべてを表すことができるんだ。

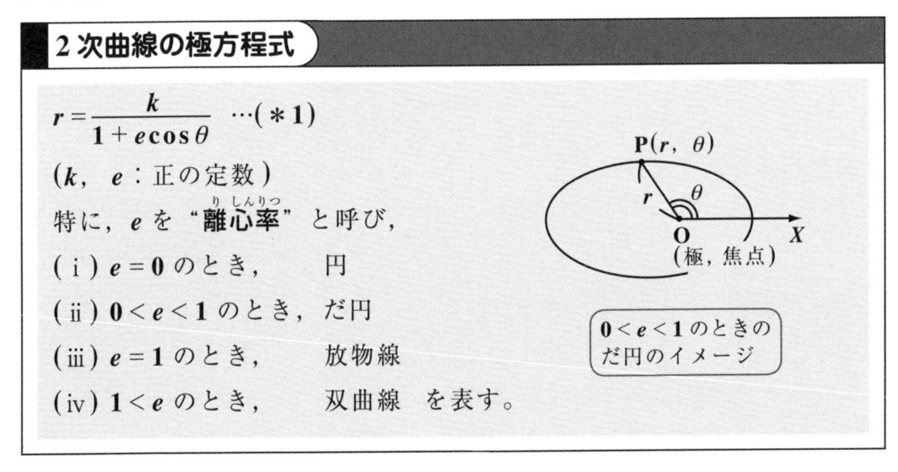

2次曲線の極方程式

$$r=\frac{k}{1+e\cos\theta}\quad\cdots(*1)$$

$(k,\ e$：正の定数$)$

特に，eを“**離心率**(りしんりつ)”と呼び，

(i) $e=0$のとき，　円

(ii) $0<e<1$のとき，だ円

(iii) $e=1$のとき，　放物線

(iv) $1<e$のとき，　双曲線　を表す。

今回は，惑星のだ円軌道に興味があるので，$k=1$，$e=\frac{1}{2}$ のとき，$(*1)$

$0<e<1$ より，これはだ円を表す。

の極方程式が実際にだ円を表すことを，次の例題で調べてみよう。

例題 19　極方程式：$r=\dfrac{1}{1+\frac{1}{2}\cos\theta}$ ……(a) を ← $k=1$，$e=\frac{1}{2}$ のときの $(*1)$ の極方程式

xy 座標系の方程式に変換することにより，(a)がだ円の方程式であることを確かめてみよう。

右図に示すように，変換公式：

$x=r\cos\theta$，$y=r\sin\theta$，$x^2+y^2=r^2$

を用いて，(a)の極方程式を見慣れた x と y の方程式に書き換えてみよう。

極方程式 $r=f(\theta)$ → x と y の方程式

$$\begin{cases} x=r\cos\theta \\ y=r\sin\theta \\ x^2+y^2=r^2 \end{cases}$$

(a)を変形して，

$$r(2+\cos\theta)=2 \qquad 2r+\underbrace{r\cos\theta}_{x}=2 \qquad 2r=2-x$$

この両辺を 2 乗して，$4\underbrace{r^2}_{x^2+y^2}=(2-x)^2$　　$4x^2+4y^2=4-4x+x^2$

$$3x^2+4x+4y^2=4 \qquad 3\left(x+\frac{2}{3}\right)^2+4y^2=\frac{16}{3}$$

$3x^2+4x = 3\left(x^2+\frac{4}{3}x+\frac{4}{9}\right)-\frac{4}{3}=3\left(x+\frac{2}{3}\right)^2-\frac{4}{3}$　　$\frac{16}{3}=4+\frac{4}{3}$

$$\frac{9\left(x+\frac{2}{3}\right)^2}{16}+\frac{3}{4}y^2=1$$

$$\frac{\left(x+\frac{2}{3}\right)^2}{\left(\frac{4}{3}\right)^2}+\frac{y^2}{\left(\frac{2}{\sqrt{3}}\right)^2}=1 \quad \text{と，}$$

だ円の方程式が導けた。

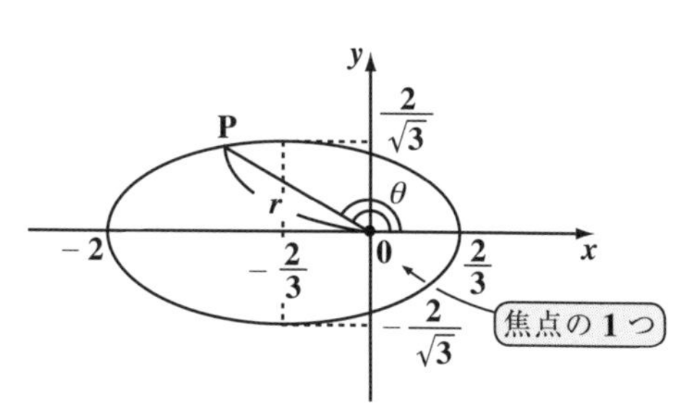

これは，だ円 $\dfrac{x^2}{\left(\frac{4}{3}\right)^2}+\dfrac{y^2}{\left(\frac{2}{\sqrt{3}}\right)^2}=1$ を $\left(-\frac{2}{3},\ 0\right)$ だけ平行移動したものだ。

原点 0 がこのだ円の焦点の 1 つであることも，自分で確かめてみてくれ。

ここで，さらに，図1に示すように，

$r=\dfrac{k}{1+e\cos(\theta-\theta_0)}$ ……(b) は，

(k，θ_0：正の定数，$0<e<1$)

だ円：$r=\dfrac{k}{1+e\cos\theta}$ ……(c) を

始線(x 軸)から θ_0 だけ傾けたものなので，当然(b)も(c)と同形のだ円であることが分かるね。

図1 だ円 $r=\dfrac{k}{1+e\cos(\theta-\theta_0)}$

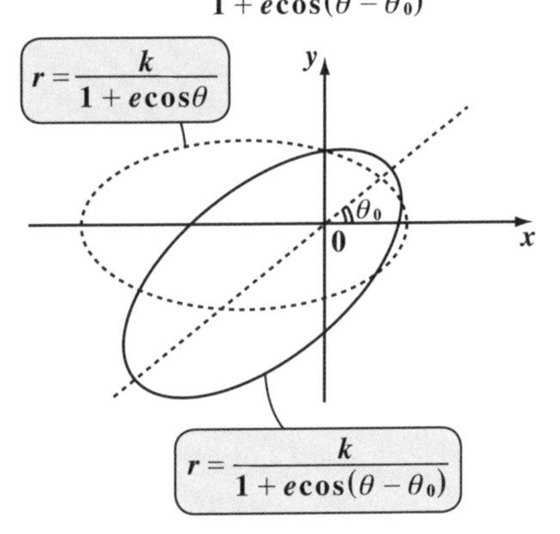

● 惑星がだ円軌道を描くことを導いてみよう！

準備も整ったので，これからいよいよ運動方程式と万有引力の法則を使って，ケプラーの第1法則：「惑星は太陽を1つの焦点とするだ円軌道上を運動する」ことが成り立つことを証明してみよう。

図2に示すように，質量 M の太陽を O，質量 m の惑星を P とおき，O を極にとって，適当に始線 Ox を設けて，惑星 P を極座標 P(r，θ) で表すことにする。当然 O と P はそれぞれ太陽と惑星の重心で，質点を表すんだね。

図2 惑星の運動

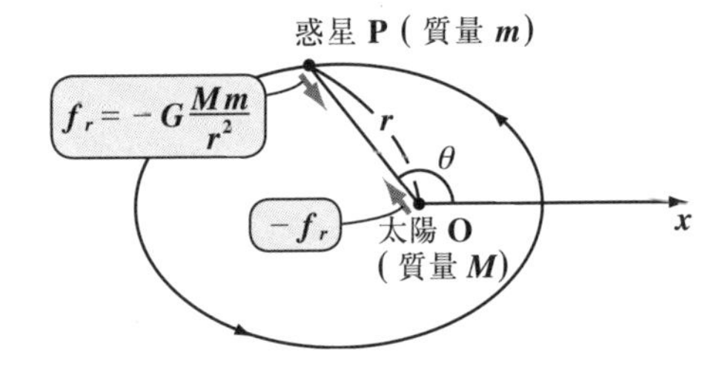

ここで，P と O には互いに万有引力のみが作用するものとする。このとき，O が P に及ぼす万有引力を f_r と表すことにすると，“万有引力の法則”から，

$f_r=-G\dfrac{Mm}{r^2}$ ……① (G：万有引力定数，r：O，P 間の距離)

f_r は，$\overrightarrow{OP}$ とは逆向きなので，⊖を付けて表示した！

と表されることも大丈夫だね。

次，惑星 **P** の位置 $\boldsymbol{r}$ は，極座標 $\boldsymbol{r}=[r,\ \theta]$ で表すことにするので，図 3 に示すように，点 **P** の速度 $\boldsymbol{v}$ と加速度 $\boldsymbol{a}$ も r と θ を使って表示することにする。

図 3　惑星 **P** の速度 $\boldsymbol{v}$，加速度 $\boldsymbol{a}$ の r と θ による表示

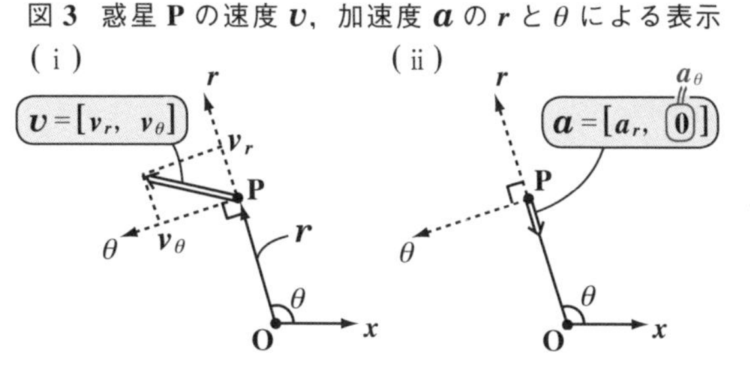

これについては，既に **P29** で詳しく解説したけれど，ここでもう **1** 度簡単に復習しておこう。

xy 座標系での位置 $\boldsymbol{r}=\begin{bmatrix} x \\ y \end{bmatrix}=\begin{bmatrix} r\cos\theta \\ r\sin\theta \end{bmatrix}$ を時刻 t で順に **2** 回微分することにより，$R(\theta)$（回転の行列）がかかっている形で，$\boldsymbol{v}=\begin{bmatrix} v_r \\ v_\theta \end{bmatrix}$ と $\boldsymbol{a}=\begin{bmatrix} a_r \\ a_\theta \end{bmatrix}$ が求まるんだった。よって，

$$\begin{bmatrix} v_x \\ v_y \end{bmatrix}=\begin{bmatrix} \dot{x} \\ \dot{y} \end{bmatrix}=\begin{bmatrix} \dot{r}\cos\theta-r\dot{\theta}\sin\theta \\ \dot{r}\sin\theta+r\dot{\theta}\cos\theta \end{bmatrix}=R(\theta)\begin{bmatrix} \dot{r} \\ r\dot{\theta} \end{bmatrix}\ \left(=R(\theta)\begin{bmatrix} v_r \\ v_\theta \end{bmatrix}\right)$$

$$\begin{bmatrix} a_x \\ a_y \end{bmatrix}=\begin{bmatrix} \ddot{x} \\ \ddot{y} \end{bmatrix}=\begin{bmatrix} (\ddot{r}-r\dot{\theta}^2)\cos\theta-(2\dot{r}\dot{\theta}+r\ddot{\theta})\sin\theta \\ (\ddot{r}-r\dot{\theta}^2)\sin\theta+(2\dot{r}\dot{\theta}+r\ddot{\theta})\cos\theta \end{bmatrix}$$

$$=R(\theta)\begin{bmatrix} \ddot{r}-r\dot{\theta}^2 \\ 2\dot{r}\dot{\theta}+r\ddot{\theta} \end{bmatrix}\ \left(=R(\theta)\begin{bmatrix} a_r \\ a_\theta \end{bmatrix}\right)$$ より，

$$\begin{cases} v_r=\dot{r} \\ v_\theta=r\dot{\theta} \end{cases}\ \cdots\cdots②\qquad \begin{cases} a_r=\ddot{r}-r\dot{\theta}^2 \\ a_\theta=\underbrace{2\dot{r}\dot{\theta}+r\ddot{\theta}}_{0} \end{cases}\ \cdots\cdots③$$ が導かれるんだね。

惑星運動の問題では，惑星 **P** には，r 方向に①の f_r の力が働くだけだから，③の a_θ は当然 **0** になる。よって，"運動方程式"：

$$\underbrace{f_r}_{-G\frac{Mm}{r^2}\ (①より)}=m\underbrace{a_r}_{\ddot{r}-r\dot{\theta}^2\ (③より)}$$ に①，③を代入すると，

$m(\ddot{r}-r\dot{\theta}^2)=-G\dfrac{Mm}{r^2}$　となり，この両辺に $\dfrac{r^2}{m}(>0)$ をかけると，

微分方程式：$r^2\ddot{r}-r^3\dot{\theta}^2=-GM$ ……④　が導ける。

この④を解いて，極方程式 $r=f(\theta)$ の形にもち込めればいいんだね。

ここで，③の両辺に $\boldsymbol{r}$ をかけて変形すると，

$v_\theta = r\dot{\theta}$ ……②
$a_\theta = 2\dot{r}\dot{\theta} + r\ddot{\theta}\ (=0)$ …③
$r^2\ddot{r} - r^3\dot{\theta}^2 = -GM$ ……④

$$ra_\theta = 2r\dot{r}\dot{\theta} + r^2\ddot{\theta} = \frac{d}{dt}(r^2\dot{\theta})\quad(=0)$$

となるのは大丈夫？ 実際に $r^2\dot{\theta}$ を t で微分すると，

$(f\cdot g)' = f'g + fg'$

$(r^2\dot{\theta})' = (r^2)'\dot{\theta} + r^2\ddot{\theta} = 2r\dot{r}\dot{\theta} + r^2\ddot{\theta}$ となるからだ。

ここで，$ra_\theta = 0$ より，$\dfrac{d}{dt}(r^2\dot{\theta}) = 0$ だね。これから，

$r^2\dot{\theta} = K$ (一定) ……⑤ が導ける。

これは，$\dfrac{K}{2} = A(t)$ (面積速度) とおくと，**P58**，**P59** で解説した“**面積速度一定の法則**”(**ケプラーの第 2 法則**) そのものなんだよ。ン？ ピンとこないって？ いいよ。次の参考で解説しよう。

参考

面積速度 $A(t)$ の定義は，

$A(t) = \dfrac{1}{2}\|\boldsymbol{r}\times\boldsymbol{v}\|$ ……(a) なので，

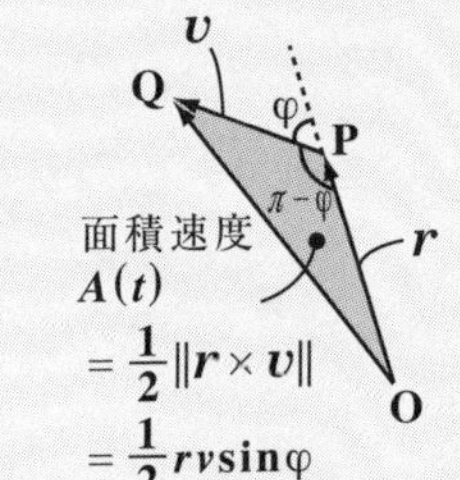

図 (i) に示すように，$\|\boldsymbol{r}\| = r$，$\|\boldsymbol{v}\| = v$，$\boldsymbol{r}$ と $\boldsymbol{v}$ のなす角を φ とおくと，$A(t)$ は△OPQ の面積のことなので，

$$A(t) = \frac{1}{2}\cdot r\cdot v\cdot \underbrace{\sin(\pi-\varphi)}_{\sin\varphi}$$

$$= \frac{1}{2}\underbrace{rv\sin\varphi}_{v_\theta = r\dot{\theta}} \quad\cdots\cdots(b)$$ となる。

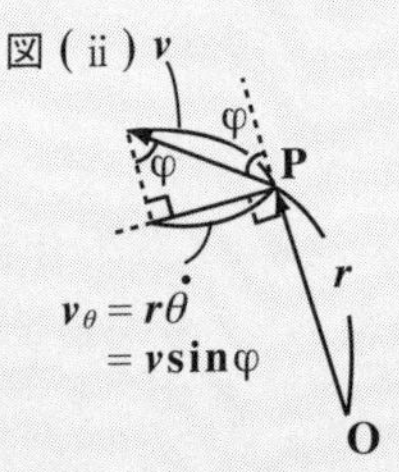

ここで，図 (ii) に示すように，速度 $\boldsymbol{v}$ の接線方向成分 $v_\theta = r\dot{\theta}$ ……② は，

$v_\theta = r\dot{\theta} = v\sin\varphi$ ……(c) となる。(c)を(b)に代入すると，

$A(t) = \dfrac{1}{2}rv_\theta = \dfrac{1}{2}r^2\dot{\theta} = \dfrac{1}{2}K$ (定数) (⑤より) となって，“**面積速度一定の法則**”が成り立つことが分かるんだね。納得いった？

⑤を使って，④をさらに簡潔に表してみよう。④を変形して，

$$r^2\ddot{r}-\frac{(r^2\dot{\theta})^2}{r}=-GM$$

（$r^2\dot{\theta}$：K（⑤より））

よって，⑤より，

$$r^2\ddot{r}-\frac{1}{r}K^2=-GM \quad \cdots\cdots ⑥$$

となる。

ここで，ボク達は，⑥から惑星 P の軌道 $\left(\text{だ円 } r=\dfrac{k}{1+e\cos(\theta-\theta_0)}\right)$ を導き出したいんだね。（できれば！）そのためには，今，P の極座標 $[r(t),\ \theta(t)]$ は，r，θ ともに直接時刻 t の関数だけれど，ここで，$r=r(\theta)$，$\theta=\theta(t)$ として，（r は θ の関数）（θ は t の関数）r は θ を介して t の関数，すなわち，

$$r=r(\theta(t)) \quad \cdots\cdots ⑦$$

と考えることにしよう。←合成関数！

⑦を t で微分すると，

$$\dot{r}=\frac{dr}{dt}=\frac{d\theta}{dt}\cdot\frac{dr}{d\theta}=Kr^{-2}\frac{dr}{d\theta}=-K\frac{d}{d\theta}\left(\frac{1}{r}\right) \quad \cdots\cdots ⑧$$

となる。

（合成関数の微分）

$\dot{\theta}=\dfrac{K}{r^2}$（⑤より）

$(\because)\ \dfrac{d}{d\theta}\left(\dfrac{1}{r}\right)=\dfrac{dr}{d\theta}\cdot\dfrac{d(r^{-1})}{dr}=\dfrac{dr}{d\theta}\cdot(-1)r^{-2}$

$=-r^{-2}\dfrac{dr}{d\theta}$ となるからね。

ここで，話をさらに簡単にするため，

$$\frac{1}{r}=u \quad \cdots\cdots ⑨$$

と，変数を r から u に変数変換してみよう。

すると，⑧は，

$$\dot{r}=-K\frac{du}{d\theta} \quad \cdots\cdots ⑩$$

となる。⑩をさらに t で微分して，

$$\ddot{r}=\frac{d}{dt}\left(-K\frac{du}{d\theta}\right)=-K\frac{d\theta}{dt}\cdot\frac{d}{d\theta}\left(\frac{du}{d\theta}\right)=-\frac{K^2}{r^2}\cdot\frac{d^2u}{d\theta^2} \quad \cdots\cdots ⑪$$

$\dot{\theta}=\dfrac{K}{r^2}$（⑤より）

（合成関数の微分）

となる。

エッ？ 疲れてきたって？ 後，もう少しだ！

⑥に⑨と⑪を代入すると，

$r^2\ddot{r} - \frac{1}{r}K^2 = -GM$ …⑥

$u = \frac{1}{r}$ ……………⑨

$\ddot{r} = -\frac{K^2}{r^2}\cdot\frac{d^2u}{d\theta^2}$ ………⑪

$$\underbrace{r^2\left(-\frac{K^2}{r^2}\cdot\frac{d^2u}{d\theta^2}\right)}_{\ddot{r}} - u K^2 = -GM \quad \left(u = \frac{1}{r}\right)$$

$$-K^2\frac{d^2u}{d\theta^2} - uK^2 = -GM$$ 両辺を $-K^2$ $(\neq 0)$ で割って，

$$\frac{d^2u}{d\theta^2} + u = C \quad \cdots\cdots ⑫ \quad \left(ただし，C = \frac{GM}{K^2}\ (定数)\right)$$

⑫は θ の関数 $u\left(=\frac{1}{r}\right)$ の微分方程式だ。これは，単振動 (P109) と強制振動 (P121) の微分方程式の解法を思い出せば，スグに解ける。

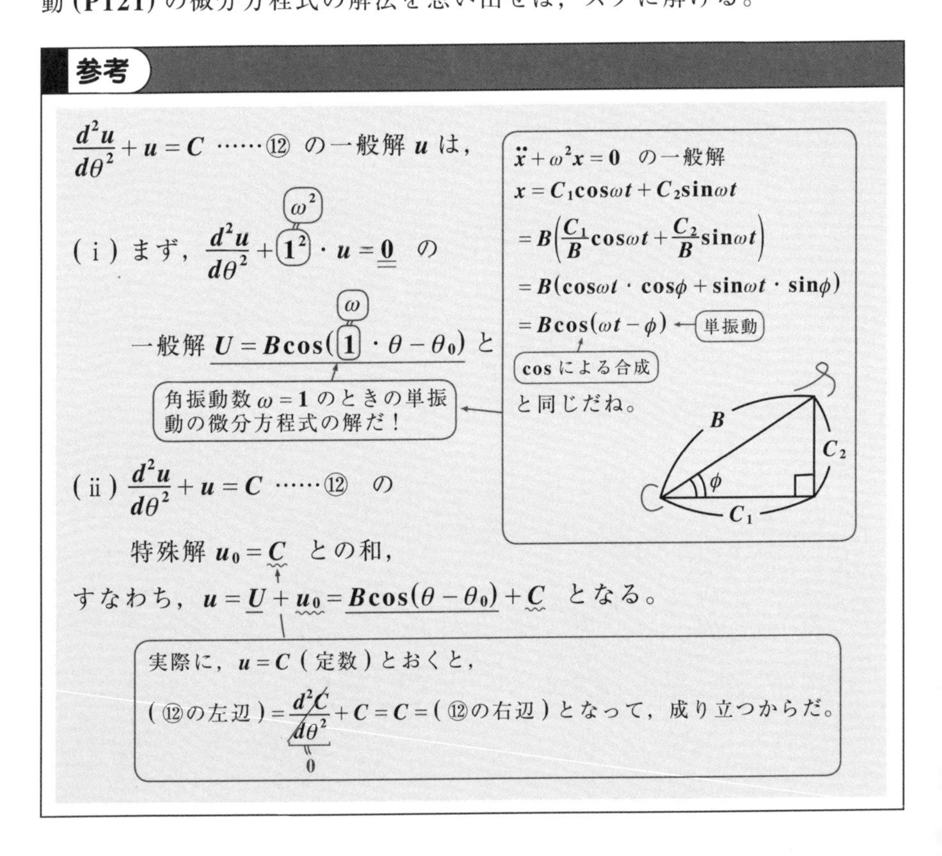

⑫を解いて，

$$u = C + B\cos(\theta - \theta_0) \quad \left(= \frac{1}{r}\right)$$ よって，

$$r = \frac{1}{C + B\cos(\theta - \theta_0)} = \frac{\frac{1}{C}}{1 + \frac{B}{C}\cos(\theta - \theta_0)}$$

（$\frac{1}{C}$ を k，$\frac{B}{C}$ を e とおく）

分子・分母を C で割った。

∴惑星 P のだ円軌道の方程式：

惑星の場合，$0 < e < 1$ となって，だ円軌道になる。

$$r = \frac{k}{1 + e\cos(\theta - \theta_0)} \quad \left(ただし，k = \frac{1}{C}，離心率\ e = \frac{B}{C}，\theta_0：初期位相\right)$$

が導けた！ これで，“**ケプラーの第 1 法則**”が成り立つことが証明できた！大変だったけど，これでニュートンの偉大さが分かったと思う。

● ケプラーの第 3 法則も証明しておこう！

それでは最後に，“**ケプラーの第 3 法則**”：「惑星の公転周期 T の 2 乗は，惑星のだ円軌道の長半径 a の 3 乗に比例する」ことも証明しておこう。

その下準備として，次の例題で，極方程式の形で与えられただ円の面積を求めてみよう。

> 例題 20　極方程式：$r = \frac{k}{1 + e\cos\theta}$ ……(a) $(k > 0,\ 0 < e < 1)$ で与えられただ円の面積 S が，$S = \frac{\pi k^2}{(1 - e^2)^{\frac{3}{2}}}$ ……(b) となることを示そう。

一般に xy 座標系で，右図に示すようなだ円：$\frac{x^2}{a^2} + \frac{y^2}{b^2} = 1$ （a：長半径，b：短半径）の面積 S が，$S = \pi ab$ ……$(*1)$ となることはみんな知ってるね。

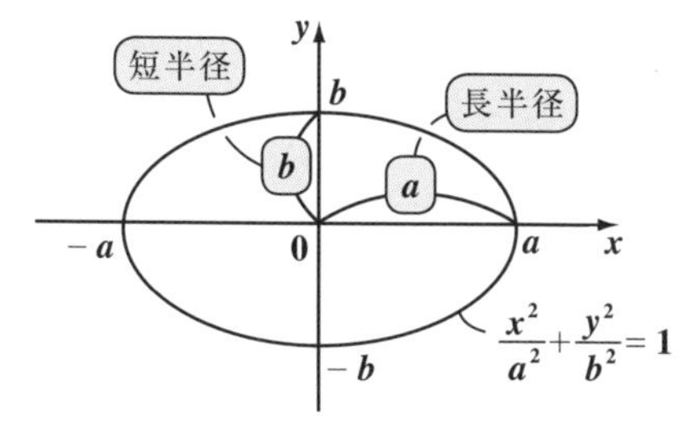

だから，(a)の極方程式で与えられただ円についても，その長半径 a と短半径 b を求めて，$(*1)$ の面積の公式に代入すれば，(b)が導けるはずだ。

だ円の極方程式

$$r=\frac{k}{1+e\cos\theta}$$ ……(a) につ

いて，右図に示すように，

・$\theta=0$ のとき，$r_0=\frac{k}{1+e}$ ……(c)

・$\theta=\pi$ のとき，$r_1=\frac{k}{1-e}$ ……(d)

$(\because \cos 0=1,\ \cos\pi=-1)$

となるのはいいね。

(c)と(d)の相加平均が，このだ円の長半径 a となるので，

$$a=\frac{1}{2}\left(\frac{k}{1+e}+\frac{k}{1-e}\right)=\frac{1}{2}\cdot\frac{k(1+e)+k(1-e)}{1-e^2}$$

∴長半径 $a=\frac{k}{1-e^2}$ …(e) となる。

次，短半径 b を求めよう。図に示すように，だ円の中心を O' とおく。長半径 a，短半径 b，そして，$OO'=c(=a-r_0)$ とおくと，公式 $c^2=a^2-b^2$ が成り立つので，

$$b^2=a^2-c^2=a^2-(a-r_0)^2$$
$$=a^2-(a^2-2ar_0+r_0{}^2)$$
$$=2ar_0-r_0{}^2$$
$$=2\cdot\frac{k}{1-e^2}\cdot\frac{k}{1+e}-\left(\frac{k}{1+e}\right)^2\quad(\because (e),\ (c))$$

$1-e^2=(1-e)(1+e)$

$$=\frac{2k^2}{(1-e)(1+e)^2}-\frac{k^2}{(1+e)^2}$$
$$=\frac{2k^2-k^2(1-e)}{(1-e)(1+e)^2}=\frac{k^2+k^2e}{(1-e)(1+e)^2}$$
$$=\frac{k^2(1+e)}{(1-e)(1+e)^2}=\frac{k^2}{1-e^2}$$

∴短半径 $b = \frac{k}{\sqrt{1-e^2}}$ ……(f) となる。

以上(e)，(f)より，求める(a)のだ円の面積 S は，

$$S = \pi ab = \pi \cdot \frac{k}{1-e^2} \cdot \frac{k}{\sqrt{1-e^2}} = \frac{\pi k^2}{(1-e^2)^{\frac{3}{2}}} \quad \cdots\cdots (b)$$ となるんだね。

準備も整ったので，ケプラーの第 3 法則：$T^2 = \lambda a^3$ ……(＊2)

周期 T の 2 乗　長半径 a の 3 乗

(λ：正の比例定数) が成り立つことも示そう。

面積速度 $A(t) = A$ (一定) に周期 T をかけると，動径 OP はだ円全体を通過することになるので，だ円の面積 S に一致する。よって，

$$AT = S,\ T = \frac{S}{A} \quad \cdots\cdots (g)$$ が成り立つ。

(g)の両辺を 2 乗して，(b)を代入すると，

長半径 a ((e)より)

$$T^2 = \frac{S^2}{A^2} = \frac{\pi^2 k^4}{(1-e^2)^3} \cdot \frac{1}{A^2} = \pi^2 k \cdot \frac{1}{A^2}\left(\frac{k}{1-e^2}\right)^3$$

$\frac{1}{C} = \frac{K^2}{GM} = \frac{1}{GM}(2A)^2 = \frac{4A^2}{GM}$

$k = \frac{1}{C}$ (P131)

$C = \frac{GM}{K^2}$ (P130)

$K = 2A$ (P128)

$$= \pi^2 \cdot \frac{4A^2}{GM} \cdot \frac{1}{A^2} a^3$$

これは，どの惑星に対しても同じ定数

$$\therefore T^2 = \frac{4\pi^2}{GM} a^3 \quad \cdots (*3)$$ $\left(\frac{4\pi^2}{GM}\text{：正の定数}\right)$ となって，ケプラーの第 3 法則：

「T^2 は a^3 に比例する」ことも証明できた！ 大丈夫だった？

演習問題 7　● 惑星の運動 ●

質量 M の太陽 O から質量 m の惑星 P までの近日点距離が r_0，近日点での P の速さが v_0 とする。万有引力定数を G とおいて，次の問いに答えよ。

(1) 惑星 P の遠日点距離 r_1 と遠日点での P の速さ v_1 を求めよ。

(2) 惑星 P が描くだ円軌道の離心率 e を r_0 と r_1 で表せ。

ヒント！ (1) 遠日点と近日点における面積速度が一定であることを利用する。このとき，動径方向と速度の向きが直交することがポイントだ。この他に，力学的エネルギーの保存則も利用しよう。(2) 惑星 P の描くだ円軌道は極方程式 $r = \dfrac{k}{1 + e\cos\theta}$ (e：離心率) で表され，(ⅰ) $\theta = 0$ のときが近日点に，(ⅱ) $\theta = \pi$ のときが遠日点に対応することに注意するんだよ。

解答＆解説

(1)

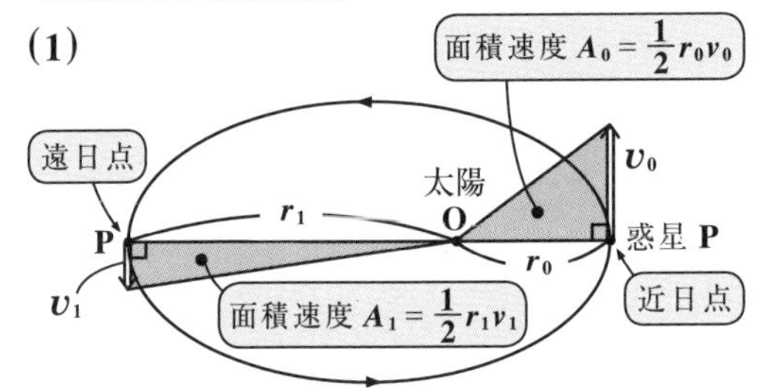

上図に示すように，惑星 P が近日点か遠日点にあるときのみ，動径方向 ($\boldsymbol{r} = \overrightarrow{OP}$) とその点における速度 $\boldsymbol{v}$ は直交する。よって，近日点と遠日点において，面積速度一定の法則を用いると，

$$\frac{1}{2}r_0v_0 = \frac{1}{2}r_1v_1 \quad \text{となる。}$$

面積速度 $A(t) = \dfrac{1}{2}rv\sin\varphi$ の $\varphi = \dfrac{\pi}{2}$ のときに当たるんだね。

力学の問題を解く場合，
(Ⅰ) 運動方程式を立てて，微分方程式を解く方法と，
(Ⅱ) 次の 3 つの保存則のいずれかを利用する方法
　(ⅰ) 運動量保存則
　(ⅱ) 力学的エネルギー保存則
　(ⅲ) 角運動量保存則
とがある。

今回は，(Ⅱ) の手法で解こう。まず，(ⅲ) 面積速度一定の法則（これは“角運動量保存則”と同じ）から，$\dfrac{1}{2}r_0v_0 = \dfrac{1}{2}r_1v_1$ を導き，次に，(ⅱ) 力学的エネルギー保存則を利用する。

$\therefore\ v_1 = \dfrac{r_0 v_0}{r_1}$ ……①

次，近日点と遠日点において，力学的エネルギーが保存されるので，

$$\frac{1}{2}mv_0^2 - G\frac{Mm}{r_0} = \frac{1}{2}mv_1^2 - G\frac{Mm}{r_1} \quad \cdots\cdots ②$$ ← P77

近日点での運動エネルギー　万有引力のポテンシャル　遠日点での運動エネルギー　万有引力のポテンシャル ← 万有引力のポテンシャル (P83)

①を②に代入して，r_1 を求めると，

$$\frac{1}{2}mv_0^2 - G\frac{Mm}{r_0} = \frac{1}{2}m\frac{r_0^2 v_0^2}{r_1^2} - G\frac{Mm}{r_1}$$

$$\frac{1}{2}mv_0^2\left(1 - \frac{r_0^2}{r_1^2}\right) = GMm\left(\frac{1}{r_0} - \frac{1}{r_1}\right) \qquad \frac{1}{2}v_0^2\frac{r_1 + r_0}{r_1} = \frac{GM}{r_0}$$

$\dfrac{(r_1 - r_0)(r_1 + r_0)}{r_1^2}$　　$\dfrac{r_1 - r_0}{r_0 r_1}$

$$r_0 v_0^2(r_1 + r_0) = 2GMr_1 \qquad (2GM - r_0 v_0^2)r_1 = r_0^2 v_0^2$$

$\therefore\ r_1 = \dfrac{r_0^2 v_0^2}{2GM - r_0 v_0^2}$ ……②

②を①に代入して，

$$v_1 = r_0 v_0 \frac{2GM - r_0 v_0^2}{r_0^2 v_0^2} = \frac{2GM - r_0 v_0^2}{r_0 v_0}$$ となる。

(2) 惑星 P の描くだ円軌道は $r = \dfrac{k}{1 + e\cos\theta}$ （e：離心率，k：正の定数）

とおけるので，$r_0 = \dfrac{k}{1+e}$，$r_1 = \dfrac{k}{1-e}$ となる。

（$\theta = 0$ のとき，近日点）（$\theta = \pi$ のとき，遠日点）

$\therefore\ r_0 : r_1 = \dfrac{1}{1+e} : \dfrac{1}{1-e} = (1-e) : (1+e)$ より，

$$r_0(1+e) = r_1(1-e) \qquad (r_1 + r_0)e = r_1 - r_0$$

$\therefore\ e = \dfrac{r_1 - r_0}{r_1 + r_0}$ である。

§6. 地球振り子（単振動の応用）

さまざまな運動を解説してきたけれど，今回が最終回だ。惑星の運動では，太陽や惑星もその全質量が重心(質量中心)に集中した質点として取り扱った。ここでは，その妥当性を，万有引力のポテンシャルから導いてみることにしよう。

そして，この結果，地球の中心を通り，まっすぐに通り抜ける穴を掘って，地球の密度が一様であると仮定すると，この穴に落とした物体(質点)は単振動をすることになる。これを，ここでは“**地球振り子**”と呼ぶことにするけれど，何故このような単振動が起こるのか，その理由も詳しく解説するつもりだ。

今回も面白いテーマだと思う。よ～く聞いてくれ！

● 球殻による万有引力のポテンシャルを求めよう！

図**1**(ｉ)に示すように，rだけ離れたそれぞれ質量がμとmの**2**つの質点**Q**と**P**があるものとする。

このとき，質点**Q**による万有引力のポテンシャルUは，**P83**で解説したように，

$$U = -G\frac{m\mu}{r} \quad \cdots\cdots①$$

(G：万有引力定数)

となる。

$-\frac{dU}{dr} = -G\frac{m\mu}{r^2}$として，**Q**が**P**に及ぼす万有引力が求まるんだね。

図**1**　万有引力のポテンシャル

(ｉ) 質点**Q**によるポテンシャル $-G\frac{m\mu}{r}$

質点**Q**　r　質点**P**

(質量μ)　(質量m)

(ⅱ) 球殻**Q**によるポテンシャル

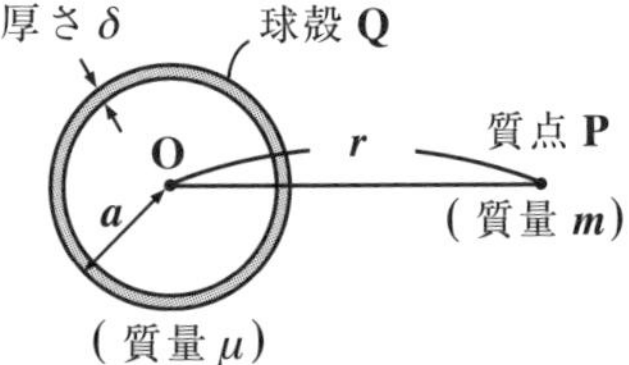

ここで，図**1**(ⅱ)に示すように，質点**Q**がその質量はμに保ったまま形を変えて，中心**O**，半径a，そしてごく薄い厚さδ(デルタ)をもつ球殻**Q**になったものとしよう。この球殻**Q**の体積Vは，$V = 4\pi a^2 \delta$となる

((表面積)×(厚さ))

ので，この密度をρ(ロー)とおくと，球殻**Q**の質量μは，

$\mu = 4\pi a^2\delta\rho$ ……② と表せる。

O，**P**間の距離をrに保つ場合，このμが中心(重心)**O**に集中した質点と考えて，球殻**Q**によるポテンシャルUも，①として表せるのか，否か，これから調べてみよう。

(Ⅰ) $r \geqq a$の場合，

Pが球殻**Q**の外部にあるものとして考えよう。図**2**(ⅰ)に示すように，**O**を原点として，**P**を通るようにx軸を定め，**OP**から角θと$\theta + d\theta$の間にある球殻**Q**の微少部分について考える。つまり，この微小部分は，図**2**(ⅱ)に示すように，オニオンリングのような形をしているんだね。

この微小部分と質点**P**との距離をr'とおくと，余弦定理より，

$$r' = \sqrt{a^2 + r^2 - 2ar\cos\theta} \quad \cdots\cdots ③$$

となる。

図**2** 微小球殻によるポテンシャル

(ⅰ)

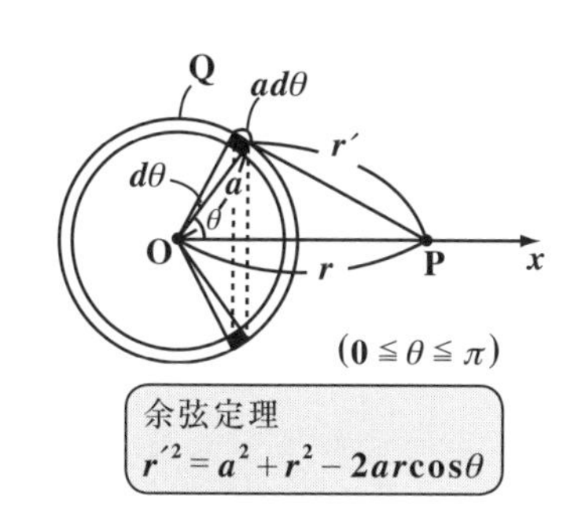

(ⅱ)

(ⅲ) 微小体積dV

$dV = 2\pi a\sin\theta \cdot ad\theta \cdot \delta$

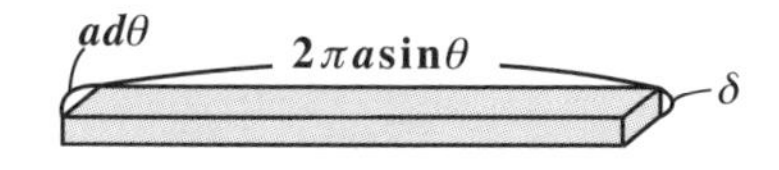

また，図**2**(ⅱ)，(ⅲ)のように，このオニオンリングを適当な位置でカットして，細い棒状にし，その微小体積dVを求めると，近似的に次のようになるね。

$$dV = 2\pi a\sin\theta \cdot ad\theta \cdot \delta = 2\pi a^2\delta\sin\theta d\theta$$

このdVに，密度ρをかけると，微小なオニオンリングの微小質量$d\mu$となる。

$$\therefore\ d\mu = 2\pi a^2\delta\rho\sin\theta d\theta \quad \cdots\cdots ④$$

球殻 **Q** の微小部分（オニオンリング）と質点 **P** との距離は r' で，この微小質量は $d\mu$ より，この微小部分による万有引力の微小ポテンシャル dU は，③，④より，

$r' = \sqrt{a^2 + r^2 - 2ar\cos\theta}$ …③
$d\mu = 2\pi a^2 \delta\rho \sin\theta d\theta$ ……④

$$dU = -G\frac{md\mu}{r'} = -\frac{Gm \cdot 2\pi a^2 \delta\rho \sin\theta d\theta}{\sqrt{a^2 + r^2 - 2ar\cos\theta}} \quad \cdots\cdots⑤ \quad (0 \leqq \theta \leqq \pi)$$ となる。

ここで，この⑤を θ の積分区間 $[0, \pi]$ で積分すると，この球殻 **Q** 全体による万有引力のポテンシャルとなるんだね。よって，

$$U = -Gm\int_0^{\pi} \frac{2\pi a^2 \delta\rho \sin\theta}{\sqrt{a^2 + r^2 - 2ar\cos\theta}} d\theta \quad \cdots\cdots⑥$$ となる。

ン？ 難しそうな積分だって!? そんなことないよ。変数は θ だけで，他の文字はすべて定数だからね。分母の $\sqrt{\ }$ 内を u とおいて，まず θ から u に変数を置換しよう。

$u = a^2 + r^2 - 2ar\cos\theta$ とおくと，

$\theta : 0 \to \pi$ のとき，$u : a^2 + r^2 - 2ar \longrightarrow a^2 + r^2 + 2ar$

（$\cos 0 = 1$ より $a^2 + r^2 - 2ar = (a-r)^2$，$\cos\pi = -1$ より $a^2 + r^2 + 2ar = (a+r)^2$）

また，$du = 2ar\sin\theta d\theta$ より，⑥は，

$$U = -Gm\int_{(a-r)^2}^{(a+r)^2} \frac{\pi a \delta\rho}{r\sqrt{u}} du \qquad (du = 2ar\sin\theta d\theta)$$

$$= -Gm \cdot \frac{\pi a \delta\rho}{r} \int_{(a-r)^2}^{(a+r)^2} u^{-\frac{1}{2}} du$$

$$\left[2u^{\frac{1}{2}}\right]_{(a-r)^2}^{(a+r)^2} = 2\left(\sqrt{(a+r)^2} - \sqrt{(a-r)^2}\right) = 2(a + r + a - r) = 4a$$

$|a+r| = a + r$（⊕），$|a-r| = -(a-r)$（⊖ $(\because a \leqq r)$）

$$= -Gm \cdot \frac{\pi a \delta\rho}{r} \cdot 4a = -Gm\frac{4\pi a^2 \delta\rho}{r}$$

（$4\pi a^2 \delta\rho = \mu$ ← $\mu = 4\pi a^2 \delta\rho$ …②）

よって，②より，$U = -G\dfrac{m\mu}{r}$ となって，①と同じ式が導けた。つまり，球殻 **Q** によるポテンシャル U は，その中心の質点 **Q** によるポテンシャルと等しいんだね。

図 **3** に示すように，球は層状になった球殻の集合体と考えることができ，これまでの結果から，各球殻の質量は質量中心（重心）**O** に集中した質点とみなせるので，球全体についてもその質量のすべてが質量中心 **O** に集中した質点とみなしてよいことが分かったんだね。納得いった？ では次に，

図 3　球は球殻の集合体

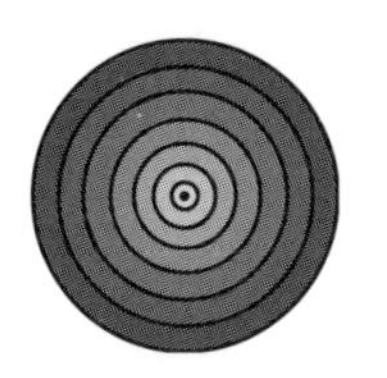

(Ⅱ) $r < a$ の場合，

すなわち，図 **4** に示すように，質量 m の質点 **P** がごく薄い厚さ δ，半径 a の球殻 **Q** の内部にある場合，球殻 **Q** によるポテンシャル U についても考えてみよう。

図 4　$r < a$ のとき，球殻 Q によるポテンシャル U

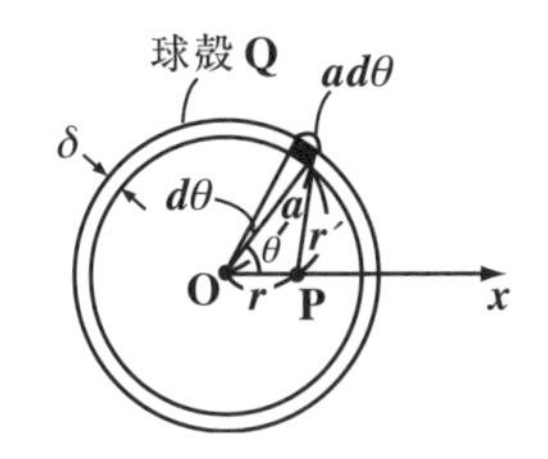

図 **4** を見て分かる通り，r'，$d\mu$ の式は (Ⅰ) $r \geqq a$ のときとまったく同様になるので，微小部分（オニオンリング）による万有引力の微小ポテンシャル dU も⑤と同じになり，これを θ で積分区間 $[0, \pi]$ で積分した U も⑥と同じだ。さらに，同様に変数変換して，θ から u に積分変数を変換すると，

$$U = -Gm\int_{(a-r)^2}^{(a+r)^2} \frac{\pi a\delta\rho}{r\sqrt{u}}\, du$$ となる。これを計算して，

$$U = -Gm \cdot \frac{\pi a\delta\rho}{r} \int_{(a-r)^2}^{(a+r)^2} u^{-\frac{1}{2}}\, du$$

$$\left[2u^{\frac{1}{2}}\right]_{(a-r)^2}^{(a+r)^2} = 2\left(\sqrt{(a+r)^2} - \sqrt{(a-r)^2}\right) = 2\{(\cancel{a}+r-(\cancel{a}-r)\} = 4r$$

$|a+r| = a+r$ ⊕　　$|a-r| = (a-r)$ ⊕ ←（$\because a > r$）← これが違う!!

$$= -Gm \cdot \frac{\pi a\delta\rho}{\cancel{r}} \cdot 4\cancel{r} = -Gm\frac{4\pi a^2\delta\rho}{a}$$　（$4\pi a^2\delta\rho = \mu$）

よって，$U = -G\dfrac{m\mu}{a}$（定数）が導けた！

これが何を意味するのか分かる？ U が定数であるということは，

万有引力 $f=-\dfrac{dU}{dr}=0$ となることだから，球殻内に存在する質点 $\mathbf{P}$ には，それを囲む球殻 $\mathbf{Q}$ からの万有引力は存在しないことを意味しているんだ。直感的には，$\mathbf{P}$ の周りにあるすべての球殻の部分からの万有引力が相殺し合って，$\mathbf{0}$ になると考えればいいんだね。

それでは，以上の結果をまとめておこう。

球殻による万有引力

中心 $\mathbf{O}$，半径 a（厚さ δ），質量 μ の球殻 $\mathbf{Q}$ と，質量 m の質点 $\mathbf{P}$ について，$\mathbf{OP}=r$ とおくと，

(1) 球殻 $\mathbf{Q}$ による万有引力のポテンシャル $U(r)$ は，次のようになる。

$$U(r)=\begin{cases} -G\dfrac{m\mu}{a} & (0<r<a\ のとき) \\ -G\dfrac{m\mu}{r} & (a\leqq r\ のとき) \end{cases}$$

(2) 球殻 $\mathbf{Q}$ が質点 $\mathbf{P}$ に及ぼす万有引力 $f(r)$ は次のようになる。

$$f(r)=-\frac{dU}{dr}=\begin{cases} 0 & (0<r<a\ のとき) \\ -G\dfrac{m\mu}{r^2} & (a\leqq r\ のとき) \end{cases}$$

以上より，図 5 に示すように，点 $\mathbf{P}$ が $\mathbf{O}$ を中心とする，密度一定の球内に存在する場合，この球を層状の無数の球殻の集合体と考えると，点 $\mathbf{P}$ に万有引力を及ぼすのは，半径 $\mathbf{OP}$ の球の内側の部分であり，その外側の部分は点 $\mathbf{P}$ に万有引力を及ぼさないことが分かると思う。

以上から，次の“**地球振り子**”の問題を解くことができる。面白い問題だよ。

図 5　球内の質点 $\mathbf{P}$ に及ぼされる万有引力

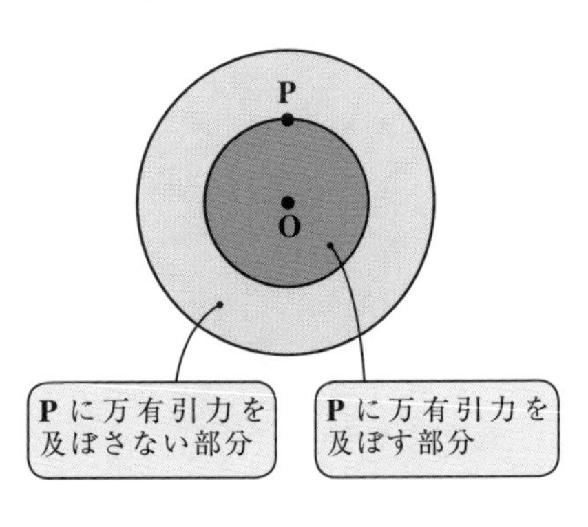

例題 **21**　地球の中心を通り，まっすぐに通り抜ける穴を掘って，地球の密度 ρ は一様であると仮定する。空気抵抗やまさつなどの一切の抵抗力は働かないものとして，この穴に落した質量 m の物体(質点)**P** は単振動することを示し，その角振動数 ω と周期 T を求めてみよう。

右図に示すように，穴に沿って x 軸をとり，地球の中心 **O** の位置を原点 **0** とする。位置 x にある質量 m の質点 **P** に地球が及ぼす万有引力 f は，**P** より内側の球体の質量 $M' = \frac{4}{3}\pi x^3\rho$ ……(a) によるだけなので，

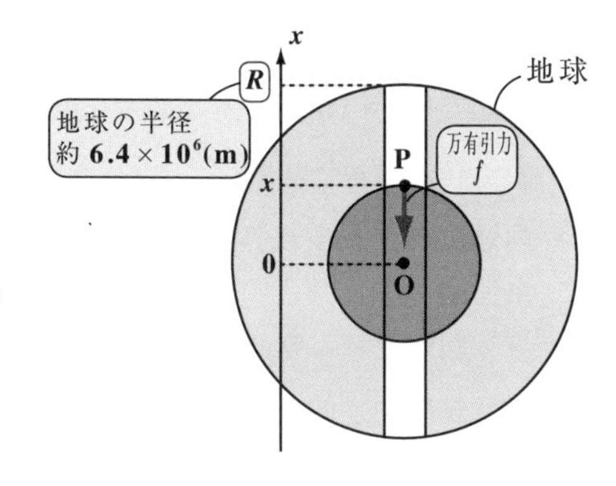

$f = -G\frac{mM'}{x^2}$ ……(b) となる。

(a)を(b)に代入して，

$$f = -G\frac{m}{x^2}\cdot\frac{4}{3}\pi x^3\rho = -\frac{4}{3}\pi G m\rho x \quad \cdots\cdots(c)$$

ここで，(c)に $f = m\ddot{x}$ を代入して，両辺を $m\ (>0)$ で割ると，

(ω^2 とおく。)

単振動の微分方程式：$\ddot{x} = -\left(\frac{4}{3}\pi G\rho\right)x$ ……(d) が導かれる。

($t=0$ のとき $x=R\ (\fallingdotseq 6.4\times10^6,\ \dot{x}=0)$ とすると，この解は，$x = R\cos\omega t$ となる！)

よって，この単振動の角振動数 ω と周期 T は，

$$\omega = \sqrt{\frac{4}{3}\pi G\rho}\ ,\quad T = \frac{2\pi}{\omega} = 2\pi\sqrt{\frac{3}{4\pi G\rho}} = \sqrt{\frac{3\pi}{G\rho}}$$ となる。

もちろん，地球の密度 ρ は地表では小さく，コア付近では大きいので一様ではないけれど，平均として $\rho \fallingdotseq 5.52(\mathrm{g/cm^3}) = 5.52\times10^3(\mathrm{kg/m^3})$ を用い，重力定数として，$G \fallingdotseq 6.672\times10^{-11}(\mathrm{Nm^2/kg^2})$ を用いて，周期 T を求めると，

$$T = \sqrt{\frac{3\pi}{5.52\times10^3\times6.672\times10^{-11}}} \fallingdotseq 5059(\mathrm{s}) \fallingdotseq 84.3(\mathrm{min})$$

となる。半周期，つまり約 **42** 分で，地球の反対側まで何の動力も使わずに行けるわけだから，究極の省エネ輸送機と言えるかも知れないね。

講義4 ● さまざまな運動　公式エッセンス

1. 速度に比例する抵抗を受ける放物運動

(i) x 軸方向：$\ddot{x} = -b\dot{x}$　　(ii) y 軸方向：$\ddot{y} = -b\dot{y} - g$　$\left(b = \frac{B}{m}\right)$

2. 等速円運動する質点に働く向心力

$\boldsymbol{f} = -m\omega^2\boldsymbol{r}$　$\left(大きさ\ f = mr\omega^2 = m\cdot\frac{v^2}{r},\ 周期\ T = \frac{2\pi}{\omega}\right)$

3. 等速でない円運動をする質点に働く力

$\boldsymbol{f} = m\frac{dv}{dt}\boldsymbol{t} + m\frac{v^2}{r}\boldsymbol{n}$　$\left(\frac{dv}{dt} = 0\ の特殊な場合が，速さ\ v\ 一定の等速円運動\right)$

4. 角速度ベクトル $\boldsymbol{\omega}$ の円運動の公式：$\boldsymbol{\omega} \times \boldsymbol{r} = \boldsymbol{v}$

5. 単振動

単振動の微分方程式 $\ddot{x} = -\omega^2 x$ の一般解は，$x = C_1\cos\omega t + C_2\sin\omega t$

6. 単振動の力学的エネルギーの保存則

$K + U = E$ (一定)　$\left(\begin{array}{l} 運動エネルギー\ K = \frac{1}{2}mv^2 \\ ばねの弾性エネルギー\ U = \frac{1}{2}kx^2 \end{array}\right)$

7. 速度に比例する抵抗が加わった単振動

$\ddot{x} + a\dot{x} + bx = 0$ ……① $\left(a = \frac{B}{m} > 0,\ b = \frac{k}{m} > 0\right)$ の解を $x = e^{\lambda t}$ と

おき，①より，特性方程式 $\lambda^2 + a\lambda + b = 0$ を導く。

8. 惑星が描くだ円軌道の方程式

$$r = \frac{k}{1 + e\cos(\theta - \theta_0)} \quad (0 < e < 1)$$

9. 球殻による万有引力のポテンシャル

中心 O，半径 a，厚さ δ，質量 μ の球殻 Q と，質量 m の質点 P について，OP $= r$ とおくと，球殻 Q が P に及ぼす万有引力のポテンシャル $U(r)$ は，

(i) $0 < r < a$ のとき，$U(r) = -G\frac{m\mu}{a}$ (定数)

(ii) $a \leqq r$ のとき，$U(r) = -G\frac{m\mu}{r}$

運動座標系

▶ 平行に運動する座標系とガリレイ変換
(慣性力 $\boldsymbol{f}' = \boldsymbol{f} - m\boldsymbol{a}_0$)

▶ 回転座標系
(遠心力 $(m\omega^2 \boldsymbol{r}')$ とコリオリ力 $(2m\boldsymbol{v}' \times \boldsymbol{\omega})$)

▶ フーコー振り子
$\left(\frac{d\varphi}{dt} = -\omega \sin\alpha\right)$

§1. 平行に運動する座標系とガリレイ変換

さァ，これから"**運動座標系**"の講義に入ろう。これまで，さまざまな運動について解説してきたわけだけど，その舞台となる座標系としては，「外力が働かない限り，物体は静止または等速度運動しているように見える座標系」，すなわち慣性系を用いてきたんだね。

今回の講義では，この慣性系に対して，相対的に並進運動する新たな座標系を考え，その座標系で見た場合の物体の運動はどうなるのか？また元の慣性系で成り立っていた"運動方程式"は新たな座標系でも成り立つのか？……など，詳しく調べてみよう。

エッ，何故そんなメンドウなことをするのかって？考えてごらん。これまでボク達は，この地表に立って，自分たちは不動のものとして慣性系をイメージしてきた。だけど本当はこの地球は自転しながら太陽の周りを公転している。そして，この太陽も銀河系の周りを回転し，さらにこの銀河系も……と，宇宙に存在するあらゆるものが運動しているわけだから，力学を考える場合も理想的な慣性系を元にして運動する座標系を考える必要が当然出てくるんだね。

● 等速度で並進運動する座標系から始めよう！

図 **1** に示すように，慣性系 **O***xyz* 座標系に対して，それぞれの軸の向きは慣性系と平行に保ちながら，その原点 **O**´ が，

$$\overrightarrow{\mathbf{OO}'} = \boldsymbol{r}_0(t) = [x_0(t),\ y_0(t),\ z_0(t)]$$

で表されるように運動している直交座標系 **O**´*x*´*y*´*z*´ について考えてみよう。

このとき，慣性系 **O***xyz* における質点 **P** の位置ベクトルを $\boldsymbol{r}(t)=[x(t),\ y(t),\ z(t)]$ とおき，運動している座標系 **O**´*x*´*y*´*z*´ における同じ点 **P** の位置ベクトルを

$\boldsymbol{r}'(t)=[x'(t),\ y'(t),\ z'(t)]$ とおくと，

(この"´"は，微分を表すものではないよ！)

図 **1** 等速度で平行移動する座標系

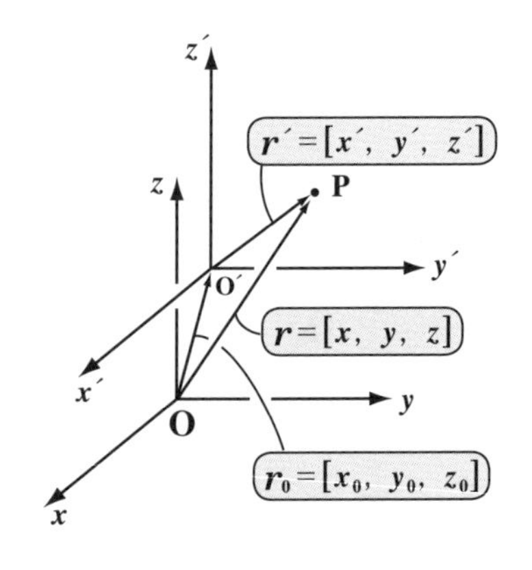

図1より明らかに，$\boldsymbol{r}=\boldsymbol{r}_0+\boldsymbol{r}'$ となるので，次式が成り立つことが分かるだろう。

$\boldsymbol{r}'(t)=\boldsymbol{r}(t)-\boldsymbol{r}_0(t)$ ……① 　　これを具体的に書くと，

$$\begin{bmatrix} x'(t) \\ y'(t) \\ z'(t) \end{bmatrix}=\begin{bmatrix} x(t) \\ y(t) \\ z(t) \end{bmatrix}-\begin{bmatrix} x_0(t) \\ y_0(t) \\ z_0(t) \end{bmatrix} \quad \cdots\cdots①'$$ となる。

このように，慣性系 $\mathrm{O}xyz$ で $\boldsymbol{r}(t)$ により記述されていた点 P の運動が，$\mathrm{O}'x'y'z'$ 座標系では $\boldsymbol{r}'(t)=\boldsymbol{r}(t)-\boldsymbol{r}_0(t)$ で表されることになるんだね。

それでは，例題4 (P21) の問題を使って，並進運動する座標系での質点 P の運動の様子の変化を実際に調べてみよう。

例題22　慣性系 $\mathrm{O}xyz$ で質点 P の位置ベクトル $\boldsymbol{r}(t)$ が

$\boldsymbol{r}(t)=\left[\frac{1}{2}t^2,\ t,\ 2-t\right]$ であるとき，

$\overrightarrow{\mathrm{OO}'}=\boldsymbol{r}_0(t)=[0,\ t,\ 1-t]$ により慣性系 $\mathrm{O}xyz$ に対して並進運動する座標系 $\mathrm{O}'x'y'z'$ における質点 P の位置ベクトルを求めてみよう。

①より，

$$\begin{aligned}\boldsymbol{r}'(t)&=[x'(t),\ y'(t),\ z'(t)]\\&=\boldsymbol{r}(t)-\boldsymbol{r}_0(t)\\&=\left[\frac{1}{2}t^2,\ \cancel{t},\ 2\cancel{-t}\right]-[0,\ \cancel{t},\ 1\cancel{-t}]\\&=\left[\frac{1}{2}t^2,\ 0,\ 1\right]\end{aligned}$$ となる。

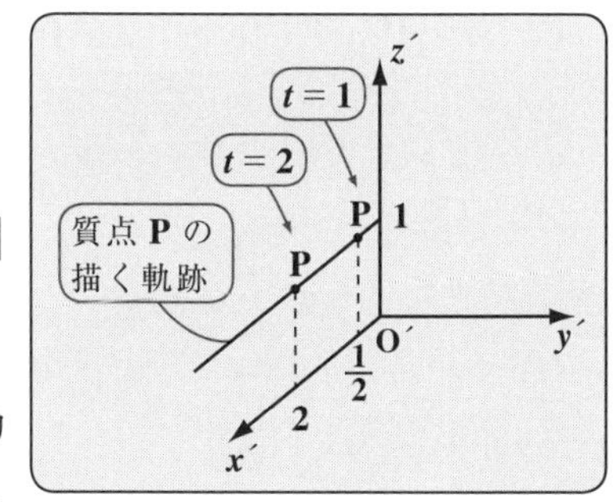

$\mathrm{O}'x'y'z'$ 座標系における質点 P の運動の様子を右図に示す。P21 の図と比較して，同じ質点 P の運動でも，座標系が変わればその様子はまったく異なって見えることが分かった思う。

それでは，この2つの座標系における質点 P の加速度を求めて，それぞれの座標系で点 P に作用する力についても調べてみよう。

$\boldsymbol{r}(t)$ と $\boldsymbol{r}'(t)$ のそれぞれの加速度 $\boldsymbol{a}(t)$ と $\boldsymbol{a}'(t)$ を求めると，

Oxyz 座標系	O′x′y′z′ 座標系
$\boldsymbol{r}(t)=\left[\frac{1}{2}t^2,\ t,\ 2-t\right]$	$\boldsymbol{r}'(t)=\left[\frac{1}{2}t^2,\ 0,\ 1\right]$
$\boldsymbol{v}(t)=\dot{\boldsymbol{r}}(t)=[t,\ 1,\ -1]$	$\boldsymbol{v}'(t)=\dot{\boldsymbol{r}}'(t)=[t,\ 0,\ 0]$
$\boldsymbol{a}(t)=\ddot{\boldsymbol{r}}(t)=[1,\ 0,\ 0]$	$\boldsymbol{a}'(t)=\ddot{\boldsymbol{r}}'(t)=[1,\ 0,\ 0]$

となって，$\boldsymbol{a}(t)$ と $\boldsymbol{a}'(t)$ が一致する。これは質点 P の質量を m，また点 P に作用するそれぞれの座標系における力を $\boldsymbol{f}$，$\boldsymbol{f}'$ とおくと，

$\boldsymbol{f}=m\boldsymbol{a}$，$\boldsymbol{f}'=m\boldsymbol{a}'$ となって，いずれの座標系においても同じ運動方程式が成り立つことが分かる。

したがって，このとき，もし $\boldsymbol{a}=\boldsymbol{0}$ ならば，$\boldsymbol{a}'=\boldsymbol{0}$ となり，

$\boldsymbol{f}'=m\boldsymbol{a}'=m\ddot{\boldsymbol{r}}'=\boldsymbol{0}$ より，$\boldsymbol{v}'=\dot{\boldsymbol{r}}'$ (一定) となるので，O′x′y′z′ 座標系においても「質点 (物体) P に外力 $\boldsymbol{f}'$ が作用しない限り，物体は等速度運動 (または静止) を続けることになる」んだね。よって，O′x′y′z′ も慣性系であることが分かった。

ン？ ビックリしたって!? でも，これは驚くにはあたらない結果だよ。何故なら，慣性系 Oxyz に対して O′x′y′z′ 座標系は，

$$\boldsymbol{r}_0(t)=\overrightarrow{\mathrm{OO'}}=[\underline{0},\ \underline{t},\ \underline{1-t}]$$

(各成分がすべて“t の 1 次式”または“定数”)

で並進運動してるわけだけど，$\boldsymbol{r}_0(t)$ のすべての成分がどれも，t の 1 次式かまたは定数なので，これを 2 回微分したものは当然 $\ddot{\boldsymbol{r}}_0(t)=[0,\ 0,\ 0]=\boldsymbol{0}$ となってしまうからなんだ。実際，

$\underbrace{\boldsymbol{r}'(t)}_{\text{O′x′y′z′座標系}}=\underbrace{\boldsymbol{r}(t)}_{\text{Oxyz座標系}}-\underbrace{\boldsymbol{r}_0(t)}_{\overrightarrow{\mathrm{OO'}}}$ ……① の両辺を t で 2 回微分すると，

$\underbrace{\ddot{\boldsymbol{r}}'(t)}_{\boldsymbol{a}'(t)}=\ddot{\boldsymbol{r}}(t)-\underbrace{\ddot{\boldsymbol{r}}_0(t)}_{\boldsymbol{0}}=\underbrace{\ddot{\boldsymbol{r}}(t)}_{\boldsymbol{a}(t)}$ ……② となってしまうんだね。

ここで，$\boldsymbol{r}_0(t)$ の各成分が t の 1 次式または定数のとき，これを t で 1 回微分した速度 $\boldsymbol{v}_0(t)$ は，$\boldsymbol{v}_0(t)=\dot{\boldsymbol{r}}_0(t)$ (定ベクトル) になる。$\boldsymbol{v}_0$ が定ベクトル

(例題 22 $\boldsymbol{r}_0(t)=[0,\ t,\ 1-t]$ より，$\boldsymbol{v}_0(t)=[0,\ 1,\ -1]=$ (定ベクトル) だね。)

であるということは，慣性系 Oxyz に対して，O′x′y′z′ 座標系は等速度

で並進運動していることを表す。そして，「慣性系に関して等速度で並進運動する座標系もまた慣性系である」ことが分かったんだね。理由は，$\ddot{\boldsymbol{r}}_0 = \dot{\boldsymbol{v}}_0 = \boldsymbol{0}$ となって，②より $\boldsymbol{a}'(t) = \boldsymbol{a}(t)$，すなわち $\boldsymbol{f}' = \boldsymbol{f}$ をみたすからだ。

揺れることなく，等速度で走っている電車に乗って，窓外の景色を観ていると座っている自分の方が静止していて，外の景色の方が前方から後方に運動していると錯覚したことがある方もたく山いらっしゃると思う。でもこれは，力学的には錯覚ではなくて，電車に取り付けた座標系を慣性系として考えれば当然，上記のように窓外の物体すべてが電車の速度とは逆向きに運動していると見えるわけなんだ。

このように，1つの慣性系に対して等速度で並進運動する座標系はいずれも同格の慣性系で，どれが静止系であるかを特定することはできない。これを“**ガリレイの相対性原理**(そうたいせいげんり)”という。

この電車の例をさらに一般化して表すと，図2のように慣性系 $\mathrm{O}xyz$ に対して x 軸方向にのみ一定の速度 $\boldsymbol{v}_0 = [v_{0x},\ 0,\ 0]$ で並進運動するもう1つの慣性系 $\mathrm{O}'x'y'z'$ を考えることができる。

図2 ガリレイ変換

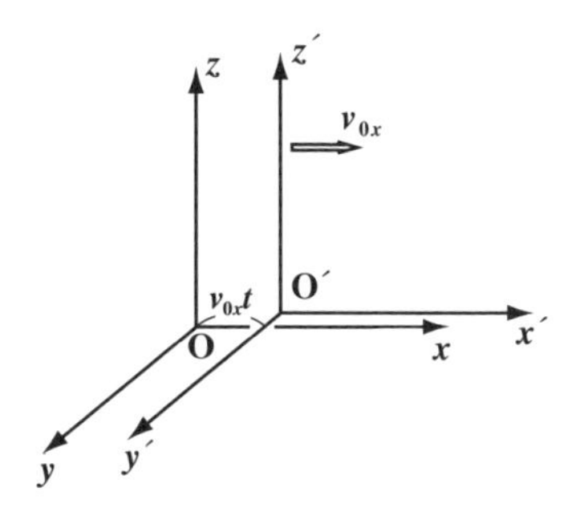

時刻 $t = 0$ のとき，O と O´ が一致すると考えると，①と①´より，

$\boldsymbol{r}'(t) = \boldsymbol{r}(t) - \boldsymbol{r}_0(t)$　　すなわち，

$$\underbrace{\begin{bmatrix} x'(t) \\ y'(t) \\ z'(t) \end{bmatrix}}_{\text{慣性系 O}'x'y'z'} = \underbrace{\begin{bmatrix} x(t) \\ y(t) \\ z(t) \end{bmatrix}}_{\text{慣性系 O}xyz} - \begin{bmatrix} v_{0x}t \\ 0 \\ 0 \end{bmatrix}$$ となる。

これを“**ガリレイ変換**”(*Galilei transformation*)と呼ぶ。これも覚えておこう。

● 非等速度で平行に運動する座標系もマスターしよう！

ガリレイ変換を少しシンプルにした図 3(ⅰ)を見てくれ。地表にとった慣性系 **Oxy** に対して，

$\boldsymbol{r}_0 = \overrightarrow{\mathrm{OO'}} = [v_{0x}t,\ 0]$ により，平行に運動する **O′x′y′** 座標が電車に設けられているものとしよう。この電車の中に **Oxy** 座標から見て静止している質量 m をもつ質点 **P** があるものとする。

はばたきながら静止している
てんとう虫でも連想してくれ。

図 3

(ⅰ) 等速度で平行に運動する座標系

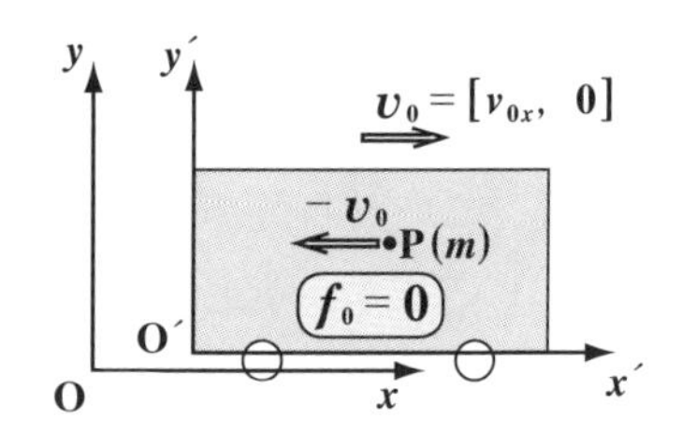

(ⅱ) 非等速度で平行に運動する座標系

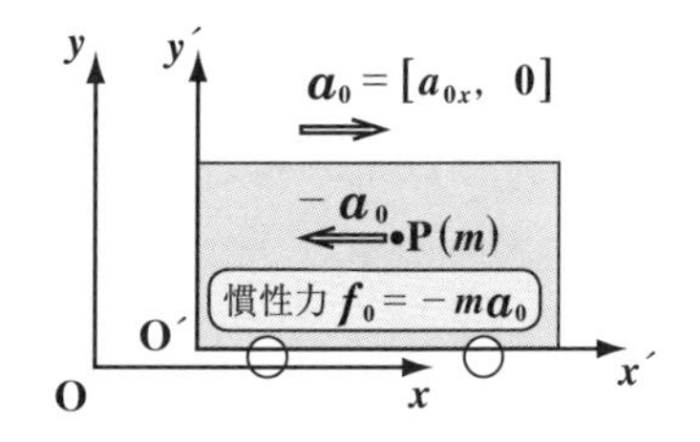

つまり，**Oxy** 座標から見て **P** に働く外力の総和は $\boldsymbol{0}$ だ。では，**O′x′y′** 座標から見るとこの点はどう見えるだろうか？ そうだね。**O′x′y′** 座標(電車)に乗っている人から見ると，質点 **P** は，$\boldsymbol{v}_0$ とは逆向きの $-\boldsymbol{v}_0$ で等速度運動しているように見えるはずだ。しかし，点 **P** は等速度運動しているだけだから，**P** に新たに何か外力が働いているわけではないね。これが **O′x′y′** も慣性系と言われる理由なんだね。

これに対して，図 3(ⅱ)に示すように慣性系 **Oxy** に対して，座標系 **O′x′y′** が，x 軸方向に加速度 $\boldsymbol{a}_0 = [a_{0x},\ 0]$ で等加速度運動するようになると，状況は一変する。この場合も同様に，慣性系 **Oxy** から見て静止している質量 m の質点 **P** は **O′x′y′** 座標系から見ると，$\boldsymbol{a}_0$ とは逆向きの $-\boldsymbol{a}_0$ で等加速度運動しているように見えるはずだからだ。慣性系 **Oxy** から見て質点 **P** は静止しているので，**P** に働く外力 $\boldsymbol{f}$ は $\boldsymbol{f} = \boldsymbol{0}$ だけれど，**O′x′y′** 座標系から見ると **P** は $-\boldsymbol{a}_0$ の等加速度運動をするので，当然 **P** には $\boldsymbol{f}_0 = -m\boldsymbol{a}_0$ の外力が働いているように見える。この本来慣性系では

存在しなかったはずのみかけ上の力のことを"**慣性力**"(***inertial force***)と呼ぶ。他にも,エレベータが上向きに加速度運動するときに下向きに押し付けられるような力を感じることがあると思うけれど,これも慣性力の例なんだね。

今回のポイントは,$\boldsymbol{r}_0 = \overrightarrow{\mathrm{OO'}}$ の **3** つの成分のうち少なくとも **1** つが t の **1** 次式や定数でない場合,すなわち $\boldsymbol{a}_0 = \ddot{\boldsymbol{r}}_0 \neq \boldsymbol{0}$ のときに,新たな座標系 $\mathrm{O'}x'y'$ には慣性力 $-m\boldsymbol{a}_0$ が新たに加わることになる。これを式で確認しておこう。

$\boldsymbol{r}'(t) = \boldsymbol{r}(t) - \boldsymbol{r}_0(t)$ ……① について, ← また,一般論の **3** 次元の問題として考えている。

($\boldsymbol{r}'(t)$:$\mathrm{O'}x'y'z'$ 座標系,$\boldsymbol{r}(t)$:$\mathrm{O}xyz$ 座標系,$\boldsymbol{r}_0(t) = \overrightarrow{\mathrm{OO'}}$)

この両辺を t で **2** 回微分すると,

$\ddot{\boldsymbol{r}}'(t) = \ddot{\boldsymbol{r}}(t) - \ddot{\boldsymbol{r}}_0(t)$ 　　よって,$\boldsymbol{a}'(t) = \boldsymbol{a}(t) - \boldsymbol{a}_0(t)$

($\ddot{\boldsymbol{r}}'(t) = \boldsymbol{a}'(t)$,$\ddot{\boldsymbol{r}}(t) = \boldsymbol{a}(t)$,$\ddot{\boldsymbol{r}}_0(t) = \boldsymbol{a}_0(t) \neq \boldsymbol{0}$)

$\boldsymbol{a}_0(t) = \ddot{\boldsymbol{r}}_0(t) \neq \boldsymbol{0}$ に気を付けて,この両辺に質量 m をかけると,

$$m\boldsymbol{a}'(t) = m\boldsymbol{a}(t) - m\boldsymbol{a}_0(t)$$

$$\boldsymbol{f}'(t) = \boldsymbol{f}(t) + \boldsymbol{f}_0(t)$$

となって,

($\boldsymbol{f}'(t)$:$\mathrm{O'}x'y'z'$ 座標系での力,$\boldsymbol{f}(t)$:$\mathrm{O}xyz$ 慣性系での力,$\boldsymbol{f}_0(t)$:慣性力)

$\mathrm{O}xyz$ 慣性系では存在しなかった慣性力 $\boldsymbol{f}_0(t)$ が,非等速度で並進運動する $\mathrm{O'}x'y'z'$ 座標系では,現れることになる。つまり,慣性系での運動方程式に $\boldsymbol{f}_0(t) = -m\boldsymbol{a}_0$ の分の修正を加えないといけなくなるんだね。したがって,この場合の $\mathrm{O'}x'y'z'$ 座標系は,もはや慣性系ではない。

慣性系 $\mathrm{O}xyz$ に対して,$\boldsymbol{r}_0 = \overrightarrow{\mathrm{OO'}}$ により,並進運動する $\mathrm{O'}x'y'z'$ 座標について,

(ⅰ) $\boldsymbol{r}_0 = [2t,\ 1-t,\ t+3]$,$\boldsymbol{r}_0 = [1,\ 2,\ 2-3t]$ ……などの場合,
　$\mathrm{O'}x'y'z'$ は慣性系で,慣性力は存在しない。

(ⅱ) $\boldsymbol{r}_0 = [t^2,\ 1,\ 1-2t]$,$\boldsymbol{r}_0 = [2\cos t,\ -2\sin t,\ t]$ ……などの場合,
　(t^2:**2** 次式,$2\cos t$,$-2\sin t$:三角関数)
　$\mathrm{O'}x'y'z'$ はもはや慣性系ではなく,$-m\ddot{\boldsymbol{r}}_0$ の慣性力が生じることになる。納得いった?

§2. 回転座標系

前回の講義では慣性系に対して並進運動する座標系について解説した。そして今回は，慣性系に対して回転する“**回転座標系**”について詳しく解説しよう。円運動（**P100**）のところで，簡単に回転座標系と“**遠心力**”について触れた。実は，この遠心力は回転座標系において現われる見かけ上の力，すなわち慣性力の**1**つなんだ。そしてさらに，この回転座標系の中で運動する物体（質点）には“**コリオリの力**”という新たな慣性力が働くことも解説しよう。

エッ，難しそうだって？ 確かに大学の力学を学ぶ方達が頭を悩ますテーマの**1**つではあるんだけれど，このコリオリの力によって，台風の渦を巻く向きが決定されたりするので，身近なテーマでもあるんだよ。また，分かりやすく親切に解説するから，すべてマスターできるはずだ！

● 回転座標系のプロローグから始めよう！

静止座標系（慣性系）として，図**1**に示すように**O***xy*座標が存在するものとする。この慣性系**O***xy*と原点を共有して一定の角速度ωで回

（1秒間にω（ラジアン）回転する速度のこと）

転する座標系を$\mathbf{O}x'y'$とおくことにしよう。時刻$t=0$のときに**O***xy*と$\mathbf{O}x'y'$が一致し，それからt秒後，すなわち回転座標系$\mathbf{O}x'y'$がωtだけ反時計回りに回転した様子を図**1**に示す。

図1 回転座標系 $\mathbf{O}x'y'$

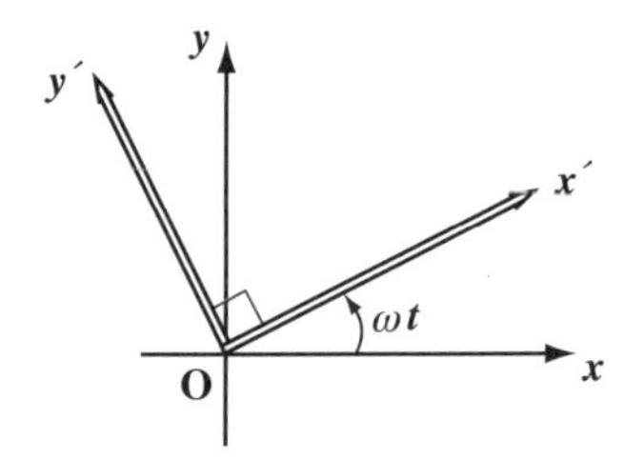

図2 角速度ベクトル $\boldsymbol{\omega}$

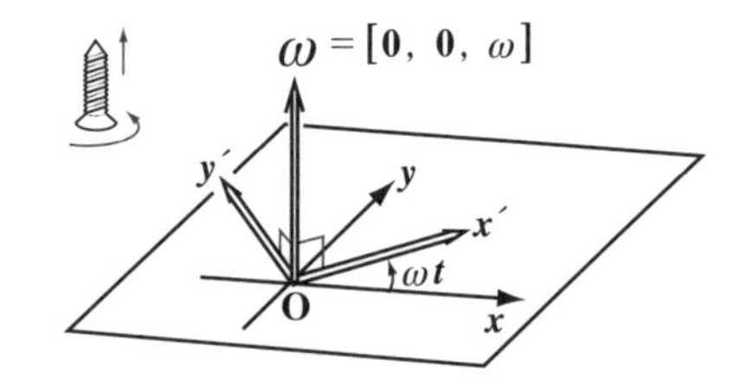

回転座標系としては，平面座標のみを考えることにするけれど，角速度ωを角速度ベクトル$\boldsymbol{\omega}=[0,\ 0,\ \omega]$の形で表すと，回転の問題は

（回転座標系$\mathbf{O}x'y'$の回転の軸方向を表すベクトル。回転により右ネジが進む向きを正とするんだね。）

必然的に空間座標の問題になってしまうことにも気を付けよう。

それではここで，回転座標系の中で運動する物体(質点)に働く慣性力"**コリオリの力**"(***Coriolis force***)について，キャッチボールの例を使って，まず簡単に解説しておこう。

図3　コリオリの力の例

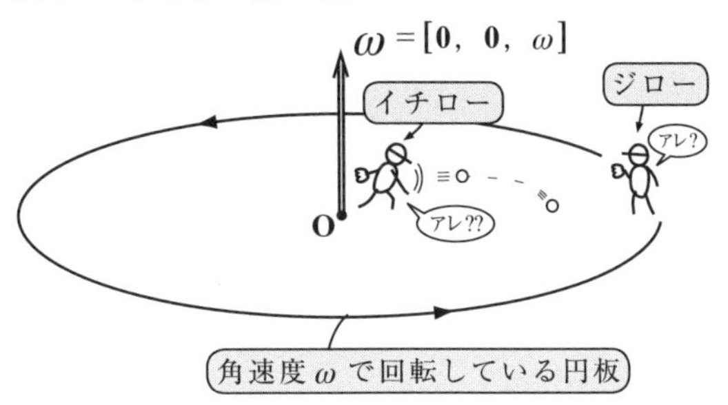

野球の上手な2人の少年イチローとジローが，図3に示すような大きな円板の上でキャッチボールをしているものとしよう。初め円板が静止しているとき，この2人の少年が互いに投げるボールは共に相手の正面に正確に届くものとする。野球の上手い子達だから当然だね。

ところが次に，円板が角速度 ω で回転しているときに，イチローがジローに向かって投げたボールがどうなるか考えてみよう。円板が回転して"遠心力"が内側から外側に向かって働くため，イチローの投げるボールはいつもより速くなっているはずだ。しかし，正確にジローに向かって投げたはずのボールは図3に示すように進行方向の右にそれてしまう。何故だか分かる？

円板の端近くに立っているジローの周速度は円板の中心付近にいるイチローの周速度より大きい。よって，ジローめがけてまっすぐに投げたイチローの球がジローに届くまでに，ジローは反時計まわりにかなり移動してしまっているんだね。でも，イチローには円板が回転していることは分からない。ジローは依然としてイチローの真前に立って見える。よって，相対的に投げたボールが右にそれて見えるんだね。

エッ，円板が角速度 ω で回転していることをイチローが気付かないわけがないって？じゃ，聞こう！ボク達が生活しているこの地表(地球)が回転していると実感できる人が果たして何人いるだろうか？だから、イチローやジローが，自分たちの乗っている大きな円板が回転していること，すなわち"回転座標系"の中に自分たちがいることに気付かないで，まっすぐに投げたはずのボールが何らかの力を受けて右に曲がったと感じるのは自然なことなんだ。この見かけ上の力(慣性力)のことを"**コリオリの力**"という。

● 回転座標系を数式で表現してみよう！

プロローグも終わったので，これから，この回転座標系を数式を使ってキチンと表してみよう。これから解説する内容は，極座標における速度と加速度を r と θ で表す手法と，もちろん本質は異なるんだけれど，類似している部分もあるので，P28 の内容と対比しながら勉強すると，さらに効果的だよ。

図4(ⅰ)回転座標系(Ⅰ)

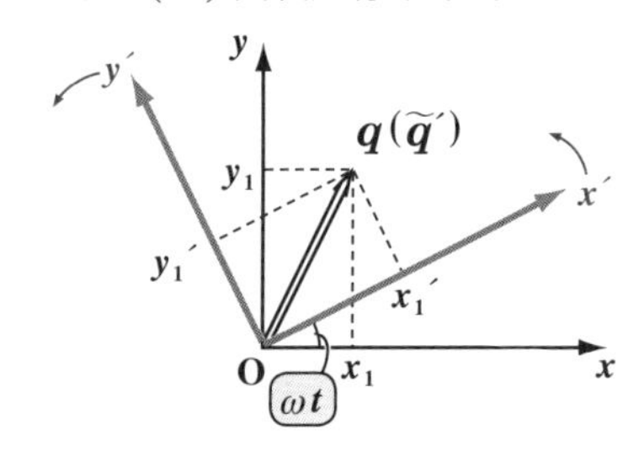

図 4(ⅰ)に示すように，慣性系 Oxy に対して，O 点のまわりを一定の角速度 ω で回転する回転座標系 $Ox'y'$ があるものとする。

ここで，あるベクトル $\boldsymbol{q}$ が，

(ⅰ) 慣性系 Oxy では，

$\boldsymbol{q} = [x_1,\ y_1]$ と表され，

(ⅱ) 回転座標系 $Ox'y'$ では，

$\widetilde{\boldsymbol{q}}' = [x_1',\ y_1']$

と表されるものとして，$\boldsymbol{q}$ と $\widetilde{\boldsymbol{q}}'$ の関係を求めてみよう。

(ⅱ)回転座標系(Ⅱ)

$$\begin{bmatrix} x_1 \\ y_1 \end{bmatrix} = \mathbf{R}(\omega t)\begin{bmatrix} x_1' \\ y_1' \end{bmatrix}$$

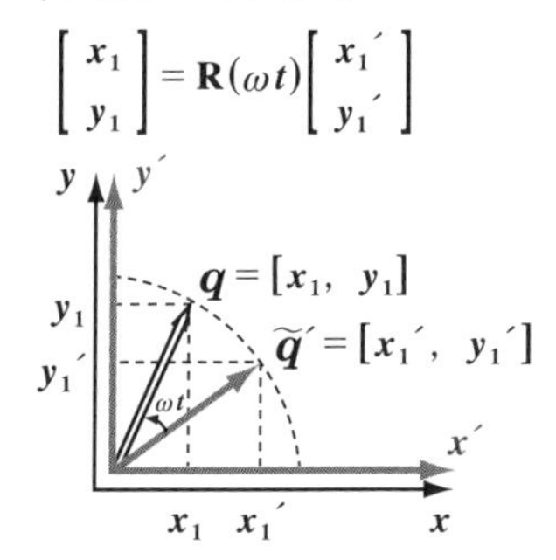

t 秒後に ωt だけ回転している回転座標系 $Ox'y'$ と，$\boldsymbol{q}$ を $Ox'y'$ 座標で表した $\widetilde{\boldsymbol{q}}'$ を共に逆向きに $-\omega t$ だけ戻して，慣性系 Oxy と回転座標系 $Ox'y'$ が一致するようにすると，図 4(ⅱ)から分かるように，$\boldsymbol{q}$ は $\widetilde{\boldsymbol{q}}'$ を原点のまわりに ωt だけ回転したものであることが分かるはずだ。

よって，　$\boldsymbol{q} = \mathbf{R}(\omega t)\widetilde{\boldsymbol{q}}'$ ……①

これを具体的に表すと，

回転移動の行列
$$\mathbf{R}(\theta) = \begin{bmatrix} \cos\theta & -\sin\theta \\ \sin\theta & \cos\theta \end{bmatrix}$$

$$\begin{bmatrix} x_1 \\ y_1 \end{bmatrix} = \begin{bmatrix} \cos\omega t & -\sin\omega t \\ \sin\omega t & \cos\omega t \end{bmatrix}\begin{bmatrix} x_1' \\ y_1' \end{bmatrix} \quad \cdots\cdots ①'$$ 　となるんだね。

この $\boldsymbol{q}$ と $\widetilde{\boldsymbol{q}}'$ の関係は一般論なので，Oxy 慣性系での位置ベクトル $\boldsymbol{r}$，速度ベクトル $\boldsymbol{v}$，加速度ベクトル $\boldsymbol{a}$ を，慣性系から見た $Ox'y'$ 座標で表したものをそれぞれ $\boldsymbol{r}'$，$\widetilde{\boldsymbol{v}}'$，$\widetilde{\boldsymbol{a}}'$ とおくと，それぞれの関係も①や①´と同様に，

次の各式で表せる。

(i) 位置 $\boldsymbol{r}(t)=[x,\ y]$ と $\boldsymbol{r}'(t)=[x',\ y']$ の関係

$\boldsymbol{r}(t)=\mathbf{R}(\omega t)\boldsymbol{r}'(t)$ ……② 　　これを具体的に表すと，

$$\begin{bmatrix} x \\ y \end{bmatrix}=\begin{bmatrix} \cos\omega t & -\sin\omega t \\ \sin\omega t & \cos\omega t \end{bmatrix}\begin{bmatrix} x' \\ y' \end{bmatrix} \quad \cdots\cdots②' \quad \text{となる。}$$

(ii) 速度 $\boldsymbol{v}(t)=\dot{\boldsymbol{r}}(t)=[\dot{x},\ \dot{y}]=[v_x,\ v_y]$ と $\widetilde{\boldsymbol{v}}'(t)=[v_{x'},\ v_{y'}]$ の関係

$\boldsymbol{v}(t)=\dot{\boldsymbol{r}}(t)=\mathbf{R}(\omega t)\widetilde{\boldsymbol{v}}'(t)$ ……③ 　　これを具体的に表すと，

$$\begin{bmatrix} v_x \\ v_y \end{bmatrix}=\begin{bmatrix} \dot{x} \\ \dot{y} \end{bmatrix}=\begin{bmatrix} \cos\omega t & -\sin\omega t \\ \sin\omega t & \cos\omega t \end{bmatrix}\begin{bmatrix} v_{x'} \\ v_{y'} \end{bmatrix} \quad \cdots\cdots③' \quad \text{となる。}$$

(iii) 加速度 $\boldsymbol{a}(t)=\ddot{\boldsymbol{r}}(t)=[\ddot{x},\ \ddot{y}]=[a_x,\ a_y]$ と $\widetilde{\boldsymbol{a}}'(t)=[a_{x'},\ a_{y'}]$ の関係

$\boldsymbol{a}(t)=\ddot{\boldsymbol{r}}(t)=\mathbf{R}(\omega t)\widetilde{\boldsymbol{a}}'(t)$ ……④ 　　これを具体的に表すと，

$$\begin{bmatrix} a_x \\ a_y \end{bmatrix}=\begin{bmatrix} \ddot{x} \\ \ddot{y} \end{bmatrix}=\begin{bmatrix} \cos\omega t & -\sin\omega t \\ \sin\omega t & \cos\omega t \end{bmatrix}\begin{bmatrix} a_{x'} \\ a_{y'} \end{bmatrix} \quad \cdots\cdots④' \quad \text{となる。}$$

ここで重要なポイントは，$\boldsymbol{r}'(t)=[x',\ y']$ は動点 P を回転座標系 $Ox'y'$ に乗って見たときの位置ベクトルを表しているのだけれど，$\widetilde{\boldsymbol{v}}'(t)=[v_{x'},\ v_{y'}]$ や $\widetilde{\boldsymbol{a}}'(t)=[a_{x'},\ a_{y'}]$ は回転座標系に乗って見たときの動点 P の速度や加速度を表しているのでは**ない**ということだ。これらは図 4(i) に示すように，

（$\widetilde{\boldsymbol{q}}'$ を $\widetilde{\boldsymbol{v}}'(t)$ や $\widetilde{\boldsymbol{a}}'(t)$ であると考えたらいい。）

あくまでも慣性系 Oxy に対して偏角 ωt だけ傾けた座標を重ねて，**慣性系から見て**，傾いた座標成分 x' や y' で $\widetilde{\boldsymbol{v}}'(t)$ や $\widetilde{\boldsymbol{a}}'(t)$ を表したものにすぎないからだ。このことは③，④より，$\mathbf{R}(\omega t)$ の逆行列 $\mathbf{R}^{-1}(\omega t)$ を用いて，

$\widetilde{\boldsymbol{v}}'(t)=\mathbf{R}(\omega t)^{-1}\boldsymbol{v}(t)$，　$\widetilde{\boldsymbol{a}}'(t)=\mathbf{R}(\omega t)^{-1}\boldsymbol{a}(t)$ と表されることからも，

$$\mathbf{R}(-\omega t)=\begin{bmatrix} \cos(-\omega t) & -\sin(-\omega t) \\ \sin(-\omega t) & \cos(-\omega t) \end{bmatrix}=\begin{bmatrix} \cos\omega t & \sin\omega t \\ -\sin\omega t & \cos\omega t \end{bmatrix}$$

$\boldsymbol{v}(t)$ と $\widetilde{\boldsymbol{v}}'(t)$，および $\boldsymbol{a}(t)$ と $\widetilde{\boldsymbol{a}}'(t)$ が本質的に同じものであることが分かる。

それでは，回転座標系 $Ox'y'$ に乗った人が見る(感じる)動点 P の速度 $\boldsymbol{v}'(t)$ と加速度 $\boldsymbol{a}'(t)$ はどうなるのかというと，当然，

$\boldsymbol{v}'(t)=[\dot{x}',\ \dot{y}']$ ，　$\boldsymbol{a}'(t)=[\ddot{x}',\ \ddot{y}']$ 　となるんだね。

これから，$\widetilde{\boldsymbol{v}}'(t)=[v_{x'},\ v_{y'}]$，$\widetilde{\boldsymbol{a}}'(t)=[a_{x'},\ a_{y'}]$ を求めてみせるけれど，その結果，$\widetilde{\boldsymbol{v}}'(t)\neq\boldsymbol{v}'(t)$，$\widetilde{\boldsymbol{a}}'(t)\neq\boldsymbol{a}'(t)$ であることが明らかとなるよ。

$$\begin{bmatrix} x \\ y \end{bmatrix} = \begin{bmatrix} \cos\omega t & -\sin\omega t \\ \sin\omega t & \cos\omega t \end{bmatrix} \begin{bmatrix} x' \\ y' \end{bmatrix} \quad \cdots ②'$$

$$\begin{bmatrix} v_x \\ v_y \end{bmatrix} = \begin{bmatrix} \cos\omega t & -\sin\omega t \\ \sin\omega t & \cos\omega t \end{bmatrix} \begin{bmatrix} v_{x'} \\ v_{y'} \end{bmatrix} \quad \cdots ③'$$

$$\begin{bmatrix} a_x \\ a_y \end{bmatrix} = \begin{bmatrix} \cos\omega t & -\sin\omega t \\ \sin\omega t & \cos\omega t \end{bmatrix} \begin{bmatrix} a_{x'} \\ a_{y'} \end{bmatrix} \quad \cdots ④'$$

②′より，

$$\begin{bmatrix} x \\ y \end{bmatrix} = \begin{bmatrix} x'\cos\omega t - y'\sin\omega t \\ x'\sin\omega t + y'\cos\omega t \end{bmatrix}$$

ω は定数であることに注意して，この両辺を t で微分して $\boldsymbol{v}(t) = [\dot{x},\ \dot{y}]$ を求めると，

$$\boldsymbol{v}(t) = \begin{bmatrix} v_x \\ v_y \end{bmatrix} = \begin{bmatrix} \dot{x} \\ \dot{y} \end{bmatrix}$$ ← 慣性系の速度

$$= \begin{bmatrix} \dot{x}'\cos\omega t - \omega x'\sin\omega t - \dot{y}'\sin\omega t - \omega y'\cos\omega t \\ \dot{x}'\sin\omega t + \omega x'\cos\omega t + \dot{y}'\cos\omega t - \omega y'\sin\omega t \end{bmatrix}$$ より，

$$\boldsymbol{v}(t) = \begin{bmatrix} (\dot{x}' - \omega y')\cos\omega t - (\dot{y}' + \omega x')\sin\omega t \\ (\dot{x}' - \omega y')\sin\omega t + (\dot{y}' + \omega x')\cos\omega t \end{bmatrix} \quad \cdots\cdots ⑤$$ よって，

$$\boldsymbol{v}(t) = \underbrace{\begin{bmatrix} \cos\omega t & -\sin\omega t \\ \sin\omega t & \cos\omega t \end{bmatrix}}_{\mathbf{R}(\omega t)} \begin{bmatrix} \dot{x}' - \omega y' \ (v_{x'}) \\ \dot{y}' + \omega x' \ (v_{y'}) \end{bmatrix} \quad \cdots\cdots ⑤'$$

$\mathbf{R}^{-1}(\omega t)$ は存在するので，⑤′と③′を比較して，

$$\widetilde{\boldsymbol{v}}'(t) = \begin{bmatrix} v_{x'} \\ v_{y'} \end{bmatrix} = \begin{bmatrix} \dot{x}' - \omega y' \\ \dot{y}' + \omega x' \end{bmatrix} \quad \cdots\cdots ⑥$$ が導けた。

← これは回転系 $\mathrm{O}x'y'$ に乗っている人から見た速度 $\boldsymbol{v}' = \begin{bmatrix} \dot{x}' \\ \dot{y}' \end{bmatrix}$ とは異なる。

次，⑤の両辺をさらに t で微分すると，

$$\boldsymbol{a}(t) = \dot{\boldsymbol{v}}(t) = \begin{bmatrix} a_x \\ a_y \end{bmatrix} = \begin{bmatrix} \ddot{x} \\ \ddot{y} \end{bmatrix}$$ ← 慣性系の加速度

$$= \begin{bmatrix} (\ddot{x}' - \omega\dot{y}')\cos\omega t - \omega(\dot{x}' - \omega y')\sin\omega t - (\ddot{y}' + \omega\dot{x}')\sin\omega t - \omega(\dot{y}' + \omega x')\cos\omega t \\ (\ddot{x}' - \omega\dot{y}')\sin\omega t + \omega(\dot{x}' - \omega y')\cos\omega t + (\ddot{y}' + \omega\dot{x}')\cos\omega t - \omega(\dot{y}' + \omega x')\sin\omega t \end{bmatrix}$$

$$= \begin{bmatrix} (\ddot{x}' - 2\omega\dot{y}' - \omega^2 x')\cos\omega t - (\ddot{y}' + 2\omega\dot{x}' - \omega^2 y')\sin\omega t \\ (\ddot{x}' - 2\omega\dot{y}' - \omega^2 x')\sin\omega t + (\ddot{y}' + 2\omega\dot{x}' - \omega^2 y')\cos\omega t \end{bmatrix}$$

$$\therefore\ \boldsymbol{a}(t) = \underbrace{\begin{bmatrix} \cos\omega t & -\sin\omega t \\ \sin\omega t & \cos\omega t \end{bmatrix}}_{\mathbf{R}(\omega t)} \begin{bmatrix} \ddot{x}' - 2\omega\dot{y}' - \omega^2 x' \ (a_{x'}) \\ \ddot{y}' + 2\omega\dot{x}' - \omega^2 y' \ (a_{y'}) \end{bmatrix} \quad \cdots\cdots ⑦$$

$\mathbf{R}^{-1}(\omega t)$ は存在するので，⑦と④′を比較して，

$$\widetilde{\boldsymbol{a}}'(t) = \begin{bmatrix} a_{x'} \\ a_{y'} \end{bmatrix} = \begin{bmatrix} \ddot{x}' - 2\omega\dot{y}' - \omega^2 x' \\ \ddot{y}' + 2\omega\dot{x}' - \omega^2 y' \end{bmatrix} \quad \cdots ⑧$$ も導けた。

← これは回転系 $\mathrm{O}x'y'$ に乗っている人から見た加速度 $\boldsymbol{a}' = \begin{bmatrix} \ddot{x}' \\ \ddot{y}' \end{bmatrix}$ とは異なる。

⑧を変形して,

$$\begin{bmatrix} a_{x'} \\ a_{y'} \end{bmatrix} = \begin{bmatrix} \ddot{x}' \\ \ddot{y}' \end{bmatrix} - 2\begin{bmatrix} \omega\dot{y}' \\ -\omega\dot{x}' \end{bmatrix} - \omega^2\begin{bmatrix} x' \\ y' \end{bmatrix}$$ より,

$$\begin{bmatrix} \ddot{x}' \\ \ddot{y}' \end{bmatrix} = \begin{bmatrix} a_{x'} \\ a_{y'} \end{bmatrix} + \omega^2\begin{bmatrix} x' \\ y' \end{bmatrix} + 2\begin{bmatrix} \omega\dot{y}' \\ -\omega\dot{x}' \end{bmatrix}$$

回転系での加速度

x', y' などで表してはいるが本質的には慣性系の加速度

これは④´より, $\begin{bmatrix} a_{x'} \\ a_{y'} \end{bmatrix} = \mathbf{R}^{-1}(\omega t)\begin{bmatrix} a_x \\ a_y \end{bmatrix}$ から求められる。

この両辺に質点 **P** の質量 m をかけると, これは回転座標系における運動方程式になるんだね。

$$m\begin{bmatrix} \ddot{x}' \\ \ddot{y}' \end{bmatrix} = m\begin{bmatrix} a_{x'} \\ a_{y'} \end{bmatrix} + m\omega^2\begin{bmatrix} x' \\ y' \end{bmatrix} + 2m\begin{bmatrix} \omega\dot{y}' \\ -\omega\dot{x}' \end{bmatrix} \quad \cdots\cdots ⑨$$

回転系で質点 **P** に働く力 f'

慣性系で質点 **P** に働く力 f

(i) 遠心力 f_{c_1}

(ii) コリオリの力 f_{c_2}

慣性力

回転系で **P** が運動していなければ, $v' = \begin{bmatrix} \dot{x}' \\ \dot{y}' \end{bmatrix} = \begin{bmatrix} 0 \\ 0 \end{bmatrix}$ となるので, $f_{c_2} = \mathbf{0}$ となる。

ここで, 質量 m の質点 **P** に対して,

$$\begin{cases} f' = m\alpha' = m\begin{bmatrix} \ddot{x}' \\ \ddot{y}' \end{bmatrix} & : \text{回転座標系で P に働く力} \\ f = m\tilde{\alpha}' = m\begin{bmatrix} a_{x'} \\ a_{y'} \end{bmatrix} = m\mathbf{R}^{-1}(\omega t)\begin{bmatrix} a_x \\ a_y \end{bmatrix} & : \text{慣性系で P に働く力} \\ f_{c_1} = m\omega^2\begin{bmatrix} x' \\ y' \end{bmatrix} & : \text{回転座標系で P に働く遠心力 (慣性力)} \\ f_{c_2} = 2m\begin{bmatrix} \omega\dot{y}' \\ -\omega\dot{x}' \end{bmatrix} & : \text{回転座標系で運動する P に働くコリオリの力 (慣性力)} \end{cases}$$

とおくと, ⑨は簡潔に次のように表せる。

$$f' = f + f_{c_1} + f_{c_2} \quad \cdots\cdots ⑨$$

回転座標系 $\mathbf{O}x'y'$ は慣性系ではないため, 回転座標系で質点 **P** に働く力 f' には, 慣性系で **P** に働く力 f 以外に, 見かけ上の力 (慣性力) として遠心力 f_{c_1} とコリオリの力 f_{c_2} が加わって見えることになるんだね。ここで, 遠心力 f_{c_1} は質点 **P** が回転座標系で運動する, しないに関わらず常に **P** に作用するけれど, コリオリの力 f_{c_2} は回転座標系の中で運動する質点 **P** のみにしか働かないこと, つまり回転座標系で静止している **P** には働かないことを覚えておこう。

それでは，遠心力 $\boldsymbol{f}_{c_1}$ とコリオリの力 $\boldsymbol{f}_{c_2}$ について詳しく調べてみよう。

(ⅰ) 遠心力 $\boldsymbol{f}_{c_1} = m\omega^2[x', \ y']$ について，

図5 遠心力 $\boldsymbol{f}_{c_1}$

回転座標系に乗って見ると，もはや回転しているとは感じない。でも，質量 m の質点Pが，位置 $\boldsymbol{r}' = [x', \ y']$ にあるとき，これと同じ向きに(中心から外に向かって)

遠心力 $\boldsymbol{f}_{c_1} = m\omega^2\boldsymbol{r}'$ が働いて見える。

ここで，$r' = \|\boldsymbol{r}'\| = \sqrt{x'^2 + y'^2}$ とおくと，遠心力の大きさ f_{c_1} は，

$f_{c_1} = \|\boldsymbol{f}_{c_1}\| = m\omega^2\|\boldsymbol{r}'\|$ より，$f_{c_1} = mr'\omega^2$ となる。次，

(ⅱ) コリオリの力 $\boldsymbol{f}_{c_2} = 2m[\omega\dot{y}', \ -\omega\dot{x}']$ について，

2 次元問題だけど，図 **6** に示すように，角速度ベクトル $\boldsymbol{\omega} = [0, \ 0, \ \omega]$ を用いて **3** 次元に拡張して考えることにしよう。つまり，$\boldsymbol{f}_{c_2}$ も $\boldsymbol{v}'$ も，

$\boldsymbol{f}_{c_2} = 2m[\omega\dot{y}', \ -\omega\dot{x}', \ 0]$

$\boldsymbol{v}' = [\dot{x}', \ \dot{y}', \ 0]$ とおく。

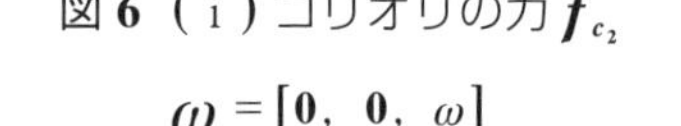

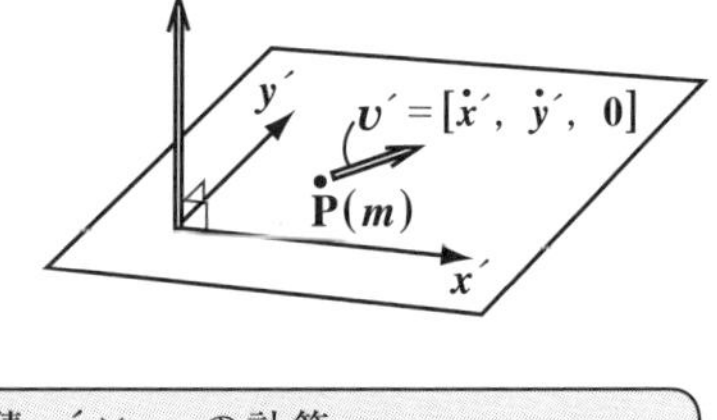

すると，$\boldsymbol{v}'$ と $\boldsymbol{\omega}$ の外積 $\boldsymbol{v}' \times \boldsymbol{\omega}$ は，

$\boldsymbol{v}' \times \boldsymbol{\omega} = [\omega\dot{y}', \ -\omega\dot{x}', \ 0]$

となるのは大丈夫だね。

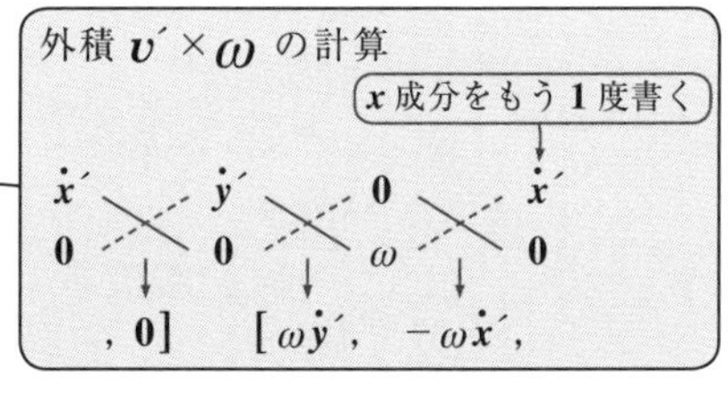

よって，コリオリの力 $\boldsymbol{f}_{c_2}$ は

$\boldsymbol{f}_{c_2} = 2m\boldsymbol{v}' \times \boldsymbol{\omega}$ と表せるので，

($\boldsymbol{v}' \times \boldsymbol{\omega}$ にスカラー $(2m)$ をかけたもの)

図 **6**(ⅱ) に示すように，$\boldsymbol{v}'$ から $\boldsymbol{\omega}$ に向かうように回転するとき，右ネジの進む向きが，コリオリの力 $\boldsymbol{f}_{c_2}$ の働く向きなんだね。

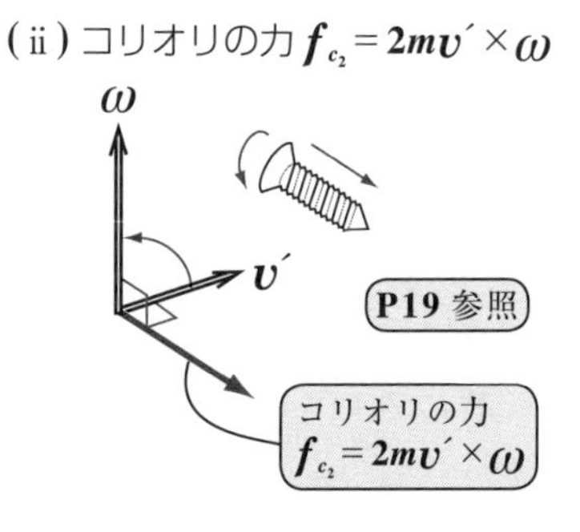

この場合，$\boldsymbol{v}'$ に対して右向きにコリオリの力 $\boldsymbol{f}_{c_2}$ が働くんだね。これは，**P151** のプロローグで説明したイチローの投げたボールについても同様で，ボールの速度 $\boldsymbol{v}'$ に対して右向きにコリオリの力 $\boldsymbol{f}_{c_2}$ が作用するので，ボールは右に曲がっていくことになったんだ。

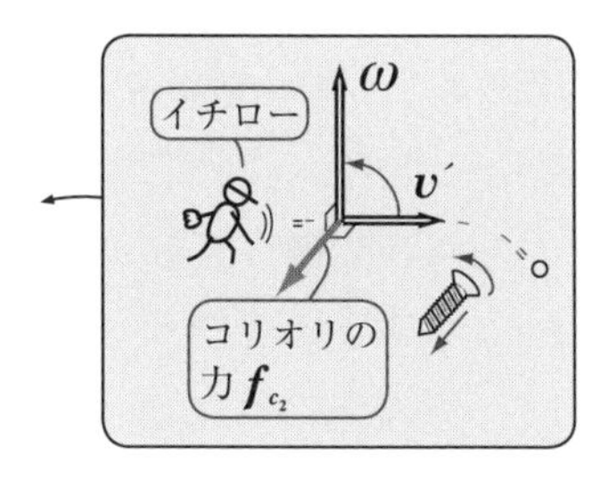

それでは，地表(地球)も自転している回転座標系と考えることができるので，次の例題で，遠心力やコリオリの力を調べてみることにしよう。

例題 **23**　地球は地軸の周りを自転しているので，回転座標系と考えることができる。(ⅰ)赤道上の地点と，(ⅱ)北緯 **45°** の地点における物体に働く遠心力の加速度の大きさを求めよう。
(ただし，地球の半径 $\mathbf{R = 6400(km) = 6.4 \times 10^6(m)}$ とする。)

地球は $\mathbf{24 \times 60 \times 60}$ 秒間に $\mathbf{2\pi}$(**1** 回転)自転するので，その角速度 ω は，

$$\omega = \frac{2\pi}{24 \times 60^2} \fallingdotseq 7.27 \times 10^{-5}\,(1/s) \text{ となる。}$$

よって，

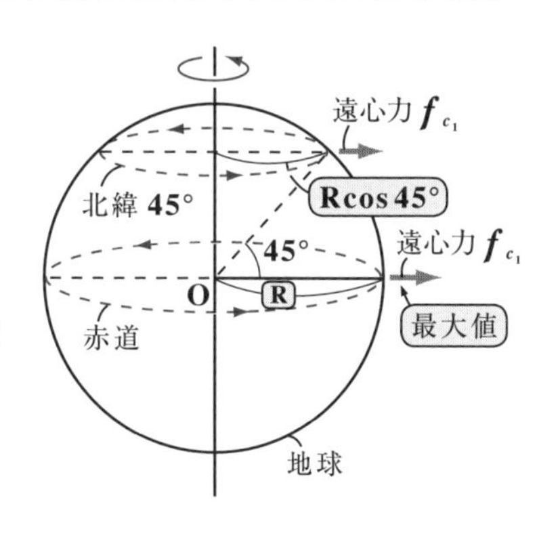

(ⅰ)赤道にある物体に働く遠心力の加速度の大きさは，$\mathbf{R}\omega^2$ より，

$$\mathbf{R}\omega^2 = 6.4 \times 10^6 \times (7.27 \times 10^{-5})^2$$
$$\fallingdotseq 0.034\ (\mathrm{m/s^2}) \text{ となる。}$$

赤道における遠心力の加速度が地表では最大であるんだけれど，それでも重力加速度 $g = 9.8\ (\mathrm{m/s^2})$ に比べると，約 $\dfrac{1}{290}$ の大きさなんだね。

(ⅱ)北緯 **45°** にある物体に働く遠心力の加速度は，半径 **Rcos45°** の円板が角速度 ω で回転していると考えればいいので，

$$\mathbf{R}\cos 45° \cdot \omega^2 = \frac{\mathbf{R}\omega^2}{\sqrt{2}}$$
$$\fallingdotseq 0.024\ (\mathrm{m/s^2}) \text{ となる。}$$

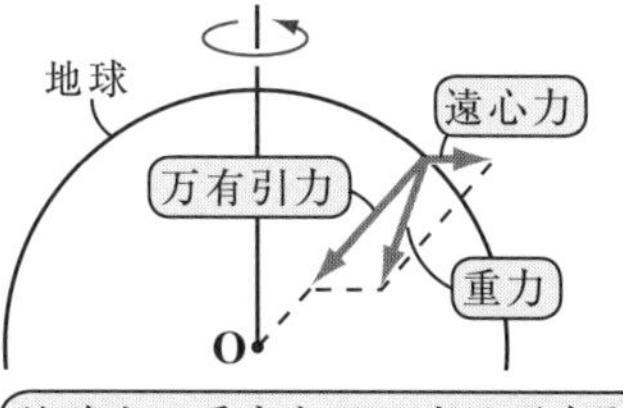

地球上の重力とは，実は万有引力と遠心力の合力のことなんだ！

例題 **24**　地球は地軸の周りを自転しているので回転座標系と考えることができる。次の各場合について，運動する質点 **P** に働くコリオリの力の向きを調べてみよう。

(ⅰ) 赤道上の上空から鉛直下向きに運動する場合

(ⅱ) 赤道上の地点で，北向きに運動する場合

(ⅲ) 北緯 **45°** の地点で，北向きに運動する場合

(ⅳ) 北緯 **45°** の地点で，南向きに運動する場合

地球の自転の角速度ベクトル $\boldsymbol{\omega}$ は地軸の北向きになるね。よって，各場合の質点 **P** の速度 $\boldsymbol{v}'$ と $\boldsymbol{\omega}$ の外積 $\boldsymbol{v}' \times \boldsymbol{\omega}$ の向きからコリオリの力 $\boldsymbol{f}_{c_2}$ の向きを調べることができる。

(ⅰ)

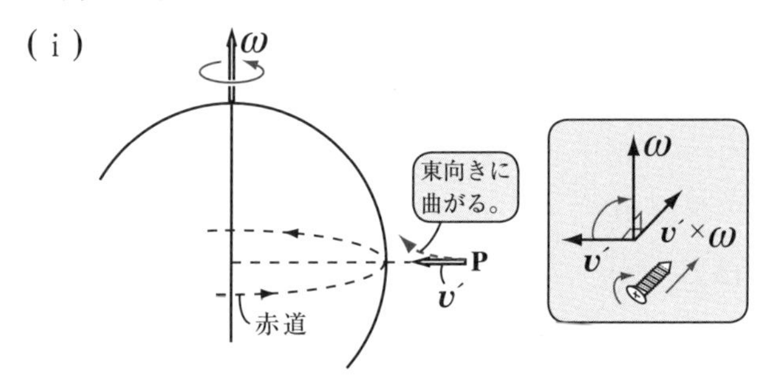

左図より，赤道上の上空から **P** が鉛直下向きに運動するとき，コリオリの力 $\boldsymbol{f}_{c_2}$ は東向きに働く。

(ⅱ)

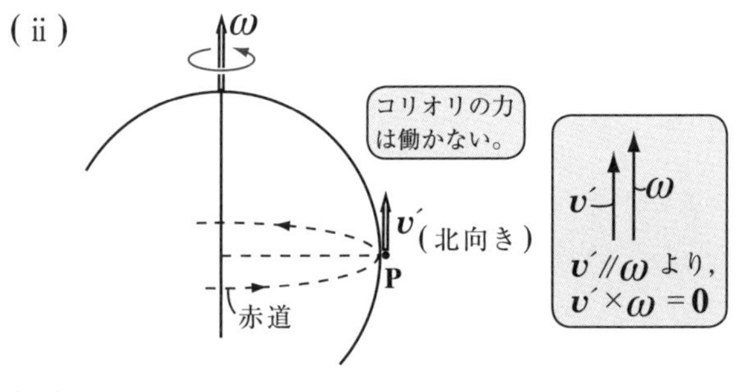

左図より，赤道上の地点で，**P** が北向きに運動するとき，

$\boldsymbol{v}' /\!/ \boldsymbol{\omega}$ より，

$\boldsymbol{v}' \times \boldsymbol{\omega} = \boldsymbol{0}$ となる。

よって，コリオリの力 $\boldsymbol{f}_{c_2}$ は働かない。

(ⅲ)

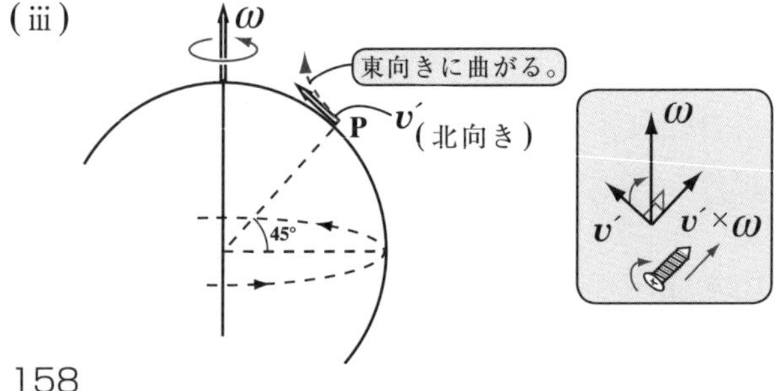

左図より，北緯 **45°** の地点で，**P** が北向きに運動するとき，コリオリの力 $\boldsymbol{f}_{c_2}$ は東向きに働く。

(iv)

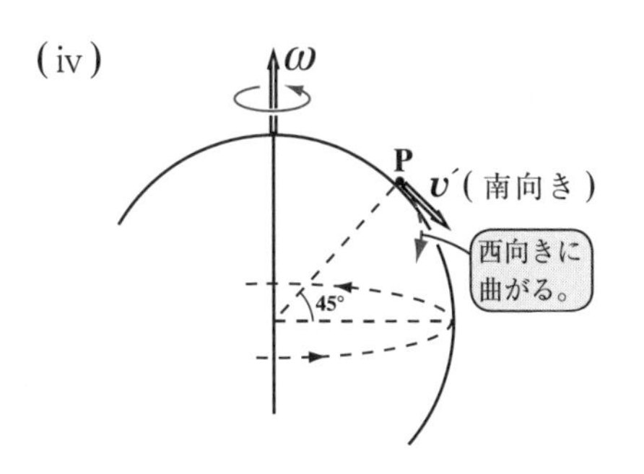

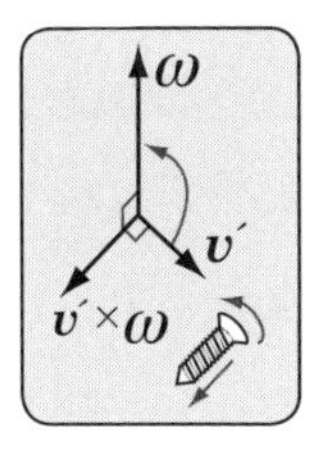

左図より，北緯 **45°** の地点で，**P** が南向きに運動するとき，コリオリの力 $\boldsymbol{f}_{c_2}$ は西向きに働く。

どう？これ位練習すれば，これまでなじみのなかったコリオリの力についてもずい分慣れてきただろう。実は，この例題 **24** の(iii)，(iv)は北半球で発生する台風が何故左回りに渦を巻くのかを説明することに利用できる。

図 **7**(I)で示すように，北半球に低気圧ができると，それに向かって，風が吹き込んでくることになるんだけれど，コリオリの力により，

(iii) 北に向かって運動する風は東向きにそれ，

(iv) 南に向かって運動する風は西向きにそれる。

これから，図 **7**(II)に示すように低気圧のまわりに風が左回りに旋回するようになって，これがさらに発達すると，左回りの台風になるんだね。納得いった？

図 7　北半球で台風の渦が左回りになる理由

(I)

(iv) 南向きの風は西にそれる。

低気圧

(iii) 北向きの風は東にそれる。

(II) 左回りの台風の発生

エッ，南半球で発生する台風(サイクロン)の回転の向きはどうなるのかって？　北半球とは逆に，南半球では右回りに旋回する台風になるんだよ。自分で確かめてみてごらん。

以上で定性的な話は終わりにして，回転座標系の数学的な問題にもチャレンジしてみることにしよう。

ここで，回転座標系について基本事項をまとめて下に示しておこう。

回転座標系

慣性系(静止系) $\mathbf{O}xy$ に対して，原点 $\mathbf{O}$ のまわりに角速度 ω で反時計まわりに回転する回転座標系 $\mathbf{O}x'y'$ を考える。

(1) $\begin{bmatrix} x \\ y \end{bmatrix} = \mathbf{R}(\omega t)\begin{bmatrix} x' \\ y' \end{bmatrix}$ ……(a) $\left(\begin{bmatrix} x' \\ y' \end{bmatrix} = \mathbf{R}^{-1}(\omega t)\begin{bmatrix} x \\ y \end{bmatrix} \text{……(a)}'\right)$

(2) $\begin{bmatrix} v_x \\ v_y \end{bmatrix} = \begin{bmatrix} \dot{x} \\ \dot{y} \end{bmatrix} = \mathbf{R}(\omega t)\begin{bmatrix} v_{x'} \\ v_{y'} \end{bmatrix} = \mathbf{R}(\omega t)\begin{bmatrix} \dot{x}' - \omega y' \\ \dot{y}' + \omega x' \end{bmatrix}$ ……(b)

(ここで，$\widetilde{\boldsymbol{v}}' = \begin{bmatrix} v_{x'} \\ v_{y'} \end{bmatrix} \neq \begin{bmatrix} \dot{x}' \\ \dot{y}' \end{bmatrix} = \boldsymbol{v}'$ に注意。)

(3) $\begin{bmatrix} a_x \\ a_y \end{bmatrix} = \begin{bmatrix} \ddot{x} \\ \ddot{y} \end{bmatrix} = \mathbf{R}(\omega t)\begin{bmatrix} a_{x'} \\ a_{y'} \end{bmatrix} = \mathbf{R}(\omega t)\begin{bmatrix} \ddot{x}' - 2\omega\dot{y}' - \omega^2 x' \\ \ddot{y}' + 2\omega\dot{x}' - \omega^2 y' \end{bmatrix}$ ……(c)

(ここで，$\widetilde{\boldsymbol{a}}' = \begin{bmatrix} a_{x'} \\ a_{y'} \end{bmatrix} \neq \begin{bmatrix} \ddot{x}' \\ \ddot{y}' \end{bmatrix} = \boldsymbol{a}'$ に注意。)

(4) $m\boldsymbol{a}' = m\widetilde{\boldsymbol{a}}' + m\omega^2\boldsymbol{r}' + 2m\boldsymbol{v}' \times \boldsymbol{\omega}$ ……(d)

$[\boldsymbol{f}' = \boldsymbol{f} + \boldsymbol{f}_{c_1} + \boldsymbol{f}_{c_2}$ ……(d)$'$]

$\boldsymbol{f}'$：回転系でPに働く力，$\boldsymbol{f}$：慣性系でPに働く力，$\boldsymbol{f}_{c_1}$：遠心力(慣性力)，$\boldsymbol{f}_{c_2}$：コリオリの力(慣性力)

$\left[m\begin{bmatrix} \ddot{x}' \\ \ddot{y}' \end{bmatrix} = m\begin{bmatrix} a_{x'} \\ a_{y'} \end{bmatrix} + m\omega^2\begin{bmatrix} x' \\ y' \end{bmatrix} + 2m\omega\begin{bmatrix} \dot{y}' \\ -\dot{x}' \end{bmatrix} \text{……(d)}''\right]$

$\left(\text{ただし，} \mathbf{R}(\omega t) = \begin{bmatrix} \cos\omega t & -\sin\omega t \\ \sin\omega t & \cos\omega t \end{bmatrix},\ \mathbf{R}^{-1}(\omega t) = \begin{bmatrix} \cos\omega t & \sin\omega t \\ -\sin\omega t & \cos\omega t \end{bmatrix}\right)$

それでは，次の例題を解いてみよう。

例題 25　慣性系(静止系) $\mathbf{O}xy$ で，質量 m の質点 $\mathbf{P}$ が，位置 $\boldsymbol{r} = [kt,\ 0]$ (k：正の定数)により，等速度運動している。このとき原点 $\mathbf{O}$ のまわりに角速度 $\omega = 1$ で反時計回りに回転する回転座標系 $\mathbf{O}x'y'$ を考える。この回転座標系 $\mathbf{O}x'y'$ で見たとき，質点 $\mathbf{P}$ に働く力 $\boldsymbol{f}'$ を求めよう。

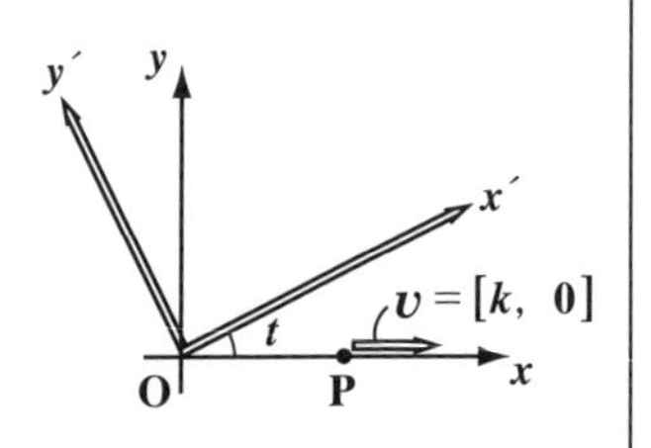

回転座標系 $\mathbf{O}x'y'$ において，質点 $\mathbf{P}$ に働く力 $\boldsymbol{f}'$ は公式(d)$'$ より，

$\boldsymbol{f}' = \boldsymbol{f} + \boldsymbol{f}_{c_1} + \boldsymbol{f}_{c_2}$ ……① だね。

ここで，慣性系において，

加速度 $\boldsymbol{a} = \begin{bmatrix} 0 \\ 0 \end{bmatrix} = \mathbf{0}$

質点 $\mathbf{P}$ の位置 $\boldsymbol{r} = \begin{bmatrix} x \\ y \end{bmatrix} = \begin{bmatrix} kt \\ 0 \end{bmatrix}$ より，速度 $\boldsymbol{v} = \begin{bmatrix} \dot{x} \\ \dot{y} \end{bmatrix} = \begin{bmatrix} k \\ 0 \end{bmatrix}$

よって，慣性系では，点 $\mathbf{P}$ は等速度運動をするので，点 $\mathbf{P}$ には何の力も作用していない。

$\therefore \boldsymbol{f} = \mathbf{0}$ ……② だね。

正確には $\boldsymbol{f} = m\widetilde{\boldsymbol{a}}' = m\mathbf{R}^{-1}(1 \cdot t)\underset{\mathbf{0}}{\boldsymbol{a}} = \mathbf{0}$ だね。(P155)

次，遠心力 $\boldsymbol{f}_{c_1} = m \cdot 1^2 \cdot \boldsymbol{r}' = m\begin{bmatrix} x' \\ y' \end{bmatrix}$ ($\because \omega = 1$) について，(a)$'$ より，

$$\begin{bmatrix} x' \\ y' \end{bmatrix} = \mathbf{R}^{-1}(t)\begin{bmatrix} x \\ y \end{bmatrix} = \begin{bmatrix} \cos t & \sin t \\ -\sin t & \cos t \end{bmatrix}\begin{bmatrix} kt \\ 0 \end{bmatrix} = \begin{bmatrix} kt\cos t \\ -kt\sin t \end{bmatrix} \quad \cdots\cdots③ \text{ だね。}$$

$$\therefore \boldsymbol{f}_{c_1} = m\begin{bmatrix} kt\cos t \\ -kt\sin t \end{bmatrix} \quad \cdots\cdots④ \text{ となる。}$$

最後にコリオリの力 $\boldsymbol{f}_{c_2} = 2m\boldsymbol{v}' \times \boldsymbol{\omega} = 2m\begin{bmatrix} \omega\dot{y}' \\ -\omega\dot{x}' \end{bmatrix} = 2m\omega\begin{bmatrix} \dot{y}' \\ -\dot{x}' \end{bmatrix}$ も求めよう。$\begin{bmatrix} \dot{x}' \\ \dot{y}' \end{bmatrix}$ は③の両辺を t で微分すれば求まるので，

$$\begin{bmatrix} \dot{x}' \\ \dot{y}' \end{bmatrix} = \begin{bmatrix} k\cos t - kt\sin t \\ -k\sin t - kt\cos t \end{bmatrix}$$

$\therefore$ この $\dot{x}'$，$\dot{y}'$ を $\boldsymbol{f}_{c_2}$ の式に代入して，

$$\boldsymbol{f}_{c_2} = 2m \cdot 1 \cdot \begin{bmatrix} -k\sin t - kt\cos t \\ -k\cos t + kt\sin t \end{bmatrix} \quad \cdots\cdots⑤ \text{ となる。} (\because \omega = 1)$$

以上②, ④, ⑤を①に代入して，求める $\boldsymbol{f}'$ は，

$$\boldsymbol{f}' = m\begin{bmatrix} kt\cos t \\ -kt\sin t \end{bmatrix} + 2m\begin{bmatrix} -k\sin t - kt\cos t \\ -k\cos t + kt\sin t \end{bmatrix}$$

$$= \begin{bmatrix} -mkt\cos t - 2mk\sin t \\ mkt\sin t - 2mk\cos t \end{bmatrix}$$

となって答えだ！ 大丈夫だった？

③より，$x'^2 + y'^2 = k^2t^2$ となるので $\mathbf{O}x'y'$ 座標で見た質点 $\mathbf{P}$ の描く軌跡は右図のようになる。

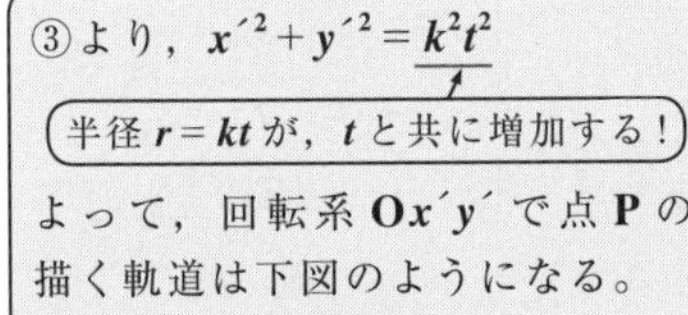

③より，$x'^2 + y'^2 = k^2t^2$

半径 $r = kt$ が，t と共に増加する！

よって，回転系 $\mathbf{O}x'y'$ で点 $\mathbf{P}$ の描く軌道は下図のようになる。

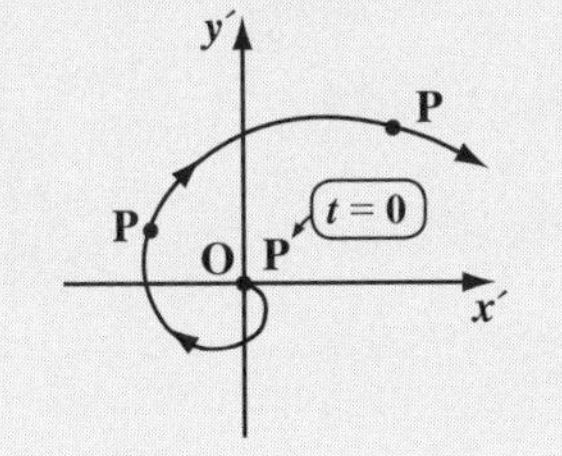

演習問題 8　● 回転座標系 ●

慣性系 $\mathbf{O}xy$ で，質量 m の質点 $\mathbf{P}$ が $(r,\ 0)$ (r：正の定数) の位置で静止している。このとき，原点 $\mathbf{O}$ のまわりに角速度 ω で反時計まわりに回転する回転座標系 $\mathbf{O}x'y'$ を考える。この回転座標系で見たとき，質点 $\mathbf{P}$ に働く力 $\boldsymbol{f}'$ が $\boldsymbol{f}' = -m\omega^2\boldsymbol{r}'$ であることを示せ。(ただし，$\boldsymbol{r}'$ は回転座標系での $\mathbf{P}$ の位置ベクトルを表す。)

ヒント！ 慣性系で静止している質点 $\mathbf{P}$ は，角速度 ω で回転する回転座標系から見ると，逆に角速度 $-\omega$ で時計まわりに回転しているように見える。よって，回転系では向心力として $\boldsymbol{f}' = -m\omega^2\boldsymbol{r}'$ が $\mathbf{P}$ に働いて見えるはずだ。このことを，公式：$\boldsymbol{f}' = \boldsymbol{f} + \boldsymbol{f}_{c_1} + \boldsymbol{f}_{c_2}$ から確かめてみよう！

解答＆解説

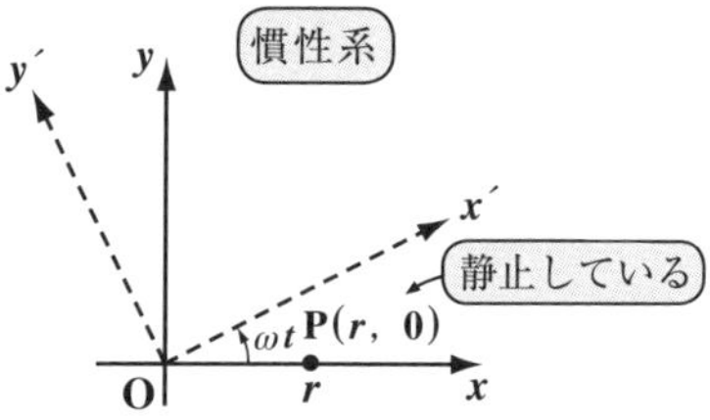

$\boldsymbol{f}' = \boldsymbol{f} + \boldsymbol{f}_{c_1} + \boldsymbol{f}_{c_2}$ ……① が成り立つ。

$\begin{cases} \boldsymbol{f}',\ \boldsymbol{f}：回転系と慣性系で\mathbf{P}に働く力 \\ \boldsymbol{f}_{c_1}：遠心力，\quad \boldsymbol{f}_{c_2}：コリオリの力 \end{cases}$

ここで，

・$\boldsymbol{f} = m\widetilde{\boldsymbol{\alpha}}' = m\mathbf{R}^{-1}(\omega t)\underline{\boldsymbol{a}} = \underline{\mathbf{0}}$ ……②

慣性系で $\mathbf{P}$ は静止している。($\boldsymbol{a} = \mathbf{0}$)

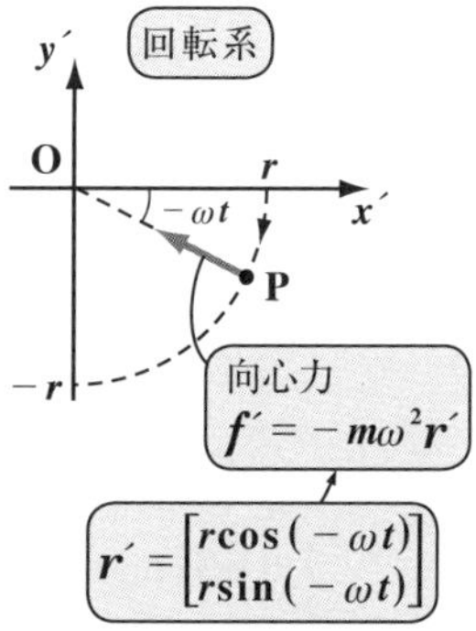

・$\boldsymbol{f}_{c_1} = m\omega^2\boldsymbol{r}' = m\omega^2\begin{bmatrix} r\cos(-\omega t) \\ r\sin(-\omega t) \end{bmatrix}$ ……③

・$\begin{bmatrix} x' \\ y' \end{bmatrix} = \mathbf{R}^{-1}(\omega t)\begin{bmatrix} x \\ y \end{bmatrix} = \begin{bmatrix} \cos\omega t & \sin\omega t \\ -\sin\omega t & \cos\omega t \end{bmatrix}\begin{bmatrix} r \\ 0 \end{bmatrix}$

$= \begin{bmatrix} r\cos\omega t \\ -r\sin\omega t \end{bmatrix}$ より，

$\begin{bmatrix} \dot{x}' \\ \dot{y}' \end{bmatrix} = \begin{bmatrix} -\omega r\sin\omega t \\ -\omega r\cos\omega t \end{bmatrix}$ となる。　　よって，

$\boldsymbol{f}_{c_2} = 2m\omega\begin{bmatrix} \dot{y}' \\ -\dot{x}' \end{bmatrix} = 2m\omega^2\begin{bmatrix} -r\cos\omega t \\ r\sin\omega t \end{bmatrix}$

$= -2m\omega^2\begin{bmatrix} r\cos\omega t \\ -r\sin\omega t \end{bmatrix} = -2m\omega^2\begin{bmatrix} r\cos(-\omega t) \\ r\sin(-\omega t) \end{bmatrix} = -2m\omega^2\boldsymbol{r}'$ ……④

以上②，③，④を①に代入して，$\boldsymbol{f}' = \mathbf{0} + m\omega^2\boldsymbol{r}' - 2m\omega^2\boldsymbol{r}' = -m\omega^2\boldsymbol{r}'$ となる。

予想通り，向心力が現われる！

慣性系

y'　y　x'　静止している　ωt　$\mathbf{P}(r,\ 0)$　$\mathbf{O}$　r　x

回転系

y'　$\mathbf{O}$　r　x'　$-\omega t$　$\mathbf{P}$　$-r$

向心力 $\boldsymbol{f}' = -m\omega^2\boldsymbol{r}'$

$\boldsymbol{r}' = \begin{bmatrix} r\cos(-\omega t) \\ r\sin(-\omega t) \end{bmatrix}$

実践問題 8　● 回転座標系 ●

慣性系 **Oxy** で，質量 m の質点 **P** が位置ベクトル $\boldsymbol{r}=[r\cos\omega t,\ r\sin\omega t]$ (r，ω：正の定数) により等速円運動している。このとき，原点 **O** のまわりに角速度 ω で反時計まわりに回転する回転座標系 $Ox'y'$ を考える。この回転座標系で見たとき，質点 **P** に働く力 $\boldsymbol{f}'$ が $\boldsymbol{f}'=\boldsymbol{0}$ であることを示せ。

ヒント！ 慣性系で等速円運動する質点 **P** と回転座標系 $Ox'y'$ の角速度 ω が等しいので，回転座標系で見た場合，**P** は常に $[x',\ y']=[r,\ 0]$ の位置に静止して見える。よって，$\boldsymbol{f}'=\boldsymbol{0}$ となるはずだ。このことも確かめてみよう！

解答＆解説

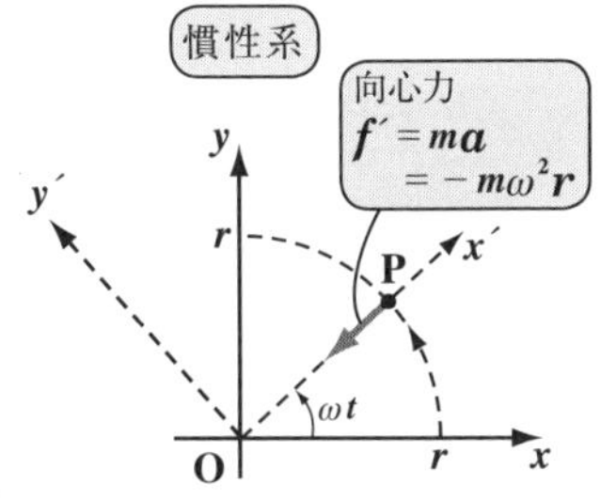

$\boldsymbol{f}'=$ (ア) ……① が成り立つ。

$\begin{cases} \boldsymbol{f}',\ \boldsymbol{f}：回転系と慣性系で\,\mathbf{P}\,に働く力 \\ \boldsymbol{f}_{c_1}：遠心力，\quad \boldsymbol{f}_{c_2}：コリオリの力 \end{cases}$

ここで，

・$\boldsymbol{f}=m\widetilde{\boldsymbol{a}}'=m\mathbf{R}^{-1}(\omega t)\boldsymbol{a}$ （$\boldsymbol{a}$：$-\omega^2\boldsymbol{r}$）

$$=m\begin{bmatrix}\cos\omega t & \sin\omega t\\ -\sin\omega t & \cos\omega t\end{bmatrix}(-\omega^2)\begin{bmatrix}r\cos\omega t\\ r\sin\omega t\end{bmatrix}$$

$$=-m\omega^2\begin{bmatrix}r(\cos^2\omega t+\sin^2\omega t)\\ -r\sin\omega t\cos\omega t+r\cos\omega t\sin\omega t\end{bmatrix}$$

$=$ (イ) ……②

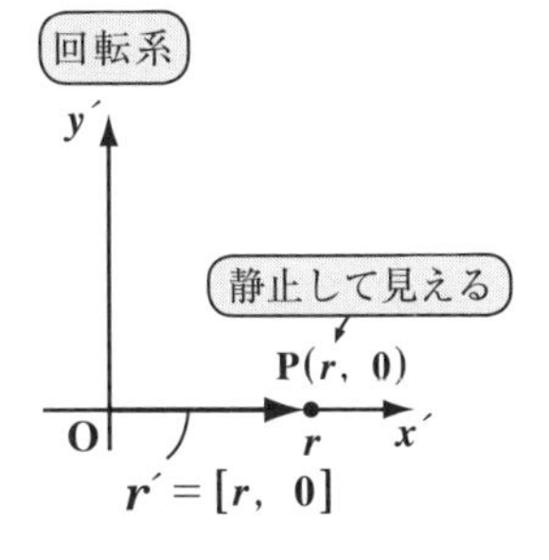

・$\boldsymbol{f}_{c_1}=m\omega^2\boldsymbol{r}'=$ (ウ) ……③

$\boldsymbol{f}_{c_2}=2m\boldsymbol{v}'\times\boldsymbol{\omega}$ は $\boldsymbol{v}'=\boldsymbol{0}$ より，$\boldsymbol{f}_{c_2}=2m\boldsymbol{0}\times\boldsymbol{\omega}=$ (エ) ……④

（回転系では **P** は静止している。）

以上②，③，④を①に代入して，

$$\boldsymbol{f}'=-m\omega^2\begin{bmatrix}r\\0\end{bmatrix}+m\omega^2\begin{bmatrix}r\\0\end{bmatrix}+\boldsymbol{0}=\boldsymbol{0}\ となる。$$

解答　(ア) $\boldsymbol{f}+\boldsymbol{f}_{c_1}+\boldsymbol{f}_{c_2}$　(イ) $-m\omega^2\begin{bmatrix}r\\0\end{bmatrix}$　(ウ) $m\omega^2\begin{bmatrix}r\\0\end{bmatrix}$　(エ) $\boldsymbol{0}$

§3. フーコー振り子

“回転座標系”の講義のしめくくりとして“**フーコー振り子**”について解説しよう。地球は自転しているため，地表で単振り子を振動させると，回転座標系での振動問題になる。この場合，単振り子はコリオリの力を受けるため，ブラブラ振動しながら，北半球においてはその振動面そのものが時計まわりにゆっくりと回転することになる。

エッ，そんなの見たことないって？　そうだね。普通ボク達が作るコインをぶらさげたような単振り子では空気抵抗によりすぐ減衰してしまうから，振動面の回転など経験した人は少ないと思う。でも，フーコー(***Foucault***)は**1851**年に，ひもの長さ**67m**，おもりの質量**28kg**の巨大な単振り子を作って，振動面が回転すること，すなわち地球が自転することを実証して見せた。

今回は，この“**フーコー振り子**”の理論について解説しよう。

● フーコー振り子の運動方程式を導こう！

単振り子の振れ角θについて，その微分方程式を演習問題**6(P112)**で次のように導いた。

$$\ddot{\theta} = -\omega_0^2\theta \quad \cdots\cdots①$$

$$\left(\omega_0 = \sqrt{\frac{g}{l}}：角振動数\right)$$

この単振り子を図**1**(ⅰ)に示すように，北半球で振動させ，x，y，z軸をそれぞれ東向き，北向き，鉛直上向きにとることにする。振り子の糸の長さはl，重りの質量をmとおき，その振動面のxy平面への正射影の線分は図**1**(ⅱ)に示すように，x軸の正の向きから角φだけ傾いているものとする。

図**1**　フーコー振り子

(ⅰ)

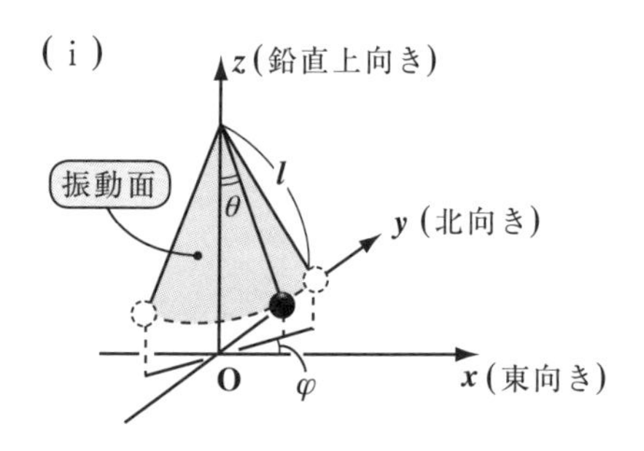

(ⅱ)

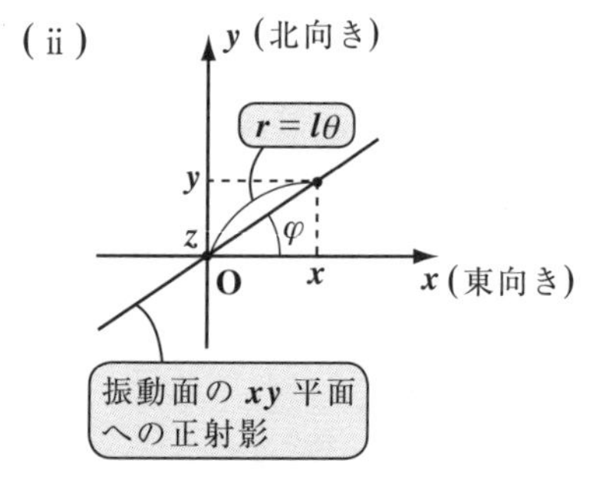

(この φ が時刻 t と共に変化して，振動面が回転することを，これから証明するんだよ。)

ここで，$l\theta = r$ とおき，さらに図1(ⅱ)より，r は，ベクトル $\boldsymbol{r} = [x,\ y]$ のノルム(大きさ)，すなわち $r = \|\boldsymbol{r}\| = \sqrt{x^2 + y^2}$ とする。このとき，

$x = r\cos\varphi$，$y = r\sin\varphi$ ……② となる。

では，まず①の両辺に l をかけて，

$l\ddot{\theta} = -\omega_0{}^2 (l\theta)$ 　　$\ddot{r} = -\omega_0{}^2 r$ となる。

($l\dfrac{d^2\theta}{dt^2} = \dfrac{d^2(l\theta)}{dt^2} = \dfrac{d^2r}{dt^2} = \ddot{r}$)

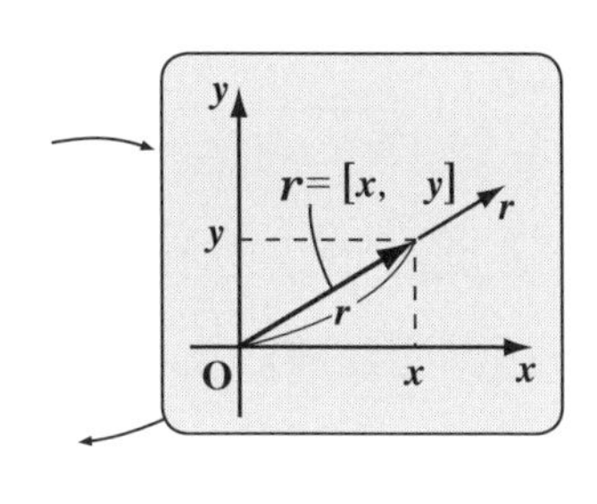

この r を，元のベクトル $\boldsymbol{r}$ におきかえると，

$$\ddot{\boldsymbol{r}} = -\omega_0{}^2 \boldsymbol{r} \qquad \begin{bmatrix} \ddot{x} \\ \ddot{y} \end{bmatrix} = -\omega_0{}^2 \begin{bmatrix} x \\ y \end{bmatrix}$$

さらに，この両辺に重りの質量 m をかけると，慣性系における単振動の運動方程式が次のように導ける。

$$m\begin{bmatrix} \ddot{x} \\ \ddot{y} \end{bmatrix} = -m\omega_0{}^2 \begin{bmatrix} x \\ y \end{bmatrix} \quad \cdots\cdots ③$$

(地球の自転の角速度 ω と区別するため，単振り子の角振動数は ω_0 とした。)

図2 フーコー振り子

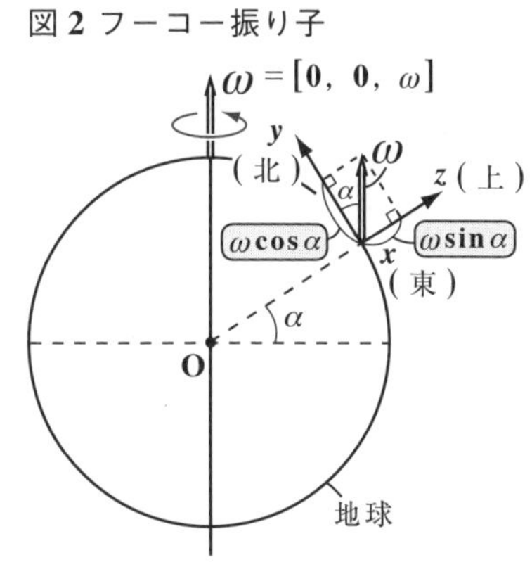

ここで，この単振り子は図2に示すように，地表の北緯 α (ラジアン)の位置にあるものとする。すると，回転座標系によるコリオリの力 f_{c_2} を③の右辺に新たに付け加えないといけないね。遠心力 f_{c_1} については，P157でも解説したとおり，③の右辺の重力による項の中に既に折り込み済みと考えていい。

それでは，コリオリの力 $\boldsymbol{f}_{c_2} = 2m\boldsymbol{v} \times \boldsymbol{\omega}$ を求めよう。図2に示すように，この場合の $\boldsymbol{\omega}$ は，

$\boldsymbol{\omega} = [0,\ \omega\cos\alpha,\ \omega\sin\alpha]$ となる。

また，$\boldsymbol{v} = [\dot{x},\ \dot{y},\ 0]$ より，

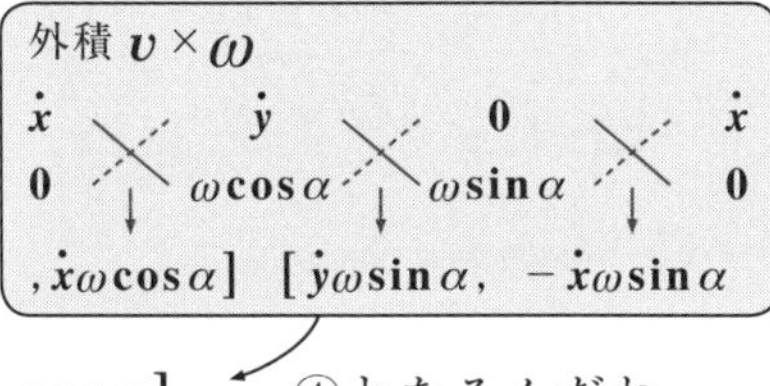

$$\boldsymbol{f}_{c_2} = 2m\boldsymbol{v} \times \boldsymbol{\omega}$$
$$= 2m[\dot{y}\omega\sin\alpha,\ -\dot{x}\omega\sin\alpha,\ \dot{x}\omega\cos\alpha] \quad \cdots\cdots ④$$ となるんだね。

(③に加わるのは，この x 成分と y 成分の2つだ！)

④の x, y 成分を新たに③の右辺に加えることにより，コリオリの力の影響も考慮に入れた振り子，すなわち“フーコー振り子”の運動方程式が次のように完成する。

$$m\begin{bmatrix}\ddot{x}\\ \ddot{y}\end{bmatrix} = \underbrace{-m\omega_0{}^2\begin{bmatrix}x\\ y\end{bmatrix}}_{\text{重力による項（遠心力を含む）}} + \underbrace{2m\omega\sin\alpha\begin{bmatrix}\dot{y}\\ -\dot{x}\end{bmatrix}}_{\text{コリオリの力による項}} \quad\cdots\cdots⑤$$

ここでは，x, y は回転座標系での変数を表す。

振動面が時計まわりに回転する！

フーコー振り子の運動方程式⑤の両辺を $m(>0)$ で割り，x 成分と y 成分を分けて列記すると，次の連立微分方程式が導ける。

$$\begin{cases} x = r\cos\varphi \\ y = r\sin\varphi \end{cases} \cdots\cdots②$$

φ：振動面の x 軸の正の向きからの偏角

$$\ddot{x} = -\omega_0{}^2x + 2\omega\sin\alpha\cdot\dot{y} \quad\cdots\cdots⑥$$

$$\ddot{y} = -\omega_0{}^2y - 2\omega\sin\alpha\cdot\dot{x} \quad\cdots\cdots⑦$$

エッ，難しそうだって？ そうだね，確かに大変そうだ！ でも，これから⑦×x－⑥×y を求めると，見事に振動面が時計まわりに回転することが示せるんだよ。早速やってみよう！

⑦×x－⑥×y より，

$$x\ddot{y} - \ddot{x}y = -\cancel{\omega_0{}^2xy} + \cancel{\omega_0{}^2xy} - 2\omega x\sin\alpha\cdot\dot{x} - 2\omega y\sin\alpha\cdot\dot{y}$$

$$\underbrace{x\ddot{y} - \ddot{x}y}_{\frac{d}{dt}(x\dot{y}-\dot{x}y)} = -2\omega\sin\alpha\underbrace{(x\dot{x} + y\dot{y})}_{\frac{d}{dt}\left\{\frac{1}{2}(x^2+y^2)\right\}} \quad\cdots\cdots⑧$$

ここで，$\frac{d}{dt}(x\dot{y} - \dot{x}y) = \cancel{\dot{x}\dot{y}} + x\ddot{y} - \ddot{x}y - \cancel{\dot{x}\dot{y}} = x\ddot{y} - \ddot{x}y$

$\frac{d}{dt}\left\{\frac{1}{2}(x^2+y^2)\right\} = \frac{1}{2}(2x\dot{x} + 2y\dot{y}) = x\dot{x} + y\dot{y}$ より，

⑧は次のように変形できる。

$$\frac{d}{dt}(x\dot{y} - \dot{x}y) = -2\omega\sin\alpha\frac{d}{dt}\left\{\frac{1}{2}(x^2+y^2)\right\}$$

この両辺を t で積分すると，

$$x\dot{y}-\dot{x}y=-\omega(x^2+y^2)\sin\alpha+C \quad (C：任意定数)$$

ここで，$t=0$ のとき $x=0$ かつ $y=0$ とおくと，$C=0$ となるので，

$$x\dot{y}-\dot{x}y=-\omega(x^2+y^2)\sin\alpha \quad \cdots\cdots ⑨$$ となる。

さァ，ここで $\begin{cases} x=r\cos\varphi \\ y=r\sin\varphi \end{cases}$ ……②を利用しよう。

（φ は振動面の xy 平面への正射影と x 軸のなす角だ。）

②より，

・$x\dot{y}-\dot{x}y=r\cos\varphi(\dot{r}\sin\varphi+r\dot{\varphi}\cos\varphi)-(\dot{r}\cos\varphi-r\dot{\varphi}\sin\varphi)r\sin\varphi$

（$\dot{y}$ のこと（r も φ も t の関数だ！)）（$\dot{x}$ のこと）

$$=r^2\dot{\varphi}(\cos^2\varphi+\sin^2\varphi)=r^2\frac{d\varphi}{dt} \quad \cdots\cdots\cdots ⑩$$

（$\cos^2\varphi+\sin^2\varphi=1$）

・$x^2+y^2=r^2\cos^2\varphi+r^2\sin^2\varphi=r^2(\cos^2\varphi+\sin^2\varphi)=r^2 \cdots\cdots ⑪$

（$\cos^2\varphi+\sin^2\varphi=1$）

以上⑩，⑪を⑨に代入して，

$$r^2\frac{d\varphi}{dt}=-\omega r^2\sin\alpha \qquad \therefore \frac{d\varphi}{dt}=-\omega\sin\alpha$$ が導けた!!

（負の定数）

これからフーコー振り子は，振動運動を続けながらその振動面と x 軸のなす角 φ が，一定の負の角速度 $-\omega\sin\alpha$ で，右まわりにゆっくりと回転していくことを示しているんだね。納得いった？

（地球の自転の角速度 $\dfrac{2\pi}{24\times60^2}\fallingdotseq 7.27\times10^{-5}(1/\mathrm{s})$）（$\alpha$ はラジアン単位の緯度）

フーコー振り子の重りの運動の様子を xy 平面に正射影したときのイメージを図3に示す。

図3 フーコー振り子

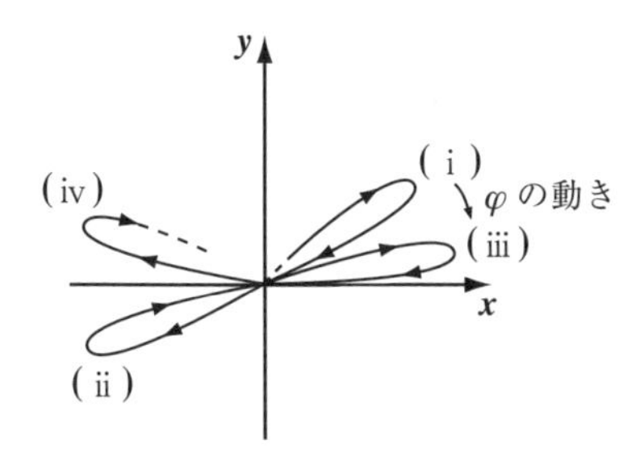

このフーコー振り子により，地球が自転していることが実験的にも実証された。

「それでも地球は動く！」

やっぱりガリレオは正しかったんだね。

講義5 ● 運動座標系　公式エッセンス

1. ガリレイ変換

慣性系 $\mathrm{O}xyz$ に対して x 軸方向に一定の速度 $\boldsymbol{v}_0 = [v_{0x},\ 0,\ 0]$ で並進運動する慣性系 $\mathrm{O}'x'y'z'$ について，

$$\underbrace{\boldsymbol{r}'(t)}_{\mathrm{O}'x'y'z'\text{座標系}} = \underbrace{\boldsymbol{r}(t)}_{\mathrm{O}xyz\text{座標系}} - \underbrace{\boldsymbol{r}_0(t)}_{\overrightarrow{\mathrm{OO}'}}$$

すなわち，$\begin{bmatrix} x'(t) \\ y'(t) \\ z'(t) \end{bmatrix} = \begin{bmatrix} x(t) \\ y(t) \\ z(t) \end{bmatrix} - \begin{bmatrix} v_{0x}t \\ 0 \\ 0 \end{bmatrix}$ となる。

（ただし，時刻 $t=0$ のとき，O と O′ は一致すると考える。）

2. 非等速度で並進運動する座標系

慣性系 $\mathrm{O}xyz$ に対して非等速度で運動する座標系 $\mathrm{O}'x'y'z'$ について，

$\boldsymbol{r}'(t) = \boldsymbol{r}(t) - \boldsymbol{r}_0(t)$ より，　$\ddot{\boldsymbol{r}}'(t) = \ddot{\boldsymbol{r}}(t) - \ddot{\boldsymbol{r}}_0(t)$　両辺に m をかけて，

$$m\boldsymbol{a}'(t) = m\boldsymbol{a}(t) - \underbrace{m\boldsymbol{a}_0(t)}_{\neq 0}$$

$$[\underbrace{\boldsymbol{f}'(t)}_{\mathrm{O}'x'y'z'\text{座標系での力}} = \underbrace{\boldsymbol{f}(t)}_{\mathrm{O}xyz\text{慣性系での力}} + \underbrace{\boldsymbol{f}_0(t)}_{\text{慣性力}}]$$

3. 回転座標系

慣性系 $\mathrm{O}xy$ に対して原点 O のまわりに角速度 ω で反時計まわりに回転する回転座標系 $\mathrm{O}'x'y'$ について，

$$m\begin{bmatrix} \ddot{x}' \\ \ddot{y}' \end{bmatrix} = m\begin{bmatrix} a_{x'} \\ a_{y'} \end{bmatrix} + m\omega^2\begin{bmatrix} x' \\ y' \end{bmatrix} + 2m\omega\begin{bmatrix} \dot{y}' \\ -\dot{x}' \end{bmatrix}$$

$$[\underbrace{\boldsymbol{f}'}_{\text{回転系で質点Pに働く力}} = \underbrace{\boldsymbol{f}}_{\text{慣性系でPに働く力}} + \underbrace{\boldsymbol{f}_{c_1}}_{\text{遠心力(慣性力)}} + \underbrace{\boldsymbol{f}_{c_2}}_{\text{コリオリの力(慣性力)}}]$$

$$[m\boldsymbol{a}' = m\widetilde{\boldsymbol{a}}' + m\omega^2\boldsymbol{r}' + 2m\boldsymbol{v}' \times \boldsymbol{\omega}]$$

$$\left(\begin{bmatrix} x' \\ y' \end{bmatrix} = \mathbf{R}^{-1}(\omega t)\begin{bmatrix} x \\ y \end{bmatrix},\quad \begin{bmatrix} a_{x'} \\ a_{y'} \end{bmatrix} = \mathbf{R}^{-1}(\omega t)\begin{bmatrix} a_x \\ a_y \end{bmatrix}\right)$$

4. 北緯 α（ラジアン）におけるフーコー振り子の運動方程式

$$m\begin{bmatrix} \ddot{x} \\ \ddot{y} \end{bmatrix} = \underbrace{-m\omega_0{}^2\begin{bmatrix} x \\ y \end{bmatrix}}_{\text{重力による項(遠心力を含む)}} + \underbrace{2m\omega\sin\alpha\begin{bmatrix} \dot{y} \\ -\dot{x} \end{bmatrix}}_{\text{コリオリの力による項}}$$

質点系の力学

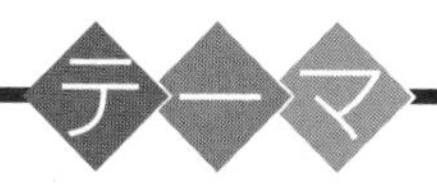

▶ 2体問題（2質点系の力学）

質量中心（重心）$\boldsymbol{r}_G = \dfrac{m_1\boldsymbol{r}_1 + m_2\boldsymbol{r}_2}{M}$

運動量 $\boldsymbol{P} = \boldsymbol{P}_G$

運動エネルギー $K = K_G + K'$

角運動量 $\boldsymbol{L} = \boldsymbol{L}_G + \boldsymbol{L}'$

▶ 多質点系の力学

質量中心（重心）$\boldsymbol{r}_G = \dfrac{\sum_{k=1}^{n} m_k\boldsymbol{r}_k}{M}$

運動量 $\boldsymbol{P} = \boldsymbol{P}_G$

運動エネルギー $K = K_G + K'$

角運動量 $\boldsymbol{L} = \boldsymbol{L}_G + \boldsymbol{L}'$

§1. 2体問題（2質点系の力学）

さァ，これから“**質点系の力学**”の解説に入ろう。これまでの講義では，主に**1**質点の力学を中心に解説してきた。しかし，これから，より現実的な力学モデルとして複数の“質点系の力学”について解説していこう。

もし，複数の質点がバラバラに動くのであれば，個々の質点についてこれまでの力学で対応することになるんだけれど，実際には万有引力など，複数の質点の間には“作用・反作用の法則”により，互いに相互作用が働く。よって，複数の質点はある系(システム)をなして運動することになる。だから，“質点系の力学”を考える必要があるんだね。

今回の講義では，まず“**2質点系の力学**”，すなわち“**2体問題**”について解説しよう。これが，質点系の力学の基本であり，これさえシッカリマスターできれば，より複雑な**3**質点以上の“**多質点系の力学**”も十分に理解できるようになるんだよ。頑張ろう！

● 相互作用のみの場合の2質点系の運動から始めよう！

“**2**体問題”，つまり“**2**質点系の力学”では，作用・反作用の法則(**P50**)が基本になる。復習になるけれど，質量がそれぞれ m_1，m_2 の**2**つの質点 P_1，P_2 が，外力を受けることなく相互作用(内力)のみで運動する場合の運動方程式を下に示す。

$$\begin{cases} m_1\ddot{\boldsymbol{r}}_1 = \boldsymbol{f}_{21} & \cdots\cdots① \\ m_2\ddot{\boldsymbol{r}}_2 = \boldsymbol{f}_{12} & \cdots\cdots② \end{cases}$$

$$\left(\begin{array}{l} \boldsymbol{r}_1,\ \boldsymbol{r}_2 : P_1,\ P_2 \text{ の位置ベクトル} \\ \begin{cases} \boldsymbol{f}_{21} : P_2 \text{ が } P_1 \text{ に及ぼす力} \\ \boldsymbol{f}_{12} : P_1 \text{ が } P_2 \text{ に及ぼす力} \end{cases} \end{array}\right)$$

図1 相互作用のみの2質点系

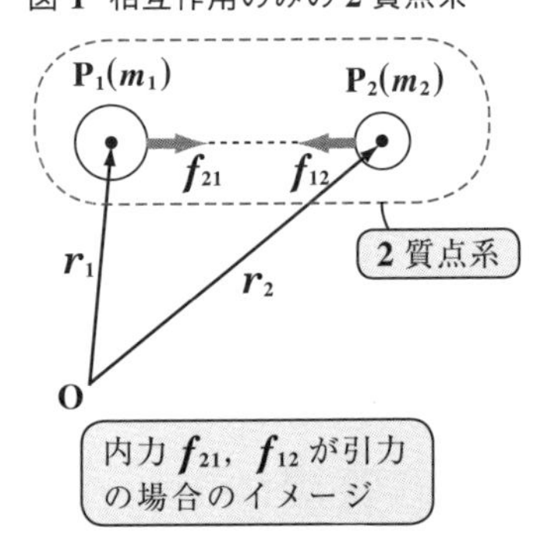

ここで，質点 P_1 についてのみ考えた場合，$\boldsymbol{f}_{21}$ は P_1 に作用する外力と考えることができる。同様に，質点 P_2 についてのみ考えるとき $\boldsymbol{f}_{12}$ は外力と考えていい。でも，ここでは，図**1**に示すように，この**2**質点 P_1，P_2 を**1**つのシステム(系)として考えるんだね。この場合，作用・反作用の

法則により，①，②の2つの内力 $\boldsymbol{f}_{21}$ と $\boldsymbol{f}_{12}$ の間には当然，

$\boldsymbol{f}_{12} = -\boldsymbol{f}_{21}$ ……③　が成り立つ。

よって，①＋②を求めると，

$$\underline{m_1\ddot{\boldsymbol{r}}_1 + m_2\ddot{\boldsymbol{r}}_2} = \boldsymbol{f}_{21} + \boldsymbol{f}_{12}$$

$\boldsymbol{f}_{12}$：$-\boldsymbol{f}_{21}$ (③より)

m_1，m_2 は正の定数（スカラー）だね。

$$m_1\frac{d^2\boldsymbol{r}_1}{dt^2} + m_2\frac{d^2\boldsymbol{r}_2}{dt^2} = \frac{d^2(m_1\boldsymbol{r}_1)}{dt^2} + \frac{d^2(m_2\boldsymbol{r}_2)}{dt^2} = \frac{d^2}{dt^2}(m_1\boldsymbol{r}_1 + m_2\boldsymbol{r}_2)$$

$\dfrac{d^2}{dt^2}(m_1\boldsymbol{r}_1 + m_2\boldsymbol{r}_2) = \boldsymbol{0}$ ……④　(③より)　となり，これはさらに，

$\dfrac{d}{dt}(m_1\dot{\boldsymbol{r}}_1 + m_2\dot{\boldsymbol{r}}_2) = \boldsymbol{0}$ ……⑤　と変形してもいい。ここで，

$\boldsymbol{p}_1(t) = m_1\boldsymbol{v}_1$　$\boldsymbol{p}_2(t) = m_2\boldsymbol{v}_2$

P_1，P_2 の運動量をそれぞれ $\boldsymbol{p}_1(t) = m_1\boldsymbol{v}_1 = m_1\dot{\boldsymbol{r}}_1$，$\boldsymbol{p}_2(t) = m_2\boldsymbol{v}_2 = m_2\dot{\boldsymbol{r}}_2$

とおく。さらに，2質点系全体の運動量を

$\boldsymbol{P} = \boldsymbol{p}_1(t) + \boldsymbol{p}_2(t)$ ……⑥　とおき，⑥を⑤に代入すると，

$\dfrac{d\boldsymbol{P}}{dt} = \boldsymbol{0}$　となる。

よって，　$\boldsymbol{P} = \boldsymbol{p}_1(t) + \boldsymbol{p}_2(t) = $（定ベクトル）　となるので，相互作用のみで運動する2質点系の運動量は時刻 t に関わらず一定に保存されることが分かった。ここまでは大丈夫？

では次，“**質量中心**”(*center of mass*)（または“**重心**”(*center of gravity*)）G を定義しよう。

図2に示すように，基準点 O から重心 G に向かうベクトルを $\boldsymbol{r}_G$ とおくと，$\boldsymbol{r}_G$ は次のように定義される。

$$\boldsymbol{r}_G = \frac{m_1\boldsymbol{r}_1 + m_2\boldsymbol{r}_2}{M} \quad \cdots\cdots ⑦$$

（ただし，$M = m_1 + m_2$）

これは，質点の質量 m_1，m_2 を重みとした，$\boldsymbol{r}_1$ と $\boldsymbol{r}_2$ の“**重み付き平均**”と言ってもいい。図2に示すように，G は線分 P_1P_2 を $m_2 : m_1$ に内分する点となる

図2　質量中心 G

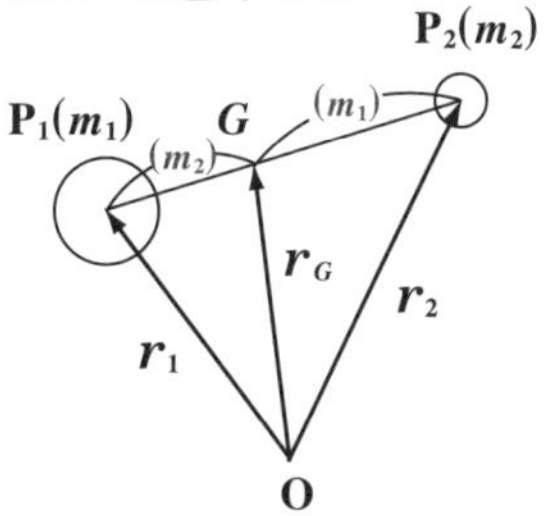

重心 G は，線分 P_1P_2 を $m_2 : m_1$ に内分する点だ。

ので，$m_1 > m_2$ ならば，G は質量の大きい P_1 側に寄った位置にくることが分かると思う。

ここで，⑦より，

$M\boldsymbol{r}_G = m_1\boldsymbol{r}_1 + m_2\boldsymbol{r}_2$ ……⑦′ だね。

この⑦′を④に代入すると，

$\dfrac{d^2}{dt^2}(M\boldsymbol{r}_G) = \boldsymbol{0}$　　$M\dfrac{d^2\boldsymbol{r}_G}{dt^2} = \boldsymbol{0}$

全質量 $m_1 + m_2$（定数）→ 表に出せる

$\therefore M\ddot{\boldsymbol{r}}_G = \boldsymbol{0}$ ……⑧　となる。

重心 G の加速度。$\boldsymbol{a}_G$ とおいてもいい。

$$\frac{d^2}{dt^2}(m_1\boldsymbol{r}_1 + m_2\boldsymbol{r}_2) = \boldsymbol{0} \quad \cdots\cdots④$$

$$\frac{d}{dt}(m_1\dot{\boldsymbol{r}}_1 + m_2\dot{\boldsymbol{r}}_2) = \boldsymbol{0} \quad \cdots\cdots⑤$$

$$\boldsymbol{P} = \boldsymbol{p}_1(t) + \boldsymbol{p}_2(t) \quad \cdots\cdots⑥$$

$$\boldsymbol{r}_G = \frac{m_1\boldsymbol{r}_1 + m_2\boldsymbol{r}_2}{M} \quad \cdots\cdots⑦$$

⑧が意味することは分かる？ そう，2 質点系が相互作用のみで運動するとき，⑧より $\ddot{\boldsymbol{r}}_G = \boldsymbol{0}$ だ。よって，

図 3　重心 G の等速度運動

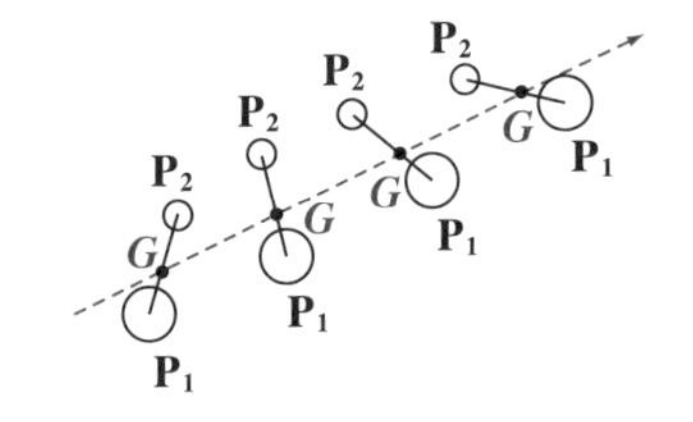

$\dot{\boldsymbol{r}}_G =$（定ベクトル）となるので，図 3 に示すように，重心 G は“**等速度運動**”

重心 G の速度 $\boldsymbol{v}_G$ とおいてもいい。　静止，または等速直線運動のこと

することが分かるね。ン？ 2 質点 P_1，P_2 が回転しているようだって？ そうだね。重心 G に対する P_1，P_2 の“相対的な回転運動”については後で詳しく解説するけれど，今は気にしないでくれ。ここで重要なことは，2 質点系の場合，⑧に示すように「重心 G にあたかも全質量 M（$= m_1 + m_2$）が集中したかのように考えられる」ということなんだ。

重心 G は，物体が何もないところにも存在し得るんだけれど，これに抵抗を感じる人は，図 3 のように P_1 と P_2 を結ぶ質量のない棒上に G があると考えるといいよ。

⑦′を t で 1 回微分したものが，全運動量 $\boldsymbol{P}$ となるんだけれど，これも，$\boldsymbol{P} = m_1\dot{\boldsymbol{r}}_1 + m_2\dot{\boldsymbol{r}}_2 = M\dot{\boldsymbol{r}}_G$ と表される。よって，2 質点系の全運動量も，形式的に質量 M をもつ質点（重心）G の運動量として表現されるんだね。だから，2 質点系の運動を押さえるには，まず重心（質量中心）G の運動を調べることがポイントなんだね。

このことは，2 質点系の P_1，P_2 に重力などの外力が働く場合でも同様だ。これから解説しよう。

● 外力が働く場合の2質点系でも G が重要だ！

図4に示すように，P_1，P_2 に相互作用 (f_{21}，f_{12}) 以外に，それぞれ f_1，f_2 の外力が働く場合についても考えてみよう。

図4　外力が働く場合の2質点系

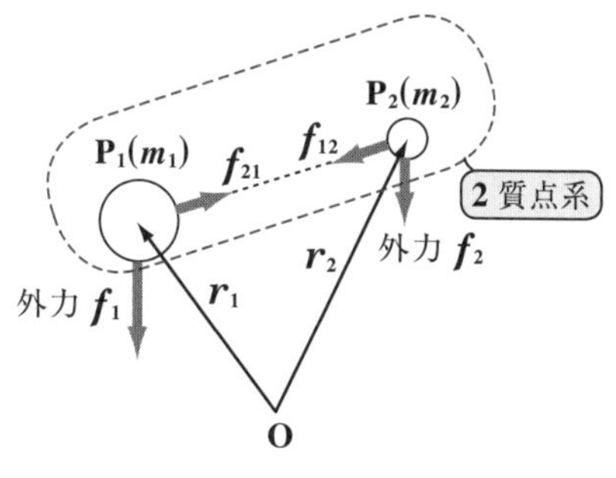

この場合，2質点の運動方程式は

$$\begin{cases} m_1\ddot{r}_1 = f_1 + f_{21} & \cdots\cdots(a) \\ m_2\ddot{r}_2 = f_2 + f_{12} & \cdots\cdots(b) \end{cases}$$

$$f_{12} = -f_{21} \quad \cdots\cdots\cdots\cdots\cdots(c)$$

となる。ここで(a)＋(b)より，

$$\underline{m_1\ddot{r}_1 + m_2\ddot{r}_2} = f_1 + f_2 + \underline{f_{21} + f_{12}}$$

$f_{21} - f_{21} = 0$　((c)より)

$$m_1\frac{d^2r_1}{dt^2} + m_2\frac{d^2r_2}{dt^2} = \frac{d^2}{dt^2}(m_1r_1 + m_2r_2)$$

$$\frac{d^2}{dt^2}(\underline{m_1r_1 + m_2r_2}) = f_1 + f_2 \quad \cdots\cdots(d)$$

Mr_G

ここで，$m_1r_1 + m_2r_2 = Mr_G$ ……⑦′ ($M = m_1 + m_2$) より，

これを(d)に代入して，

$$M\ddot{r}_G = f \quad \cdots\cdots(e)$$

(ただし，$f = f_1 + f_2$) が導ける。

(e)からも分かるように，この場合も，外力 f_1 と f_2 の合力 f があたかも全質量 M をもつ重心 G に働いているように考えられる。

図5　重心 G の放物運動

(P_1，P_2 が G のまわりを一定の角速度で回転するイメージを示した。)

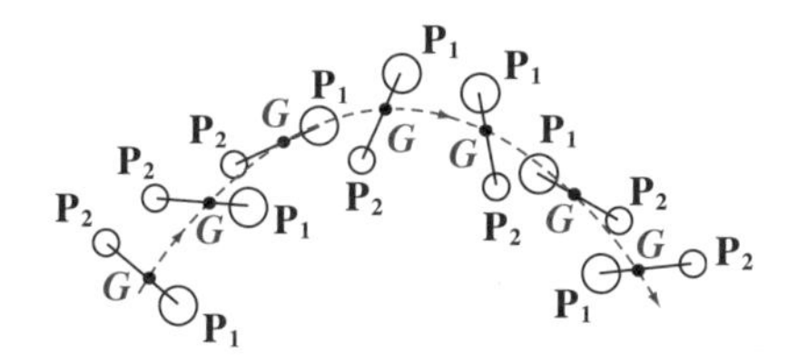

例として，質量の無視できる軽い棒で2質点 P_1 と P_2 をつないで2質点系とし，重力 (外力) $f_1 = m_1g$，$f_2 = m_2g$ が働いている状態で，これを斜め上方に投げ上げる場合を考えよう。ここで，空気抵抗を無視できるものとすると，この軽い棒上にある重心 G が，図5に示すような放物運動をすることになるんだね。大丈夫？

● $\mathbf{P}_1$ に対する $\mathbf{P}_2$ の相対運動を押さえよう！

外力のあるなしに関わらず，**2** 質点系の運動では，まず重心 G の運動を調べることが重要であることが分かったと思う。それでは次のテーマとして，**2** つの質点の"相対運動"について調べてみることにしよう。相対運動を具体的にいうと，次の **2** 通りが考えられる。

$$\begin{cases} (\text{I})\ \mathbf{P}_1 \text{ を固定点と考えた場合の } \mathbf{P}_2 \text{ の相対的な運動} \\ (\text{II})\ \mathbf{P}_2 \text{ を固定点と考えた場合の } \mathbf{P}_1 \text{ の相対的な運動} \end{cases}$$

今回はいずれも，$\mathbf{P}_1$，$\mathbf{P}_2$ が相互作用 (内力) のみで運動し，外力は働かないものとして調べることにするので，まず，$\mathbf{P}_1$ と $\mathbf{P}_2$ の運動方程式は次の通りだね。

$$\begin{cases} m_1\ddot{\boldsymbol{r}}_1 = \boldsymbol{f}_{21} \ \cdots\cdots ① \\ m_2\ddot{\boldsymbol{r}}_2 = \boldsymbol{f}_{12} \ \cdots\cdots ② \end{cases}$$

$$\boldsymbol{f}_{12} = -\boldsymbol{f}_{21} \ \cdots\cdots\cdots ③$$

図 6　$\mathbf{P}_1$ に対する $\mathbf{P}_2$ の相対運動
(外力は働いていない。)

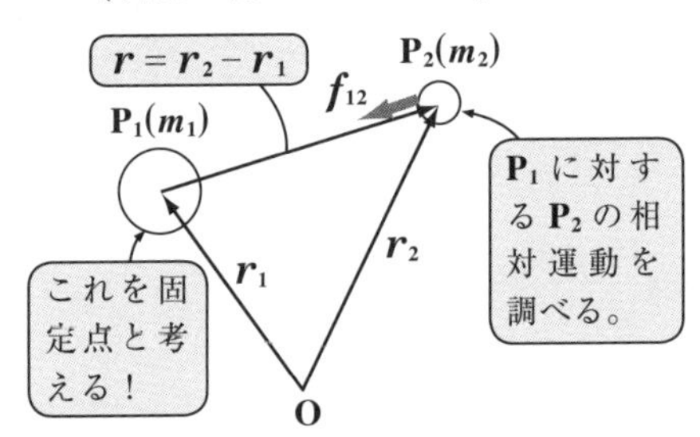

具体的には，$\mathbf{P}_1$ を太陽，$\mathbf{P}_2$ を惑星と考えて，太陽を固定点としたときの惑星の運動をイメージするといいかもね。

(I) $\mathbf{P}_1$ に対する $\mathbf{P}_2$ の相対運動を調べよう。具体的には，図 **6** に示すように，

$$\boldsymbol{r} = \boldsymbol{r}_2 - \boldsymbol{r}_1 \cdots\cdots ④$$

とおいて，$\boldsymbol{r}$ の運動方程式を立てれば，それが $\mathbf{P}_1$ を固定点と考えた場合の $\mathbf{P}_2$ の相対運動の方程式になるんだね。それでは，

$\dfrac{1}{m_2} \times ② - \dfrac{1}{m_1} \times ①$ を計算すると，

$$\ddot{\boldsymbol{r}}_2 - \ddot{\boldsymbol{r}}_1 = \frac{1}{m_2}\boldsymbol{f}_{12} - \frac{1}{m_1}\boldsymbol{f}_{21}$$

$\boldsymbol{f}_{21}$: $(-\boldsymbol{f}_{12})$ (③より)

$$\ddot{\boldsymbol{r}}_2 - \ddot{\boldsymbol{r}}_1 = \frac{d^2\boldsymbol{r}_2}{dt^2} - \frac{d^2\boldsymbol{r}_1}{dt^2} = \frac{d^2}{dt^2}(\boldsymbol{r}_2 - \boldsymbol{r}_1) = \frac{d^2\boldsymbol{r}}{dt^2} = \ddot{\boldsymbol{r}}$$

$\boldsymbol{r}_2 - \boldsymbol{r}_1 = \boldsymbol{r}$ (④より)

$$\ddot{\boldsymbol{r}} = \left(\frac{1}{m_1} + \frac{1}{m_2}\right)\boldsymbol{f}_{12}$$

$$\ddot{\boldsymbol{r}} = \frac{m_1 + m_2}{m_1 m_2}\boldsymbol{f}_{12}$$

$$\frac{m_1 m_2}{m_1 + m_2}\ddot{\boldsymbol{r}} = \boldsymbol{f}_{12} \quad \cdots\cdots⑤$$

これをμ(ミュー)とおく。

今回はP_1を固定して，P_2のみの相対運動を考えているので，この$\boldsymbol{f}_{12}$はP_2にとっての外力とみなすことができる。

ここで，$\mu = \frac{m_1 m_2}{m_1 + m_2}$とおくと，⑤は$\boldsymbol{r}$の運動方程式の形になる。

$$\mu\ddot{\boldsymbol{r}} = \boldsymbol{f}_{12} \quad \cdots\cdots⑥ \quad \left(\mu = \frac{m_1 m_2}{m_1 + m_2}\right)$$

$\frac{1}{\mu} = \frac{1}{m_1} + \frac{1}{m_2}$と覚えてもいい。

ここで，μを"**換算質量**(かんさんしつりょう)"(*reduced mass*)と呼ぶ。そして，この⑥の運動方程式は，「P_1を固定点とみなしたときのP_2の運動は，質量$\boldsymbol{\mu}$の質点が力$\boldsymbol{f}_{12}$を受けて行う運動と等しい」と言っているんだね。

(P_1：これを原点と考える。)

それでは，この換算質量μについて，次の例題で練習しておこう。

例題 26　換算質量μについて，

(1) $m_1 = m_2 = m$のとき，μを求めてみよう。

(2) $m_1 \gg m_2$のとき，$\mu \fallingdotseq m_2$となることを確認しよう。

(1) $m_1 = m_2 = m$のとき，

$$\mu = \frac{m_1 m_2}{m_1 + m_2} = \frac{m^2}{m + m} = \frac{m}{2}$$ となる。大丈夫だね。次，

(2) $m_1 \gg m_2$のとき，

$$\mu = \frac{m_1 m_2}{m_1 + m_2} = \frac{m_2}{1 + \frac{m_2}{m_1}}$$

分子・分母をm_1で割った。

$\frac{m_2}{m_1} \fallingdotseq 0 \ (\because m_1 \gg m_2)$

$\therefore \mu \fallingdotseq m_2$となる。

太陽の質量m_1は惑星の質量m_2よりはるかに大きいので，$m_1 \gg m_2$に相当する。よって，太陽を固定点と考え，惑星の質量はm_2のままで，惑星運動の計算を行った正当性がこれで明らかになったんだね。

それでは次，

(Ⅱ) $\mathbf{P}_2$ に対する $\mathbf{P}_1$ の相対運動も調べよう。具体的には図7に示すように，

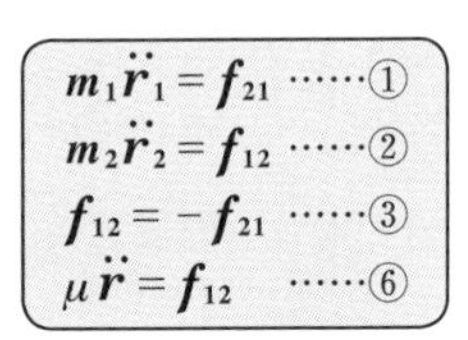

$\boldsymbol{r}' = \boldsymbol{r}_1 - \boldsymbol{r}_2$ ……④′

とおいて，$\boldsymbol{r}'$ の運動方程式を立てればいい。

図7　$\mathbf{P}_2$ に対する $\mathbf{P}_1$ の相対運動
(外力は働いていない。)

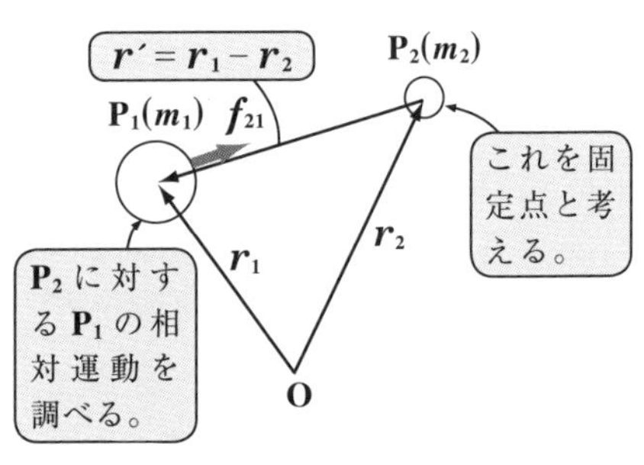

$\dfrac{1}{m_1}\times$ ① $-\dfrac{1}{m_2}\times$ ② より，

$$\ddot{\boldsymbol{r}}_1 - \ddot{\boldsymbol{r}}_2 = \frac{1}{m_1}\boldsymbol{f}_{21} - \frac{1}{m_2}\boldsymbol{f}_{12} \quad (\boldsymbol{f}_{12} = -\boldsymbol{f}_{21})$$

$$\ddot{\boldsymbol{r}}_1 - \ddot{\boldsymbol{r}}_2 = \frac{d^2}{dt^2}(\boldsymbol{r}_1 - \boldsymbol{r}_2) = \frac{d^2\boldsymbol{r}'}{dt^2} = \ddot{\boldsymbol{r}}'$$

$$\ddot{\boldsymbol{r}}' = \left(\frac{1}{m_1} + \frac{1}{m_2}\right)\boldsymbol{f}_{21}$$

$\left(\dfrac{1}{m_1} + \dfrac{1}{m_2}\right) = \dfrac{1}{\mu}$ (③，④′より)

ここで，同様に換算質量 μ を用いると，⑥と同じ運動方程式：

$\mu\ddot{\boldsymbol{r}}' = \boldsymbol{f}_{21}$ ……⑦　が導ける。

この場合でも，$m_1 \gg m_2$ ならば，換算質量 $\mu \fallingdotseq m_2$ となる。ここで，$\mathbf{P}_1$ を太陽，$\mathbf{P}_2$ を地球(惑星)と考えよう。すると，質量の小さな $\mathbf{P}_2$ (地球)を固定点と考えたとき，地球の約 **33** 万倍の大きな質量をもつ $\mathbf{P}_1$ (太陽)の相対運動が⑦の運動方程式で表されるので，この場合，$\mathbf{P}_1$ (太陽)は見かけ上，ほぼ $\mathbf{P}_2$ (地球)の小さな質量と等しい $\mu \fallingdotseq m_2$ の物体が外力 $\boldsymbol{f}_{21}$ を受けて運動して見えることになるんだね。

これも，$\mathbf{P}_2$ (地球)が $\mathbf{P}_1$ (太陽)から受ける万有引力と同じ大きさだ。(向きは逆)

つまり，質量の巨大な太陽も地球から見たら，地球が太陽のまわりをまわるのと同様に，運動して見えるということなんだね。

● 重心 G に対する相対運動も調べよう！

2 質点系の運動では，重心 G の位置ベクトル $\boldsymbol{r}_G$ をまず押さえることが重要だった。したがって，その後の P_1 と P_2 の相対運動も重心 G を基準点とし，G と並進する座標系で考える方が理にかなっているんだね。これから，G を固定点とした場合の 2 物体 P_1 と P_2 の相対運動について解説しよう。ただし，この場合も P_1 と P_2 は相互作用(内力)だけで運動し，外力は働いていないものとする。

まず，P_1 と P_2 の位置ベクトル $\boldsymbol{r}_1$ と $\boldsymbol{r}_2$ を，$\boldsymbol{r}_G = \dfrac{m_1\boldsymbol{r}_1 + m_2\boldsymbol{r}_2}{m_1 + m_2}$ と $\boldsymbol{r} = \boldsymbol{r}_2 - \boldsymbol{r}_1$ で表すと，次のようになることを確認しておこう。

$$\begin{cases} \boldsymbol{r}_1 = \boldsymbol{r}_G - \dfrac{m_2}{m_1 + m_2}\boldsymbol{r} & \cdots\cdots(\mathrm{a}) \\ \boldsymbol{r}_2 = \boldsymbol{r}_G + \dfrac{m_1}{m_1 + m_2}\boldsymbol{r} & \cdots\cdots(\mathrm{b}) \end{cases}$$

図 8 $\boldsymbol{r}_1$，$\boldsymbol{r}_2$ と $\boldsymbol{r}_G$ の関係

(i)

(ii)

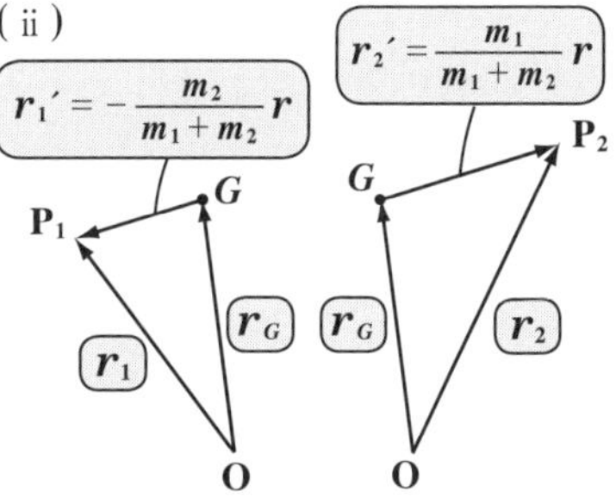

図 8 (i) と (ii) を見れば，(a)，(b) が成り立つのは明らかだと思う。

ここで，

$$\boldsymbol{r}_1{}' = -\frac{m_2}{m_1 + m_2}\boldsymbol{r},\quad \boldsymbol{r}_2{}' = \frac{m_1}{m_1 + m_2}\boldsymbol{r}$$

とおくと，(a)，(b)は，

$$\begin{cases} \boldsymbol{r}_1 = \boldsymbol{r}_G + \boldsymbol{r}_1{}' & \cdots\cdots(\mathrm{a})' \\ \boldsymbol{r}_2 = \boldsymbol{r}_G + \boldsymbol{r}_2{}' & \cdots\cdots(\mathrm{b})' \end{cases}$$ となる。

よって，点 G を基準点とした P_1，P_2 の相対運動は，それぞれ $\boldsymbol{r}_1{}'$ と $\boldsymbol{r}_2{}'$ の運動方程式を立てることにより調べることができるんだね。

ここで，$\boldsymbol{r}_1$ と $\boldsymbol{r}_2$ の運動方程式 $m_1\ddot{\boldsymbol{r}}_1 = \boldsymbol{f}_{21}$ …① と $m_2\ddot{\boldsymbol{r}}_2 = \boldsymbol{f}_{12}$ …② の $\boldsymbol{f}_{21}$ と $\boldsymbol{f}_{12}$ について，それぞれ

$$\boldsymbol{f}_{21} = -f(r)\frac{\boldsymbol{r}}{r} \qquad \boldsymbol{f}_{12} = f(r)\frac{\boldsymbol{r}}{r} \quad (\text{ただし，} r = \|\boldsymbol{r}\|)$$

と表されるのは大丈夫？ 図9に示すように，符号も含めたベクトル $\boldsymbol{f}_{12}$ の大きさを $f(r)$ とおく。

図9のように内力が引力のときは，これは⊖だけど，斥力のときは⊕になることに要注意だ！

$$\begin{cases} m_1\ddot{\boldsymbol{r}}_1 = \boldsymbol{f}_{21} & \cdots\cdots① \\ m_2\ddot{\boldsymbol{r}}_2 = \boldsymbol{f}_{12} & \cdots\cdots② \end{cases}$$

$$\begin{cases} \boldsymbol{r}_1 = \boldsymbol{r}_G + \boldsymbol{r}_1' & \cdots\cdots(a)' \\ \boldsymbol{r}_2 = \boldsymbol{r}_G + \boldsymbol{r}_2' & \cdots\cdots(b)' \end{cases}$$

図9　$\boldsymbol{f}_{21} = -f(r)\dfrac{\boldsymbol{r}}{r}$，$\boldsymbol{f}_{12} = f(r)\dfrac{\boldsymbol{r}}{r}$

（外力は働いていない。）

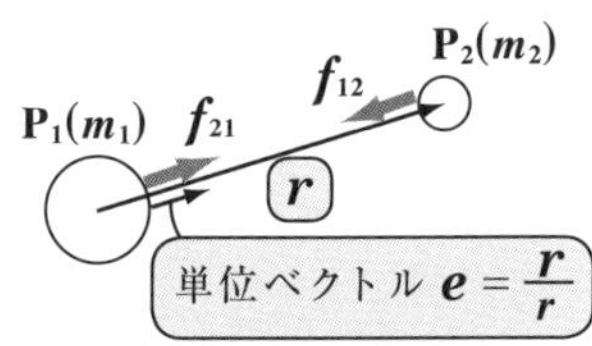

内力が万有引力のときは $f(r) = -G\dfrac{m_1m_2}{r^2}$ だね。

$\boldsymbol{f}_{12}$ は $\boldsymbol{r}$ と平行なので，$\boldsymbol{r}$ と同じ向きの単位ベクトル $\boldsymbol{e} = \dfrac{\boldsymbol{r}}{r}$ を用いて，

$$\boldsymbol{f}_{12} = f(r)\boldsymbol{e} = f(r)\frac{\boldsymbol{r}}{r} \quad \cdots\cdots(c)$$

これは，⊕，⊖の値をとり得る。

と表せる。

$\boldsymbol{f}_{21}$ は $\boldsymbol{f}_{12}$ と逆向きのベクトルなので，

$\boldsymbol{f}_{21} = -f(r)\dfrac{\boldsymbol{r}}{r}$ ……(d) となる。

よって，(c)，(d)を①，②に代入すると，

$$\begin{cases} (\text{i})\ m_1\ddot{\boldsymbol{r}}_1 = -f(r)\dfrac{\boldsymbol{r}}{r} & \cdots\cdots①' \\ (\text{ii})\ m_2\ddot{\boldsymbol{r}}_2 = f(r)\dfrac{\boldsymbol{r}}{r} & \cdots\cdots②' \end{cases}$$ となる。

ここで，$r_1' = \|\boldsymbol{r}_1'\|$，$r_2' = \|\boldsymbol{r}_2'\|$ とおいて，①′と②′から $\boldsymbol{r}_1'$，r_1'，$\boldsymbol{r}_2'$，r_2' の方程式，すなわち，重心 G に対する P_1 と P_2 の相対運動の運動方程式を導いてみよう。

(i) まず，①′について，

・ $\boldsymbol{r}_1 = \boldsymbol{r}_G + \boldsymbol{r}_1'$ ……(a)′

・ $r : r_1' = (m_1 + m_2) : m_2$

$$m_2 r = (m_1 + m_2)r_1' \qquad \therefore\ r = \frac{m_1 + m_2}{m_2}r_1' \quad \cdots\cdots(c)$$

・ $\dfrac{\boldsymbol{r}}{r} = -\dfrac{\boldsymbol{r}_1{}'}{r_1{}'}$ ……(d)

以上(a)′，(c)，(d)を①′に代入すると，

$$m_1(\ddot{\boldsymbol{r}}_G + \ddot{\boldsymbol{r}}_1{}') = -f\left(\frac{m_1+m_2}{m_2}r_1{}'\right)\left(-\frac{\boldsymbol{r}_1{}'}{r_1{}'}\right)$$

$m_1\ddot{\boldsymbol{r}}_G + m_1\ddot{\boldsymbol{r}}_1{}' = m_1\ddot{\boldsymbol{r}}_1{}'$

$\boldsymbol{0}$ （∵外力は働いていない。(P172)）

$$\therefore\ m_1\ddot{\boldsymbol{r}}_1{}' = f\left(\frac{m_1+m_2}{m_2}r_1{}'\right)\frac{\boldsymbol{r}_1{}'}{r_1{}'} \quad \cdots\cdots(*1)$$

となって，G に対する $\mathbf{P}_1$ の相対運動，すなわち $\boldsymbol{r}_1{}'$ の運動方程式が導ける。

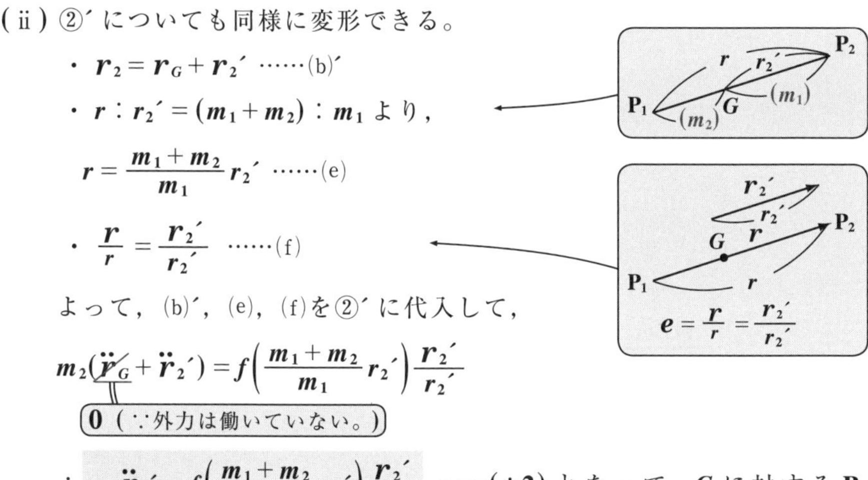

(ii) ②′についても同様に変形できる。

・ $\boldsymbol{r}_2 = \boldsymbol{r}_G + \boldsymbol{r}_2{}'$ ……(b)′

・ $r : r_2{}' = (m_1+m_2) : m_1$ より，

$r = \dfrac{m_1+m_2}{m_1}r_2{}'$ ……(e)

・ $\dfrac{\boldsymbol{r}}{r} = \dfrac{\boldsymbol{r}_2{}'}{r_2{}'}$ ……(f)

よって，(b)′，(e)，(f)を②′に代入して，

$$m_2(\ddot{\boldsymbol{r}}_G + \ddot{\boldsymbol{r}}_2{}') = f\left(\frac{m_1+m_2}{m_1}r_2{}'\right)\frac{\boldsymbol{r}_2{}'}{r_2{}'}$$

$\boldsymbol{0}$ （∵外力は働いていない。）

$$\therefore\ m_2\ddot{\boldsymbol{r}}_2{}' = f\left(\frac{m_1+m_2}{m_1}r_2{}'\right)\frac{\boldsymbol{r}_2{}'}{r_2{}'} \quad \cdots\cdots(*2)$$

となって，G に対する $\mathbf{P}_2$ の相対運動，すなわち $\boldsymbol{r}_2{}'$ の運動方程式が導けた。

結果は少し複雑な式になったけれど，(∗1)，(∗2) が重心 (質量中心) G に対する $\mathbf{P}_1$ と $\mathbf{P}_2$ の相対運動の方程式なんだね。

それでは，次の例題で実際に (∗2) の公式を使ってみよう。

例題 27　外力の働かない空間で，$\boldsymbol{r}$ だけ離れたそれぞれ質量 m_1 と m_2 の物体 P_1 と P_2 の間に万有引力 $f(r) = -G\dfrac{m_1m_2}{r^2}$ のみが働いているものとする。このとき，重心 G_0 に対する物体 P_2 の相対運動の運動方程式を求めてみよう。

質点 P_2 の重心 G_0 に対する相対運動の運動方程式は，

$$m_2\ddot{\boldsymbol{r}}_2' = f\left(\frac{m_1+m_2}{m_1}r_2'\right)\frac{\boldsymbol{r}_2'}{r_2'} \quad \cdots\cdots(*2)$$

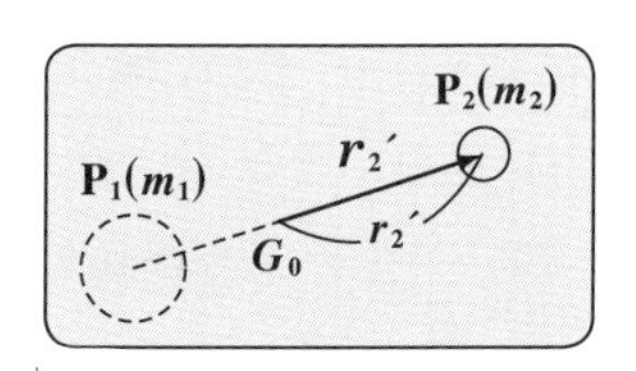

だったね。ここで，万有引力は

$f(r) = -G\dfrac{m_1m_2}{r^2}$ より，

$$f\left(\frac{m_1+m_2}{m_1}r_2'\right) = -G\frac{m_1m_2}{\left(\dfrac{m_1+m_2}{m_1}r_2'\right)^2}$$

$$= -G\frac{m_1{}^3m_2}{(m_1+m_2)^2r_2'^2} \quad \cdots\cdots①$$ となる。①を $(*2)$ に代入して，

求める G_0 に対する P_2 の相対運動の運動方程式は，

$$m_2\ddot{\boldsymbol{r}}_2' = -G\frac{m_1{}^3m_2}{(m_1+m_2)^2}\frac{\boldsymbol{r}_2'}{r_2'^3}$$

となるんだね。これは右図に示すように，あたかも重心 G_0 に質量 $\dfrac{m_1{}^3}{(m_1+m_2)^2}$ の質点（物体）がある場合の質量 m_2 をもつ質点 P_2 の運動方程式になっているんだね。

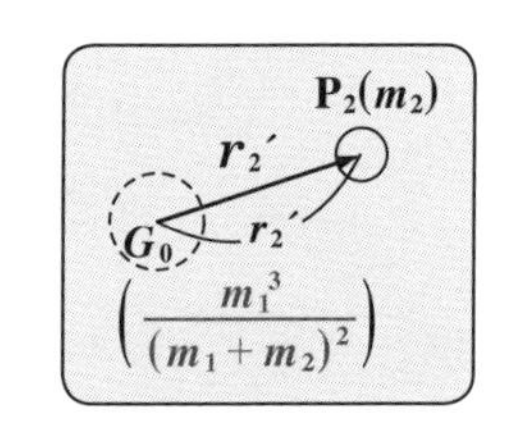

納得いった？

このように，2 質点系の運動は，

$\begin{cases} \text{(i) 重心 } G \text{ の運動 } (\boldsymbol{r}_G) \text{ と} \\ \text{(ii) 重心 } G \text{ に対する相対運動 } (\boldsymbol{r}_1', \boldsymbol{r}_2') \text{ とに} \end{cases}$

分解して考えると分かりやすいんだね。

だから，2質点系の運動を表す運動量$\boldsymbol{P}$，運動エネルギーK，そして角運動量$\boldsymbol{L}$の3つについても，(i) 重心Gの運動によるものと，(ii) 重心Gに対する相対運動によるものとに分けて，記述してみることにしよう。

● まず，運動量$\boldsymbol{P}$を調べてみよう！

図10に示すように，質量m_1，m_2の2質点P_1，P_2の重心Gに対する相対速度をそれぞれ

$\boldsymbol{v}_1' = \dot{\boldsymbol{r}}_1'$，$\boldsymbol{v}_2' = \dot{\boldsymbol{r}}_2'$とおく。

また，重心Gには全質量M $(=m_1+m_2)$が集中していると考えられ，その速度を$\boldsymbol{v}_G = \dot{\boldsymbol{r}}_G$で表すことにしよう。ここで，$P_1$，$P_2$の本来の速度を$\boldsymbol{v}_1$，$\boldsymbol{v}_2$とおくと，

図10　全運動量$\boldsymbol{P}$

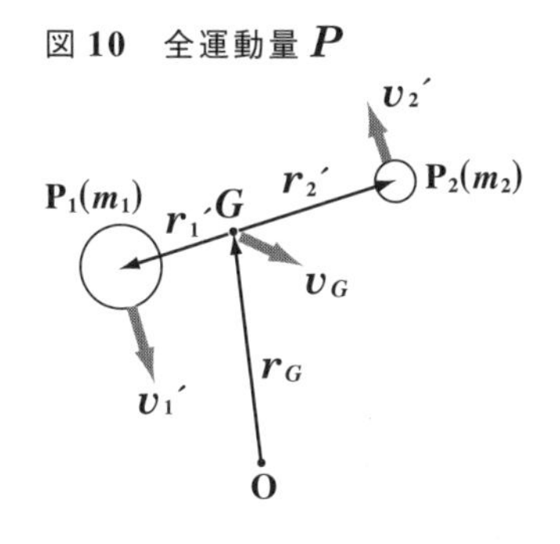

$$\begin{cases} \boldsymbol{v}_1 = \dot{\boldsymbol{r}}_1 = \dfrac{d\boldsymbol{r}_1}{dt} = \dfrac{d}{dt}(\boldsymbol{r}_G + \boldsymbol{r}_1') = \dot{\boldsymbol{r}}_G + \dot{\boldsymbol{r}}_1' = \boldsymbol{v}_G + \boldsymbol{v}_1' \\ \boldsymbol{v}_2 = \dot{\boldsymbol{r}}_2 = \dfrac{d\boldsymbol{r}_2}{dt} = \dfrac{d}{dt}(\boldsymbol{r}_G + \boldsymbol{r}_2') = \dot{\boldsymbol{r}}_G + \dot{\boldsymbol{r}}_2' = \boldsymbol{v}_G + \boldsymbol{v}_2' \end{cases} \quad \cdots\cdots(\mathrm{a})$$

となる。

それでは，2質点系P_1，P_2の全運動量$\boldsymbol{P}$を，(i) 重心Gの運動によるもの$\boldsymbol{P}_G = M\boldsymbol{v}_G$と，(ii) 重心に対する相対運動によるもの$\boldsymbol{P}' = m_1\boldsymbol{v}_1' + m_2\boldsymbol{v}_2'$に分解してみよう。すると，

$$\boldsymbol{P} = m_1\boldsymbol{v}_1 + m_2\boldsymbol{v}_2 = m_1(\boldsymbol{v}_G + \boldsymbol{v}_1') + m_2(\boldsymbol{v}_G + \boldsymbol{v}_2') \quad ((\mathrm{a})\text{より})$$

$$= \underbrace{(m_1+m_2)\boldsymbol{v}_G}_{M\boldsymbol{v}_G = \boldsymbol{P}_G} + \underbrace{(m_1\boldsymbol{v}_1' + m_2\boldsymbol{v}_2')}_{\boldsymbol{P}'}$$

となる。よって，$\boldsymbol{P}$は　（$\boldsymbol{P}'$ ← これは0になる。）

$$\boldsymbol{P} = \boldsymbol{P}_G + \boldsymbol{P}' \quad \cdots\cdots(\mathrm{b})$$

と，キレイに分解して表せる。

$\boldsymbol{r}_G = \dfrac{m_1\boldsymbol{r}_1 + m_2\boldsymbol{r}_2}{M}$

しかし，ここで，重心の位置ベクトル$\boldsymbol{r}_G$の定義を思い出してくれ。すると，

$$M\boldsymbol{r}_G = m_1\boldsymbol{r}_1 + m_2\boldsymbol{r}_2 = m_1(\boldsymbol{r}_G + \boldsymbol{r}_1') + m_2(\boldsymbol{r}_G + \boldsymbol{r}_2')$$

$$= (m_1+m_2)\boldsymbol{r}_G + m_1\boldsymbol{r}_1' + m_2\boldsymbol{r}_2'$$

$$= M\boldsymbol{r}_G + \underbrace{m_1\boldsymbol{r}_1' + m_2\boldsymbol{r}_2'}_{0}$$

となるため，この両辺を比較して，

$m_1\boldsymbol{r}_1' + m_2\boldsymbol{r}_2' = \boldsymbol{0}$ ……(c)　が成り立つ。

$\begin{cases} \boldsymbol{v}_1 = \boldsymbol{v}_G + \boldsymbol{v}_1' \\ \boldsymbol{v}_2 = \boldsymbol{v}_G + \boldsymbol{v}_2' \end{cases}$ …(a)
$\boldsymbol{P} = \boldsymbol{P}_G + \boldsymbol{P}'$ …(b)

そして，(c)の両辺を t で微分したものも

$\underbrace{m_1\dot{\boldsymbol{r}}_1' + m_2\dot{\boldsymbol{r}}_2'}_{\boldsymbol{P}'\text{(相対運動の運動量)}} = \boldsymbol{0}$ ……(d)　となる。

(d)の左辺は，G に対する相対運動の運動量 $\boldsymbol{P}'$ のことだから，(d)から

$\boldsymbol{P}' = \boldsymbol{0}$ が導かれる。

よって，これを(b)に代入すると，

$\boldsymbol{P} = \boldsymbol{P}_G$ ……(*)　が導かれる。

つまり，2 質点系の全運動量は重心 G の運動による運動量と一致し，相対運動による運動量は $\boldsymbol{0}$ であることが分かった。

● 運動エネルギー K についても調べよう！

$v_1 = \|\boldsymbol{v}_1\|$，$v_2 = \|\boldsymbol{v}_2\|$，$v_G = \|\boldsymbol{v}_G\|$，$v_1' = \|\boldsymbol{v}_1'\|$，$v_2' = \|\boldsymbol{v}_2'\|$

とおくと，(a)より，

$$\begin{cases} v_1 = \|\boldsymbol{v}_1\| = \|\boldsymbol{v}_G + \boldsymbol{v}_1'\| \\ v_2 = \|\boldsymbol{v}_2\| = \|\boldsymbol{v}_G + \boldsymbol{v}_2'\| \end{cases} \quad \text{……(a)}'$$

となるのは大丈夫だね。

それでは，2 質点系の全運動エネルギー K を，(i) 重心 G の運動によるもの K_G と，(ii) 重心 G に対する相対運動によるもの K' とに分解して表してみよう。

$$K = \frac{1}{2}m_1v_1^2 + \frac{1}{2}m_2v_2^2 = \frac{1}{2}m_1\|\boldsymbol{v}_1\|^2 + \frac{1}{2}m_2\|\boldsymbol{v}_2\|^2$$

$$= \frac{1}{2}m_1\|\boldsymbol{v}_G + \boldsymbol{v}_1'\|^2 + \frac{1}{2}m_2\|\boldsymbol{v}_G + \boldsymbol{v}_2'\|^2 \quad (\text{(a)}' \text{より})$$

$\|\boldsymbol{v}_G\|^2 + 2\boldsymbol{v}_G\cdot\boldsymbol{v}_1' + \|\boldsymbol{v}_1'\|^2 = v_G^2 + v_1'^2 + 2\boldsymbol{v}_G\cdot\boldsymbol{v}_1'$

$\|\boldsymbol{v}_G\|^2 + 2\boldsymbol{v}_G\cdot\boldsymbol{v}_2' + \|\boldsymbol{v}_2'\|^2 = v_G^2 + v_2'^2 + 2\boldsymbol{v}_G\cdot\boldsymbol{v}_2'$

$$= \frac{1}{2}m_1(v_G^2 + v_1'^2 + 2\boldsymbol{v}_G\cdot\boldsymbol{v}_1') + \frac{1}{2}m_2(v_G^2 + v_2'^2 + 2\boldsymbol{v}_G\cdot\boldsymbol{v}_2')$$

$$= \underbrace{\frac{1}{2}(m_1+m_2)v_G^2}_{\frac{1}{2}Mv_G^2 = K_G} + \underbrace{\left(\frac{1}{2}m_1v_1'^2 + \frac{1}{2}m_2v_2'^2\right)}_{K'} + \underbrace{(m_1\boldsymbol{v}_G\cdot\boldsymbol{v}_1' + m_2\boldsymbol{v}_G\cdot\boldsymbol{v}_2')}_{\boldsymbol{v}_G\cdot(m_1\boldsymbol{v}_1' + m_2\boldsymbol{v}_2') = 0}$$

$\boldsymbol{0}$ ((d)より)

この右辺第1項はK_G，第2項はK'であり，第3項は(d)より0となる。よって，2質点系の全エネルギーKは次式で表される。

$$K = K_G + K' \quad \cdots\cdots(**)$$

つまり，2質点系の全運動エネルギーKは，(i)重心の運動によるものK_Gと，(ii)重心に対する相対運動によるものK'とに分解できるんだね。今回，K'は0になるとは限らない。

以上，全運動量の公式(*)と，全運動エネルギーの公式(**)は，P_1，P_2に外力が働いているか否かに関わらず成り立つ。

● 最後に，角運動量についても調べよう！

角運動量$\boldsymbol{L}$は，質点P(質量m)がもっている運動量$\boldsymbol{p} = m\boldsymbol{v}$のモーメントのことで，外積により$\boldsymbol{L} = \boldsymbol{r} \times \boldsymbol{p}$と表されるんだったね。右に，$\boldsymbol{L}$のイメージを示しておいたけれど，忘れている方はP54で復習するといいよ。

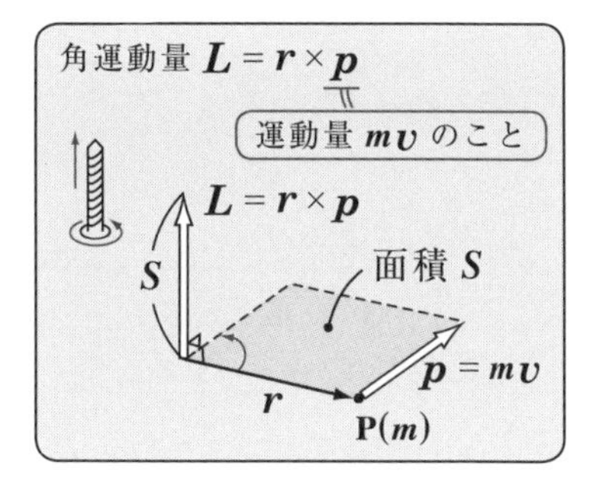

それでは，2質点系の全角運動量$\boldsymbol{L}$について解説しよう。図11に示すように，今回は相互作用($\boldsymbol{f}_{21}$，$\boldsymbol{f}_{12}$)以外に，P_1，P_2にそれぞれ外力$\boldsymbol{f}_1$，$\boldsymbol{f}_2$が働いている場合を考えよう。P_1，P_2のもつ運動量をそれぞれ

図11 全角運動量$\boldsymbol{L}$

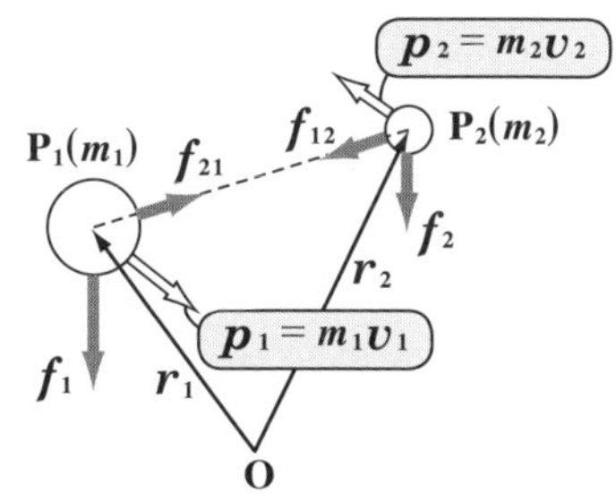

$$\begin{cases} \boldsymbol{p}_1 = m_1\boldsymbol{v}_1 = m_1\dot{\boldsymbol{r}}_1 \\ \boldsymbol{p}_2 = m_2\boldsymbol{v}_2 = m_2\dot{\boldsymbol{r}}_2 \end{cases}$$

とおくと，

$$\dot{\boldsymbol{p}}_1 = m_1\ddot{\boldsymbol{r}}_1,\quad \dot{\boldsymbol{p}}_2 = m_2\ddot{\boldsymbol{r}}_2$$

となるので，今回のP_1，P_2の運動方程式は次のようになるんだね。

$$\begin{cases} \dot{\boldsymbol{p}}_1 = m_1\ddot{\boldsymbol{r}}_1 = \boldsymbol{f}_1 + \boldsymbol{f}_{21} \quad \cdots\cdots ① \\ \dot{\boldsymbol{p}}_2 = m_2\ddot{\boldsymbol{r}}_2 = \boldsymbol{f}_2 + \boldsymbol{f}_{12} \quad \cdots\cdots ② \end{cases} \quad (ここで，\boldsymbol{f}_{12} = -\boldsymbol{f}_{21} \quad \cdots\cdots ③)$$

2 質点系の全角運動量 $\boldsymbol{L}$ は $\mathbf{P}_1$ と $\mathbf{P}_2$ の角運動量の総和より，

$\boldsymbol{L} = \boldsymbol{r}_1 \times \boldsymbol{p}_1 + \boldsymbol{r}_2 \times \boldsymbol{p}_2$ ……④ だね。

$\dfrac{d}{dt}(\boldsymbol{a} \times \boldsymbol{b}) = \dot{\boldsymbol{a}} \times \boldsymbol{b} + \boldsymbol{a} \times \dot{\boldsymbol{b}}$ が成り立つ。

④の両辺を t で微分して，

$$\frac{d\boldsymbol{L}}{dt} = \dot{\boldsymbol{r}}_1 \times \boldsymbol{p}_1 + \boldsymbol{r}_1 \times \dot{\boldsymbol{p}}_1 + \dot{\boldsymbol{r}}_2 \times \boldsymbol{p}_2 + \boldsymbol{r}_2 \times \dot{\boldsymbol{p}}_2$$

$\boldsymbol{v}_1 \times m_1\boldsymbol{v}_1 = \boldsymbol{0}$　$\boldsymbol{v}_2 \times m_2\boldsymbol{v}_2 = \boldsymbol{0}$

$\because \boldsymbol{v}_1 /\!/ m_1\boldsymbol{v}_1$, $\boldsymbol{v}_2 /\!/ m_2\boldsymbol{v}_2$ だからね。

$$= \boldsymbol{r}_1 \times \dot{\boldsymbol{p}}_1 + \boldsymbol{r}_2 \times \dot{\boldsymbol{p}}_2$$

$\boldsymbol{f}_1 + \boldsymbol{f}_{21}$　$\boldsymbol{f}_2 + \boldsymbol{f}_{12}$

$$= \boldsymbol{r}_1 \times (\boldsymbol{f}_1 + \boldsymbol{f}_{21}) + \boldsymbol{r}_2 \times (\boldsymbol{f}_2 + \boldsymbol{f}_{12}) \quad (①，②より)$$

$-\boldsymbol{f}_{12}$

$$= \boldsymbol{r}_1 \times \boldsymbol{f}_1 + \boldsymbol{r}_2 \times \boldsymbol{f}_2 + (\boldsymbol{r}_2 - \boldsymbol{r}_1) \times \boldsymbol{f}_{12} \quad (③より)$$

$\mathbf{P}_1$，$\mathbf{P}_2$ に働く外力のモーメント $\boldsymbol{N}$　　$\boldsymbol{0}$

$\because \boldsymbol{r} = \boldsymbol{r}_2 - \boldsymbol{r}_1$, $\boldsymbol{r} /\!/ \boldsymbol{f}_{12}$ だからね。

ここで，$\boldsymbol{r}_1 \times \boldsymbol{f}_1 + \boldsymbol{r}_2 \times \boldsymbol{f}_2 = \boldsymbol{N}$ ($\mathbf{P}_1$, $\mathbf{P}_2$ に働く外力のモーメント) とおくと，

公式：$\dfrac{d\boldsymbol{L}}{dt} = \boldsymbol{N}$ ……$(*)'$ が導ける。これは

「**2** 質点系の全角運動量 $\boldsymbol{L}$ の時間的変化率は，外力のモーメント $\boldsymbol{N}$ に等しい」ことを表しているんだね。

ここでもし，$\boldsymbol{N} = \boldsymbol{0}$ ならば，$\boldsymbol{L} =$ (定ベクトル) となって，角運動量 $\boldsymbol{L}$ は保存される。

それではこれから，全角運動量 $\boldsymbol{L}$ も，(i) 重心 G の $\mathbf{O}$ のまわりの回転によるもの $\boldsymbol{L}_G$ と，(ii) 重心 G のまわりの相対的な回転によるもの $\boldsymbol{L}'$ とに分解してみることにしよう。

式変形に，この(c)と(d)はとても重要だ。(**P182**)

$m_1\boldsymbol{r}_1' + m_2\boldsymbol{r}_2' = \boldsymbol{0}$ ……(c) と $m_1\dot{\boldsymbol{r}}_1' + m_2\dot{\boldsymbol{r}}_2' = \boldsymbol{0}$ ……(d) に気を付けて，④に $\boldsymbol{r}_1 = \boldsymbol{r}_G + \boldsymbol{r}_1'$，$\boldsymbol{r}_2 = \boldsymbol{r}_G + \boldsymbol{r}_2'$ を代入して，変形してみよう。すると，

$$\boldsymbol{L} = \boldsymbol{r}_1 \times \boldsymbol{p}_1 + \boldsymbol{r}_2 \times \boldsymbol{p}_2 = m_1\boldsymbol{r}_1 \times \dot{\boldsymbol{r}}_1 + m_2\boldsymbol{r}_2 \times \dot{\boldsymbol{r}}_2$$

$m_1\dot{\boldsymbol{r}}_1$　$m_2\dot{\boldsymbol{r}}_2$

$$\boldsymbol{L} = m_1(\boldsymbol{r}_G + \boldsymbol{r}_1') \times (\dot{\boldsymbol{r}}_G + \dot{\boldsymbol{r}}_1') + m_2(\boldsymbol{r}_G + \boldsymbol{r}_2') \times (\dot{\boldsymbol{r}}_G + \dot{\boldsymbol{r}}_2')$$

$$= m_1(\boldsymbol{r}_G \times \dot{\boldsymbol{r}}_G + \boldsymbol{r}_G \times \dot{\boldsymbol{r}}_1' + \boldsymbol{r}_1' \times \dot{\boldsymbol{r}}_G + \boldsymbol{r}_1' \times \dot{\boldsymbol{r}}_1')$$

$$+ m_2(\boldsymbol{r}_G \times \dot{\boldsymbol{r}}_G + \boldsymbol{r}_G \times \dot{\boldsymbol{r}}_2' + \boldsymbol{r}_2' \times \dot{\boldsymbol{r}}_G + \boldsymbol{r}_2' \times \dot{\boldsymbol{r}}_2')$$

$$= (\underbrace{m_1 + m_2}_{M})\boldsymbol{r}_G \times \dot{\boldsymbol{r}}_G + \boldsymbol{r}_G \times (\underbrace{m_1\dot{\boldsymbol{r}}_1' + m_2\dot{\boldsymbol{r}}_2'}_{\boldsymbol{0}\ ((\mathrm{d})より)})$$

$$+ (\underbrace{m_1\boldsymbol{r}_1' + m_2\boldsymbol{r}_2'}_{\boldsymbol{0}\ ((\mathrm{c})より)}) \times \dot{\boldsymbol{r}}_G + (m_1\boldsymbol{r}_1' \times \dot{\boldsymbol{r}}_1' + m_2\boldsymbol{r}_2' \times \dot{\boldsymbol{r}}_2')$$

$$= \underbrace{\boldsymbol{r}_G \times M\dot{\boldsymbol{r}}_G}_{\boldsymbol{r}_G \times \boldsymbol{p}_G = \boldsymbol{L}_G} + (\underbrace{\boldsymbol{r}_1' \times m_1\dot{\boldsymbol{r}}_1' + \boldsymbol{r}_2' \times m_2\dot{\boldsymbol{r}}_2'}_{\boldsymbol{r}_1' \times \boldsymbol{p}_1' + \boldsymbol{r}_2' \times \boldsymbol{p}_2' = \boldsymbol{L}'})$$

ここで，$\boldsymbol{L}_G = \boldsymbol{r}_G \times \boldsymbol{p}_G$，$\boldsymbol{L}' = \boldsymbol{r}_1' \times \boldsymbol{p}_1' + \boldsymbol{r}_2' \times \boldsymbol{p}_2'$ なので，

$\boldsymbol{L} = \boldsymbol{L}_G + \boldsymbol{L}'$ ……(∗∗∗) が導けた。

つまり，全角運動量 $\boldsymbol{L}$ も，(i) 重心の回転によるもの $\boldsymbol{L}_G$ と，(ii) 重心のまわりの回転運動によるもの $\boldsymbol{L}'$ とに分解できることが分かったんだね。

ここで，外力のモーメント $\boldsymbol{N}$ も同様に，

$$\boldsymbol{N} = \boldsymbol{r}_1 \times \boldsymbol{f}_1 + \boldsymbol{r}_2 \times \boldsymbol{f}_2 = (\boldsymbol{r}_G + \boldsymbol{r}_1') \times \boldsymbol{f}_1 + (\boldsymbol{r}_G + \boldsymbol{r}_2') \times \boldsymbol{f}_2$$

$$= \underbrace{\boldsymbol{r}_G \times (\boldsymbol{f}_1 + \boldsymbol{f}_2)}_{\boldsymbol{N}_G} + (\underbrace{\boldsymbol{r}_1' \times \boldsymbol{f}_1 + \boldsymbol{r}_2' \times \boldsymbol{f}_2}_{\boldsymbol{N}'}) = \boldsymbol{N}_G + \boldsymbol{N}'$$ と分解できるので，

$\dfrac{d\boldsymbol{L}}{dt} = \boldsymbol{N}$ ……(∗)′ は，$\dfrac{d\boldsymbol{L}_G}{dt} + \dfrac{d\boldsymbol{L}'}{dt} = \boldsymbol{N}_G + \boldsymbol{N}'$ と書ける。さらに，

$$\frac{d\boldsymbol{L}_G}{dt} = \frac{d}{dt}(\boldsymbol{r}_G \times M\dot{\boldsymbol{r}}_G) = \underbrace{\dot{\boldsymbol{r}}_G \times M\dot{\boldsymbol{r}}_G}_{\boldsymbol{0}\ \leftarrow\ \because\ \dot{\boldsymbol{r}}_G /\!/ M\dot{\boldsymbol{r}}_G} + \boldsymbol{r}_G \times \underbrace{M\ddot{\boldsymbol{r}}_G}_{m_1\ddot{\boldsymbol{r}}_1 + m_2\ddot{\boldsymbol{r}}_2 = \boldsymbol{f}_1 + \boldsymbol{f}_{21} + \boldsymbol{f}_2 + \boldsymbol{f}_{12}\ (①,\ ②,\ ③より)}$$

$$= \boldsymbol{r}_G \times (\boldsymbol{f}_1 + \boldsymbol{f}_2) = \boldsymbol{N}_G$$ となるので，

角運動量の方程式 (∗)′ も，(i) 重心の回転運動によるものと，(ii) 重心のまわりの回転運動によるものとにキレイに分解できて，

(i) $\dfrac{d\boldsymbol{L}_G}{dt} = \boldsymbol{N}_G$ ……(∗)″ と (ii) $\dfrac{d\boldsymbol{L}'}{dt} = \boldsymbol{N}'$ ……(∗)‴ と表せる。

(∗)′，(∗)″，(∗)‴ の角運動量の方程式は回転運動の際に用いるので，“**回転の運動方程式**” (**P55**) と呼ぶことも覚えておこう。

演習問題 9　●2質点系の運動●

右図のように xyz 座標をとる。長さ $2r_0$ の質量の無視できる棒の両端に，それぞれ質量 m の質点を取り付けたものが，その重心 G のまわりを一定の角速度 ω_0 で回転している。重力は y 軸の負の向きに働くものとし，この2質点系の重心 G を y 軸上の十分高い位置から，時刻 $t=0$ のときに静かに落下させるものとする。

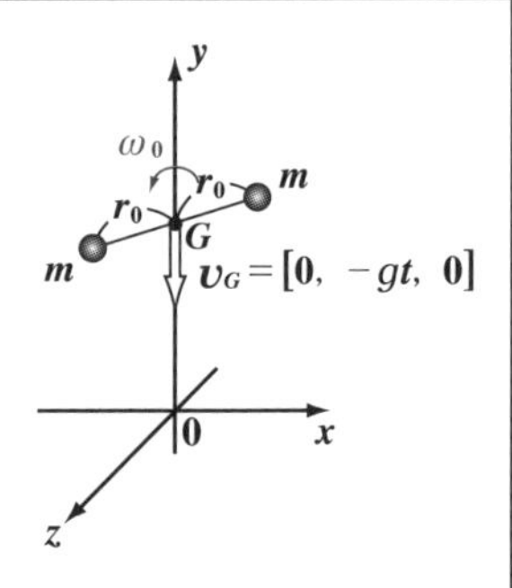

このとき，この回転しながら落下する2質点系の運動について，時刻 t における(i)全運動量 $\boldsymbol{P}$，(ii)全運動エネルギー K，(iii) G のまわりの回転運動による角運動量 $\boldsymbol{L}'$ を求めよ。ただし，この2質点系の回転は xy 平面内で起こるものとし，空気抵抗は無視する。

ヒント！ (i)全運動量 $\boldsymbol{P}=\boldsymbol{P}_G$，(ii)全運動エネルギー $K=K_G+K'$，(iii)相対運動による角運動量 $\boldsymbol{L}'$ はすべて公式通りに求めればいい。頑張ろう！

解答＆解説

(i) 2質点系の全運動量 $\boldsymbol{P}$ は，全質量 $2m$ が集中していると考えられる重心 G の運動による運動量 $\boldsymbol{P}_G$ に等しい。

$\boldsymbol{P}=\boldsymbol{P}_G=2m\boldsymbol{v}_G$

2m　G ← 中点の位置にくる。

$\boldsymbol{v}_G=\dot{\boldsymbol{r}}_G=[0,\ -gt,\ 0]$

2質点系では，G に対する相対運動による運動量 $\boldsymbol{P}'$ は $\boldsymbol{P}'=\boldsymbol{0}$ となるからね。

重心 G は右図に示すように，重力加速度 $\boldsymbol{g}=[0,\ -g,\ 0]$ により，等加速度運動をするので，その速度 $\boldsymbol{v}_G$ は，

$\boldsymbol{v}_G=\dot{\boldsymbol{r}}_G=[0,\ -gt,\ 0]$　となる。← $t=0$ のとき $\boldsymbol{v}_G=\boldsymbol{0}$ だからね。

よって，$\boldsymbol{P}=\boldsymbol{P}_G=2m\boldsymbol{v}_G=2m[0,\ -gt,\ 0]$　となる。

(ii) 2質点系の全運動エネルギー K は，

$K=K_G+K'$ ……①　と表される。

(K_G：重心 G の運動によるもの，K'：重心 G に対する相対運動によるもの)

ここで，$K_G = \frac{1}{2} \cdot 2m \cdot v_G{}^2 = mg^2t^2$ ……②

$\left(\|v_G\|^2 = 0^2 + (-gt)^2 + 0^2 = g^2t^2\right)$

G(2m)　$v_G = gt$

$K' = 2 \cdot \frac{1}{2}m \cdot v_0{}'^2 = mr_0{}^2\omega_0{}^2$ ……………③

$\left((r_0\omega_0)^2\right)$

$v_0' = r_0\omega_0$　m　r_0　r_0　m　$v_0' = r_0\omega_0$

以上②，③を①に代入して，

$K = mg^2t^2 + mr_0{}^2\omega_0{}^2 = m(g^2t^2 + r_0{}^2\omega_0{}^2)$　となる。

(iii) 重心 G に対する相対的な回転運動による角運動量 L' を求める。

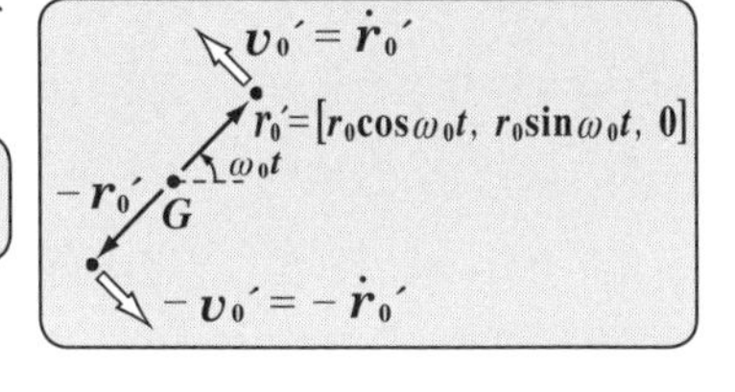

（重心 G は垂直に落下するだけで回転しないので，L_G は求められていない。）

ここで，1つの質点についての G を基準点とする相対位置ベクトル r_0' を

$r_0' = [r_0\cos\omega_0 t,\ r_0\sin\omega_0 t,\ 0]$ とおくと，その速度ベクトル v_0' は，

$v_0' = \dot{r}_0' = [-r_0\omega_0\sin\omega_0 t,\ r_0\omega_0\cos\omega_0 t,\ 0]$ となる。

右上図より，求める角運動量 L' は

$L' = r_0' \times mv_0' + (-r_0') \times m(-v_0')$

$= 2mr_0' \times v_0'$

$= 2m[0,\ 0,\ r_0{}^2\omega_0]$　となる。

（定ベクトル）

外積 $r_0' \times v_0'$ の計算

$r_0\cos\omega_0 t$　$r_0\sin\omega_0 t$　0　$r_0\cos\omega_0 t$

$-r_0\omega_0\sin\omega_0 t$　$r_0\omega_0\cos\omega_0 t$　0　$-r_0\omega_0\sin\omega_0 t$

$, r_0{}^2\omega_0(\cos^2\omega_0 t + \sin^2\omega_0 t)] [0,\ 0$

$(\cos^2\omega_0 t + \sin^2\omega_0 t) = 1$

参考

重力場において，右図に示すように2質点系に力のモーメント N' は働かない。

$(\because N' = r_1 mg - r_1 mg = 0)$

（これは，力のモーメント N' の大きさ）

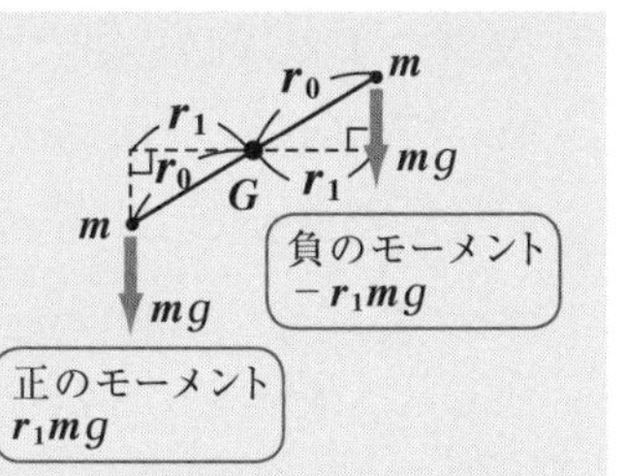

よって，$N' = 0$ より，回転の運動方程式

$\frac{dL'}{dt} = N' = 0$ から，この相対運動による角運動量 L' は定ベクトルになるんだね。

（平面上の力のモーメントは，反時計まわりの向きを正とする。）

演習問題 10	● 2 質点系の運動 ●

右図のように xyz 座標をとる。長さ $2r_0$ の質量の無視できる棒の両端に，それぞれ質量 m の質点を取り付けたものが，その重心 G のまわりを一定の角速度 ω_0 で回転している。さらに O，G も質量の無視できる長さ l の棒で結ばれ，これも原点 O のまわりを一定の角速度 ω で回転するものとする。この 2 質点系の重心 G の位置ベクトル $\boldsymbol{r}_G$ と，G から 1 つの質点に向かう相対位置ベクトル $\boldsymbol{r}_0'$ がそれぞれ時刻 t により，

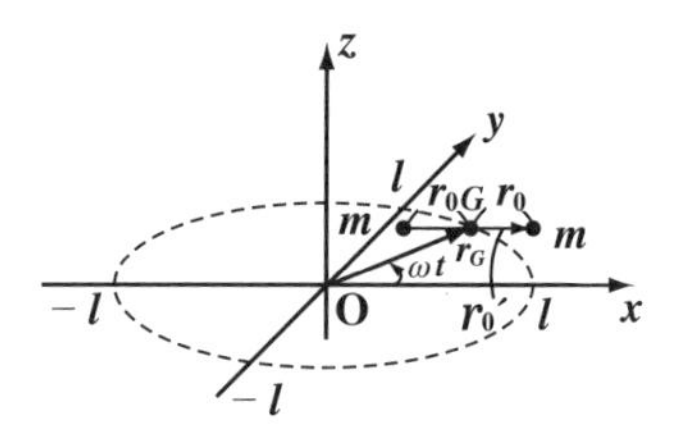

$\boldsymbol{r}_G=[l\cos\omega t,\ l\sin\omega t,\ 0]$ …………①

$\boldsymbol{r}_0'=[r_0\cos\omega_0 t,\ r_0\sin\omega_0 t,\ 0]$ ……② で表されるものとして，

この 2 質点系の運動について，(i) 全運動量 $\boldsymbol{P}$，(ii) 全運動エネルギー K，(iii) 全角運動量 $\boldsymbol{L}$ を求めよ。

ヒント！ (i) 全運動量 $\boldsymbol{P}=\boldsymbol{P}_G$，(ii) 全運動エネルギー $K=K_G+K'$，(iii) 全角運動量 $\boldsymbol{L}=\boldsymbol{L}_G+\boldsymbol{L}'$ をいずれも公式通りに求めよう！

解答＆解説

(i) 2 質点系の全運動量 $\boldsymbol{P}$ は，全質量 $2m$ が集中していると考えられる重心 G の運動による運動量 $\boldsymbol{P}_G$ に等しい。

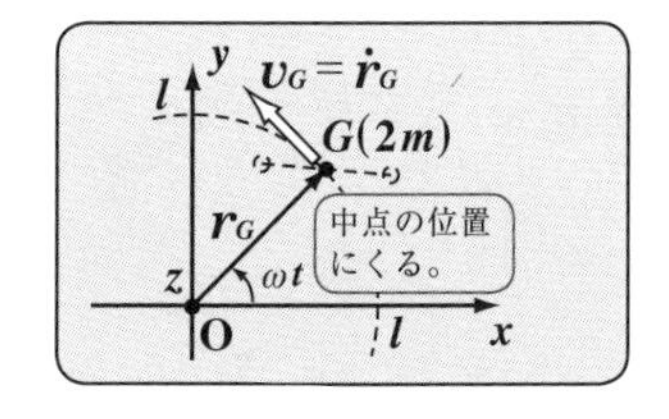

$\boldsymbol{r}_G=[l\cos\omega t,\ l\sin\omega t,\ 0]$ ……① より，

①を t で微分して，

$\boldsymbol{v}_G=\dot{\boldsymbol{r}}_G=[-l\omega\sin\omega t,\ l\omega\cos\omega t,\ 0]$ ……③

よって，$\boldsymbol{P}=\boldsymbol{P}_G=2m\boldsymbol{v}_G=2m[-l\omega\sin\omega t,\ l\omega\cos\omega t,\ 0]$ となる。

(ii) 2 質点系の全運動エネルギー K は，

$K=K_G+K'$ ……④ と表される。

(K_G:重心 G の運動によるもの，K':重心 G に対する相対運動によるもの)

ここで，$K_G = \frac{1}{2} \cdot 2m \cdot v_G{}^2 = ml^2\omega^2$ ……⑤

$\|\boldsymbol{v}_G\|^2 = l^2\omega^2(\sin^2\omega t + \cos^2\omega t)$　（$\sin^2\omega t + \cos^2\omega t = 1$）

$v_G = l\omega$

$G(2m)$

また，②を t で微分して，相対運動の速度 $\boldsymbol{v}_0{}'$ は

$\boldsymbol{v}_0{}' = [-r_0\omega_0\sin\omega_0 t,\ r_0\omega_0\cos\omega_0 t,\ 0]$ ……⑥ となり，この大きさ(速さ)

$v_0{}'$ の 2 乗は，

$v_0{}'^2 = \|\boldsymbol{v}_0{}'\|^2 = r_0{}^2\omega_0{}^2(\sin^2\omega_0 t + \cos^2\omega_0 t) = r_0{}^2\omega_0{}^2$　（$\sin^2\omega_0 t + \cos^2\omega_0 t = 1$）

となる。これから K' は

$K' = 2 \cdot \frac{1}{2} m v_0{}'^2 = m r_0{}^2\omega_0{}^2$ ……⑦

$v_0{}'$　m　G　m　$v_0{}'$

以上⑤，⑦を④に代入して，

$K = ml^2\omega^2 + mr_0{}^2\omega_0{}^2 = m(l^2\omega^2 + r_0{}^2\omega_0{}^2)$　となる。

(iii) 2 質点系の全角運動量 $\boldsymbol{L}$ は

$\boldsymbol{L} = \boldsymbol{L}_G + \boldsymbol{L}'$ ……⑧　と表される。($\boldsymbol{L}_G$：重心 G の O まわりの回転運動によるもの，$\boldsymbol{L}'$：重心 G のまわりの相対的な回転運動によるもの)

ここで，①，③より，

$\boldsymbol{L}_G = \boldsymbol{r}_G \times 2m\boldsymbol{v}_G = 2m\boldsymbol{r}_G \times \boldsymbol{v}_G$

$= 2m[0,\ 0,\ l^2\omega]$ ……⑨

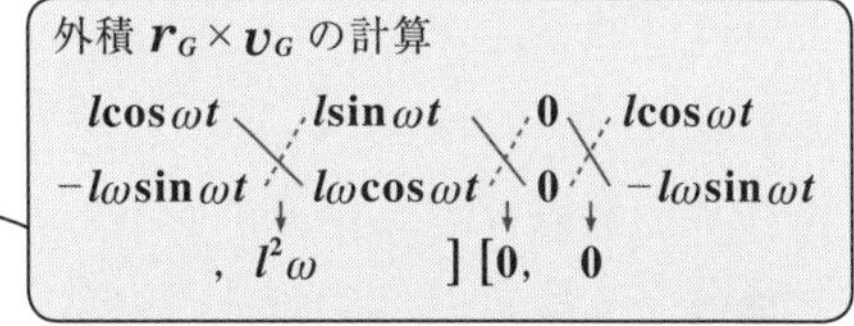

また，②，⑥より，

$\boldsymbol{L}' = 2 \cdot \boldsymbol{r}_0{}' \times m\boldsymbol{v}_0{}' = 2m\boldsymbol{r}_0{}' \times \boldsymbol{v}_0{}'$

$= 2m[0,\ 0,\ r_0{}^2\omega_0]$ ……⑩

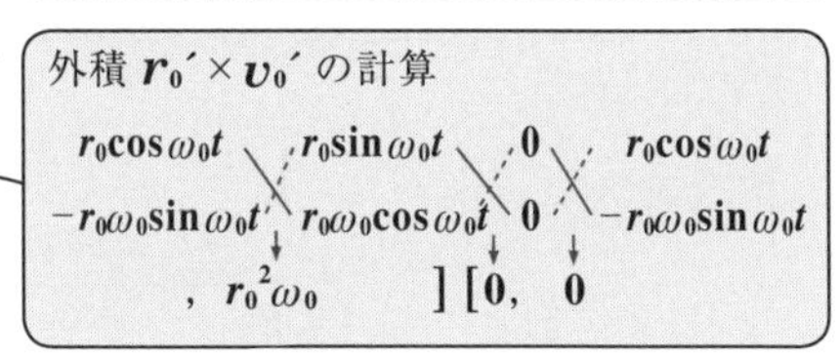

以上⑨，⑩を⑧に代入して，

$\boldsymbol{L} = 2m[0,\ 0,\ l^2\omega + r_0{}^2\omega_0]$

となる。

$\boldsymbol{L}_G$，$\boldsymbol{L}'$ はいずれも，z 軸の正の向きと同じ向きをもつベクトルで，そのイメージを示すと，右図のようになる。

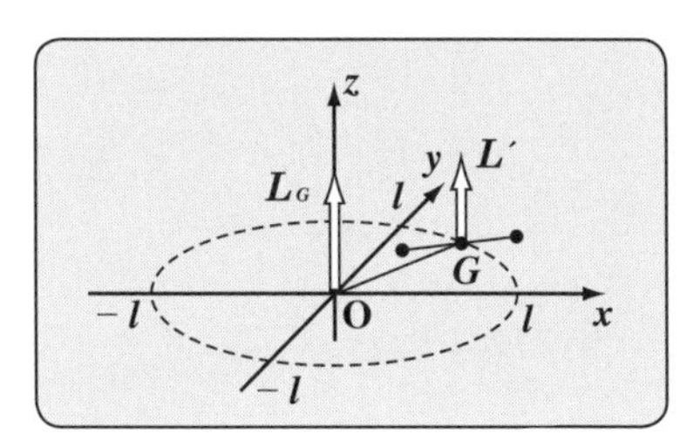

演習問題 11　● 2 質点系のバネによる運動 ●

右図に示すように，質量 m の 2 つの質点 P_1, P_2 と，自然長 l, ばね定数 k の質量を無視できる 3 本のバネとを連結して，なめらかな水平面上におき，両端点を $3l$ だけ隔てた壁面に固定する。ここで，質点 P_1 と P_2 のつり合いの位置からの変位をそれぞれ x_1, x_2 とおいて，x_1 と x_2 の運動方程式を立て，これを解いて P_1 と P_2 の振動の様子を調べよ。

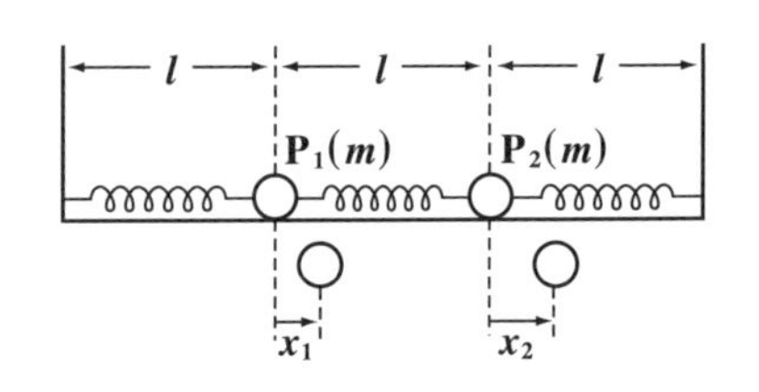

ヒント！ これは“連成振動(れんせいしんどう)”の問題として，頻出問題の 1 つだ。連立微分方程式の解法も含めて，この演習問題でシッカリ練習しておこう。運動方程式を立てるときのコツは，$x_2 > x_1$，つまり $x_2 - x_1 > 0$ と考えることだ。頑張ろう！

解答＆解説

2 つの質点 P_1, P_2 のつり合いの位置からの変位をそれぞれ x_1, x_2 とおくと，これらの運動方程式は次のようになる。

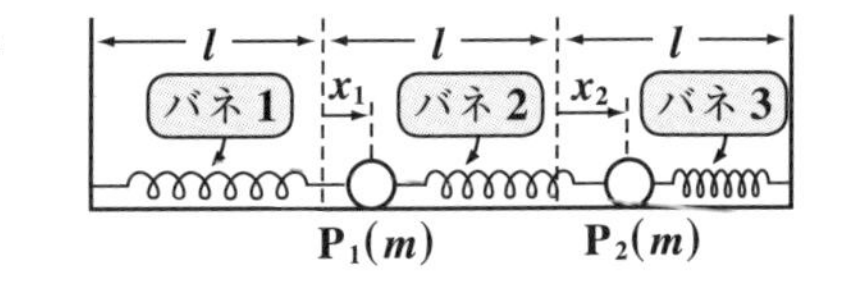

$$m\ddot{x}_1 = \underline{-kx_1} + \underline{k(x_2 - x_1)} \quad \cdots\cdots ①$$

バネ 1 は，x_1 伸びている分縮もうとして，P_1 に ⊖ の向きの力を及ぼす。

たとえば $x_2 - x_1 > 0$ と考えると，バネ 2 は $x_2 - x_1$ 伸びている分縮もうとして，P_1 に ⊕ の向きの力を及ぼす。

$$m\ddot{x}_2 = \underline{-k(x_2 - x_1)} \underline{-kx_2} \quad \cdots\cdots ②$$

$x_2 - x_1 > 0$ と考えると，バネ 2 は $x_2 - x_1$ 伸びている分縮もうとして，P_2 に ⊖ の向きの力を及ぼす。

バネ 3 は，x_2 縮んでいる分伸びようとして，P_2 に ⊖ の向きの力を及ぼす。

このように考えると①，②の右辺の項の ⊕，⊖ が明確になると思う。

①，②をまとめると，

$$\begin{cases} \ddot{x}_1 = -\omega_0{}^2(2x_1 - x_2) & \cdots\cdots ①' \\ \ddot{x}_2 = -\omega_0{}^2(-x_1 + 2x_2) & \cdots\cdots ②' \end{cases} \quad \left(ただし，\omega_0{}^2 = \frac{k}{m}\right)$$ となる。

単振動 (P109) のところで勉強したように，微分方程式 $\ddot{x}=-\omega^2 x$ の解が $x=A\cos(\omega t+\phi)$ となることを知っている。①，②から，この形にもち込んでみよう！

①′＋α×②′を求めると，

$$\ddot{x}_1+\alpha\ddot{x}_2=-\omega_0{}^2(2x_1-x_2)-\alpha\omega_0{}^2(-x_1+2x_2)$$

$$\frac{d^2x_1}{dt^2}+\alpha\frac{d^2x_2}{dt^2}=\frac{d^2}{dt^2}(x_1+\alpha x_2)$$

$$\frac{d^2}{dt^2}(x_1+\alpha x_2)=-\omega_0{}^2\{(2-\alpha)x_1+(2\alpha-1)x_2\}\ \cdots\cdots③$$ となる。

ここで，左右両辺の x_1 と x_2 の係数の比が等しくなるように α を定めると，

$$1:\alpha=(2-\alpha):(2\alpha-1)\qquad \alpha(2-\alpha)=2\alpha-1\qquad \alpha^2=1\qquad \therefore\ \alpha=\pm1$$

(ⅰ) $\alpha=1$ のとき，③は，

$$\frac{d^2}{dt^2}(x_1+x_2)=-\omega_0{}^2(x_1+x_2)$$

$$\therefore\ x_1+x_2=A_1\cos(\omega_0t+\phi_1)\ \cdots\cdots④$$ となる。

$x_1+x_2=\xi$ (グザイ) とおくと，$\ddot{\xi}=-\omega_0{}^2\xi$ より，$\xi=A_1\cos(\omega_0t+\phi_1)$ だね。

(ⅱ) $\alpha=-1$ のとき，③は，

$$\frac{d^2}{dt^2}(x_1-x_2)=-\omega_0{}^2(3x_1-3x_2)=-(\sqrt{3}\,\omega_0)^2(x_1-x_2)$$

$$\therefore\ x_1-x_2=A_2\cos(\sqrt{3}\,\omega_0t+\phi_2)\ \cdots\cdots⑤$$ となる。

$x_1-x_2=\zeta$ (ゼータ) とおくと，$\ddot{\zeta}=-(\sqrt{3}\,\omega_0)^2\zeta$ より，$\zeta=A_2\cos(\sqrt{3}\,\omega_0t+\phi_2)$ だね。

以上 (ⅰ)(ⅱ) の結果を用いて，

$\dfrac{④+⑤}{2}$ より，$x_1=C_1\cos(\omega_0t+\phi_1)+C_2\cos(\sqrt{3}\,\omega_0t+\phi_2)\ \cdots⑥$

$\dfrac{④-⑤}{2}$ より，$x_2=C_1\cos(\omega_0t+\phi_1)-C_2\cos(\sqrt{3}\,\omega_0t+\phi_2)\ \cdots⑦$

$$\left(C_1=\frac{A_1}{2},\ C_2=\frac{A_2}{2},\ \phi_1,\ \phi_2：任意定数\right)$$

このように連成振動は，2つの角振動数の異なる単振動の重ね合わせによって表されるんだね。ここで，⑥，⑦より，

(今回の例では ω_0 と $\sqrt{3}\,\omega_0$ のこと。)

$$\begin{cases}x_1=C_1\cos(\omega_0t+\phi_1)\\x_2=C_1\cos(\omega_0t+\phi_1)\end{cases} と \begin{cases}x_1=C_2\cos(\sqrt{3}\omega_0t+\phi_2)\\x_2=-C_2\cos(\sqrt{3}\omega_0t+\phi_2)\end{cases}$$ のそれぞれ独立した単振動のことを，基準振動と呼ぶことも，頭に入れておこう。

演習問題 11 の別解

2 質点系のバネの連成振動では，2 つの基準振動の和 (重ね合わせ) で表される。よって，この基準振動を $\begin{cases} x_1 = B_1\cos(\omega t+\phi) \\ x_2 = B_2\cos(\omega t+\phi) \end{cases}$ ……①

$\left(\text{ただし}, \omega, B_1, B_2 : \text{未知数}, \begin{bmatrix} B_1 \\ B_2 \end{bmatrix} \neq \begin{bmatrix} 0 \\ 0 \end{bmatrix} \text{であり}, B_1 : B_2 \text{の比を求める。}\right)$

演習問題 11 の連成バネ振り子の微分方程式は，次の通りだね。

$\ddot{x}_1 = -\omega_0{}^2(2x_1 - x_2)$ ………②

$\ddot{x}_2 = -\omega_0{}^2(-x_1 + 2x_2)$ ……③

$\left(\text{ただし}, \ \omega_0{}^2 = \dfrac{k}{m}\right)$ ここで，①を t で 2 階微分すると，

$$\begin{cases} \ddot{x}_1 = \dfrac{d}{dt}\left(\dfrac{dx_1}{dt}\right) = \dfrac{d}{dt}\{-B_1\omega\sin(\omega t+\phi)\} = -B_1\omega^2\cos(\omega t+\phi) \\ \ddot{x}_2 = \dfrac{d}{dt}\left(\dfrac{dx_2}{dt}\right) = \dfrac{d}{dt}\{-B_2\omega\sin(\omega t+\phi)\} = -B_2\omega^2\cos(\omega t+\phi) \end{cases}$$ …①´ となる。

①と①´を②，③に代入して，

$$\begin{cases} -B_1\omega^2\cos(\omega t+\phi) = -\omega_0{}^2(2B_1 - B_2)\cos(\omega t+\phi) \\ -B_2\omega^2\cos(\omega t+\phi) = -\omega_0{}^2(-B_1 + 2B_2)\cos(\omega t+\phi) \end{cases}$$

この 2 式の両辺を $\cos(\omega t+\phi)$ で割って，B_1 と B_2 でまとめると，

$$\begin{cases} (\omega^2 - 2\omega_0{}^2)B_1 + \omega_0{}^2 B_2 = 0 \\ \omega_0{}^2 B_1 + (\omega^2 - 2\omega_0{}^2)B_2 = 0 \end{cases}$$ この左辺を行列とベクトルの積で表すと，

$$\begin{bmatrix} \omega^2 - 2\omega_0{}^2 & \omega_0{}^2 \\ \omega_0{}^2 & \omega^2 - 2\omega_0{}^2 \end{bmatrix} \begin{bmatrix} B_1 \\ B_2 \end{bmatrix} = \begin{bmatrix} 0 \\ 0 \end{bmatrix}$$ ……④

(行列 A とおく)

$A = \begin{bmatrix} \omega^2 - 2\omega_0{}^2 & \omega_0{}^2 \\ \omega_0{}^2 & \omega^2 - 2\omega_0{}^2 \end{bmatrix}$ とおくと，④は $A\begin{bmatrix} B_1 \\ B_2 \end{bmatrix} = \begin{bmatrix} 0 \\ 0 \end{bmatrix}$ …④´ となる。

ここで，A の逆行列 A^{-1} が存在すると仮定すると，この A^{-1} を④´の両辺に左からかけて，$\begin{bmatrix} B_1 \\ B_2 \end{bmatrix} = A^{-1}\begin{bmatrix} 0 \\ 0 \end{bmatrix} = \begin{bmatrix} 0 \\ 0 \end{bmatrix}$ となって，$\begin{bmatrix} B_1 \\ B_2 \end{bmatrix} \neq \begin{bmatrix} 0 \\ 0 \end{bmatrix}$ の条件に反する。

($B_1 = 0$ かつ $B_2 = 0$ ならば，①より，$x_1 = 0$，$x_2 = 0$ となって，振動は起こらない！)

よって，A^{-1} は存在しないので，

$$detA = |A| = \begin{vmatrix} \omega^2 - 2\omega_0{}^2 & \omega_0{}^2 \\ \omega_0{}^2 & \omega^2 - 2\omega_0{}^2 \end{vmatrix} = 0$$

一般に，$A = \begin{bmatrix} a & b \\ c & d \end{bmatrix}$ の逆行列 A^{-1} が存在しないとき $detA = ad - bc = 0$ となる。

よって，$(\omega^2 - 2\omega_0{}^2)^2 - (\omega_0{}^2)^2 = 0$ より，

$a^2 - b^2 = (a+b)(a-b)$

$(\omega^2 - 2\omega_0{}^2 + \omega_0{}^2)(\omega^2 - 2\omega_0{}^2 - \omega_0{}^2) = 0$

$(\omega^2 - \omega_0{}^2)(\omega^2 - 3\omega_0{}^2) = 0$ より，$\omega^2 = \omega_0{}^2$ または $3\omega_0{}^2$ となる。

ここで，$\omega > 0$，$\omega_0 = \sqrt{\frac{k}{m}} > 0$ より，

$\omega = \omega_0$ または $\sqrt{3}\omega_0$ となる。

これで，ω の値が決まったので，後は，B_1 と B_2 の比が分かればいいんだね。

(i) $\omega = \omega_0$ のとき④は，

$$\begin{bmatrix} -\omega_0{}^2 & \omega_0{}^2 \\ \omega_0{}^2 & -\omega_0{}^2 \end{bmatrix}\begin{bmatrix} B_1 \\ B_2 \end{bmatrix} = \begin{bmatrix} 0 \\ 0 \end{bmatrix}$$ となる。

$$\begin{bmatrix} \omega^2 - 2\omega_0{}^2 & \omega_0{}^2 \\ \omega_0{}^2 & \omega^2 - 2\omega_0{}^2 \end{bmatrix}\begin{bmatrix} B_1 \\ B_2 \end{bmatrix} = \begin{bmatrix} 0 \\ 0 \end{bmatrix} \cdots ④$$

よって，$-\omega_0{}^2 B_1 + \omega_0{}^2 B_2 = 0$，両辺を $\omega_0{}^2 (\neq 0)$ で割って，

$B_1 = B_2$ より，$B_1 : B_2 = 1 : 1$ が分かったので，

$B_1 = B_2 = C_1$ (定数) とおくと，このときの基準モードは，

$$\begin{cases} x_1 = C_1 \cos(\omega_0 t + \phi_1) \\ x_2 = C_1 \cos(\omega_0 t + \phi_1) \end{cases} \cdots\cdots ⑤$$ となる。

(ii) $\omega = \sqrt{3}\omega_0$ のとき④は，

$$\begin{bmatrix} \omega_0{}^2 & \omega_0{}^2 \\ \omega_0{}^2 & \omega_0{}^2 \end{bmatrix}\begin{bmatrix} B_1 \\ B_2 \end{bmatrix} = \begin{bmatrix} 0 \\ 0 \end{bmatrix}$$ となる。よって，$\omega_0{}^2 B_1 + \omega_0{}^2 B_2 = 0$

両辺を $\omega_0{}^2 (\neq 0)$ で割って，$B_1 = -B_2$ より，$B_1 : B_2 = 1 : -1$ となる。

よって，$B_1 = C_2$，$B_2 = -C_2$ とおくと，このときの基準モードは，

$$\begin{cases} x_1 = C_2 \cos(\sqrt{3}\omega_0 t + \phi_2) \\ x_2 = -C_2 \cos(\sqrt{3}\omega_0 t + \phi_2) \end{cases} \cdots\cdots ⑥$$ となる。

以上より，⑤，⑥それぞれの x_1 と x_2 の和を求めれば，この連成振動の解は，

$$\begin{cases} x_1 = C_1 \cos(\omega_0 t + \phi_1) + C_2 \cos(\sqrt{3}\omega_0 t + \phi_2) \\ x_2 = C_1 \cos(\omega_0 t + \phi_1) - C_2 \cos(\sqrt{3}\omega_0 t + \phi_2) \end{cases}$$ となって，P191 の解答と一致するんだね。この基準振動による解法も，力学ではよく利用されるので，シッカリマスターしよう！

演習問題 11 の参考

2 質点系のばねによる振動において生じ得る"**うなり**"(*beat*)についても解説しておこう。2 質点系のばねによる振動は，2 つの基準振動の合成によって表されるわけだけれど，この 2 つの基準振動の角振動数 ω_1 と ω_2 の差がわずかであるときに，うなりという現象が生じることになるんだね。

これから，具体的に数式で解説していこう。1 つの振動子の連成振動の解は 2 つの角振動数 ω_1 と ω_2 の基準振動の合成として，次式で表されるのは大丈夫だね。

$$x_1 = \underbrace{C_1}_{C}\cos(\underbrace{\omega_1}_{\omega+\Delta\omega} t + \underbrace{\phi_1}_{0}) + \underbrace{C_2}_{C}\cos(\underbrace{\omega_2}_{\omega-\Delta\omega} t + \underbrace{\phi_2}_{0}) \cdots\cdots ①$$

ここで，式の変形を簡単にするために，2 つの初期位相 ϕ_1 と ϕ_2 は共に 0 とし，2 つの係数 C_1 と C_2 は共に同じく $C_1 = C_2 = C$ とおくことにする。そして，2 つの基準振動の角振動数 ω_1 と ω_2 は $\omega_1 \fallingdotseq \omega_2$ とし，これをさらに ω と $\Delta\omega$ $(\Delta\omega \ll \omega)$ を用いて $\omega_1 = \omega + \Delta\omega$，$\omega_2 = \omega - \Delta\omega$ とする。つまり，ω_1 と ω_2 の差はわずかなものとして，$\omega_1 - \omega_2 = 2\Delta\omega$ としたんだね。

以上より，①は次のように変形することができる。

$$x = C\cdot\cos(\omega+\Delta\omega)t + C\cdot\cos(\omega-\Delta\omega)t$$
$$= C\{\cos(\underbrace{\omega t + \Delta\omega t}_{(\alpha+\beta)}) + \cos(\underbrace{\omega t - \Delta\omega t}_{(\alpha-\beta)})\}$$
$$= 2C\cdot\cos\underbrace{\omega t}_{\alpha}\cdot\cos\underbrace{\Delta\omega t}_{\beta}$$

公式：
$\cos(\alpha+\beta)+\cos(\alpha-\beta) = 2\cos\alpha\cos\beta$

$$\therefore\ x = \underbrace{2C\cos\Delta\omega t}\cdot\cos\omega t \cdots\cdots ②$$

これは，時刻 t により，ゆっくりと変動する振幅 $A(t)$ と考える。

$\Delta\omega \ll \omega$ より，$\cos\Delta\omega t$ と $\cos\omega t$ の周期をそれぞれ T_1，T_2 とおくと，$T_1 = \frac{2\pi}{\Delta\omega}$，$T_2 = \frac{2\pi}{\omega}$ より，$T_1 \gg T_2$ となる。

となるんだね。

ここで，②の $2C\cos\Delta\omega t$ は周期の大きいゆっくりとした振動を表すので，これを x の変動する振幅 $A(t)$ とおくと，②は，$x = A(t)\cos\omega t$ となる。

$\cos\omega t$ は周期の短い波動

よって，x は，$\cos\omega t$ により短い周期の振動をしながら，その振幅 $A(t)$ は，ゆっくりと大きく変動することになるので，②は，ウォーン，ウォーン，…という"**うなり**"という現象を表す方程式になっているんだね。

それでは，②式のうなりの方程式のグラフを具体的に示そう。$C=1$，$\Delta\omega=\frac{1}{2}$とし，$\omega=5,\ 8,\ 15$の3通りに変化させて3つのグラフを描いてみよう。

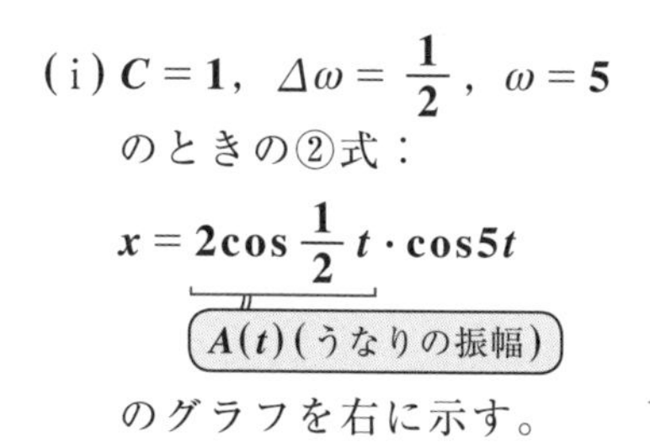

(i) $C=1$，$\Delta\omega=\frac{1}{2}$，$\omega=5$ のときの②式：

$$x=\underbrace{2\cos\frac{1}{2}t}_{A(t)\text{（うなりの振幅）}}\cdot\cos 5t$$

のグラフを右に示す。

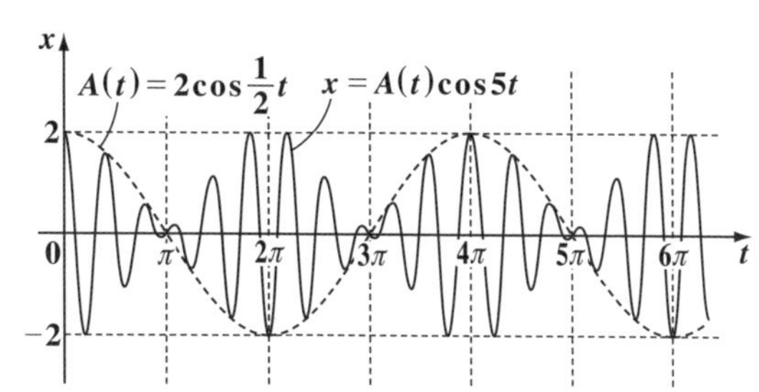

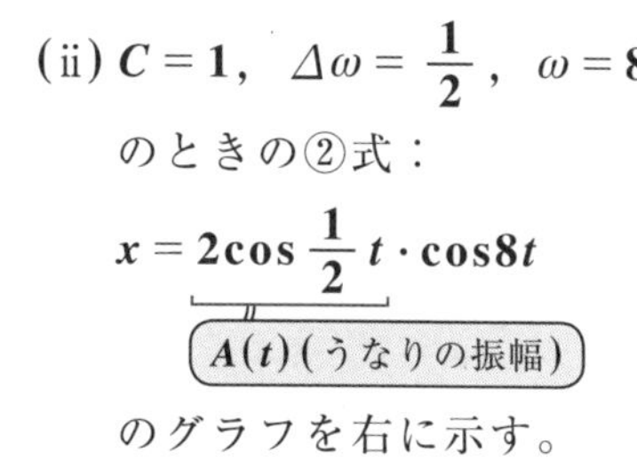

(ii) $C=1$，$\Delta\omega=\frac{1}{2}$，$\omega=8$ のときの②式：

$$x=\underbrace{2\cos\frac{1}{2}t}_{A(t)\text{（うなりの振幅）}}\cdot\cos 8t$$

のグラフを右に示す。

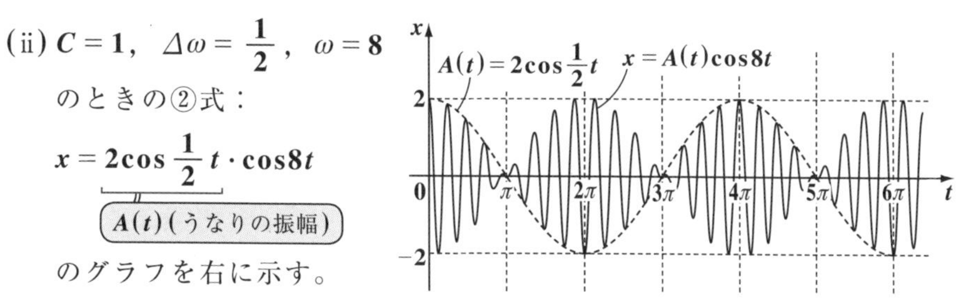

(iii) $C=1$，$\Delta\omega=\frac{1}{2}$，$\omega=15$ のときの②式：

$$x=\underbrace{2\cos\frac{1}{2}t}_{A(t)\text{（うなりの振幅）}}\cdot\cos 15t$$

のグラフを右に示す。

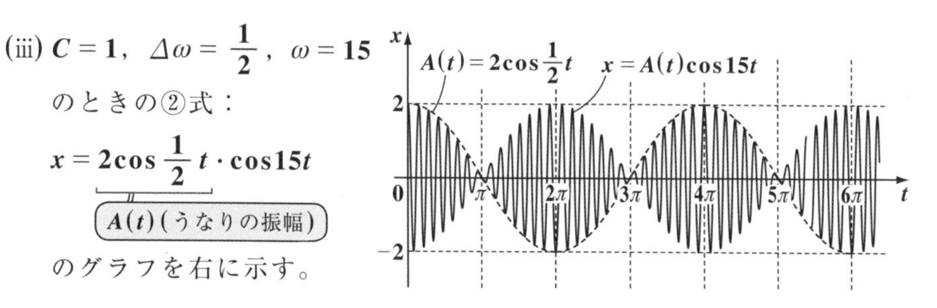

どう？ωが5，8，15と$\Delta\omega=\frac{1}{2}$との差が大きくなるにつれて，ウォーン，ウォーン，…という，うなりの現象が，より明確に表現されていく様子が分かって，面白いでしょう？

§2. 多質点系の力学

前回の講義では，“2 質点系の力学”(2 体問題)について，詳しく解説した。今回は，3 質点以上の系，すなわち“**多質点系の力学**”について解説しよう。しかし，この多質点系についていうと，この運動方程式を積分して解ける具体的な例題はほとんどないのが現実だ。だから今回の講義では，2 質点系の力学で導いた $\boldsymbol{P}=\boldsymbol{P}_G$ や $K=K_G+K'$ などの公式が多質点系でも成り立つことを証明するのが中心になる。

確かに，多質点系での公式の証明には複雑な式変形を伴うんだけれど，本質的には前回練習した 2 質点系での証明と同様だからマスターできるはずだ。そして，ここで苦労して証明した公式は，次回の“**剛体の力学**”で威力を発揮することになる。頑張ろう！

● 相互作用のみの場合の多質点系の運動から始めよう！

ここでは，3 質点以上の系を“**多質点系**”と呼ぶことにしよう。一般に，n 個の質点 P_1，P_2，…，P_n には，それぞれいずれの 2 つにおいても作用・反作用の法則により，相互作用(内力)が働くことになる。一般論として，P_k が P_j に及ぼす内力を $\boldsymbol{f}_{k,\,j}$ と添字にカンマを付けて表すことにする。

図 1　$n=4$ の場合の多質点系のイメージ
(相互作用のみで外力はない。)

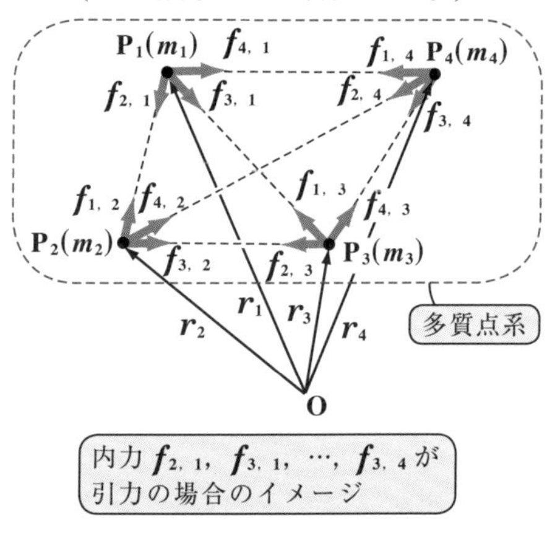

図 1 には，$n=4$ の場合で，外力を受けることなく相互作用のみの場合の“多(4)質点系”のイメージを示した。4 個の質点は，外力は受けていないけれど，互いに相互作用の内力を受けながら，それぞれ運動するわけだ。そして，この内力が存在するために，全体としては 1 つの系をなして運動することになるんだね。

それでは，話をまた一般論に戻して，$n \geqq 3$ の n 個の質点系で外力を受けず内力(相互作用)のみで運動する場合の各質点の運動方程式を下に示す。

$$\begin{cases} m_1\ddot{\boldsymbol{r}}_1 = \boldsymbol{f}_{2,\,1} + \boldsymbol{f}_{3,\,1} + \cdots + \boldsymbol{f}_{k,\,1} + \boldsymbol{f}_{k+1,\,1} + \cdots + \boldsymbol{f}_{n,\,1} \quad \cdots\cdots ① \\ m_2\ddot{\boldsymbol{r}}_2 = \boldsymbol{f}_{1,\,2} + \boldsymbol{f}_{3,\,2} + \cdots + \boldsymbol{f}_{k,\,2} + \boldsymbol{f}_{k+1,\,2} + \cdots + \boldsymbol{f}_{n,\,2} \quad \cdots\cdots ② \\ \cdots\cdots\cdots\cdots\cdots\cdots\cdots\cdots\cdots\cdots\cdots\cdots \\ m_k\ddot{\boldsymbol{r}}_k = \boldsymbol{f}_{1,\,k} + \boldsymbol{f}_{2,\,k} + \cdots + \boldsymbol{f}_{k-1,\,k} + \boldsymbol{f}_{k+1,\,k} + \cdots + \boldsymbol{f}_{n,\,k} \quad \cdots\cdots ⓚ \\ \cdots\cdots\cdots\cdots\cdots\cdots\cdots\cdots\cdots\cdots\cdots\cdots \\ m_n\ddot{\boldsymbol{r}}_n = \boldsymbol{f}_{1,\,n} + \boldsymbol{f}_{2,\,n} + \cdots + \boldsymbol{f}_{k,\,n} + \boldsymbol{f}_{k+1,\,n} + \cdots + \boldsymbol{f}_{n-1,\,n} \quad \cdots\cdots ⓝ \end{cases}$$

($\boldsymbol{r}_k$：P_k の位置ベクトル，$\boldsymbol{f}_{k,\,j}$：P_k が P_j に及ぼす内力
ただし，$k,\ j = 1,\ 2,\ 3,\ \cdots,\ n\ (k \neq j)$)

これを見て，ヒェ〜って感じるかも知れないね。でも，作用・反作用の法則より，$\boldsymbol{f}_{k,\,j} + \boldsymbol{f}_{j,\,k} = \boldsymbol{0}$ ……③
が成り立つので，①＋②＋…＋ⓚ＋…＋ⓝ を行って，左右両辺をすべてたし合わせると，このときの右辺は $\boldsymbol{f}_{2,\,1} + \boldsymbol{f}_{1,\,2}\ (=\boldsymbol{0})$，…，$\boldsymbol{f}_{k-1,\,k} + \boldsymbol{f}_{k,\,k-1}\ (=\boldsymbol{0})$，…，$\boldsymbol{f}_{n,\,n-1} + \boldsymbol{f}_{n-1,\,n}\ (=\boldsymbol{0})$ など，すべて $\boldsymbol{0}$ になるペアの和が存在するので，結局これは $\boldsymbol{0}$ になる。大丈夫？ よって，
①＋②＋…＋ⓚ＋…＋ⓝ より，

$m_1\ddot{\boldsymbol{r}}_1 + m_2\ddot{\boldsymbol{r}}_2 + \cdots + m_k\ddot{\boldsymbol{r}}_k + \cdots + m_n\ddot{\boldsymbol{r}}_n = \boldsymbol{0}$ ……④　となる。

④の左辺は Σ 計算を利用して，

$\sum_{k=1}^{n} m_k\ddot{\boldsymbol{r}}_k = \boldsymbol{0}$ ……④′　と表されることも，大丈夫だね。

そして，これはさらに，$m_k\ (k = 1,\ 2,\ \cdots,\ n)$ は定数なので，

$\frac{d^2}{dt^2}\left(\sum_{k=1}^{n} m_k\boldsymbol{r}_k\right) = \boldsymbol{0}$ ……④″，　$\frac{d}{dt}\left(\sum_{k=1}^{n} m_k\dot{\boldsymbol{r}}_k\right) = \boldsymbol{0}$ ……④‴

$\frac{d^2}{dt^2}(m_1\boldsymbol{r}_1 + m_2\boldsymbol{r}_2 + \cdots + m_n\boldsymbol{r}_n)$　　$\frac{d}{dt}(m_1\dot{\boldsymbol{r}}_1 + m_2\dot{\boldsymbol{r}}_2 + \cdots + m_n\dot{\boldsymbol{r}}_n)$

と表すこともできる。　　これは，多質点系の全運動量 $\boldsymbol{P}$ のことだ。

> $\dfrac{d^2}{dt^2}\left(\sum_{k=1}^{n} m_k \boldsymbol{r}_k\right) = \boldsymbol{0}$ ……④″
> $\dfrac{d}{dt}\left(\sum_{k=1}^{n} m_k \dot{\boldsymbol{r}}_k\right) = \boldsymbol{0}$ ……④‴

ここで，質点 P_k の運動量を

$\boldsymbol{p}_k(t) = m_k \dot{\boldsymbol{r}}_k = m_k \boldsymbol{v}_k \ (k = 1, 2, \cdots, n)$

と表し，質点系の全運動量を $\boldsymbol{P}$ で表すと，

$\boldsymbol{P} = \sum_{k=1}^{n} \boldsymbol{p}_k(t) = \sum_{k=1}^{n} m_k \dot{\boldsymbol{r}}_k$ ……⑤　となる。

⑤を④‴に代入すると，

$\dfrac{d\boldsymbol{P}}{dt} = \boldsymbol{0}$　となる。

よって，$\boldsymbol{P} = \sum_{k=1}^{n} \boldsymbol{p}_k(t) = (\text{定ベクトル})$ となるので，

相互作用のみで運動する多質点系の全運動量は，時刻 t に関わらず保存されることが分かった。

それでは次，多質点系においても2質点系のときと同様に，質量中心(または重心) G の位置ベクトル $\boldsymbol{r}_G$ を次の式で定義しよう。

$\boldsymbol{r}_G = \dfrac{\sum_{k=1}^{n} m_k \boldsymbol{r}_k}{M}$ ……⑥　(ただし，$M = \sum_{k=1}^{n} m_k$)　← 質点系の全質量

つまり，全位置ベクトル $\boldsymbol{r}_k \ (k = 1, 2, \cdots, n)$ の質量 m_k による重み付き平均が $\boldsymbol{r}_G$ となるわけなんだね。⑥は，

$M\boldsymbol{r}_G = \sum_{k=1}^{n} m_k \boldsymbol{r}_k$ ……⑥′ と変形できるので，

この⑥′を④″に代入すると，

$\dfrac{d^2}{dt^2}(M\boldsymbol{r}_G) = M\dfrac{d^2\boldsymbol{r}_G}{dt^2} = M\ddot{\boldsymbol{r}}_G = \boldsymbol{0}$

（M：定数）　（$\ddot{\boldsymbol{r}}_G$：これは，重心 G の加速度 $\boldsymbol{a}_G$ とおいてもいい。）

したがって，多質点系が相互作用のみで運動する場合，$\ddot{\boldsymbol{r}}_G = \boldsymbol{0}$，すなわち $\dot{\boldsymbol{r}}_G = \boldsymbol{v}_G = (\text{定ベクトル})$ となるので，重心 G が等速度運動することが分かった。

（$\dot{\boldsymbol{r}}_G = \boldsymbol{v}_G$：重心 G の速度）

どう？ 式変形は多少複雑になったけれど，2質点系のときと全く同じ

結果が導かれることが分かっただろう。以下も同様だから，気を楽にして先に進んでいこう。

● 外力が働く場合の多質点系でも G が重要だ！

P_1，P_2，…，P_n からなる n 個の多質点系の各質点に相互作用以外の外力 $\boldsymbol{f}_1$，$\boldsymbol{f}_2$，…，$\boldsymbol{f}_n$ が働く場合，各質点の運動方程式は次のようになる。

外力

$$\begin{cases} m_1\ddot{\boldsymbol{r}}_1 = \boldsymbol{f}_1 + \boldsymbol{f}_{2,1} + \boldsymbol{f}_{3,1} + \cdots + \boldsymbol{f}_{k,1} + \boldsymbol{f}_{k+1,1} + \cdots + \boldsymbol{f}_{n,1} & \cdots\cdots(\mathrm{a}) \\ m_2\ddot{\boldsymbol{r}}_2 = \boldsymbol{f}_2 + \boldsymbol{f}_{1,2} + \boldsymbol{f}_{3,2} + \cdots + \boldsymbol{f}_{k,2} + \boldsymbol{f}_{k+1,2} + \cdots + \boldsymbol{f}_{n,2} & \cdots\cdots(\mathrm{b}) \\ \cdots\cdots\cdots\cdots\cdots\cdots\cdots\cdots\cdots & \\ m_k\ddot{\boldsymbol{r}}_k = \boldsymbol{f}_k + \boldsymbol{f}_{1,k} + \boldsymbol{f}_{2,k} + \cdots + \boldsymbol{f}_{k-1,k} + \boldsymbol{f}_{k+1,k} + \cdots + \boldsymbol{f}_{n,k} & \cdots\cdots(\mathrm{k}) \\ \cdots\cdots\cdots\cdots\cdots\cdots\cdots\cdots\cdots & \\ m_n\ddot{\boldsymbol{r}}_n = \boldsymbol{f}_n + \underbrace{\boldsymbol{f}_{1,n} + \boldsymbol{f}_{2,n} + \cdots + \boldsymbol{f}_{k,n} + \boldsymbol{f}_{k+1,n} + \cdots + \boldsymbol{f}_{n-1,n}} & \cdots\cdots(\mathrm{n}) \end{cases}$$

複雑そうに見えても，どうせこの部分は内力なので，
(a) + (b) + … + (k) + … + (n) を実行すれば，$\mathbf{0}$ になる部分だ！

(a) + (b) + … + (k) + … + (n) より，

$$\underline{m_1\ddot{\boldsymbol{r}}_1 + m_2\ddot{\boldsymbol{r}}_2 + \cdots + m_k\ddot{\boldsymbol{r}}_k + \cdots + m_n\ddot{\boldsymbol{r}}_n} = \boldsymbol{f}_1 + \boldsymbol{f}_2 + \cdots + \boldsymbol{f}_k + \cdots + \boldsymbol{f}_n$$

$$\frac{d^2}{dt^2}(m_1\boldsymbol{r}_1 + m_2\boldsymbol{r}_2 + \cdots + m_n\boldsymbol{r}_n)$$
$$= \frac{d^2}{dt^2}\left(\sum_{k=1}^{n} m_k\boldsymbol{r}_k\right) = \frac{d^2}{dt^2}(M\boldsymbol{r}_G) = M\ddot{\boldsymbol{r}}_G$$

$\therefore M\ddot{\boldsymbol{r}}_G = \boldsymbol{f}$ …(c)　(ただし，$\boldsymbol{f} = \sum_{k=1}^{n}\boldsymbol{f}_k = \boldsymbol{f}_1 + \boldsymbol{f}_2 + \cdots + \boldsymbol{f}_k + \cdots + \boldsymbol{f}_n$) となる。

この(c)から分かるように，この場合も，すべての外力の合力 $\boldsymbol{f}$ が，あたかも全質量 M をもつ重心 G に作用しているように考えられる。したがって，n 個の質点 P_1，P_2，…，P_n は，それぞれ複雑な動きをするかも知れないけれど，これらの重心 G は(c)の運動方程式に従って運動することが分かった。よって，この後は多質点系においても，**2** 質点系のときと同様に，この重心 G に対する P_1，P_2，…，P_n の相対運動を調べればいいんだね。

これから，多質点系においても，$\boldsymbol{P} = \boldsymbol{P}_G$，$K = K_G + K'$，$\boldsymbol{L} = \boldsymbol{L}_G + \boldsymbol{L}'$ などが成り立つことを順に示していこう。

● 多質点系でも $\boldsymbol{P}=\boldsymbol{P}_G$ が成り立つことを示そう！

n 個の質点からなる多質点系の運動を調べる際に，まず重心 G の位置ベクトル $\boldsymbol{r}_G$ を押さえることが重要だった。そして，この重心 G を基準点とし，G と並進する座標系で，n 個の質点 P_1，P_2，…，P_n の相対運動を調べればいいんだね。図 2 に示すように，質量 m_k をもつ質点 P_k ($k=1, 2, \cdots, n$) の G に対する相対的な位置ベクトルを $\boldsymbol{r}_k{}'$ とおくと，

図 2　$\boldsymbol{r}_k=\boldsymbol{r}_G+\boldsymbol{r}_k{}'$

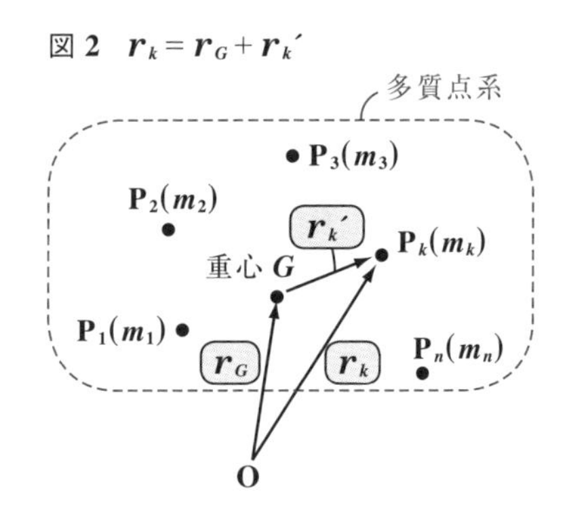

$\boldsymbol{r}_k=\boldsymbol{r}_G+\boldsymbol{r}_k{}'$ ……①　($k=1, 2, \cdots, n$) となるのはいいね。

ここで，この多質点系の全運動量 $\boldsymbol{P}=\sum_{k=1}^{n}m_k\boldsymbol{v}_k=\sum_{k=1}^{n}m_k\dot{\boldsymbol{r}}_k$ が，重心 G に全質量 M $\left(=\sum_{k=1}^{n}m_k\right)$ が集中したとして考えられる重心の運動量 $\boldsymbol{P}_G=M\boldsymbol{v}_G=M\dot{\boldsymbol{r}}_G$ と等しいことを示そう。

そのために，まず重心 G の定義と①から，次の②，③を導いておく。

$$M\boldsymbol{r}_G=\sum_{k=1}^{n}m_k\boldsymbol{r}_k=\sum_{k=1}^{n}m_k(\boldsymbol{r}_G+\boldsymbol{r}_k{}')\quad(①より)$$

$$=\underbrace{\sum_{k=1}^{n}m_k\boldsymbol{r}_G}_{\boldsymbol{r}_G\left(\sum_{k=1}^{n}m_k\right)=\boldsymbol{r}_GM=M\boldsymbol{r}_G}+\underbrace{\sum_{k=1}^{n}m_k\boldsymbol{r}_k{}'}_{0}=M\boldsymbol{r}_G+\sum_{k=1}^{n}m_k\boldsymbol{r}_k{}'\quad より，$$

$$\sum_{k=1}^{n}m_k\boldsymbol{r}_k{}'=m_1\boldsymbol{r}_1{}'+m_2\boldsymbol{r}_2{}'+\cdots+m_n\boldsymbol{r}_n{}'=\boldsymbol{0}\quad……②\quad だね。$$

さらに，この②の両辺を t で微分して，

$$\sum_{k=1}^{n}m_k\dot{\boldsymbol{r}}_k{}'=m_1\dot{\boldsymbol{r}}_1{}'+m_2\dot{\boldsymbol{r}}_2{}'+\cdots+m_n\dot{\boldsymbol{r}}_n{}'=\boldsymbol{0}\quad……③\quad となる。$$

この②，③は，これから様々な式変形を行う際の鍵となるんだ。

シッカリ覚えておこう！ それでは，全運動量 $\boldsymbol{P} = \boldsymbol{P}_G$ となることを示そう。

$$\boldsymbol{v}_k = \dot{\boldsymbol{r}}_k = \frac{d\boldsymbol{r}_k}{dt} = \frac{d}{dt}(\boldsymbol{r}_G + \boldsymbol{r}_k{}') = \boldsymbol{v}_G + \boldsymbol{v}_k{}' \quad (k = 1,\ 2,\ \cdots,\ n)$$

よって，全運動量 $\boldsymbol{P}$ は，

$$\boldsymbol{P} = \sum_{k=1}^{n} m_k \boldsymbol{v}_k = \sum_{k=1}^{n} m_k(\boldsymbol{v}_G + \boldsymbol{v}_k{}') = \sum_{k=1}^{n} m_k \boldsymbol{v}_G + \sum_{k=1}^{n} m_k \boldsymbol{v}_k{}'$$

$\boldsymbol{v}_G(\sum_{k=1}^{n} m_k) = \boldsymbol{v}_G M = M\boldsymbol{v}_G$

$\sum_{k=1}^{n} m_k \dot{\boldsymbol{r}}_k{}' = \boldsymbol{0}$（③より）

P_1，P_2，…，P_n の G に対する相対運動の運動量の和は $\boldsymbol{0}$ だ！

$$= M\boldsymbol{v}_G = \boldsymbol{P}_G$$

よって，2 質点系のときと同様に多質点系の場合でも，

$\boldsymbol{P} = \boldsymbol{P}_G$ ……(＊) が成り立つ。

● 多質点系でも $K = K_G + K'$ が成り立つことを示そう！

次，2 質点系のときと同様に，多質点系の全運動エネルギー K も，
(ⅰ) 重心 G の運動によるもの K_G と，(ⅱ) P_1，P_2，…，P_n の重心 G に対する相対運動によるもの K' とに分離して表せることを示そう。
ここで，$v_k = \|\boldsymbol{v}_k\|$，$v_G = \|\boldsymbol{v}_G\|$，$v_k{}' = \|\boldsymbol{v}_k{}'\|$ とおくと，
$v_k = \|\boldsymbol{v}_k\| = \|\boldsymbol{v}_G + \boldsymbol{v}_k{}'\|$ だね。
よって，多質点系の全運動エネルギー K は，

$$K = \sum_{k=1}^{n} \frac{1}{2} m_k v_k{}^2 = \frac{1}{2}\sum_{k=1}^{n} m_k \|\boldsymbol{v}_G + \boldsymbol{v}_k{}'\|^2$$

$\|\boldsymbol{v}_k\|^2 = \|\boldsymbol{v}_G + \boldsymbol{v}_k{}'\|^2$

$\|\boldsymbol{v}_G\|^2 + 2\boldsymbol{v}_G \cdot \boldsymbol{v}_k{}' + \|\boldsymbol{v}_k{}'\|^2$

$\|\boldsymbol{a} + \boldsymbol{b}\|^2 = \|\boldsymbol{a}\|^2 + 2\boldsymbol{a} \cdot \boldsymbol{b} + \|\boldsymbol{b}\|^2$

$$= \frac{1}{2}\sum_{k=1}^{n} m_k(v_G{}^2 + 2\boldsymbol{v}_G \cdot \boldsymbol{v}_k{}' + v_k{}'^2)$$

$$= \frac{1}{2}\left(\sum_{k=1}^{n} m_k v_G{}^2 + 2\sum_{k=1}^{n} m_k \boldsymbol{v}_G \cdot \boldsymbol{v}_k{}' + \sum_{k=1}^{n} m_k v_k{}'^2\right)$$

$v_G{}^2(\sum_{k=1}^{n} m_k) = Mv_G{}^2$

$$\sum_{k=1}^{n} \boldsymbol{v}_G \cdot m_k \boldsymbol{v}_k{}' = \boldsymbol{v}_G \cdot m_1\boldsymbol{v}_1{}' + \boldsymbol{v}_G \cdot m_2\boldsymbol{v}_2{}' + \cdots + \boldsymbol{v}_G \cdot m_n\boldsymbol{v}_n{}' = \boldsymbol{v}_G \cdot (m_1\boldsymbol{v}_1{}' + m_2\boldsymbol{v}_2{}' + \cdots + m_n\boldsymbol{v}_n{}')$$

よって，全運動エネルギー $\boldsymbol{K}$ は，

$$\boldsymbol{r}_k = \boldsymbol{r}_G + \boldsymbol{r}_k' \quad \cdots\cdots ①$$
$$\sum_{k=1}^{n} m_k \boldsymbol{r}_k' = \boldsymbol{0} \quad \cdots\cdots ②$$
$$\sum_{k=1}^{n} m_k \dot{\boldsymbol{r}}_k' = \boldsymbol{0} \quad \cdots\cdots ③$$

$$K = \frac{1}{2}\left\{ M v_G{}^2 + 2\boldsymbol{v}_G \cdot \left(\sum_{k=1}^{n} m_k \boldsymbol{v}_k' \right) + \sum_{k=1}^{n} m_k v_k'^2 \right\}$$

$\displaystyle\sum_{k=1}^{n} m_k \dot{\boldsymbol{r}}_k' = \boldsymbol{0}$ （③より）

$$= \frac{1}{2} M v_G{}^2 + \sum_{k=1}^{n} \frac{1}{2} m_k v_k'^2 \quad \text{より,}$$

（ i ）K_G　（ ii ）K'

$$K = K_G + K' \quad \cdots\cdots (**)$$ が成り立つ。

これで，2質点系のときと同様に多質点系においても，その全運動エネルギー K が，(i) 重心の運動によるもの K_G と，(ii) 重心に対する相対運動によるもの K' とに分けて表現できることが分かった。

● 多質点系でも $L = L_G + L'$ が成り立つことを示そう！

多質点系の全角運動量 $\boldsymbol{L}$ についても2質点系のときと同様に，$\dfrac{d\boldsymbol{L}}{dt} = \boldsymbol{N}$，$\boldsymbol{L} = \boldsymbol{L}_G + \boldsymbol{L}'$，さらに $\dfrac{d\boldsymbol{L}_G}{dt} = \boldsymbol{N}_G$，$\dfrac{d\boldsymbol{L}'}{dt} = \boldsymbol{N}'$ も成り立つことを示そう。

今回の場合，内力だけでなく，各質点 P_1，P_2，…，P_n にそれぞれ外力 $\boldsymbol{f}_1$，$\boldsymbol{f}_2$，…，$\boldsymbol{f}_n$ が作用しているものとして考える。

まず，質点 P_k のもつ運動量を $\boldsymbol{p}_k$ $(k = 1, 2, \cdots, n)$ とおくと，

$\boldsymbol{p}_k = m_k \boldsymbol{v}_k = m_k \dot{\boldsymbol{r}}_k \quad (k = 1, 2, \cdots, n)$ だね。

この両辺を時刻 t で微分すると，

$\dot{\boldsymbol{p}}_k = m_k \ddot{\boldsymbol{r}}_k \quad (k = 1, 2, \cdots, n)$ となる。

よって，質量 m_k をもつ質点 P_k の運動方程式は次のように表せる。

$$\dot{\boldsymbol{p}}_k = m_k \ddot{\boldsymbol{r}}_k = \boldsymbol{f}_k + \boldsymbol{f}_{1,k} + \boldsymbol{f}_{2,k} + \cdots + \boldsymbol{f}_{k-1,k} + \boldsymbol{f}_{k+1,k} + \cdots + \boldsymbol{f}_{n,k} \quad \cdots\cdots ④$$

外力　　内力（相互作用の力）

$(k = 1, 2, \cdots, n)$

ここで，n 個の質点からなる多質点系の全角運動量 $\boldsymbol{L}$ は，

$$\boldsymbol{L} = \sum_{k=1}^{n} \boldsymbol{r}_k \times \boldsymbol{p}_k \quad \cdots\cdots ⑤$$

外積

⑤の両辺を時刻 t で微分すると,

$$\frac{d\boldsymbol{L}}{dt}=\sum_{k=1}^{n}(\underline{\dot{\boldsymbol{r}}_k\times\dot{\boldsymbol{p}}_k}+\boldsymbol{r}_k\times\dot{\boldsymbol{p}}_k)$$

微分は項別に行える。また,公式：$\frac{d}{dt}(\boldsymbol{a}\times\boldsymbol{b})=\dot{\boldsymbol{a}}\times\boldsymbol{b}+\boldsymbol{a}\times\dot{\boldsymbol{b}}$ を使った！

$\dot{\boldsymbol{r}}_k\times m_k\dot{\boldsymbol{r}}_k=\boldsymbol{0}$ （$\because$ $\dot{\boldsymbol{r}}_k/\!/m_k\dot{\boldsymbol{r}}_k$ だからね。）

$$=\sum_{k=1}^{n}\boldsymbol{r}_k\times(\boldsymbol{f}_k+\boldsymbol{f}_{1,\,k}+\boldsymbol{f}_{2,\,k}+\cdots+\boldsymbol{f}_{k-1,\,k}+\boldsymbol{f}_{k+1,\,k}+\cdots+\boldsymbol{f}_{n,\,k})\quad(④より)$$

これは，どうせ $\boldsymbol{0}$ になる部分だ！

$$=\sum_{k=1}^{n}\boldsymbol{r}_k\times\boldsymbol{f}_k+\underline{\sum_{k=1}^{n}\boldsymbol{r}_k\times(\boldsymbol{f}_{1,\,k}+\boldsymbol{f}_{2,\,k}+\cdots+\boldsymbol{f}_{k-1,\,k}+\boldsymbol{f}_{k+1,\,k}+\cdots+\boldsymbol{f}_{n,\,k})}$$

$$\begin{aligned}
&=\boldsymbol{r}_1\times(\boldsymbol{f}_{2,\,1}+\boldsymbol{f}_{3,\,1}+\boldsymbol{f}_{4,\,1}+\cdots+\boldsymbol{f}_{n,\,1})\\
&\quad+\boldsymbol{r}_2\times(\boldsymbol{f}_{1,\,2}+\boldsymbol{f}_{3,\,2}+\boldsymbol{f}_{4,\,2}+\cdots+\boldsymbol{f}_{n,\,2})\\
&\quad+\boldsymbol{r}_3\times(\boldsymbol{f}_{1,\,3}+\boldsymbol{f}_{2,\,3}+\boldsymbol{f}_{4,\,3}+\cdots+\boldsymbol{f}_{n,\,3})\\
&\quad\cdots\cdots\cdots\cdots\cdots\cdots\\
&\quad+\boldsymbol{r}_n\times(\boldsymbol{f}_{1,\,n}+\boldsymbol{f}_{2,\,n}+\boldsymbol{f}_{3,\,n}+\cdots+\boldsymbol{f}_{n-1,\,n})\\
&=\underline{(\boldsymbol{r}_2-\boldsymbol{r}_1)\times\boldsymbol{f}_{1,\,2}}+\underline{(\boldsymbol{r}_3-\boldsymbol{r}_1)\times\boldsymbol{f}_{1,\,3}}+\cdots+\underline{(\boldsymbol{r}_n-\boldsymbol{r}_{n-1})\times\boldsymbol{f}_{n-1,\,n}}
\end{aligned}$$

$\boldsymbol{0}$ （$\because$ $\boldsymbol{f}_{2,\,1}=-\boldsymbol{f}_{1,\,2}$，$(\boldsymbol{r}_2-\boldsymbol{r}_1)/\!/\boldsymbol{f}_{1,\,2}$）

$\boldsymbol{0}$ （$\because$ $\boldsymbol{f}_{3,\,1}=-\boldsymbol{f}_{1,\,3}$，$(\boldsymbol{r}_3-\boldsymbol{r}_1)/\!/\boldsymbol{f}_{1,\,3}$）

$\boldsymbol{0}$ （$\because$ $\boldsymbol{f}_{n,\,n-1}=-\boldsymbol{f}_{n-1,\,n}$，$(\boldsymbol{r}_n-\boldsymbol{r}_{n-1})/\!/\boldsymbol{f}_{n-1,\,n}$）

$=\boldsymbol{0}$ （P184 の 2 質点系の場合も参考にしてくれ！）

$$\therefore\ \frac{d\boldsymbol{L}}{dt}=\sum_{k=1}^{n}\boldsymbol{r}_k\times\boldsymbol{f}_k\quad\cdots\cdots⑥$$

ここで，⑥の右辺 $\sum_{k=1}^{n}\boldsymbol{r}_k\times\boldsymbol{f}_k$ は n 個の質点 P_1，P_2，$\cdots$，P_n に働く外力の O のまわりのモーメントの総和なので，これを $\boldsymbol{N}$ とおくと次の公式が導ける。

$$\frac{d\boldsymbol{L}}{dt}=\boldsymbol{N}\quad\cdots\cdots(*)'\quad(\boldsymbol{N}：外力のモーメント)$$

「多質点系の全角運動量 $\boldsymbol{L}$ の時間的変化率は，外力のモーメント $\boldsymbol{N}$ に等しい」ことを表しているんだね。

ここでもし，$\underline{\boldsymbol{N}=\boldsymbol{0}}$ ならば，$\frac{d\boldsymbol{L}}{dt}=\boldsymbol{0}$ より，$\boldsymbol{L}=$(定ベクトル)となって，

これは必ずしも $\boldsymbol{f}_1$，$\boldsymbol{f}_2$，$\cdots$，$\boldsymbol{f}_n$ のすべてが $\boldsymbol{0}$ であるとは限らない。

角運動量は保存される。

次，多質点系の全角運動量 $\boldsymbol{L}$ が

$\boldsymbol{L}=\boldsymbol{L}_G+\boldsymbol{L}'$ と表されることも示そう。

$$\boldsymbol{r}_k=\boldsymbol{r}_G+\boldsymbol{r}_k' \ \cdots ①$$
$$\sum_{k=1}^{n} m_k\boldsymbol{r}_k'=\boldsymbol{0} \ \cdots ②$$
$$\sum_{k=1}^{n} m_k\dot{\boldsymbol{r}}_k'=\boldsymbol{0} \ \cdots ③$$

$$\boldsymbol{L}=\sum_{k=1}^{n}\boldsymbol{r}_k\times\underbrace{\boldsymbol{p}_k}_{m_k\dot{\boldsymbol{r}}_k}=\sum_{k=1}^{n}\boldsymbol{r}_k\underbrace{\times}_{\text{外積}} m_k\dot{\boldsymbol{r}}_k$$

$$=\sum_{k=1}^{n} m_k\boldsymbol{r}_k\times\dot{\boldsymbol{r}}_k=\sum_{k=1}^{n} m_k(\boldsymbol{r}_G+\boldsymbol{r}_k')\times(\dot{\boldsymbol{r}}_G+\dot{\boldsymbol{r}}_k') \quad (①より)$$

$$=\sum_{k=1}^{n} m_k(\boldsymbol{r}_G\times\dot{\boldsymbol{r}}_G+\boldsymbol{r}_G\times\dot{\boldsymbol{r}}_k'+\boldsymbol{r}_k'\times\dot{\boldsymbol{r}}_G+\boldsymbol{r}_k'\times\dot{\boldsymbol{r}}_k')$$

$$=\underbrace{\sum_{k=1}^{n} m_k\boldsymbol{r}_G\times\dot{\boldsymbol{r}}_G}_{(ア)}+\underbrace{\sum_{k=1}^{n} m_k\boldsymbol{r}_G\times\dot{\boldsymbol{r}}_k'}_{(イ)}+\underbrace{\sum_{k=1}^{n} m_k\boldsymbol{r}_k'\times\dot{\boldsymbol{r}}_G}_{(ウ)}+\underbrace{\sum_{k=1}^{n} m_k\boldsymbol{r}_k'\times\dot{\boldsymbol{r}}_k'}_{(エ)} \ \cdots\cdots ⑦$$

ここで，

(ア) $\sum_{k=1}^{n} m_k(\boldsymbol{r}_G\times\dot{\boldsymbol{r}}_G)=\left(\sum_{k=1}^{n} m_k\right)\boldsymbol{r}_G\times\dot{\boldsymbol{r}}_G=M\boldsymbol{r}_G\times\dot{\boldsymbol{r}}_G$ （定ベクトル）

$m_1\boldsymbol{r}_G\times\dot{\boldsymbol{r}}_G+m_2\boldsymbol{r}_G\times\dot{\boldsymbol{r}}_G+\cdots+m_n\boldsymbol{r}_G\times\dot{\boldsymbol{r}}_G=(m_1+m_2+\cdots+m_n)\boldsymbol{r}_G\times\dot{\boldsymbol{r}}_G$

$=\boldsymbol{r}_G\times M\dot{\boldsymbol{r}}_G=\boldsymbol{r}_G\times\boldsymbol{P}_G$

$=\boldsymbol{L}_G$ （原点Oのまわりの重心 G の回転による角運動量）

(イ) $\sum_{k=1}^{n} m_k\boldsymbol{r}_G\times\dot{\boldsymbol{r}}_k'=\boldsymbol{r}_G\times\left(\underbrace{\sum_{k=1}^{n} m_k\dot{\boldsymbol{r}}_k'}_{\boldsymbol{0}}\right)=\boldsymbol{r}_G\times\boldsymbol{0}=\boldsymbol{0}$ （③より）

$m_1\boldsymbol{r}_G\times\dot{\boldsymbol{r}}_1'+m_2\boldsymbol{r}_G\times\dot{\boldsymbol{r}}_2'+\cdots+m_n\boldsymbol{r}_G\times\dot{\boldsymbol{r}}_n'=\boldsymbol{r}_G\times(m_1\dot{\boldsymbol{r}}_1'+m_2\dot{\boldsymbol{r}}_2'+\cdots+m_n\dot{\boldsymbol{r}}_n')$

(ウ) $\sum_{k=1}^{n} m_k\boldsymbol{r}_k'\times\dot{\boldsymbol{r}}_G=\left(\underbrace{\sum_{k=1}^{n} m_k\boldsymbol{r}_k'}_{\boldsymbol{0}}\right)\times\dot{\boldsymbol{r}}_G=\boldsymbol{0}\times\dot{\boldsymbol{r}}_G=\boldsymbol{0}$ （②より）

$m_1\boldsymbol{r}_1'\times\dot{\boldsymbol{r}}_G+m_2\boldsymbol{r}_2'\times\dot{\boldsymbol{r}}_G+\cdots+m_n\boldsymbol{r}_n'\times\dot{\boldsymbol{r}}_G=(m_1\boldsymbol{r}_1'+m_2\boldsymbol{r}_2'+\cdots+m_n\boldsymbol{r}_n')\times\dot{\boldsymbol{r}}_G$

(エ) $\sum_{k=1}^{n} m_k\boldsymbol{r}_k'\times\dot{\boldsymbol{r}}_k'=\sum_{k=1}^{n}\boldsymbol{r}_k'\times\underbrace{m_k\dot{\boldsymbol{r}}_k'}_{\boldsymbol{p}_k'}=\sum_{k=1}^{n}\boldsymbol{r}_k'\times\boldsymbol{p}_k'$

$=\boldsymbol{L}'$ （重心 G のまわりの回転運動による角運動量）

以上(ア)(イ)(ウ)(エ)の結果を⑦に代入すると,

$$\boldsymbol{L} = \boldsymbol{L}_G + \boldsymbol{L}' \quad \cdots\cdots(***)$$ が導ける。

多質点系においても2質点系のときと同様に，その全角運動量 $\boldsymbol{L}$ は，(i) 重心 G の O まわりの回転によるもの $\boldsymbol{L}_G$ と，(ii) 重心 G のまわりのすべての質点の回転運動によるもの $\boldsymbol{L}'$ とに分離して表すことができるんだね。

ここで，外力のモーメント $\boldsymbol{N}$ も同様に,

$$\boldsymbol{N} = \sum_{k=1}^{n} \boldsymbol{r}_k \times \boldsymbol{f}_k = \sum_{k=1}^{n} (\boldsymbol{r}_G + \boldsymbol{r}_k') \times \boldsymbol{f}_k \quad (①より)$$

$$= \underbrace{\sum_{k=1}^{n} \boldsymbol{r}_G \times \boldsymbol{f}_k}_{\boldsymbol{r}_G \times \left(\sum_{k=1}^{n} \boldsymbol{f}_k\right) = \boldsymbol{N}_G} + \underbrace{\sum_{k=1}^{n} \boldsymbol{r}_k' \times \boldsymbol{f}_k}_{\boldsymbol{N}'} \quad すなわち,$$

$\boldsymbol{N} = \boldsymbol{N}_G + \boldsymbol{N}'$ と表されるので，これと $\dfrac{d\boldsymbol{L}}{dt} = \boldsymbol{N}$ ……(*)′ と(***)より,

$$\frac{d\boldsymbol{L}}{dt} = \boxed{\frac{d\boldsymbol{L}_G}{dt} + \frac{d\boldsymbol{L}'}{dt} = \boldsymbol{N}_G + \boldsymbol{N}'} \quad \cdots\cdots⑧$$ と表現できる。

さらに,

$$\frac{d\boldsymbol{L}_G}{dt} = \frac{d}{dt}(\boldsymbol{r}_G \times M\dot{\boldsymbol{r}}_G) = \underbrace{\dot{\boldsymbol{r}}_G \times M\dot{\boldsymbol{r}}_G}_{\boldsymbol{0}\ (\because\ \dot{\boldsymbol{r}}_G /\!/ M\dot{\boldsymbol{r}}_G)} + \boldsymbol{r}_G \times \underbrace{M\ddot{\boldsymbol{r}}_G}_{\substack{m_1\ddot{\boldsymbol{r}}_1 + m_2\ddot{\boldsymbol{r}}_2 + \cdots + m_n\ddot{\boldsymbol{r}}_n \\ = \boldsymbol{f}_1 + \boldsymbol{f}_2 + \cdots + \boldsymbol{f}_n}}$$

どうせ内力 $\boldsymbol{f}_{2,1}$，$\boldsymbol{f}_{3,1}$，…，$\boldsymbol{f}_{n-1,n}$ はペアになって $\boldsymbol{0}$ となるものばかりだから，外力のみが残る。(P199)

$$= \boldsymbol{r}_G \times (\boldsymbol{f}_1 + \boldsymbol{f}_2 + \cdots + \boldsymbol{f}_n)$$

$$= \boldsymbol{r}_G \times \left(\sum_{k=1}^{n} \boldsymbol{f}_k\right) = \boldsymbol{N}_G$$

重心 G にすべての外力の合力が作用したと考えたときの，O のまわりの合力のモーメント

よって，⑧とこの結果より,

$$\frac{d\boldsymbol{L}_G}{dt} = \boldsymbol{N}_G \quad \cdots\cdots(*)'' \quad と \quad \frac{d\boldsymbol{L}'}{dt} = \boldsymbol{N}' \quad \cdots\cdots(*)''' \quad となって,$$

“回転の運動方程式”も，2質点系の場合と同様に，多質点系の場合においても，重心の O のまわりの回転によるものと，重心に対する相対的な回転運動によるものとにキレイに分解して表すことができる。

講義6 ● 質点系の力学　公式エッセンス

1．相互作用のみの場合の多質点系の運動

運動量 $\boldsymbol{P} = \sum_{k=1}^{n} \boldsymbol{p}_k(t) =$（定ベクトル） ←運動量は保存される。

重心 G の位置ベクトル $\boldsymbol{r}_G = \dfrac{\sum_{k=1}^{n} m_k \boldsymbol{r}_k}{M}$　$(M = \sum_{k=1}^{n} m_k)$ について，

$M\ddot{\boldsymbol{r}}_G = \boldsymbol{0}$ より，加速度 $\ddot{\boldsymbol{r}}_G = \boldsymbol{a}_G = \boldsymbol{0}$ ←重心 G は等速度運動する。

2．外力も働く場合の多質点系の運動

$M\ddot{\boldsymbol{r}}_G = \boldsymbol{f}$　（$\boldsymbol{f}$：外力の合力）←重心 G はこの運動方程式に従って運動する。

3．P_1 に対する P_2 の相対運動

P_1 と P_2 の2質点系について，P_1 を固定点と考えた場合の P_2 の運動方程式は，$\boldsymbol{r} = \overrightarrow{P_1P_2}$ とおくと，

$\mu\ddot{\boldsymbol{r}} = \boldsymbol{f}_{12}$　$\left(\text{換算質量（かんさんしつりょう）}\ \mu = \dfrac{m_1 m_2}{m_1 + m_2}\right)$ ←P_1 を固定点と考えた場合の P_2 の運動は，質量 μ の質点が力 $\boldsymbol{f}_{12}$ を受けて行う運動と等しい。

4．重心 G に対する相対運動

P_1 と P_2 の2質点系の重心 G を基準点とした

（i）P_1 の運動方程式：$m_1\ddot{\boldsymbol{r}}_1{}' = f\left(\dfrac{m_1 + m_2}{m_2} r_1{}'\right)\dfrac{\boldsymbol{r}_1{}'}{r_1{}'}$　$(\boldsymbol{r}_1{}' = \overrightarrow{GP_1})$

（ii）P_2 の運動方程式：$m_2\ddot{\boldsymbol{r}}_2{}' = f\left(\dfrac{m_1 + m_2}{m_1} r_2{}'\right)\dfrac{\boldsymbol{r}_2{}'}{r_2{}'}$　$(\boldsymbol{r}_2{}' = \overrightarrow{GP_2})$

5．多質点系の全運動量 $\boldsymbol{P}$

$\boldsymbol{P} = \boldsymbol{P}_G$　（$\boldsymbol{P}_G$：重心 G の運動量）

6．多質点系の全運動エネルギー K

$K = K_G + K'$　（K_G：重心 G の運動によるもの，K'：G に対する相対運動によるもの）

7．多質点系の全角運動量 $\boldsymbol{L}$

（i）$\dfrac{d\boldsymbol{L}}{dt} = \boldsymbol{N}$　（$\boldsymbol{N}$：各質点に働く外力の O のまわりのモーメントの総和）

（ii）$\boldsymbol{L} = \boldsymbol{L}_G + \boldsymbol{L}'$　（$\boldsymbol{L}_G$：重心 G の O のまわりの回転によるもの，$\boldsymbol{L}'$：G のまわりのすべての質点の回転によるもの）

（iii）・$\dfrac{d\boldsymbol{L}_G}{dt} = \boldsymbol{N}_G$，　・$\dfrac{d\boldsymbol{L}'}{dt} = \boldsymbol{N}'$

剛体の力学

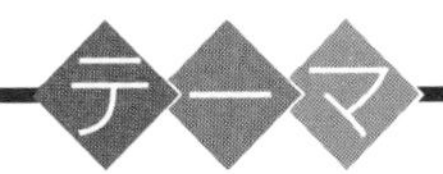

▶ 固定軸のある剛体の運動

（慣性モーメント $I_z = \sum_{k=1}^{n} m_k r_k^2$
回転の運動方程式 $I\ddot{\theta} = N$）

▶ 回転軸が移動する剛体の運動

（コマの歳差運動
斜面を転がる球（円柱）の運動）

▶ 固定軸のない剛体の運動

（慣性主軸，主慣性モーメント
オイラーの方程式 $I_x\dot{\omega}_x - (I_y - I_z)\omega_y\omega_z = N_x$ など）

§1. 固定軸のある剛体の運動

さァ，これから“**剛体の力学**”について解説しよう。剛体とは，ある大きさをもった決して形を変えないかたい物体のことだ。質点と同様に，厳密な意味での剛体はこの世には存在しない。力を受ければ，どんなかたい物体でも多少は変形するからね。でも，コマの回転など，剛体と考えてその運動を調べられる例はたく山ある。質点よりもさらに一歩現実的な物理モデルが剛体なんだね。

今回の講義では，まず剛体の基本について説明した後，“**実体振り子**”など，“**固定軸のある剛体の運動**”について詳しく解説しよう。ここでは，“**慣性モーメント**”など，新たな量が登場するけれど，また分かりやすく教えるから，すべて理解できるはずだ。頑張ろう！

● 剛体の自由度は 6 だ！

“**剛体**”(*rigid body*)とは，形がまったく変わらない物体のことで，より正確には，「全体を構成する各質点間の距離がすべて常に一定に保たれている質点系」と言える。つまり，剛体とは質点系の特別な **1** 種なんだね。

1 つの質点が何の拘束も受けずに自由に運動する場合，x，y，z 軸の各方向に動けるので，これを自由度 **3** と決めよう。ここで，もし n 個の質点が存在し，それぞれ自由に動けるものとすると，その自由度は $3n$ と大きな数となって，これらの運動を **1** つ **1** つ記述することは大変な作業になってしまう。

でも，どんなにたく山の質点から構成されていても，それが剛体であるならば，その自由度は一挙に **6** に減らすことができる。その理由を説明しよう。図 **1** に示すように，剛体の中に固定された，同一直線上にない異なる **3** 点 **A**，**B**，**C** について考えよう。

図 1 剛体の自由度は 6

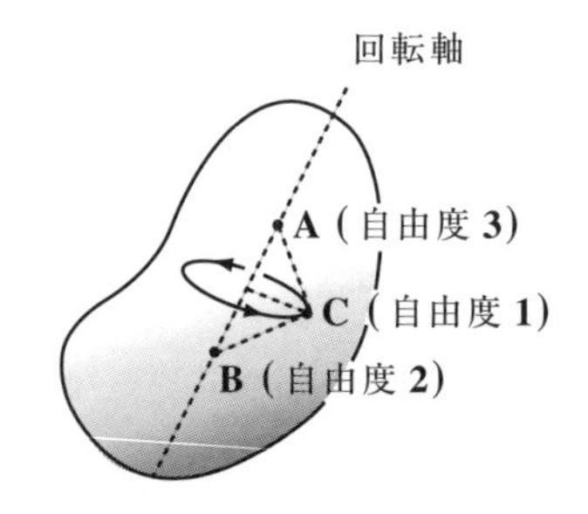

(ⅰ) まず，点 **A** は自由に動けるものとすると，その座標 $[x, y, z]$ を定めれば固定できるので，自由度は $\underline{\underline{3}}$ だ。

(ⅱ) 次に，点 **B** は **AB** 間の距離は一定に定まっているため，**A** を中心とする半径 **AB** の球面上しか動けない。よって，球座標の天頂角 θ と方位角 φ の **2** つを定めれば決定できるので，自由度は $\underline{\underline{2}}$ だね。

(ⅲ) 最後の点 **C** について考えよう。**2** 点 **A**，**B** が固定されると **AC** と **BC** の距離は一定に保たれるので，点 **C** は **AB** を回転軸とする回転しか許されない。よって，回転角 ψ を定めれば **C** は定まるので，自由度は $\underline{\underline{1}}$ だ。

以上(ⅰ)(ⅱ)(ⅲ)より，剛体の位置を決定するためには，これら **3** 点 **A**，**B**，**C** の位置が決まればいいので，剛体の自由度は，$\underline{\underline{3}}+\underline{\underline{2}}+\underline{\underline{1}}=6$ なんだね。

ということは，剛体の運動を記述するのに必要な運動方程式も **6** つあれば十分ということだ。この **6** つの運動方程式を下に示そう。

剛体の運動方程式

剛体の自由度は **6** なので，剛体の運動は次の **6** つの運動方程式により記述できる。

(Ⅰ) 固定点の運動方程式

$$\frac{d\boldsymbol{P}}{dt}=\boldsymbol{f} \quad \cdots\cdots(*1)$$

($\boldsymbol{P}$：剛体の運動量，$\boldsymbol{f}$：外力の総和)

(Ⅱ) 回転の運動方程式

$$\frac{d\boldsymbol{L}}{dt}=\boldsymbol{N} \quad \cdots\cdots(*2)$$

($\boldsymbol{L}$：剛体の角運動量，$\boldsymbol{N}$：力のモーメント(トルク)の総和)

エッ，方程式が **2** つしかないって？ (*1)(*2) 共に **3** 次元ベクトルの方程式だから，$3+3=6$ 個の方程式になっているんだ。剛体は多質点系の **1** 種だから，当然前回学習した“多質点系の力学”の公式がそのまま当てはまる。

(Ⅰ) 剛体の重心 G に剛体の全質量 M が集中していると考えることができ，重心 G の持つ運動量を $\boldsymbol{P}_G=M\boldsymbol{v}_G=M\dot{\boldsymbol{r}}_G$ とおくと，剛体のもつ全運動量 $\boldsymbol{P}$ は $\boldsymbol{P}=\boldsymbol{P}_G$ となるため，

$\dfrac{d\boldsymbol{P}}{dt}=\dfrac{d\boldsymbol{P}_G}{dt}=\dfrac{d}{dt}(M\dot{\boldsymbol{r}}_G)=M\ddot{\boldsymbol{r}}_G$ より，$(*1)$ の公式は，$M\ddot{\boldsymbol{r}}_G=\boldsymbol{f}$ ……$(*1)'$ と表すこともできる。

(Ⅰ) $\dfrac{d\boldsymbol{P}}{dt}=\boldsymbol{f}$ …$(*1)$
(Ⅱ) $\dfrac{d\boldsymbol{L}}{dt}=\boldsymbol{N}$ …$(*2)$

(Ⅱ) 剛体の全角運動量 $\boldsymbol{L}$ は，

$\boldsymbol{L}=\boldsymbol{L}_G+\boldsymbol{L}'$ のように分解して表され，さらに $(*2)$ の公式も，

($\boldsymbol{L}_G$：Oのまわりの$\boldsymbol{G}$の回転による角運動量)
($\boldsymbol{L}'$：$\boldsymbol{G}$のまわりの相対的な回転運動による角運動量)

$\dfrac{d\boldsymbol{L}_G}{dt}=\boldsymbol{N}_G$ ……$(*2)'$，$\dfrac{d\boldsymbol{L}'}{dt}=\boldsymbol{N}'$ ……$(*2)''$ と分解できる。

($\boldsymbol{N}_G$：外力の総和$\boldsymbol{f}$が$\boldsymbol{G}$に集中して作用したと考えたときの$\mathbf{O}$に対する力のモーメント(トルク))
($\boldsymbol{N}'$：$\boldsymbol{G}$に対する相対的な力のモーメント(トルク))

$\boldsymbol{N}_G=\mathbf{0}$ のとき，$\boldsymbol{L}_G=$(定ベクトル)となり，また，$\boldsymbol{N}'=\mathbf{0}$ のとき，$\boldsymbol{L}'=$(定ベクトル)となって，角運動量が保存される。

以上のように，剛体の運動は，(ⅰ) 重心の運動 $(M\ddot{\boldsymbol{r}}_G=\boldsymbol{f})$，重心の O のまわりの回転運動 $\left(\dfrac{d\boldsymbol{L}_G}{dt}=\boldsymbol{N}_G\right)$ と，(ⅱ) 重心のまわりの回転運動 $\left(\dfrac{d\boldsymbol{L}'}{dt}=\boldsymbol{N}'\right)$ に分けて考えることができるんだね。

また，剛体が静止するためのつり合いの条件は，

$\boldsymbol{f}=\mathbf{0}$ かつ $\boldsymbol{N}=\mathbf{0}$ となる。

($\boldsymbol{f}$：外力の総和，$\boldsymbol{N}$：外力のモーメントの総和)

(もちろんこれらは，剛体が等速度運動をしたり，等速回転するための条件でもある。)

右図のように，剛体の異なる作用線上に $\boldsymbol{f}_k$ と $-\boldsymbol{f}_k$ の力が作用する場合，合力 $\boldsymbol{f}=\mathbf{0}$ となって，重心の運動には影響しないが，$\boldsymbol{N}\neq\mathbf{0}$ となって剛体の回転を加速する。このような力を“**偶力**(ぐうりょく)”ということも覚えておこう。

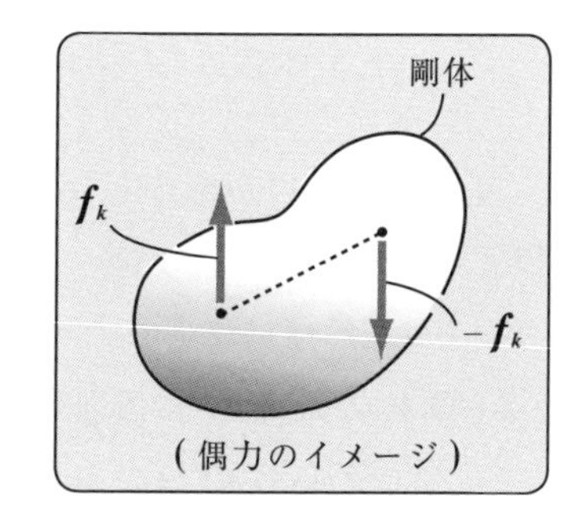

(偶力のイメージ)

● 固定軸がある剛体の運動を考えよう！

それでは，具体的な話に入ろう。まず，剛体の運動の中でも最も単純な"固定軸がある剛体の運動"について考えてみよう。話をさらに簡単にするために，図 2(ⅰ)に示すように，剛体は薄い一様な厚さの板状のものとし，この板に垂直に z 軸をとり，板の中に x 軸，y 軸をとる。そして，z 軸を固定軸として，z 軸のまわりを角速度 ω で回転する場合の剛体の運動を考えることにしよう。

図 2 固定軸がある剛体の運動 (自由度 1)

(ⅰ)

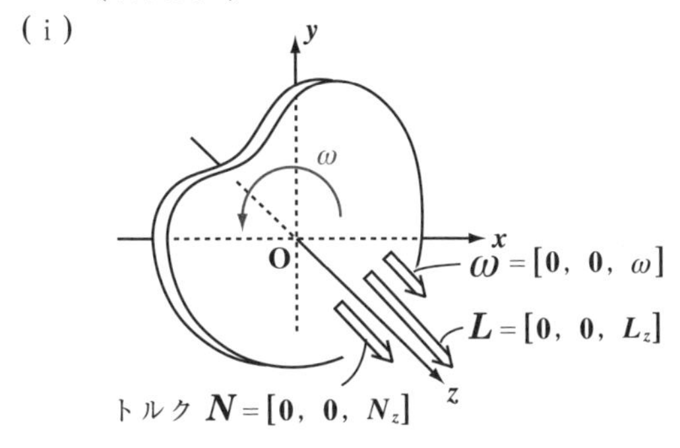

(ⅱ)

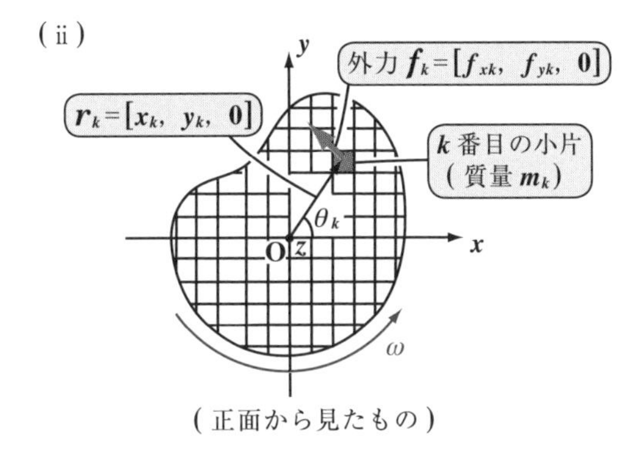

このとき，剛体は z 軸のまわりの回転しか許されないので，当然運動の自由度は 1 だね。よって，この回転運動を表す変数として，回転角を用いればいい。

図 2(ⅱ)に示すように，この剛体を x，y 両軸に平行な直線で小片に細分し，各小片に 1，2，…，n の番号を付けるものとする。

ここで，k 番目の小片の質量を m_k，O からの位置ベクトルを $\boldsymbol{r}_k = [x_k,\ y_k,\ 0]$ とおこう。また，x 軸の正の向きと $\boldsymbol{r}_k$ とのなす角を θ_k，$r_k = \|\boldsymbol{r}_k\| = \sqrt{x_k^2 + y_k^2}$ とおくと，

$$\frac{d\theta_k}{dt} = \dot{\theta}_k = \omega \quad \cdots\cdots ① \quad (k = 1,\ 2,\ \cdots,\ n)$$

$$\boldsymbol{r}_k = [r_k\cos\theta_k,\ r_k\sin\theta_k,\ 0] \quad \cdots\cdots ② \quad (k = 1,\ 2,\ \cdots,\ n)$$

となる。さらに，k 番目の小片に働く外力を，

$$\boldsymbol{f}_k = [f_{xk},\ f_{yk},\ 0] \quad \cdots\cdots ③ \quad (k = 1,\ 2,\ \cdots,\ n)$$ とおく。

θ_k は当然 k の値によって異なるが，いずれの小片も z 軸のまわりを同じ角速度で回転するので，$\dot{\theta}_k=\omega$ ……① (k とは無関係) となるんだね。

$\frac{d\theta_k}{dt}=\dot{\theta}_k=\omega$ ……①
$r_k=[r_k\cos\theta_k,\ r_k\sin\theta_k,\ 0]$ …②
$f_k=[f_{xk},\ f_{yk},\ 0]$ ……③

以上で準備が整ったので，回転の運動方程式：

$\frac{dL}{dt}=N$ ……(*2) を具体的に表現してみよう。

②の両辺を t で微分すると，

$$\frac{dr_k}{dt}=\dot{r}_k=[-r_k\underbrace{\dot{\theta}_k}_{\omega}\sin\theta_k,\ r_k\underbrace{\dot{\theta}_k}_{\omega}\cos\theta_k,\ 0]$$

r_k は定数，θ_k のみが t の関数だね。合成関数の微分だ。

$$=[-\omega r_k\sin\theta_k,\ \omega r_k\cos\theta_k,\ 0]$$

・ここで，角運動量 L は，

$$L=[L_x,\ L_y,\ L_z]$$

$$=\sum_{k=1}^{n}r_k\times m_k\dot{r}_k$$

$$=\sum_{k-1}^{n}m_k(r_k\times\dot{r}_k)$$

外積 $r_k\times\dot{r}_k$ の計算

$r_k\cos\theta_k$ $r_k\sin\theta_k$ 0 $r_k\cos\theta_k$
$-\omega r_k\sin\theta_k$ $\omega r_k\cos\theta_k$ 0 $-\omega r_k\sin\theta_k$

$[0,\ 0,\ \omega r_k^2\underbrace{(\cos^2\theta_k+\sin^2\theta_k)}_{1}]$

$$=\sum_{k=1}^{n}m_k[0,\ 0,\ \omega r_k^2]$$

$[0,\ 0,\ \omega m_1r_1^2]+\cdots+[0,\ 0,\ \omega m_nr_n^2]=[0,\ 0,\ \omega m_1r_1^2+\cdots+\omega m_nr_n^2]$

$$=\left[0,\ 0,\ \sum_{k=1}^{n}\omega m_kr_k^2\right]=\left[0,\ 0,\ \omega\sum_{k=1}^{n}m_kr_k^2\right]$$

t とは無関係の定数。これが慣性モーメント I_z のことだ！

ここで，$I_z=\sum_{k=1}^{n}m_kr_k^2=\sum_{k=1}^{n}m_k(x_k^2+y_k^2)$ とおくと，これは時刻 t とは無関係の定数で，これを“**慣性モーメント**”(*moment of inertia*) と呼ぶ。

よって，$L=[0,\ 0,\ I_z\omega]=I_z[0,\ 0,\ \omega]$ となり，

角速度ベクトル $\boldsymbol{\omega}=[0,\ 0,\ \omega]$ とおくと，これはさらにシンプルに

$L=I_z\boldsymbol{\omega}$ ……④ と表せる。 ← $[L_x,\ L_y,\ L_z]=[0,\ 0,\ I_z\omega]$ のこと

(I_z：z 軸のまわりの慣性モーメント，$\boldsymbol{\omega}$：角速度ベクトル)

図 2(ⅰ) に示すように，L も $\boldsymbol{\omega}$ も z 軸と同じ向きのベクトルなので，

④の両辺の z 成分のみを取り出すと，

$L_z = I_z\omega$ ……④′　$\left(I_z = \sum_{k=1}^{n} m_k\left(x_k{}^2 + y_k{}^2\right)\right)$ と，さらにスッキリ表せる。

・次，力のモーメント（または**トルク**）$\boldsymbol{N}$ も，

力のモーメントの内，実際に剛体の回転に寄与する成分を**トルク**という！

外積 $\boldsymbol{r}_k \times \boldsymbol{f}_k$ の計算

$$\begin{matrix} x_k & y_k & 0 & x_k \\ f_{xk} & f_{yk} & 0 & f_{xk} \end{matrix}$$

$[\ 0,\ \ 0,\ \ x_k f_{yk} - y_k f_{xk}]$

$\boldsymbol{N} = [N_x,\ N_y,\ N_z]$

$= \sum_{k=1}^{n} \boldsymbol{r}_k \times \boldsymbol{f}_k = \left[0,\ 0,\ \sum_{k=1}^{n}\left(x_k f_{yk} - y_k f_{xk}\right)\right]$ となって，図2(i)に示すように z 軸と同じ向きのベクトルとなるため，この z 成分のみを取り出すと，

k 番目の小片に外力が働いていない場合，当然 $\boldsymbol{f}_k = \boldsymbol{0}$ となる。また，剛体の場合，剛体を構成する各質点間の内力は互いに相殺されるため，これが表に出ることはない。

$N_z = \sum_{k=1}^{n}\left(x_k f_{yk} - y_k f_{xk}\right)$ ……⑤　となるんだね。

よって，今回の場合の回転の運動方程式(＊2)は，④′，⑤より，

$$\frac{d}{dt}(I_z\omega) = N_z$$

（I_z：定数）

$\therefore\ I_z\dfrac{d\omega}{dt} = N_z$ ……⑥　となる。

ここで，$\omega = \dfrac{d\theta_k}{dt}$ について，k 番目の小片だけでなく，剛体を構成する質点はすべて同じ角速度 ω で回転する。よって，右図のように剛体の中の O と異なるある 1 つの固定点 A を定め，OA と x 軸の正の向きとがなす角を θ とおいて，$\omega = \dfrac{d\theta}{dt} = \dot{\theta}$ としてもかまわないんだね。

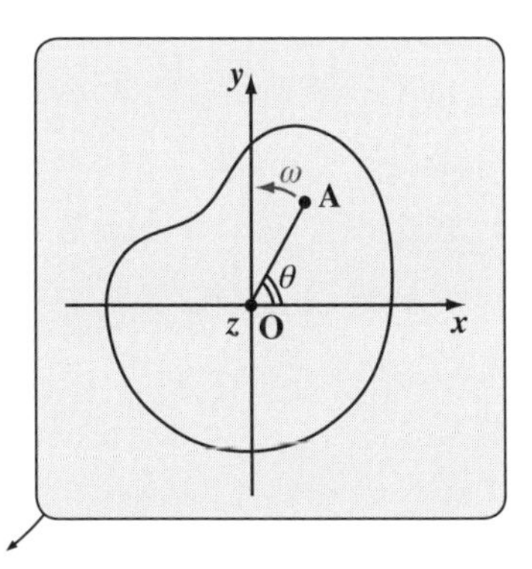

これから，⑥は，

$I\ddot{\theta} = N$ ……⑦　$\left(N = \sum_{k=1}^{n}\left(x_k f_{yk} - y_k f_{xk}\right)\right)$ と表すことができる。

この⑦では，z 成分を表す添字の z を省略して示した。この⑦式って，…，そう，質点の運動方程式 $M\ddot{x} = f$ と同じ形をしているので，次のように対比して覚えておくと忘れないはずだ。

固定軸のある剛体の運動	質点の直線運動
$I\dfrac{d^2\theta}{dt^2}=N$	$M\dfrac{d^2x}{dt^2}=f$

つまり，$I \Leftrightarrow M$，$\theta \Leftrightarrow x$，$N \Leftrightarrow f$ の対応関係があるんだね。ただし，慣性モーメント $I=\sum_{k=1}^{n} m_k r_k^2$ は，質量 M のように，その剛体固有の量ではない。m_k に r_k^2 がかかるため，剛体の回転軸（固定軸）の位置によって，その値が変化するからだ。しかし，逆に言えば，固定軸の位置さえ確定すれば，慣性モーメント I は，質量 M と同様にある正の定数であることを覚えておこう。

理論ばかりで疲れただろうから，次の例題で実際に剛体の固定軸のまわりの運動の問題を解いてみよう。これは，**"実体振り子"** または **"物理振り子"**（*physical pendulum*）と呼ばれるもので，頻出典型の問題だよ。だから，ここでよく練習しておこう。

例題 28　右図に示すように，重心 G，質量 M の剛体が，点 O を固定軸として，重力により微小振動するものとする。$OG=l_0$，また，このときの慣性モーメントを I とおき，沿直線から OG の振れ角を θ とおく。θ は微小なので，$\sin\theta \fallingdotseq \theta$ が成り立つものとする。このとき，この実体振り子の角振動数 ω_0 と周期 T を求めてみよう。

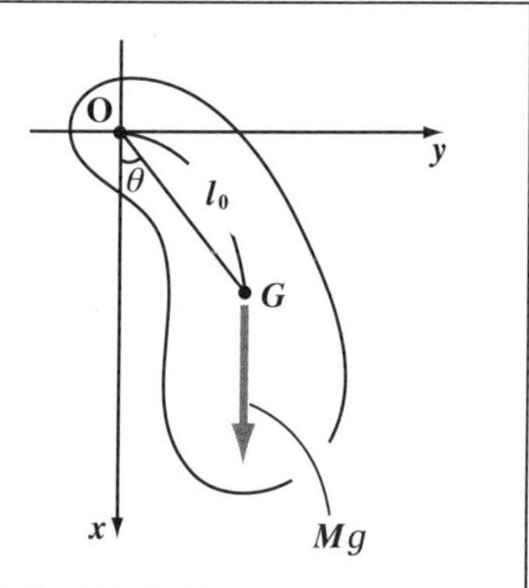

固定軸のある剛体の運動方程式：

$$I\frac{d^2\theta}{dt^2}=N \quad \cdots\cdots(a)$$
$$(N=xf_y-yf_x)$$

を利用すればいいんだね。

ここでは，全質量 M が重心 G に集中していると考える。右図のように x 軸，y 軸を定めると，

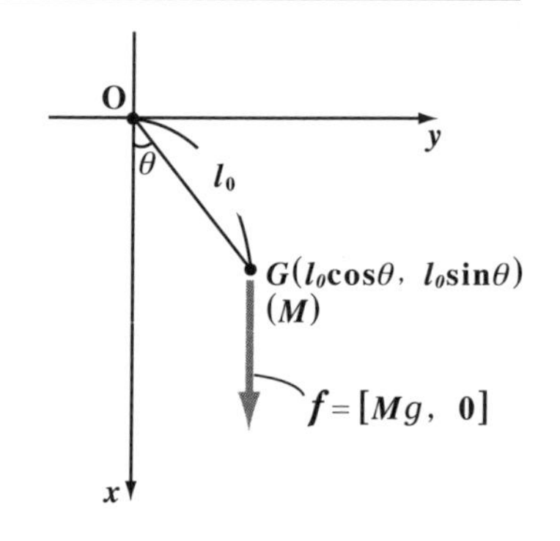

外力 $\boldsymbol{f}$ は G にのみ働いていると考えてよく，

$\boldsymbol{f}=[f_x,\ f_y]=[Mg,\ 0]$ となる。

また，$\overrightarrow{\mathrm{OG}}=\boldsymbol{r}$ とおくと，

$\boldsymbol{r}=[x,\ y]=[l_0\cos\theta,\ l_0\sin\theta]$

よって，トルク N は公式より，

$N=xf_y-yf_x=\cancel{l_0\cos\theta\cdot 0}-l_0\sin\theta\cdot Mg$

$=-Mgl_0\underline{\sin\theta}=-Mgl_0\underline{\theta}$ …(b) となる。

∵ $\sin\theta\fallingdotseq\theta$

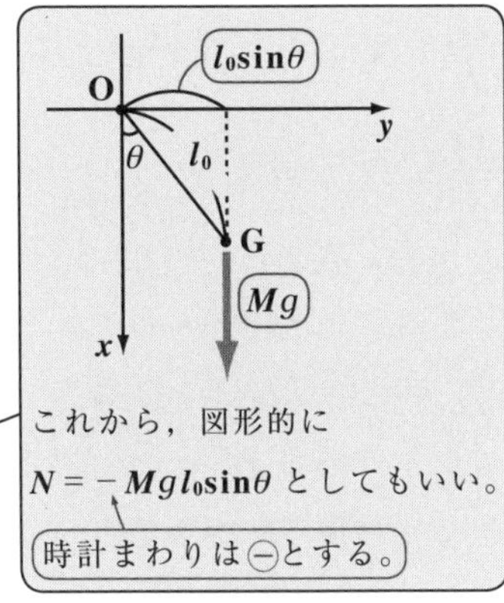

(b)を(a)に代入して，

$I\ddot{\theta}=-Mgl_0\theta$　　　$\therefore\ \ddot{\theta}=-\dfrac{Mgl_0}{I}\theta$ ……(c) ← 単振動の微分方程式だ！

（$\dfrac{Mgl_0}{I}$ は $\omega_0{}^2$）

よって，(c)は単振動の微分方程式であり，その角振動数 ω_0 と周期 T は，

$\omega_0=\sqrt{\dfrac{Mgl_0}{I}}$，$T=\dfrac{2\pi}{\omega_0}=2\pi\sqrt{\dfrac{I}{Mgl_0}}$ となって，答えだ！

単振り子の角振動数 $\omega=\sqrt{\dfrac{g}{l}}$ （P113）より，実体振り子の角振動数 ω_0 を $\omega_0=\sqrt{\dfrac{g}{\dfrac{I}{Ml_0}}}$ とおくと，$\dfrac{I}{Ml_0}$ は単振り子の長さ l に相当するので，“**相等単振り子の長さ**”と呼ぶ。これも覚えておこう。

● 力積モーメント $N\Delta t$ で，角運動量 L が増加する！

運動量 $\boldsymbol{P}=m\boldsymbol{v}$ が，物体の直線運動の“勢い”を表す量だとすれば，角運動量 $\boldsymbol{L}=\boldsymbol{r}\times\boldsymbol{P}=\boldsymbol{r}\times m\boldsymbol{v}=m\boldsymbol{r}\times\dot{\boldsymbol{r}}$ は物体の回転運動の“勢い”を表す量だと考えていい。ここで，

$\dfrac{d\boldsymbol{P}}{dt}=\boldsymbol{f}$ より，近似的に $\dfrac{\Delta\boldsymbol{P}}{\Delta t}=\boldsymbol{f}$，すなわち $\Delta\boldsymbol{P}=\boldsymbol{f}\Delta t$ が成り立つ。（これは，力積だ！）

Δt は，極限的な微小時間 dt とは違って，微小だけどある程度の長さをもつ時間のことだ。

この式は，「t から $t+\Delta t$ の間に物体が力積 $\boldsymbol{f}\Delta t$ を受けると，運動量が $\Delta\boldsymbol{P}$ だけ増加する」ことを示しているんだね。

これと同様に，角運動量 $\boldsymbol{L}$ についても，

$\frac{d\boldsymbol{L}}{dt}=\boldsymbol{N}$ より，近似的に

$\frac{\Delta\boldsymbol{L}}{\Delta t}=\boldsymbol{N}$ が成り立つ。

$\therefore\ \Delta\boldsymbol{L}=\boldsymbol{N}\Delta t$ ……①

となる。ここで，トルク(力のモーメント)に時間をかけた量 $\boldsymbol{N}\Delta t$ のことを“**力積モーメント**”または“**角力積**”と呼ぶ。①式の意味することは分かる？ …そうだね。

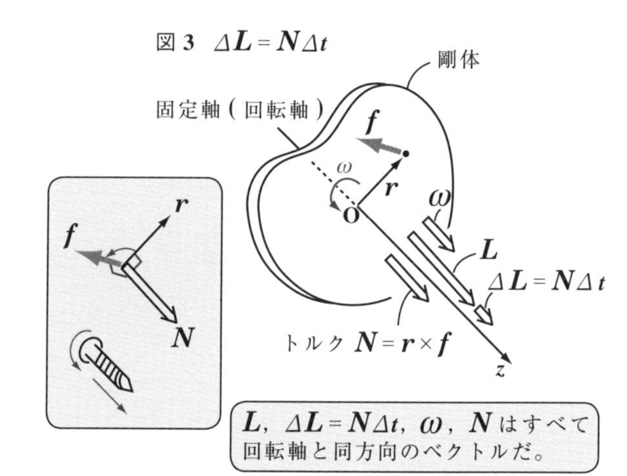

①は，「時刻 t から $t+\Delta t$ の間に剛体が $\boldsymbol{N}\Delta t$ の力積モーメントを受けると，角運動量は $\boldsymbol{L}$ から $\boldsymbol{L}+\Delta\boldsymbol{L}$ に増加する」と言っているんだね。

①により，$\Delta\boldsymbol{L}$ だけ角運動量が増加すると，$\boldsymbol{L}=I\boldsymbol{\omega}$ …② の公式より，$\Delta\boldsymbol{L}=I\Delta\boldsymbol{\omega}$ となって，角速度ベクトル $\boldsymbol{\omega}$ が，$\boldsymbol{\omega}+\Delta\boldsymbol{\omega}$，つまり $\Delta\boldsymbol{\omega}$ だけ

（このときの慣性モーメント I は，単なる正の比例定数と考えればいい。）

増加するので，回転速度が加速して，文字通り回転の“勢い”が増すことになるんだね。納得いった？

> Δt や I を正の比例定数と考えると，$\Delta\boldsymbol{L}=\boldsymbol{N}\Delta t$ …①，$\boldsymbol{L}=I\boldsymbol{\omega}$ …② から，$\Delta\boldsymbol{L}/\!/\boldsymbol{N}$（平行），$\boldsymbol{L}/\!/\boldsymbol{\omega}$（平行）であることが分かる。今回は，$\boldsymbol{L}$，$\boldsymbol{\omega}$，$\Delta\boldsymbol{L}$，$\boldsymbol{N}$ のすべてが同一方向の平行なベクトルだった。しかし，常に $\boldsymbol{L}(=I\boldsymbol{\omega})$ と $\Delta\boldsymbol{L}(=\boldsymbol{N}\Delta t)$ が同一方向を向くとは限らない。これが，この後に出てくるコマの“**歳差運動**”を理解する上でのポイントになる。要注意だよ。

● 慣性モーメントを深めてみよう！

これまでの解説では，話を簡単にするために，一様で薄い厚さの板状の剛体を対象にしてきた。ここでは，板状ではない一般の剛体について，まず z 軸のまわりの慣性モーメント I_z について考えてみよう。

図 **4** に示すように，板状でない一般の剛体に対して，**Oxyz** 座標をとったとき，z 軸のまわりの慣性モーメント I_z は，板状のときのものと同様に，

$$I_z = \sum_{k=1}^{n} m_k r_k^2 = \sum_{k=1}^{n} m_k (x_k^2 + y_k^2) \quad \cdots\cdots(**1)$$

図 4　z 軸のまわりの慣性モーメント I_z

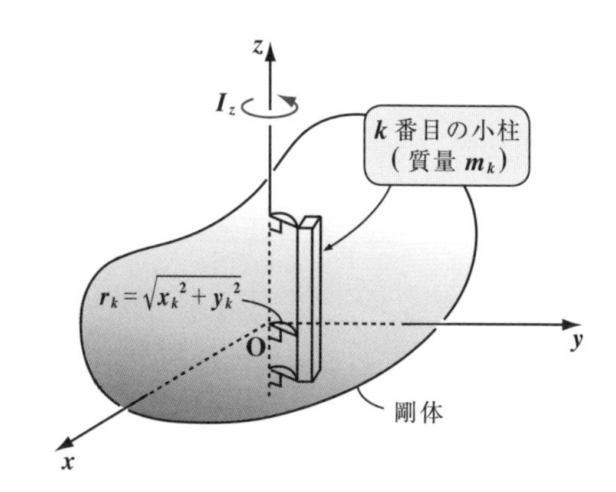

と表せる。では，このときの質量 m_k とはどんなものの質量か？ と疑問をもって当然だね。今回のイメージとしては，図 **4** に示すように，与えられた剛体を，z 軸に平行な平面によって，n 個の小柱に分割し，それらに **1**，**2**，…，n と番号を付けたとき，k 番目の小柱の質量が m_k と考えていいんだよ。この小柱のいずれの部分においても z 軸からの距離が同じ $r_k = \sqrt{x_k^2 + y_k^2}$ となるからだ。

しかし，図 **5** に示すように，慣性モーメントには，z 軸のまわりのもの I_z だけでなく，x 軸と y 軸のまわりの慣性モーメント I_x と I_y を考えることもでき，それぞれ次式で表せる。

$$I_x = \sum_{k=1}^{n} m_k (y_k^2 + z_k^2) \quad \cdots\cdots(**2)$$

$$I_y = \sum_{k=1}^{n} m_k (z_k^2 + x_k^2) \quad \cdots\cdots(**3)$$

図 5　各軸のまわりの慣性モーメント

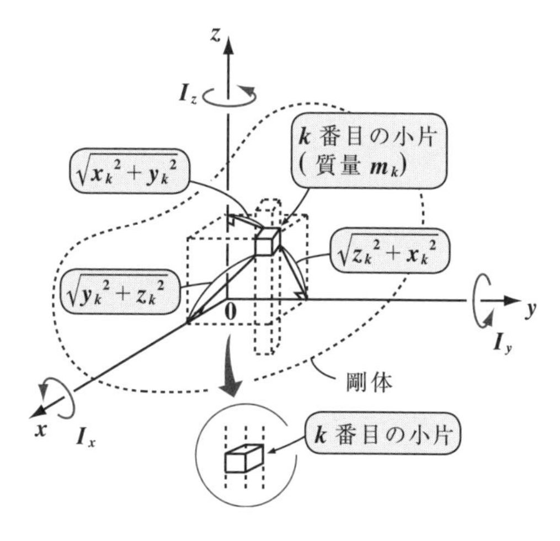

このように I_z, I_x, I_y を考える場合の $(**1)$, $(**2)$, $(**3)$ の公式における質量 m_k とは，図 **4** で示した各小柱をさらに上下に小さく分割して n 個の小片とし，それらに **1**, **2**, **3**, …, n と番号を付けたときの k 番目の小片の質量のことなんだね。

$$I_z = \sum_{k=1}^{n} m_k(x_k^2 + y_k^2) \cdots\cdots(**1)$$
$$I_x = \sum_{k=1}^{n} m_k(y_k^2 + z_k^2) \cdots\cdots(**2)$$
$$I_y = \sum_{k=1}^{n} m_k(z_k^2 + x_k^2) \cdots\cdots(**3)$$

この n は，図 **4** のときの n よりもずっと大きい。
でも公式としては，同じ文字 n で表している。

そして，この小片の重心の座標を (x_k, y_k, z_k) とおくと，

- z 軸からの距離は，$\sqrt{x_k^2 + y_k^2}$
- x 軸からの距離は，$\sqrt{y_k^2 + z_k^2}$
- y 軸からの距離は，$\sqrt{z_k^2 + x_k^2}$ となるので，

z 軸，x 軸，y 軸それぞれのまわりの慣性モーメント I_z, I_x, I_y が $(**1)$, $(**2)$, $(**3)$ の公式で表されることになるんだね。大丈夫？

このように考えてくると，小片の質量 m_k を微小質量 dm と置き換え，さらに，この dm は微小体積 dV とその体積密度 ρ(ロー) の積，すなわち $dm = \rho dV$ とおくと，慣性モーメント I_z, I_x, I_y は体積積分 (**3** 重積分) の形で表せることにも気付くはずだ。以上をまとめて，下に示そう。

慣性モーメント

(1) z 軸のまわりの慣性モーメント I_z

$$I_z = \sum_{k=1}^{n} m_k(x_k^2 + y_k^2) \cdots(**1) \quad \left[I_z = \iiint_V \rho(x^2 + y^2)dV\right]$$

(2) x 軸のまわりの慣性モーメント I_x

$$I_x = \sum_{k=1}^{n} m_k(y_k^2 + z_k^2) \cdots(**2) \quad \left[I_x = \iiint_V \rho(y^2 + z^2)dV\right]$$

(3) y 軸のまわりの慣性モーメント I_y

$$I_y = \sum_{k=1}^{n} m_k(z_k^2 + x_k^2) \cdots(**3) \quad \left[I_y = \iiint_V \rho(z^2 + x^2)dV\right]$$

エッ，3 重積分とか出てきて，ビビったって!? 大丈夫！ 慣性モーメントの本質が (微小部分の質量)×(回転軸からの距離)^2 の Σ 和 (または積分) と覚えておけばいいんだよ。

それではここで，もう 1 度薄い板状の剛体の慣性モーメントについて，次の例題を解いてみよう。

例題 29　右図に示すような薄い板状の剛体があり，直交座標 $Oxyz$ を，x 軸，y 軸が剛体内にあり，z 軸はそれと直交する向きにとる。各軸のまわりの慣性モーメントを I_x，I_y，I_z とおくとき，

$I_z = I_x + I_y$　が成り立つことを示そう。

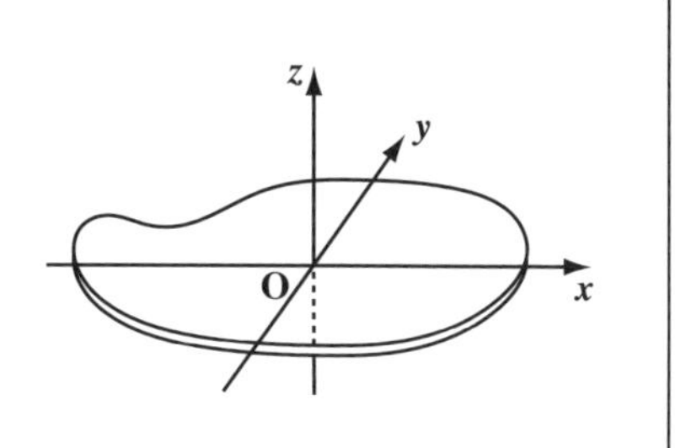

剛体を n 個の小片に分け，それらに 1，2，…，n の番号を付けたとき，k 番目の小片の質量を m_k，またその重心の座標を $(x_k,\ y_k,\ z_k)$ とおくと，これは薄い板なので，$z_k \fallingdotseq 0$ とおける。よって，z 軸のまわりの慣性モーメント I_z を求めると，

$$I_z = \sum_{k=1}^{n} m_k(x_k^2 + y_k^2) = \sum_{k=1}^{n} m_k x_k^2 + \sum_{k=1}^{n} m_k y_k^2 \quad \cdots\cdots ①$$ だね。

ここで，x 軸，y 軸のまわりのモーメントも示すと，

$$I_x = \sum_{k=1}^{n} m_k(y_k^2 + \underbrace{z_k^2}_{0}) = \sum_{k=1}^{n} m_k y_k^2 \quad \cdots\cdots ②$$

$$I_y = \sum_{k=1}^{n} m_k(\underbrace{z_k^2}_{0} + x_k^2) = \sum_{k=1}^{n} m_k x_k^2 \quad \cdots\cdots ③$$ となる。

よって，②，③を①に代入すると，

$I_z = I_x + I_y$ が成り立つことが分かる。納得いった？

それではこれから，積分計算により，円板や球などの重心 G を通る軸のまわりの慣性モーメントを実際に求めてみよう。

● 典型的な慣性モーメントを計算してみよう！

これから，(Ⅰ)厚さも密度も一様な円板，(Ⅱ)密度の一様な球，(Ⅲ)薄い厚さの密度の一様な球殻について，それぞれ重心を通る回転軸のまわりの慣性モーメントを求めてみよう。

(Ⅰ) 厚さも密度も一様な円板の慣性モーメント

図6(ⅰ)に示すように，半径a，厚さδ，密度ρの円板の質量をMとおくと，

$$M = \underbrace{\pi a^2\delta}_{\text{体積}}\underbrace{\rho}_{\text{密度}} \quad \cdots\cdots①$$ となる。

図6　円板の慣性モーメント

$I = \frac{1}{2}Ma^2$

(ⅰ)

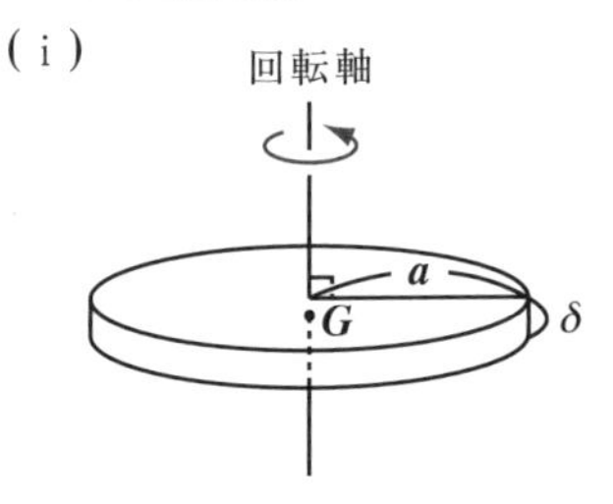

(ⅱ) オニオンリング・モデル

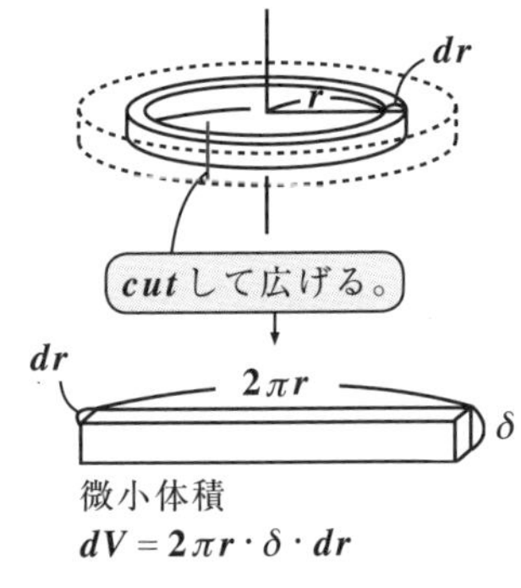

この円板の重心Gを通り円板に垂直な軸のまわりの慣性モーメントIをMとaで表してみよう。

軸からrと$r+dr$の間にある微小部分の体積をdVとおくと，これに密度ρをかけたものが，微小質量dmになる。すなわち，

$$dm = \rho dV \quad \cdots\cdots②$$ だね。

このdVは，図6(ⅱ)のオニオンリングの部分の体積になるので，

$$dV = 2\pi r\delta dr \quad \cdots\cdots③$$ となる。

②，③より，$dm = \rho \cdot 2\pi r\delta dr$

(微小質量)×(軸からの距離)^{2}の積分が慣性モーメントIとなるので，

（今回は，rによる区間$[0,\ a]$での積分）

$$I = \int_0^a r^2 dm = \int_0^a r^2 \cdot \rho 2\pi r\delta dr = \underbrace{2\pi\delta\rho}_{\text{定数}}\int_0^a r^3 dr$$

$$= 2\pi\delta\rho\left[\frac{1}{4}r^4\right]_0^a = \frac{1}{2}\pi a^4\delta\rho = \frac{1}{2}\cdot\underbrace{\pi a^2\delta\rho}_{M\ (①より)}\cdot a^2 \quad \cdots\cdots④$$

①を④に代入して，$I = \frac{1}{2}Ma^2 \quad \cdots\cdots(*1)$ が導かれる。

(Ⅱ) 密度が一様な球の慣性モーメント

図7(ⅰ)に示すように，半径a，密度ρの球の質量をMとおくと，

$$M=\frac{4}{3}\pi a^3\rho \quad \cdots\cdots ⑤$$ となる。

この球の重心Gを通る軸のまわりの慣性モーメントIをMとaで表す。軸からrと$r+dr$の間にある微小部分(バウムクーヘンの薄皮1枚)の体積をdV，質量をdmとおくと，図7(ⅱ)より，

$$dm=\rho dV$$
$$=\rho\cdot 2\pi r\cdot 2\sqrt{a^2-r^2}\,dr$$
$$=4\pi\rho r\sqrt{a^2-r^2}\,dr \quad \cdots\cdots ⑥$$

となる。よって，⑥より，求める球の慣性モーメントIは，

$$I=\int_0^a r^2\,dm$$
$$=4\pi\rho\int_0^a r^3\sqrt{a^2-r^2}\,dr \quad \cdots\cdots ⑦$$

となる。

置換積分だ！

ここで，$a^2-r^2=u$ とおくと，

$r:0\to a$ のとき，$u:a^2\to 0$

$-2rdr=du$，つまり，

$rdr=-\frac{1}{2}du$ より，⑦は，

$$I=4\pi\rho\int_{a^2}^0\underbrace{(a^2-u)}_{r^2}\underbrace{\sqrt{u}}_{\sqrt{a^2-r^2}}\underbrace{\left(-\frac{1}{2}\right)du}_{rdr}$$

$$=2\pi\rho\int_0^{a^2}\left(a^2u^{\frac{1}{2}}-u^{\frac{3}{2}}\right)du$$

図7　球の慣性モーメント

$$I=\frac{2}{5}Ma^2$$

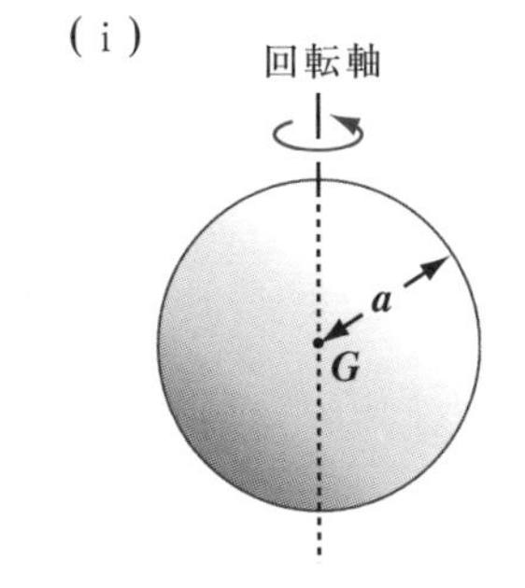

(ⅱ) バウムクーヘン・モデル

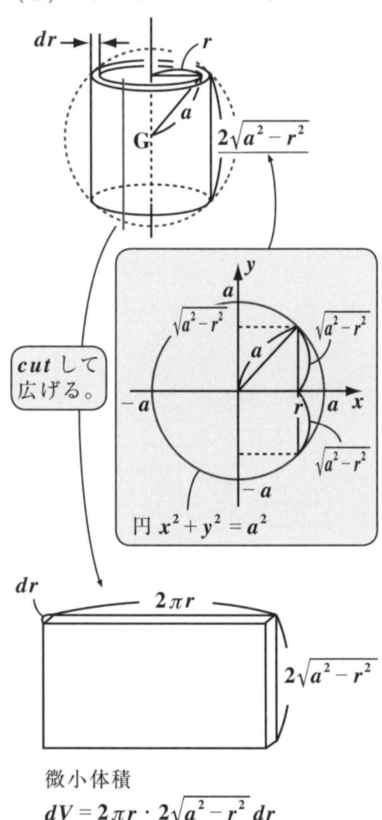

$\therefore I = 2\pi\rho\int_0^{a^2}(a^2u^{\frac{1}{2}} - u^{\frac{3}{2}})du$ 　　$M = \frac{4}{3}\pi a^3\rho$ ……⑤

$= 2\pi\rho\left[\frac{2}{3}a^2u^{\frac{3}{2}} - \frac{2}{5}u^{\frac{5}{2}}\right]_0^{a^2}$

$= 2\pi\rho\left(\frac{2}{3}a^5 - \frac{2}{5}a^5\right) = 2\pi\rho\cdot\frac{4}{15}a^5 = \frac{2}{5}\cdot\underbrace{\frac{4}{3}\pi a^3\rho}_{M\text{（⑤より）}}\cdot a^2$ ……⑧

これに⑤を代入して，求める球の慣性モーメント I は，

$I = \frac{2}{5}Ma^2$ ……(＊2)　となる。

(Ⅲ) 薄い厚さの密度の一様な球殻の慣性モーメント

図 8 に示すように，半径 a，厚さ δ，密度 ρ の球殻の質量を M

（これはもちろん，$\delta > 0$ だけど $\delta \fallingdotseq 0$ とする。（薄い球殻だからね。））

とおくと，

$M = 4\pi a^2\delta\rho$ ……⑨ となる。

ここで，⑧の球の慣性モーメントの結果を利用してみよう。⑧から，半径 a と半径 $a - \delta$ の球の慣性モーメントをそれぞれ I_a，$I_{a-\delta}$ とおくと，

図 8　薄い球殻の慣性モーメント

$I = \frac{2}{3}Ma^2$

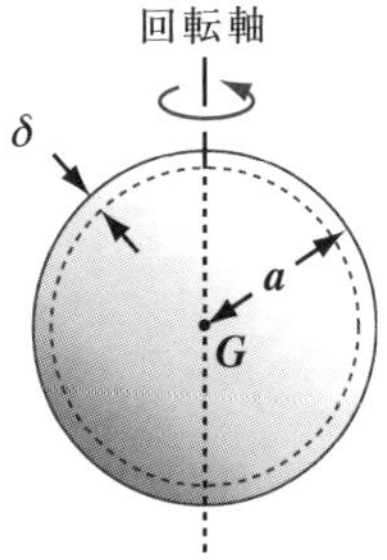

$I_a = \frac{8}{15}\pi\rho a^5$ ……⑧′，　$I_{a-\delta} = \frac{8}{15}\pi\rho(a-\delta)^5$ ……⑧″　だね。

ここで，$\delta \fallingdotseq 0$ であることに注意すると，球殻の慣性モーメント I は，

$I = I_a - I_{a-\delta} = \frac{8}{15}\pi\rho a^5 - \frac{8}{15}\pi\rho(a-\delta)^5$ ←（中身をくり抜くイメージ）

$(a-\delta)^5 = {}_5C_0a^5 - {}_5C_1a^4\delta + {}_5C_2a^3\delta^2 - {}_5C_3a^2\delta^3 + \cdots$

（2 項展開だ！ $\delta \fallingdotseq 0$ より，δ^2 以降の項は無視できる！）

（${}_5C_2a^3\delta^2 - {}_5C_3a^2\delta^3 + \cdots$ は 0 として無視する。）

$\fallingdotseq \frac{8}{15}\pi\rho a^5 - \frac{8}{15}\pi\rho(a^5 - 5a^4\delta) = \frac{2}{3}\cdot\underbrace{4\pi a^2\delta\rho}_{M\text{（⑨より）}}\cdot a^2$

$\therefore I = \frac{2}{3}Ma^2$ ……(＊3)　となる。($\because$⑨)　　納得いった？

● 重心を通らない軸のまわりの慣性モーメントも求めよう！

これまで，重心を通る軸のまわりの慣性モーメントを求めてきた。これを I_G とおいて，今度はこの軸と平行で，重心を通らない軸の慣性モーメントを I とおき，I と I_G の間の関係を調べてみよう。

図 9 に示すように，剛体の重心 G を原点とする $Gx'y'z'$ 座標系をとり，z' 軸のまわりの慣性モーメントを I_G とおく。これに対して，同じ $Gx'y'$ 平面上の G とは異なる点を原点 O にもち，$Gx'y'z'$ と平行な $Oxyz$ 座標系をとり，z 軸のまわりの慣性モーメントを I とおく。

図 9　I と I_G の関係

$I = I_G + Mr_G{}^2$

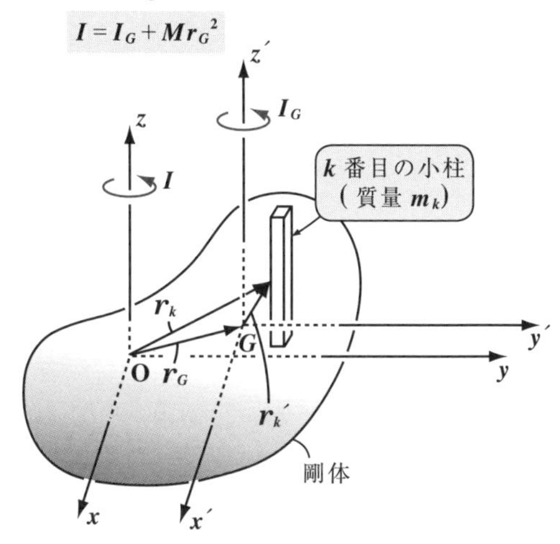

ここで，剛体を分割して，O から k 番目の小柱 (質量 m_k) に向かう Oxy 平面上のベクトルを $\boldsymbol{r}_k = [x_k, \ y_k]$ とおき，同様に G からこの小柱に向かうベクトルを $\boldsymbol{r}_k' = [x_k', \ y_k']$ とおく。そして，$\overrightarrow{OG} = \boldsymbol{r}_G = [x_G, \ y_G]$ とおくと，図 9 より明らかに，

$\boldsymbol{r}_k = \boldsymbol{r}_G + \boldsymbol{r}_k'$，すなわち，$[x_k, \ y_k] = [x_G, \ y_G] + [x_k', \ y_k']$ より，

$$\begin{cases} x_k = x_G + x_k' \ \cdots\cdots(a) \\ y_k = y_G + y_k' \ \cdots\cdots(b) \end{cases}$$ が成り立つ。

（今回は xy 平面上での O と G の関係を調べるので，z 成分は無視する！）

さらに，$r_k = \|\boldsymbol{r}_k\|$，$r_k' = \|\boldsymbol{r}_k'\|$，$r_G = \|\boldsymbol{r}_G\|$ とおく。

このとき，z 軸 (重心 G を通らない軸) のまわりの慣性モーメント I は，

$$I = \sum_{k=1}^{n} m_k r_k{}^2 = \sum_{k=1}^{n} m_k (x_k{}^2 + y_k{}^2) = \underbrace{\sum_{k=1}^{n} m_k x_k{}^2}_{(\text{i})} + \underbrace{\sum_{k=1}^{n} m_k y_k{}^2}_{(\text{ii})} \ \cdots\cdots(c)$$

となる。では，さらに，

(ⅰ) $\sum_{k=1}^{n} m_k x_k{}^2$ と (ⅱ) $\sum_{k=1}^{n} m_k y_k{}^2$　について調べよう。

$$x_k = x_G + x_k' \cdots\cdots\cdots\cdots(a)$$
$$y_k = y_G + y_k' \cdots\cdots\cdots\cdots(b)$$
$$I = \underbrace{\sum_{k=1}^{n} m_k x_k^2}_{(\text{i})} + \underbrace{\sum_{k=1}^{n} m_k y_k^2}_{(\text{ii})} \cdots(c)$$

(ⅰ) $\sum_{k=1}^{n} m_k x_k^2 = \sum_{k=1}^{n} m_k (x_G + x_k')^2$ （(a)より）

$$= \sum_{k=1}^{n} m_k (x_G^2 + 2x_G x_k' + x_k'^2)$$

$$= x_G^2 \underbrace{\sum_{k=1}^{n} m_k}_{\text{全質量 } M} + 2x_G \underbrace{\sum_{k=1}^{n} m_k x_k'}_{0} + \sum_{k=1}^{n} m_k x_k'^2$$

P198 より，$\sum_{k=1}^{n} m_k r_k' = \sum_{k=1}^{n} m_k [x_k', \ y_k'] = [\sum_{k=1}^{n} m_k x_k', \ \sum_{k=1}^{n} m_k y_k'] = \mathbf{0}$

よって，$\sum_{k=1}^{n} m_k x_k' = 0$ かつ $\sum_{k=1}^{n} m_k y_k' = 0$ が導ける。

(ⅱ) $\sum_{k=1}^{n} m_k y_k^2 = \sum_{k=1}^{n} m_k (y_G + y_k')^2$

$$= \sum_{k=1}^{n} m_k (y_G^2 + 2y_G y_k' + y_k'^2)$$

$$= y_G^2 \underbrace{\sum_{k=1}^{n} m_k}_{\text{全質量 } M} + 2y_G \underbrace{\sum_{k=1}^{n} m_k y_k'}_{0} + \sum_{k=1}^{n} m_k y_k'^2$$

以上(ⅰ)(ⅱ)の結果を(c)に代入してまとめると，

$$I = \sum_{k=1}^{n} m_k (x_k'^2 + y_k'^2) + M(x_G^2 + y_G^2)$$

M に掛かる $(x_G^2 + y_G^2)$ は r_G^2 $(= \mathrm{OG}^2)$

これは，z' 軸（G を通る軸）のまわりの慣性モーメント I_G のことだ。

$$\therefore I = I_G + M r_G^2 \quad \cdots\cdots(*)$$ が導けた！

これを“**平行軸の定理**”という。覚えておこう！

それでは，この公式を使って，円板による実体振り子の次の例題を解いてみよう。

例題 **30**　質量 M，半径 a の厚さも密度も一様な円板の **1** つの端点を回転軸とする右図に示すような実体振り子がある。この実体振り子が微小振動するときの角振動数 ω_0 と周期 T を求めてみよう。

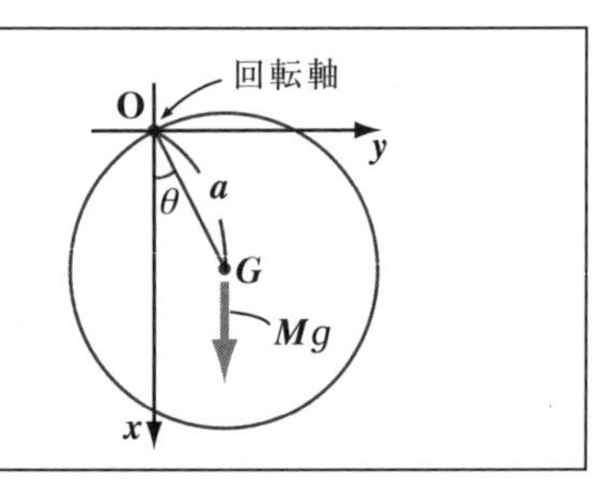

例題 **28** と同様の問題なので，この実体振り子の回転の運動方程式は，

$I\ddot{\theta} = N$ ……① だね。

ここで，振れ角 θ は小さいので，$\sin\theta \fallingdotseq \theta$ が成り立つ。

トルク（力のモーメント）$N = -Mga\sin\theta \fallingdotseq -Mga\theta$ ……② もいいね。

また，円板の重心 G を通る円板に垂直な軸のまわりの慣性モーメント I_G は，

$I_G = \frac{1}{2}Ma^2$ ……③ だ。 ← この結果（**P220**）は覚えておこう！

よって，この G から a だけ離れた O を通る円板に垂直な軸のまわりの慣性モーメント I は，平行軸の定理の公式（＊）を使って，

$I = I_G + Ma^2 = \frac{1}{2}Ma^2 + Ma^2 = \frac{3}{2}Ma^2$ ……④ となる。（③より）

以上②，④を①に代入すると，

$\frac{3}{2}Ma^2\ddot{\theta} = -Mga\theta$　　$\ddot{\theta} = -\frac{2g}{3a}\theta$ となる。← 角振動数 $\omega_0 = \sqrt{\frac{2g}{3a}}$ の単振動の方程式だ。

（$\frac{2g}{3a}$ は $\omega_0{}^2$）

よって，この実体振り子の角振動数 ω_0 と周期 T は，

$\omega_0 = \sqrt{\frac{2g}{3a}}$，$T = \frac{2\pi}{\omega_0} = 2\pi\sqrt{\frac{3a}{2g}}$ となる。納得いった？

● 固定軸のまわりの剛体の運動エネルギーも求めておこう！

最後に，固定軸のまわりを角速度 ω で回転している剛体の運動エネルギー K も求めておこう。剛体を軸に平行な小柱に分けて，質量 m_k の k 番目の小柱と固定軸との間の距離を r_k $(k = 1, 2, \cdots, n)$ とおくと，この小柱の速さ v_k は $r_k\omega$ だね。よって，剛体全体の運動エネルギー K は，

$K = \sum_{k=1}^{n}\frac{1}{2}m_k(r_k\omega)^2 = \frac{1}{2}\omega^2\underbrace{\sum_{k=1}^{n}m_k r_k{}^2}_{I\text{（慣性モーメント）}}$ となるので，

$K = \frac{1}{2}I\omega^2$ …（＊＊）が導ける。これも，重要公式だ！

これも質点の運動エネルギー $K = \frac{1}{2}mv^2$ と同じ形をしている！

演習問題 12	● 固定軸のある剛体の運動 ●

質量を無視できる軽い糸の上端を天井に固定し，下端に質量 M，半径 a の一様な球を付けて振り子を作る。支点から球の重心までの距離を l とする。この振り子の微小振動の角振動数 ω_0 と周期 T を求めよ。ただし，空気抵抗やまさつは無視する。

ヒント！ もし，球の半径 $a \fallingdotseq 0$ ならば，この球は質点とみなせるので，これは演習問題 6(P112) でやった単振り子と同じになる。今回は，ある大きさをもった球体が振り子の重りとなるもので，これを"**ボルダの振り子**"と呼ぶ。これは，固定軸のある剛体の運動と考えて，運動方程式：$I\ddot{\theta} = N$ を用いて解けばいい。この慣性モーメント I を求めるのに，公式 $I = I_G + Ml^2$ …(＊) を用いるといいんだね。

解答＆解説

ボルダの振り子が，微小振動をする限り，糸がたるんだり，曲がったりすることはないので，この糸と球の重りを併せて1つの剛体と考えることができる。右図に示すように，天井にある支点Oに，この紙面に垂直な回転軸があると思えばいい。よって，この振り子は，回転軸のある剛体の運動として，次の方程式をみたす。

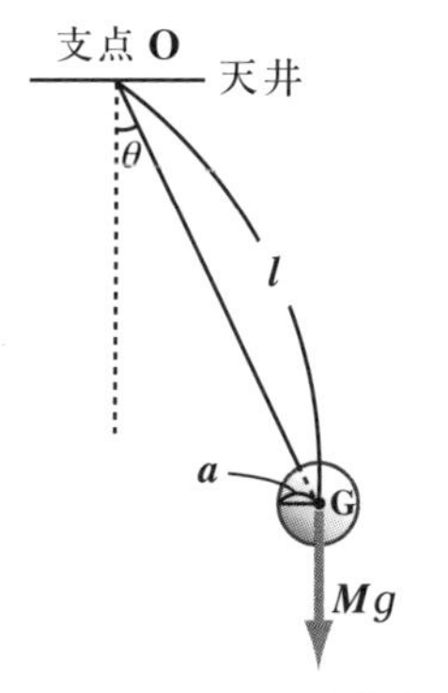

ボルダの振り子

$I\ddot{\theta} = N$ ……①

(I：慣性モーメント，θ：微小な振れ角，N：トルク（力のモーメント）)

・糸の質量は無視できるので，この糸と球を併せた剛体の重心 G は球の重心 G と一致する。この半径 a，質量 M の球の重心 G を通る回転軸のまわりの慣性モーメント I_G は，

$I_G = \frac{2}{5}Ma^2$ ……② である。← 球の慣性モーメント(P221，P222)は覚えよう。

ところが，糸と球を併せた剛体の支点(回転軸)は**O**なので，**O**のまわりの慣性モーメントが，①の方程式のIである。

ここで，$\mathbf{OG}=l$より，慣性モーメントIは，

$$I=I_G+Ml^2=\frac{2}{5}Ma^2+Ml^2 \quad \cdots\cdots③ \text{ である。}(\because ②)$$

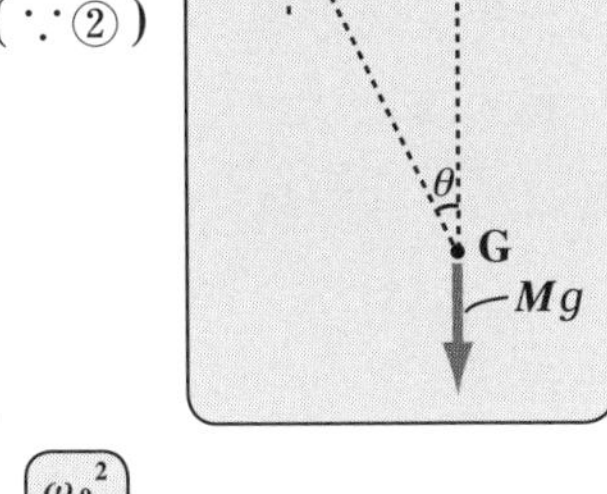

・次に，この剛体に働くトルク(力のモーメント)Nは，右図より，

$$N=-Mgl\sin\theta \fallingdotseq -Mgl\theta \quad \cdots\cdots④ \text{ である。}$$

(ただし，$\theta \fallingdotseq 0$より，$\sin\theta \fallingdotseq \theta$とした。)

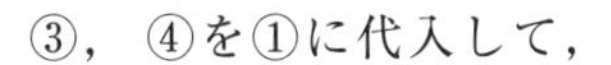

③，④を①に代入して，

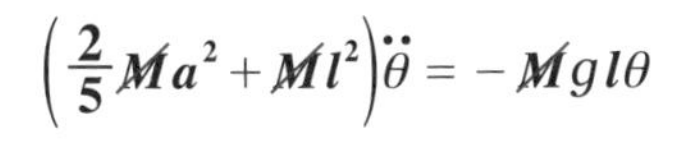

$$\left(\frac{2}{5}Ma^2+Ml^2\right)\ddot{\theta}=-Mgl\theta \qquad \ddot{\theta}=-\frac{gl}{l^2+\frac{2}{5}a^2}\theta$$

($\frac{gl}{l^2+\frac{2}{5}a^2}$ は $\omega_0{}^2$)

これは，単振動の微分方程式

これは，単振動の微分方程式より，このボルダの振り子の微小振動の角振動数ω_0と周期Tは，

$$\omega_0=\sqrt{\frac{gl}{l^2+\frac{2}{5}a^2}} \ ,\ T=\frac{2\pi}{\omega_0}=2\pi\sqrt{\frac{l^2+\frac{2}{5}a^2}{gl}} \quad \text{となる。}$$

参考

$a<<l$のとき，$\frac{a}{l}\fallingdotseq 0$となるので，このボルダの角振動数$\omega_0$は，

$$\omega_0=\sqrt{\frac{gl}{l^2\left\{1+\frac{2}{5}\left(\frac{a}{l}\right)^2\right\}}}=\sqrt{\frac{gl}{l^2}}=\sqrt{\frac{g}{l}}$$

($\frac{a}{l}$ は 0)

となって，**P112**の単振り子の角振動数と等しくなる。$a<<l$のとき，球は質点とみなしてもいいはずだから，当然の結果なんだね。

§2. 固定軸が移動する剛体の運動

剛体の運動の面白さ，そして難しさは回転運動にあるわけだから，ここではさらに，回転軸が移動する場合の剛体の運動にチャレンジして，もっと理解を深めることにしよう。

固定軸のまわりを，たとえば円板(剛体)が回転しているとき，剛体にではなく回転軸に力のモーメントを加えるとどうなるのか？ここで解説しよう。そして，この考え方がコマの“**歳差運動**”(または“**みそすり運動**”)を理解する上でのポイントになるんだよ。

さらに，ここでは，斜面上を転がりながら移動する球や円柱についても，その問題を解いてみることにしよう。

● 回転軸に力のモーメントを加えたら？

図**1**に示すように，円板の重心$\boldsymbol{G}$を通る回転軸**OA**のまわりを円板(剛体)が角速度ωで回転しているものとする。そして，図のように**O**xyz座標をとることにする。このとき，角運動量$\boldsymbol{L}$は，z軸の正の向きを向いているのは大丈夫だね。

図**1**　回転軸に作用する力

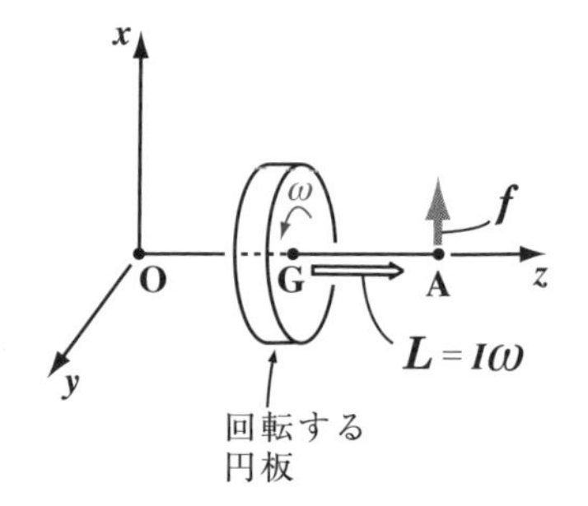

ここで，図**1**に示すように，回転軸**OA**の**O**は固定して，点**A**にx軸の正の向きに力$\boldsymbol{f}$を加えたらどうなると思う？　エッ，当然点**A**は上向きに移動するはずだって!?　違うね。これが剛体の回転の面白いところだから詳しく説明しよう。

ここで，$\overrightarrow{\mathrm{OA}}=\boldsymbol{r}$とおくと，軸**OA**と円板を含めた物体には力のモーメント$\boldsymbol{N}=\boldsymbol{r}\times\boldsymbol{f}$が働くことになる。外積の定義から図**2**(i)に示すように，この$\boldsymbol{N}$の向きはy軸の正(手前)の向きになる。

また，回転の運動方程式：

$\frac{d\boldsymbol{L}}{dt}=\boldsymbol{N}$ より，近似的に $\frac{\Delta\boldsymbol{L}}{\Delta t}=\boldsymbol{N}$

よって，$\Delta\boldsymbol{L}=\boldsymbol{N}\Delta t$ ……① となる。Δt は正の定数なので，$\Delta\boldsymbol{L}$ と $\boldsymbol{N}$ は同じ向きになるのはいいね。これから，図2(ⅱ)に示すように，$\boldsymbol{L}$ は Δt 秒後には，$\boldsymbol{L}+\Delta\boldsymbol{L}$ となって，手前に向きを変えることになる。角運動量 $\boldsymbol{L}$ の変化は，そのまま回転軸の動きにつながるので，

図2　回転軸に作用する力

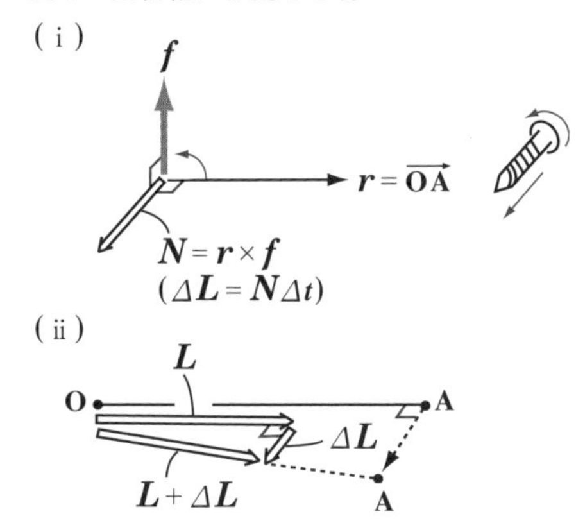

回転軸 OA の A も上向きではなく手前（y 軸の正の向き）に移動することになる。面白かった？

● コマの歳差運動にもチャレンジしてみよう！

高速で回転しているコマは，その回転軸が斜めに傾いていても，倒れることなく，みそをするようにゆっくりとした回転運動，すなわち“**歳差運動**”を行う。この厳密な解析はかなり大変なので，ここではこの歳差運動の概略を解説することにしよう。

図3　コマの歳差運動

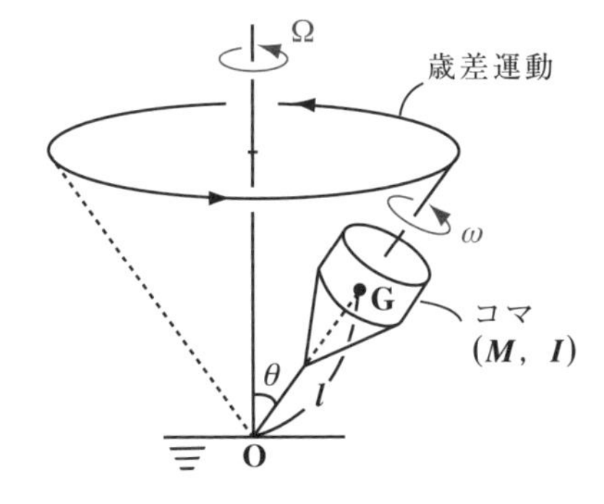

図3に示すように，質量 M のコマが大きな角速度 ω で自転しながら，小さな角速度 Ω でゆっくりと歳差運動しているものとする。このコマの自転軸に関する慣性モーメントを I，またコマの先端 O からコマの重心 G までの距離を l とおく。さらにコマは軸対称であり，先端 O も動くことなく O を通る垂直な軸と θ の角をなして歳差運動するものとしよう。

ここで，空気抵抗や，コマの先端部でのまさつは考えないことにする。このとき，歳差運動の角速度 Ω を求めてみよう。

コマの自転の角速度ベクトル $\boldsymbol{\omega}$ を用いると，コマの自転の角運動量 $\boldsymbol{L}$ は，

$\boldsymbol{L} = I\boldsymbol{\omega}$ ……① と表せる。ここで，$\overrightarrow{\mathrm{OG}} = \boldsymbol{r}$ とおくと，このコマの回転軸に働く力のモーメント $\boldsymbol{N}$ は図4(ⅰ)(ⅱ)より，

$\boldsymbol{N} = \boldsymbol{r} \times M\boldsymbol{g}$ ……② となる。図4(ⅱ)で，$\boldsymbol{N}$ は紙面の表から裏へ向かう向きなのはいいね。ここで，$\boldsymbol{N}$ の大きさ N は，

$N = Mgl\sin\theta$ ……③ となる。ここで，

$\dfrac{\Delta\boldsymbol{L}}{\Delta t} = \boldsymbol{N}$ より，

$\Delta\boldsymbol{L} = \boldsymbol{N}\Delta t$ だね。よって，図4(ⅲ)に示すように，コマに重力 $M\boldsymbol{g}$ は下向きに働くにも関わらず，力積モーメント $\boldsymbol{N}\Delta t$ は，$\boldsymbol{L}$ と垂直な水平方向を向いているため，コマは倒れることなく，その自転軸を Δt 秒後には $\boldsymbol{L} + \Delta\boldsymbol{L}$ の向きに移動させることになる。これが，コマが歳差運動を行う理由なんだね。歳差運動により $\boldsymbol{L}$ の先端が描く円を図4(ⅳ)に示す。この円の半径は，$\boldsymbol{L}$ の大きさ $L(=I\omega)$ を用いて，$L\sin\theta = I\omega\sin\theta$ ……④ となる。よって，Δt 秒間に角速度 Ω でコマが歳差運動を行うものとすると，

図4　コマの歳差運動

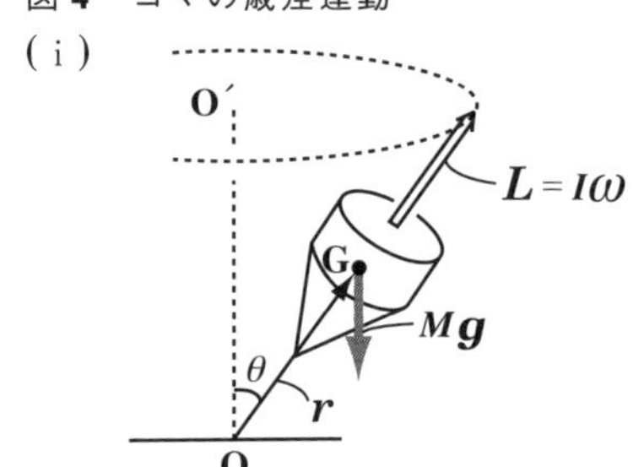

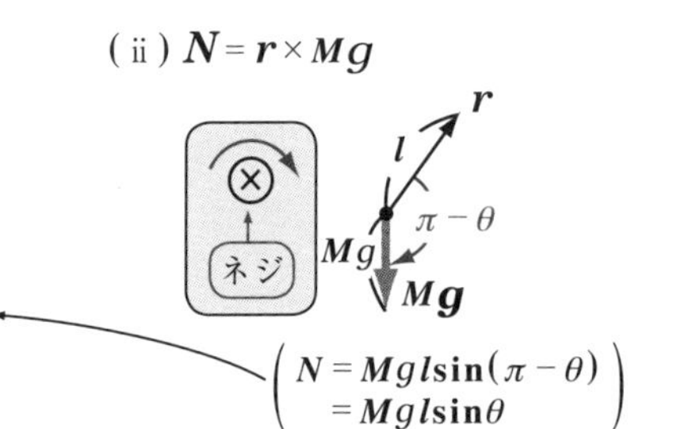

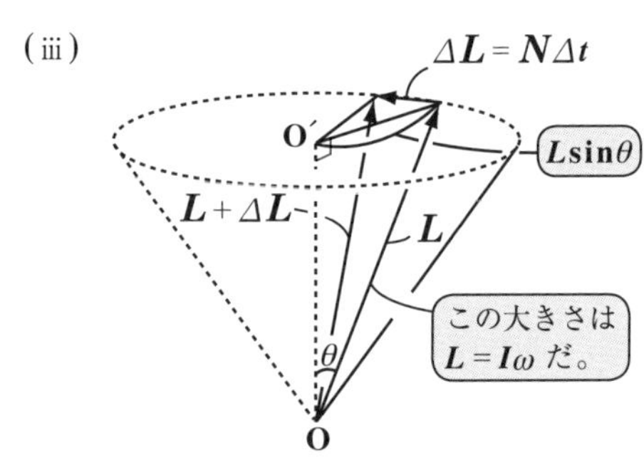

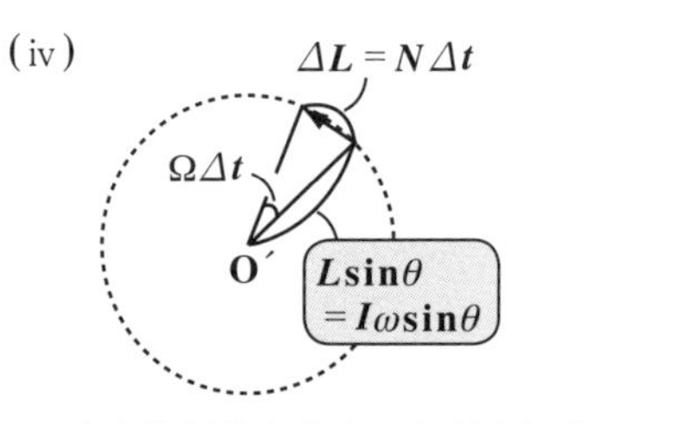

(歳差運動を真上から見た図)

$L\sin\theta \cdot \Omega\Delta t = N\Delta t$ ……⑤ が成り立つ。 ← 円弧の長さの公式だ！

⑤に③と④を代入して，

$I\omega\sin\theta \cdot \Omega\Delta t = Mgl\sin\theta \cdot \Delta t$

$\therefore \Omega = \dfrac{Mgl}{I\omega}$ が導けるんだね。大丈夫だった？

● 剛体の力学的エネルギーの保存則も押さえよう！

斜面を転がる球や円柱の問題を解くのに，剛体の“**力学的エネルギーの保存則**”は欠かせない。解説しよう。

まず，剛体の重心 G が移動しながら，重心 G を通る回転軸のまわりを剛体が回転する場合の剛体の運動エネルギー K を求めてみよう。剛体の運動エネルギーは，剛体を n 個の小片に分けたとき，それぞれの小片がもつ運動エネルギー $\dfrac{1}{2}m_k v_k^2$ の総和に等しいので，

$K = \dfrac{1}{2}\sum_{k=1}^{n} m_k v_k^2$ ……(a) となる。ここで，v_k^2 について，

$$v_k^2 = \|\boldsymbol{v}_k\|^2 = \|\dot{\boldsymbol{r}}_k\|^2 = \|\dot{\boldsymbol{r}}_G + \dot{\boldsymbol{r}}'_k\|^2$$
$$= \|\dot{\boldsymbol{r}}_G\|^2 + 2\dot{\boldsymbol{r}}_G \cdot \dot{\boldsymbol{r}}'_k + \|\dot{\boldsymbol{r}}'_k\|^2$$
$$= v_G^2 + 2\dot{\boldsymbol{r}}_G \cdot \dot{\boldsymbol{r}}'_k + v'^2_k \quad \cdots\cdots (b)$$ より，

k 番目の小片（質量 m_k）
$\boldsymbol{r}_k$
$\boldsymbol{r}_k'$
$\boldsymbol{r}_G$
O
G

(b)を(a)に代入すると，

$$K = \frac{1}{2}\sum_{k=1}^{n} m_k(v_G^2 + 2\dot{\boldsymbol{r}}_G \cdot \dot{\boldsymbol{r}}'_k + v'^2_k)$$

$$= \frac{1}{2}v_G^2\sum_{k=1}^{n} m_k + \dot{\boldsymbol{r}}_G \cdot \left(\sum_{k=1}^{n} m_k\dot{\boldsymbol{r}}'_k\right) + \sum_{k=1}^{n}\frac{1}{2}m_k v'^2_k$$

総質量 M　　0（P200参照）　　$(r'_k\omega)^2$

G に対する相対運動は，G を通る軸のまわりの角速度 ω の回転運動とする！

$$= \frac{1}{2}Mv_G^2 + \sum_{k=1}^{n}\frac{1}{2}m_k \cdot r'^2_k\omega^2 = \frac{1}{2}Mv_G^2 + \frac{1}{2}\omega^2\sum_{k=1}^{n} m_k \cdot r'^2_k$$

G を通る軸のまわりの慣性モーメント I（P219）

$$\therefore K = K_G + K' = \frac{1}{2}Mv_G^2 + \frac{1}{2}I\omega^2 \quad \cdots\cdots (*)$$ が導かれる。

G の運動による運動エネルギー

G を通る軸のまわりの回転による運動エネルギー（P225）

そして，P76で解説したように，斜面上で運動する剛体に働く垂直抗力などの非保存力による仕事 $\widetilde{W}$ が0のとき，この運動エネルギー $K(=K_G+K')$ に位置エネルギー $U=Mgh$ を加えた全力学的エネルギー E は保存される。すなわち，

$E=K+U=K_G+K'+U=$ (一定) より，

$$E=\frac{1}{2}Mv_G{}^2+\frac{1}{2}I\omega^2+Mgh=(\text{一定}) \quad \cdots\cdots(*)$$ となる。

● 斜面を転がり落ちる球の問題を解こう！

図5に示すように，水平面と θ の角をなす斜面上を，質量 M，半径 a の一様な球が転がっていくものとする。斜面と球の間にはまさつ力があり，球は斜面上をズズーッと滑ることなく回転するものとする。つまり，球に働くまさつ力は，動まさつ力ではなく，静止まさつ力なんだね。各瞬間毎に球は斜面とある1点で接し，その点はその瞬間静止まさつ力によりすべることなく，球の他の部分が回転しながら落下していくと考えるんだ。

図5 斜面を転がる球

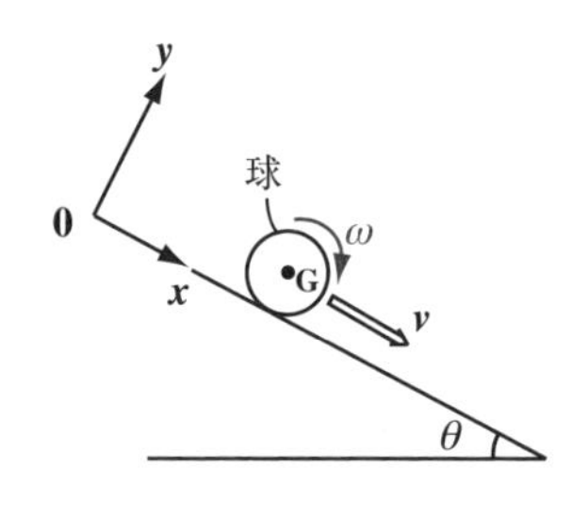

これは剛体の平面運動と考えられるので，図5に示すように，xy 座標をとることにする。このとき，この球の重心 G の x 軸方向の加速度 α と，静止まさつ力 f を求めてみよう。

まず，球の重心 G の x 軸方向の運動方程式は，

$M\ddot{x}=Mg\sin\theta-f$ ……① だね。

よって，x 軸方向の速さを v とおくと，①は，

$M\dfrac{dv}{dt}=Mg\sin\theta-\underline{\underline{f}}$ ……②

となる。

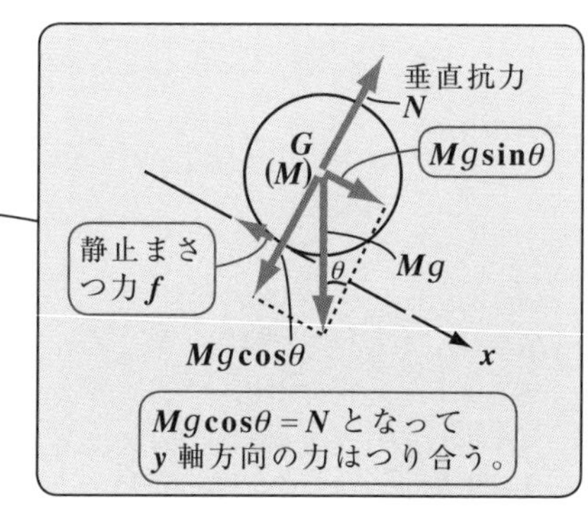

また，$v = a\omega$ ……③ が成り立つ。← ω：球の角速度

ここで，重心 G のまわりの回転の運動方程式は，

$I\dfrac{d\omega}{dt} = fa$ ……④ となる。

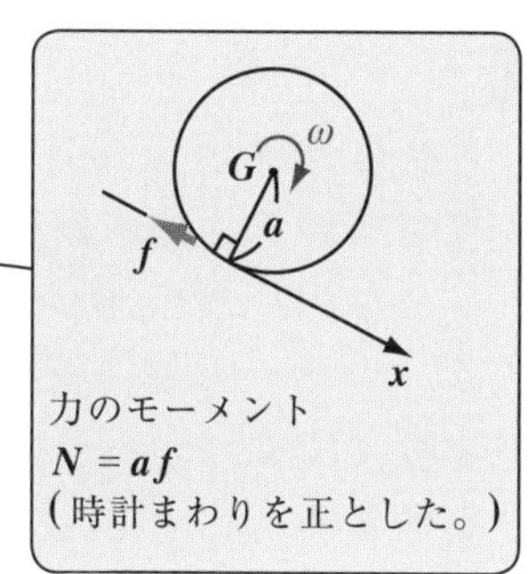

平面内での剛体の運動なので，角運動量 $L = I\omega$ も，力のモーメント N も共にスカラー量で表した。よって，$\dfrac{dL}{dt} = N$ より，$I\dfrac{d\omega}{dt} = fa$ とした。

③より，$\omega = \dfrac{v}{a}$　　これと，$I = \dfrac{2}{5}Ma^2$ を④に代入して，

質量 M，半径 a の球の慣性モーメント (P221)

$$\frac{2}{5}Ma^2 \cdot \frac{1}{a} \cdot \frac{dv}{dt} = fa \qquad \therefore f = \frac{2}{5}M\frac{dv}{dt} \text{ ……⑤ となる。}$$

これを②に代入して，

$$M\frac{dv}{dt} = Mg\sin\theta - \frac{2}{5}M\frac{dv}{dt} \qquad \frac{7}{5} \cdot \frac{dv}{dt} = g\sin\theta$$

よって，重心 G の x 軸方向への加速度 α は，$\alpha = \dfrac{dv}{dt} = \dfrac{5}{7}g\sin\theta$ ……⑥ となる。

これは，まさつもなく，回転もしない質量 M の物体のもつ加速度 $g\sin\theta$ より小さい。

⑥を⑤に代入すると，球が斜面から受ける静止まさつ力 f は，

$$f = \frac{2}{5}M \cdot \frac{5}{7}g\sin\theta = \frac{2}{7}Mg\sin\theta \text{ となる。}$$

さらに，時刻 $t = 0$ のとき，$v = \omega = 0$ の状態から，この球がこの斜面を落差 H だけ転がったときの速度 v は，力学的エネルギーの保存則を用いて，

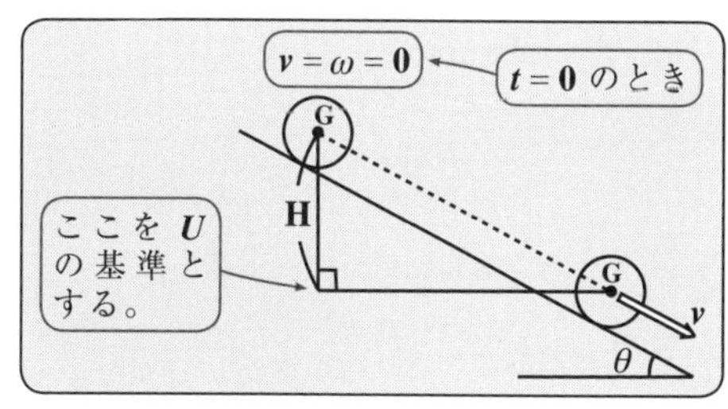

$$\frac{1}{2}M \cdot 0^2 + \frac{1}{2}I \cdot 0^2 + MgH = \frac{1}{2}Mv^2 + \frac{1}{2}I\omega^2 + Mg0$$

（∵ f は静止まさつ力だから仕事をしない。）　$\dfrac{1}{2} \cdot \dfrac{2}{5}Ma^2 \cdot \dfrac{v^2}{a^2} = \dfrac{1}{5}Mv^2$

$$MgH = \frac{1}{2}Mv^2 + \frac{1}{5}Mv^2 \qquad \therefore v = \sqrt{\frac{10}{7}gH}$$ と求まるんだね。大丈夫？

演習問題 13　● 斜面を転がる円柱 ●

右図に示すように，水平面と θ の角をなす斜面上を，質量 M，半径 a の一様な円柱が転がっていくものとする。斜面と円柱の間にはまさつ力があり，円柱が斜面をすべることなく回転するものとする。このとき，円柱の重心 G の x 軸方向の加速度 α と，円柱に働く静止まさつ力 f を求めよ。

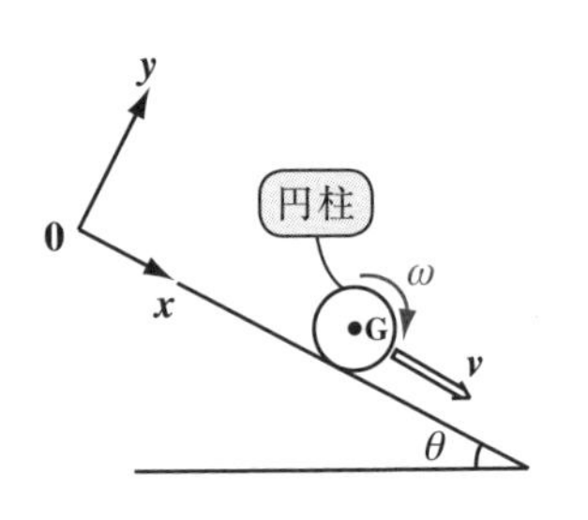

また，時刻 $t=0$ のとき，$v=\omega=0$ の状態から，この円柱がこの斜面を落差 H だけ転がったときの速度 v を求めよ。
ただし，ω は円柱の角速度，v は円柱の重心 G の x 軸方向の速度とする。

ヒント！ 円柱は，厚さのある円板だと考えればいいので，その慣性モーメント $I=\frac{1}{2}Ma^2$ だね。重心 G の並進運動の方程式と G のまわりの回転の方程式を立てて，解いていけばいいんだね。頑張ろう！

解答＆解説

この円柱の重心 G の x 軸方向の運動方程式は，

$$M\frac{dv}{dt}=Mg\sin\theta-f \quad \cdots\cdots ①$$

となる。
(ただし，f は静止まさつ力)

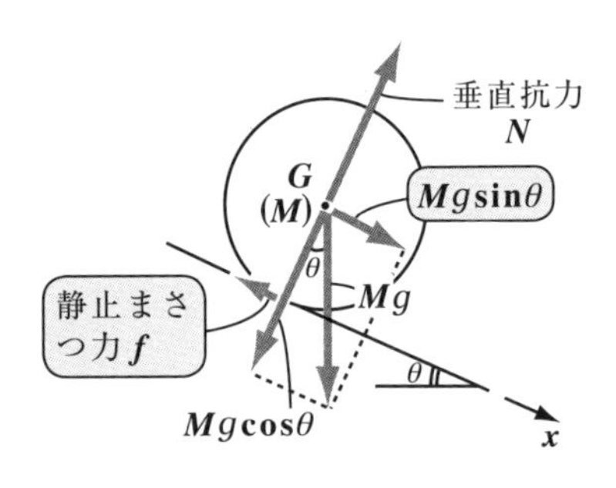

また，$v=a\omega$ ……………………②
が成り立つ。

ここで，重心 G のまわりの円柱の回転の運動方程式は，

$$I\frac{d\omega}{dt}=fa \quad \cdots\cdots\cdots\cdots ③$$

(I：円柱の慣性モーメント)
となる。

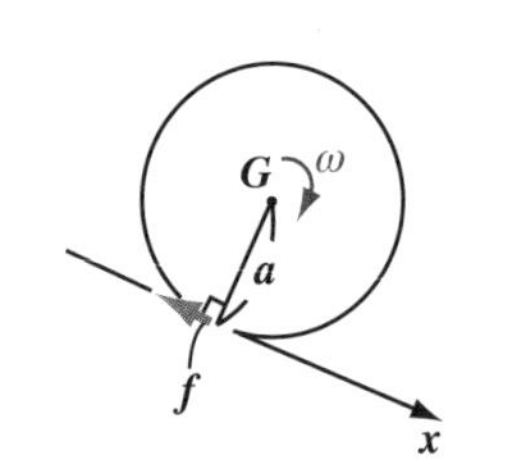

②より，$\omega=\dfrac{v}{a}$ ……………………………………②′

また，円柱の慣性モーメント $I=\dfrac{1}{2}Ma^2$ ……④

②′，④を③に代入して，

$$\frac{1}{2}Ma^2\cdot\frac{1}{a}\cdot\frac{dv}{dt}=fa \qquad \therefore f=\frac{1}{2}M\frac{dv}{dt} \;\cdots\cdots ⑤$$

⑤を①に代入して，

$$M\frac{dv}{dt}=Mg\sin\theta-\frac{1}{2}M\frac{dv}{dt} \qquad \frac{3}{2}\cdot\underbrace{\frac{dv}{dt}}_{\alpha}=g\sin\theta$$

∴求める円柱の重心 G の x 軸方向の加速度 α は，

$\alpha=\dfrac{2}{3}g\sin\theta$ ……⑥　である。

⑥を⑤に代入して，この円柱に働く静止まさつ力 f は，

$f=\dfrac{1}{2}M\cdot\dfrac{2}{3}g\sin\theta=\dfrac{1}{3}Mg\sin\theta$　である。

次に，時刻 $t=0$ のとき，$v=\omega=0$ の状態から，この円柱がこの斜面を落差 H だけ転がったときの速度 v は，力学的エネルギーの保存則を用いて，

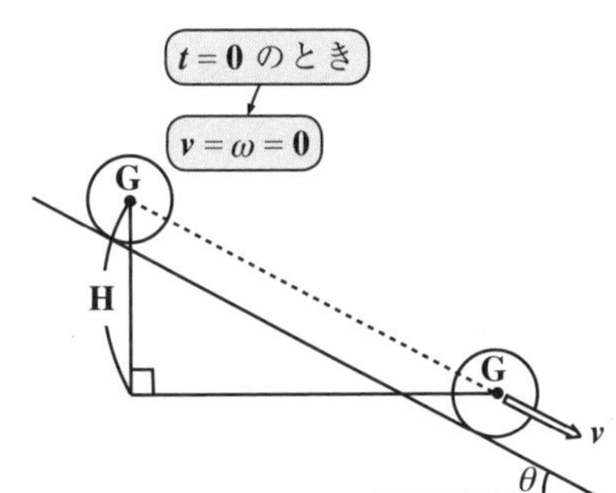

$$\frac{1}{2}M\cdot\underbrace{0^2}_{v^2}+\frac{1}{2}I\cdot\underbrace{0^2}_{\omega^2}+MgH=\frac{1}{2}Mv^2+\frac{1}{2}\underbrace{I\omega^2}_{\frac{1}{2}Ma^2\cdot\frac{v^2}{a^2}=\frac{1}{2}Mv^2}+Mg\cdot\underbrace{0}_{h}$$

$$MgH=\frac{1}{2}Mv^2+\frac{1}{4}Mv^2 \qquad \frac{3}{4}v^2=gH$$

$\therefore v=\sqrt{\dfrac{4}{3}gH}$　である。

垂直抗力 N は，重心 G の運動の方向と垂直なので，仕事には寄与していない。また，静止まさつ力 f は，円柱がズズーと滑らないので，$f\times\underbrace{0}_{\text{移動距離}}=0$ となって，同じく仕事には寄与しない！

§3. 固定軸のない剛体の運動

剛体の運動も，固定軸のまわりの運動であれば簡単だけど，この固定軸がなくなれば，急に難しくなる。よく **SF** 映画で出てくる不定形な小惑星の不規則な回転運動などを思い出してくれたらいい。ちょっと考えただけでも難しそうだね。

でも，まったく手が出ないのかというと，そうでもない。"**ベクトル 3 重積**"や"**慣性テンソル**"，それに"**対称行列の直交行列による対角化**"など，様々な数学的な知識をフルに活かして，この難しいテーマにチャレンジしてみよう！

● 固定点のまわりの剛体の運動を考えよう！

質点系の運動のときと同様に，剛体の運動においても，重心の運動と，重心のまわりの相対運動とに分けて考えることができる。ここでは，必ずしも重心である必要はないが，図 **1** に示すように，剛体内にある固定点 **O** を取り，これを原点とする剛体に固定した直交座標系 **O**xyz をとることにする。そして，固定点 **O** のまわりの剛体の運動を詳しく調べていくことにしよう。

図 **1**　固定点のまわりの剛体の運動

これがフラフラ動く

z　$\omega(t)$　**O**　y　x

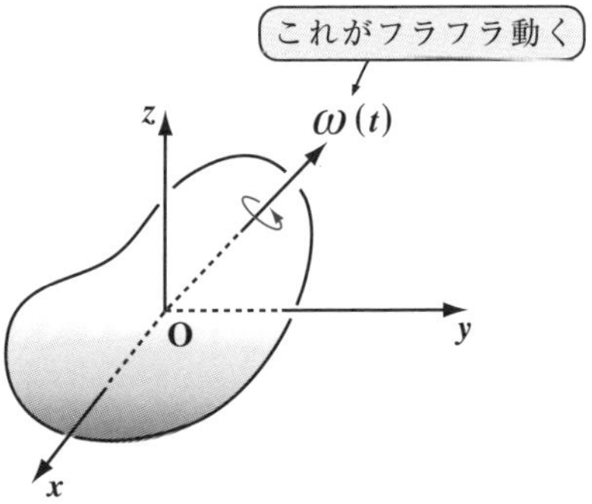

Oxyz 座標系は，剛体と共に移動するので，今回は剛体の **O** に対する相対運動のみを調べることになる。

固定点 **O** のまわりの剛体の運動は，瞬間的には固定点 **O** を通るある軸のまわりの回転として表現できるのは大丈夫だね。図 **1** に示すように，この回転軸として，角速度ベクトル ω をとり，これが各瞬間毎に時間と共に動くことにより，さまざまな **O** のまわりの複雑な回転運動も表せることになるわけだ。つまり，今回の角速度ベクトル ω は時刻 t の関数として，

$$\boldsymbol{\omega} = \boldsymbol{\omega}(t) = \begin{bmatrix} \omega_x(t) \\ \omega_y(t) \\ \omega_z(t) \end{bmatrix} \cdots\cdots ①$$ と表現できる。

● 慣性テンソルを求めてみよう！

円運動で用いられる（スカラーの）公式 $r\omega = v$ をベクトル公式として，

$\boldsymbol{\omega} \times \boldsymbol{r} = \boldsymbol{v}$ ……(＊)

と表現できることを P103 で示した。このときのイメージとして，$\boldsymbol{\omega} \perp \boldsymbol{r}$ の場合を示したが，図 2 に示すように，(＊)の公式は，一般に $\boldsymbol{\omega}$ と $\boldsymbol{r}$ のなす角が θ $(0 < \theta < \pi)$ の場合でも成り立つ。

図 2　公式 $\boldsymbol{\omega} \times \boldsymbol{r} = \boldsymbol{v}$

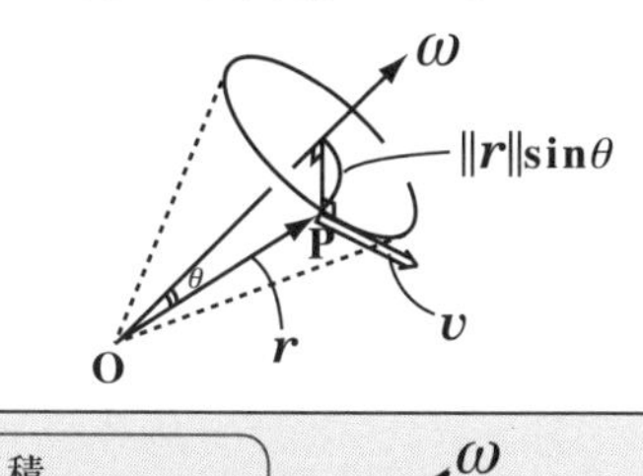

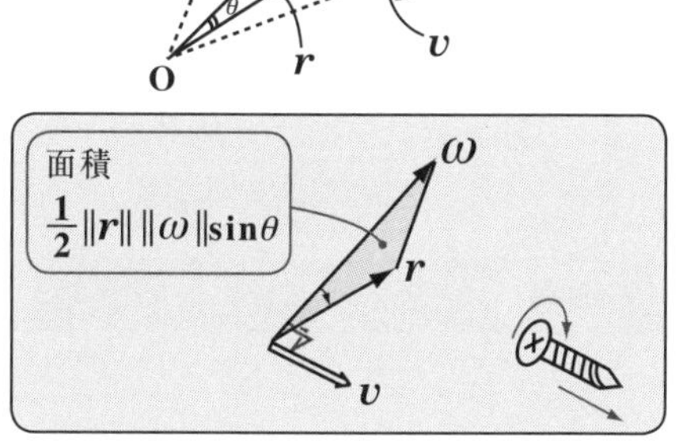

点 P の周速 $v = \|\boldsymbol{v}\|$ は，

$\|\boldsymbol{v}\| = \|\boldsymbol{r}\|\sin\theta \cdot \|\boldsymbol{\omega}\|$

$= \|\boldsymbol{\omega} \times \boldsymbol{r}\|$ と表せ，

また，$\boldsymbol{v} \perp \boldsymbol{\omega}$ かつ $\boldsymbol{v} \perp \boldsymbol{r}$ となるからだ。納得いった？

それでは，準備が整ったので，この剛体の O のまわりの回転運動の角運動量ベクトルを，

$$\boldsymbol{L} = \boldsymbol{L}(t) = \begin{bmatrix} L_x(t) \\ L_y(t) \\ L_z(t) \end{bmatrix} \cdots\cdots ②$$ とおいて，←（$\boldsymbol{L}$ も当然 t の関数だ。）

$\boldsymbol{L}$ と $\boldsymbol{\omega}$ の関係式が，

$\boldsymbol{L} = A\boldsymbol{\omega}$ ……(＊＊) となることを示そう。

ここで，A は 3 行 3 列の対称行列で“**慣性テンソル**”という。さらに，少し先まわりして話しておくと，これは対角行列に変換することが可能なので，(＊＊)の $\boldsymbol{L}$ と $\boldsymbol{\omega}$ の関係式をよりシンプルに表すことができる。さらに，これを基に回転の運動方程式：

（対称行列：左上から右下への対角線に関して対称な成分をもつ行列のこと）

（対角行列：対角線上にない成分がすべて 0 である行列のこと）

$\dfrac{d\boldsymbol{L}}{dt} = \boldsymbol{N}$ から，“**オイラーの方程式**”を導くことができるんだ。

いつものように，まず剛体を n 個の小片に分割し，$1, 2, \cdots, n$ と番号を付け，その k 番目の小片の質量を m_k，また O から k 番目の小片(の重心)への位置ベクトルを r_k とおくことにしよう。

今回“′”(ダッシュ)は付けていない！

すると，O のまわりの剛体の運動の角運動量 L は次のようになるね。

運動量 $m_k\dot{r}_k$

$$L = \begin{bmatrix} L_x \\ L_y \\ L_z \end{bmatrix} = \sum_{k=1}^{n} r_k \times p_k = \sum_{k=1}^{n} r_k \times m_k \dot{r}_k = \sum_{k=1}^{n} m_k(r_k \times \dot{r}_k) \quad \cdots\cdots ③$$

ここで，公式 $\omega \times r = v$ $\cdots\cdots(*)$ ($v = \dot{r}$) より，$\omega \times r_k = \dot{r}_k$ $\cdots\cdots④$ となるので，④を③に代入すると，

$$L = \sum_{k=1}^{n} m_k\{r_k \times (\omega \times r_k)\} \quad \cdots\cdots ③'$$ となる。

ベクトル 3 重積

参考

3 次元ベクトル a, b, c に対して，$a \times (b \times c)$ を“**ベクトル 3 重積**”と呼び，この計算には次の公式が利用できる。

$$a \times (b \times c) = (a \cdot c)b - (a \cdot b)c$$

(i) 内積 (スカラー)　(ii) 内積 (スカラー)

(この知識のない方は，「**ベクトル解析キャンパス・ゼミ**」(マセマ)で学習されることを勧める。)

ここで，“ベクトル 3 重積”の公式より，

$a \times (b \times c) = (a \cdot c)b - (a \cdot b)c$

$$r_k \times (\omega \times r_k) = (r_k \cdot r_k)\omega - (r_k \cdot \omega) r_k$$

$\|r_k\|^2 = x_k^2 + y_k^2 + z_k^2$　　$x_k\omega_x + y_k\omega_y + z_k\omega_z$

$$= (x_k^2 + y_k^2 + z_k^2)\begin{bmatrix} \omega_x \\ \omega_y \\ \omega_z \end{bmatrix} - (x_k\omega_x + y_k\omega_y + z_k\omega_z)\begin{bmatrix} x_k \\ y_k \\ z_k \end{bmatrix}$$

$$= \begin{bmatrix} (x_k^2 + y_k^2 + z_k^2)\omega_x - (x_k\omega_x + y_k\omega_y + z_k\omega_z)x_k \\ (x_k^2 + y_k^2 + z_k^2)\omega_y - (x_k\omega_x + y_k\omega_y + z_k\omega_z)y_k \\ (x_k^2 + y_k^2 + z_k^2)\omega_z - (x_k\omega_x + y_k\omega_y + z_k\omega_z)z_k \end{bmatrix}$$

$$\therefore\ \boldsymbol{r}_k \times (\boldsymbol{\omega} \times \boldsymbol{r}_k) = \begin{bmatrix} (y_k{}^2 + z_k{}^2)\omega_x - x_k y_k \omega_y - z_k x_k \omega_z \\ -x_k y_k \omega_x + (z_k{}^2 + x_k{}^2)\omega_y - y_k z_k \omega_z \\ -z_k x_k \omega_x - y_k z_k \omega_y + (x_k{}^2 + y_k{}^2)\omega_z \end{bmatrix} \cdots\cdots ⑤$$

⑤を③´に代入してまとめると，

$$\boldsymbol{L} = \begin{bmatrix} L_x \\ L_y \\ L_z \end{bmatrix} = \sum_{k=1}^{n} m_k \begin{bmatrix} (y_k{}^2 + z_k{}^2)\omega_x - x_k y_k \omega_y - z_k x_k \omega_z \\ -x_k y_k \omega_x + (z_k{}^2 + x_k{}^2)\omega_y - y_k z_k \omega_z \\ -z_k x_k \omega_x - y_k z_k \omega_y + (x_k{}^2 + y_k{}^2)\omega_z \end{bmatrix}$$

$$= \begin{bmatrix} \omega_x \underbrace{\sum_{k=1}^{n} m_k(y_k{}^2 + z_k{}^2)}_{I_x} - \omega_y \underbrace{\sum_{k=1}^{n} m_k x_k y_k}_{I_{xy}} - \omega_z \underbrace{\sum_{k=1}^{n} m_k z_k x_k}_{I_{zx}} \\ -\omega_x \underbrace{\sum_{k=1}^{n} m_k x_k y_k}_{I_{xy}} + \omega_y \underbrace{\sum_{k=1}^{n} m_k(z_k{}^2 + x_k{}^2)}_{I_y} - \omega_z \underbrace{\sum_{k=1}^{n} m_k y_k z_k}_{I_{yz}} \\ -\omega_x \underbrace{\sum_{k=1}^{n} m_k z_k x_k}_{I_{zx}} - \omega_y \underbrace{\sum_{k=1}^{n} m_k y_k z_k}_{I_{yz}} + \omega_z \underbrace{\sum_{k=1}^{n} m_k(x_k{}^2 + y_k{}^2)}_{I_z} \end{bmatrix}$$

ここで，$I_x = \sum_{k=1}^{n} m_k(y_k{}^2 + z_k{}^2)$，$I_y = \sum_{k=1}^{n} m_k(z_k{}^2 + x_k{}^2)$，$I_z = \sum_{k=1}^{n} m_k(x_k{}^2 + y_k{}^2)$，

$I_{xy} = \sum_{k=1}^{n} m_k x_k y_k$，$I_{yz} = \sum_{k=1}^{n} m_k y_k z_k$，$I_{zx} = \sum_{k=1}^{n} m_k z_k x_k$ とおくと，

この式は，次のようにスッキリまとまる。

$$\boldsymbol{L} = \begin{bmatrix} I_x\omega_x - I_{xy}\omega_y - I_{zx}\omega_z \\ -I_{xy}\omega_x + I_y\omega_y - I_{yz}\omega_z \\ -I_{zx}\omega_x - I_{yz}\omega_y + I_z\omega_z \end{bmatrix} = \underbrace{\begin{bmatrix} I_x & -I_{xy} & -I_{zx} \\ -I_{xy} & I_y & -I_{yz} \\ -I_{zx} & -I_{yz} & I_z \end{bmatrix}}_{\text{慣性テンソル}A} \underbrace{\begin{bmatrix} \omega_x \\ \omega_y \\ \omega_z \end{bmatrix}}_{\boldsymbol{\omega}}$$

ここで，$A = \begin{bmatrix} I_x & -I_{xy} & -I_{zx} \\ -I_{xy} & I_y & -I_{yz} \\ -I_{zx} & -I_{yz} & I_z \end{bmatrix}$ とおくと，この A のことを **"慣性テンソル"** (***tensor of inertia***) と呼ぶ。また，I_x，I_y，I_z は慣性モーメントであることは大丈夫だね。そして，I_{xy}，I_{yz}，I_{zx} は，**"慣性乗積(じょうせき)"** (***product of inertia***) と呼ぶ。

以上より，$\boldsymbol{L} = A\boldsymbol{\omega}$ ……(＊＊)と，形式的にはシンプルな式が導けたんだ。

● オイラーの方程式を導いてみよう！

$(**)$は形式的には美しいけれど，慣性テンソル A はまだ複雑な形をしている。でも，これは，次のように対角線に関して対称な成分をもつ"対称行列"になっているんだね。

$L = A\omega \quad \cdots (**)$

$$A = \begin{bmatrix} I_x & -I_{xy} & -I_{zx} \\ -I_{xy} & I_y & -I_{yz} \\ -I_{zx} & -I_{yz} & I_z \end{bmatrix}$$

対角線

参考

対称行列 A に対して，その固有値を λ，固有ベクトルを $\boldsymbol{x}$ とおくと，

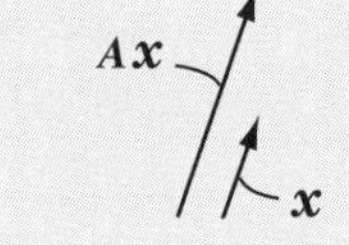

$A\boldsymbol{x} = \lambda \boldsymbol{x}$ ……(a) となる。

(a)より，$(A - \lambda E)\boldsymbol{x} = \boldsymbol{0}$ ……(a)′

(a)′の解として，$\boldsymbol{x}$ が自明な解 $\boldsymbol{x} = \boldsymbol{0}$ 以外の解をもつものとすると，固有方程式 $|A - \lambda E| = 0$ が導ける。

これは λ の 3 次方程式

この解を $\lambda = \lambda_1, \lambda_2, \lambda_3$ とおき，これらに対応する固有ベクトルを，

それぞれ $\boldsymbol{x}_1 = \begin{bmatrix} u_{11} \\ u_{21} \\ u_{31} \end{bmatrix}$，$\boldsymbol{x}_2 = \begin{bmatrix} u_{12} \\ u_{22} \\ u_{32} \end{bmatrix}$，$\boldsymbol{x}_3 = \begin{bmatrix} u_{13} \\ u_{23} \\ u_{33} \end{bmatrix}$ とおく。

このとき，3 つの固有ベクトル $\boldsymbol{x}_1, \boldsymbol{x}_2, \boldsymbol{x}_3$ は互いに直交するベクトルであり，さらに，これらを単位ベクトルとすることができる。

よって，$\boldsymbol{x}_1 \cdot \boldsymbol{x}_2 = \boldsymbol{x}_2 \cdot \boldsymbol{x}_3 = \boldsymbol{x}_3 \cdot \boldsymbol{x}_1 = 0$，$\|\boldsymbol{x}_1\| = \|\boldsymbol{x}_2\| = \|\boldsymbol{x}_3\| = 1$ が成り立つ。

以上より，(a)は，

(i) $A\boldsymbol{x}_1 = \lambda_1 \boldsymbol{x}_1$ (ii) $A\boldsymbol{x}_2 = \lambda_2 \boldsymbol{x}_2$ (iii) $A\boldsymbol{x}_3 = \lambda_3 \boldsymbol{x}_3$

とおける。これらをまとめて 1 つの式で表すと，

$$A[\boldsymbol{x}_1 \ \boldsymbol{x}_2 \ \boldsymbol{x}_3] = [\lambda_1 \boldsymbol{x}_1 \ \lambda_2 \boldsymbol{x}_2 \ \lambda_3 \boldsymbol{x}_3]$$

$$= [\boldsymbol{x}_1 \ \boldsymbol{x}_2 \ \boldsymbol{x}_3] \begin{bmatrix} \lambda_1 & 0 & 0 \\ 0 & \lambda_2 & 0 \\ 0 & 0 & \lambda_3 \end{bmatrix} \quad \cdots\cdots (b)$$ となる。

ここで，$U = [\boldsymbol{x}_1 \ \boldsymbol{x}_2 \ \boldsymbol{x}_3] = \begin{bmatrix} u_{11} & u_{12} & u_{13} \\ u_{21} & u_{22} & u_{23} \\ u_{31} & u_{32} & u_{33} \end{bmatrix}$ とおくと，(b)は，

$AU = U\begin{bmatrix} \lambda_1 & 0 & 0 \\ 0 & \lambda_2 & 0 \\ 0 & 0 & \lambda_3 \end{bmatrix}$ となる。

そして，U の逆行列 U^{-1} は存在するので，この両辺に U^{-1} を左からかけると，

$U^{-1}AU = \begin{bmatrix} \lambda_1 & 0 & 0 \\ 0 & \lambda_2 & 0 \\ 0 & 0 & \lambda_3 \end{bmatrix}$ となって，

対称行列 A を行列 U によって，対角化できる。ここで，この行列 U を特に "**直交行列**(ちょっこう)" という。

この対称行列 A を直交行列 U によって対角化する手法を御存知ない方は，**「線形代数キャンパス・ゼミ」**(マセマ)，**「演習 線形代数キャンパス・ゼミ」**(マセマ)で学習されることを勧める。

この対称行列 A は，直交行列 $U = [\boldsymbol{x}_1 \ \boldsymbol{x}_2 \ \boldsymbol{x}_3]$ $(\boldsymbol{x}_1 \cdot \boldsymbol{x}_2 = \boldsymbol{x}_2 \cdot \boldsymbol{x}_3 = \boldsymbol{x}_3 \cdot \boldsymbol{x}_1 = 0,$ $\|\boldsymbol{x}_1\| = \|\boldsymbol{x}_2\| = \|\boldsymbol{x}_3\| = 1)$ によって対角化できる。

ここで，

$\boldsymbol{\omega} = U\boldsymbol{\omega}_0 \cdots\cdots ⑥ \qquad \boldsymbol{L} = U\boldsymbol{L}_0 \cdots\cdots ⑦$

によって，新たなベクトル $\boldsymbol{\omega}_0$ と $\boldsymbol{L}_0$ を定義する。

⑥，⑦の両辺に U^{-1} を左からかけて，
$\boldsymbol{\omega}_0 = U^{-1}\boldsymbol{\omega}$，$\boldsymbol{L}_0 = U^{-1}\boldsymbol{L}$
として，$\boldsymbol{\omega}_0$ と $\boldsymbol{L}_0$ が定まる。

この $\boldsymbol{\omega}_0$，$\boldsymbol{L}_0$ をそれぞれ，

$$\boldsymbol{\omega}_0 = \begin{bmatrix} \omega_{x0} \\ \omega_{y0} \\ \omega_{z0} \end{bmatrix}, \quad \boldsymbol{L}_0 = \begin{bmatrix} L_{x0} \\ L_{y0} \\ L_{z0} \end{bmatrix}$$

と成分表示しよう。すると，⑥より，

$$\boldsymbol{\omega} = \underbrace{\begin{bmatrix} u_{11} & u_{12} & u_{13} \\ u_{21} & u_{22} & u_{23} \\ u_{31} & u_{32} & u_{33} \end{bmatrix}}_{U} \underbrace{\begin{bmatrix} \omega_{x0} \\ \omega_{y0} \\ \omega_{z0} \end{bmatrix}}_{\boldsymbol{\omega}_0} = \begin{bmatrix} u_{11}\omega_{x0} + u_{12}\omega_{y0} + u_{13}\omega_{z0} \\ u_{21}\omega_{x0} + u_{22}\omega_{y0} + u_{23}\omega_{z0} \\ u_{31}\omega_{x0} + u_{32}\omega_{y0} + u_{33}\omega_{z0} \end{bmatrix}$$

$$= \omega_{x0}\underbrace{\begin{bmatrix} u_{11} \\ u_{21} \\ u_{31} \end{bmatrix}}_{\boldsymbol{x}_1} + \omega_{y0}\underbrace{\begin{bmatrix} u_{12} \\ u_{22} \\ u_{32} \end{bmatrix}}_{\boldsymbol{x}_2} + \omega_{z0}\underbrace{\begin{bmatrix} u_{13} \\ u_{23} \\ u_{33} \end{bmatrix}}_{\boldsymbol{x}_3}$$

$\therefore \boldsymbol{\omega} = \omega_{x0}\boldsymbol{x}_1 + \omega_{y0}\boldsymbol{x}_2 + \omega_{z0}\boldsymbol{x}_3$ となる。

参考(P240)で解説したように，$\boldsymbol{x}_1$，$\boldsymbol{x}_2$，$\boldsymbol{x}_3$ は互いに直交する単位ベクトルだから，図3に示すように，$\boldsymbol{x}_1$，$\boldsymbol{x}_2$，$\boldsymbol{x}_3$ によって定まる新たな直交座標系 $\mathrm{O}x_0y_0z_0$ で $\boldsymbol{\omega}$ を成分表示したものが，$[\omega_{x0},\ \omega_{y0},\ \omega_{z0}]$ となるんだ。

よって，$\boldsymbol{\omega}_0 = [\omega_{x0},\ \omega_{y0},\ \omega_{z0}]$ は，$\boldsymbol{\omega}$ を座標系 $\mathrm{O}x_0y_0z_0$ で成分表示しなおしたものなんだね。

図3 新たな座標系(慣性主軸)

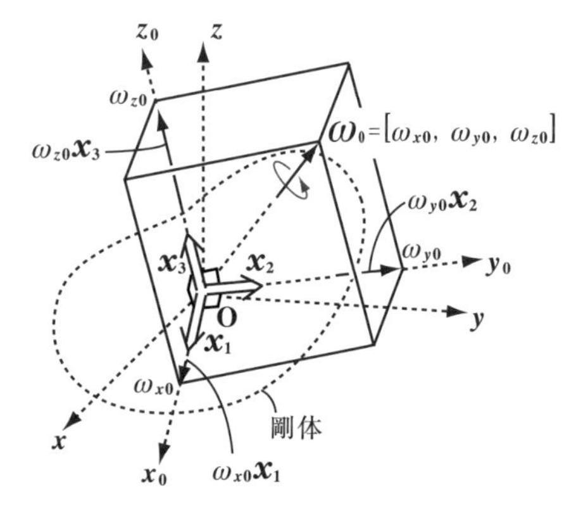

同様に，$\boldsymbol{L} = \boldsymbol{U}\boldsymbol{L}_0$ …⑦ から，$\boldsymbol{L}_0$ は，$\boldsymbol{L}$ を座標系 $\mathrm{O}x_0y_0z_0$ で成分表示したベクトルと言える。

よって，$\boldsymbol{\omega} = \boldsymbol{U}\boldsymbol{\omega}_0$ …⑥，　$\boldsymbol{L} = \boldsymbol{U}\boldsymbol{L}_0$ …⑦を $\boldsymbol{L} = \boldsymbol{A}\boldsymbol{\omega}$ …(**) に代入すると，

$\boldsymbol{U}\boldsymbol{L}_0 = \boldsymbol{A}\boldsymbol{U}\boldsymbol{\omega}_0$ …⑧ となる。

ここで，$\boldsymbol{U}$ の逆行列 $\boldsymbol{U}^{-1}$ は存在するので，$\boldsymbol{U}^{-1}$ を⑧の両辺に左からかけて，

$\boldsymbol{L}_0 = \underbrace{\boldsymbol{U}^{-1}\boldsymbol{A}\boldsymbol{U}}_{\text{対角行列 } \boldsymbol{A}_0}\boldsymbol{\omega}_0$ …⑨ となる。

ここで，$\boldsymbol{U}^{-1}\boldsymbol{A}\boldsymbol{U} = \boldsymbol{A}_0 = \begin{bmatrix} I_{x0} & 0 & 0 \\ 0 & I_{y0} & 0 \\ 0 & 0 & I_{z0} \end{bmatrix}$ とおいて，⑨に代入すると，(**) から本当にシンプルな式

$$\boldsymbol{L}_0 = \boldsymbol{A}_0\boldsymbol{\omega}_0,\ \text{すなわち,}\ \begin{bmatrix} L_{x0} \\ L_{y0} \\ L_{z0} \end{bmatrix} = \begin{bmatrix} I_{x0} & 0 & 0 \\ 0 & I_{y0} & 0 \\ 0 & 0 & I_{z0} \end{bmatrix} \begin{bmatrix} \omega_{x0} \\ \omega_{y0} \\ \omega_{z0} \end{bmatrix} \cdots\cdots(**)'$$

を導くことができる。この I_{x0}，I_{y0}，I_{z0} を "**主慣性モーメント**" と呼び，このときの新たな各座標軸を "**慣性主軸**" ということも覚えておこう。

それでは，$(**)'$となるように慣性主軸をとるものとし，ここで，繁雑さを避けるため，下付き添え字“$_0$”も省略して書くと，$(**)'$は，

$$\begin{bmatrix} L_x \\ L_y \\ L_z \end{bmatrix} = \begin{bmatrix} I_x & 0 & 0 \\ 0 & I_y & 0 \\ 0 & 0 & I_z \end{bmatrix} \begin{bmatrix} \omega_x \\ \omega_y \\ \omega_z \end{bmatrix} = \begin{bmatrix} I_x\omega_x \\ I_y\omega_y \\ I_z\omega_z \end{bmatrix} \cdots\cdots (**)''$$ となる。

慣性主軸での成分表示

新たな L　時刻tによらない，慣性主軸による慣性テンソル　新たな ω

3次元の問題で，1個の成分で表されるスカラー量，3個の成分で表されるベクトル量に対して，$3\times3=9$個の成分で表される量を“**テンソル量**”という。

ここで，この主慣性モーメント I_x，I_y，I_z は新たな慣性主軸系によって，

$$I_x = \sum_{k=1}^{n} m_k(y_k{}^2 + z_k{}^2),\quad I_y = \sum_{k=1}^{n} m_k(z_k{}^2 + x_k{}^2),\quad I_z = \sum_{k=1}^{n} m_k(x_k{}^2 + y_k{}^2)$$

⊕　⊕　⊕

と表されることにも注意しよう。

ここで，さらに，慣性主軸を定める単位ベクトル $\boldsymbol{x}_1$，$\boldsymbol{x}_2$，$\boldsymbol{x}_3$ をそれぞれ $\boldsymbol{i}$，$\boldsymbol{j}$，$\boldsymbol{k}$ で置き換えると，$(**)''$は図4に示すように，$\boldsymbol{i}$，$\boldsymbol{j}$，$\boldsymbol{k}$により，

$$\boldsymbol{L} = I_x\omega_x\boldsymbol{i} + I_y\omega_y\boldsymbol{j} + I_z\omega_z\boldsymbol{k} \cdots\cdots ⑩$$

と表すことができる。

さァ，慣性主軸により，$\boldsymbol{L}$が⑩のように簡潔に表されたので，いよいよ回転の運動方程式の登場だ！

図4　慣性主軸の単位ベクトル

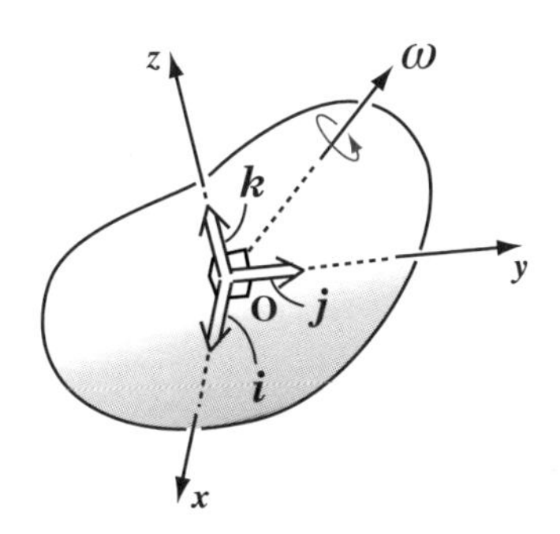

実は，軸だけでなく，慣性主軸も時刻tと共にフラフラ動く！

$$\frac{d\boldsymbol{L}}{dt} = \boldsymbol{N} \cdots\cdots ⑪$$

$$\left(\begin{array}{l} \boldsymbol{N} = N_x\boldsymbol{i} + N_y\boldsymbol{j} + N_z\boldsymbol{k} \cdots\cdots ⑫ \\ \text{(力のモーメント)トルク} \end{array}\right)$$

ここで，⑩の主慣性モーメントI_x，I_y，I_zは，固定点**O**の点さえ与えられれば，剛体固有の量なので，これが時刻tによって変化することはない。つまり，正の定数(スカラー)なんだね。

これに対して，角速度ベクトル$\boldsymbol{\omega}=[\omega_x,\ \omega_y,\ \omega_z]$は当然時刻$t$の関数なので，$t$と共に変動する。これもいいね。でも，ここでは，剛体に固定した慣性主軸は，剛体が空間に設定された慣性系に対して運動しているわけだから，当然これもフラフラ動くことになる。つまり，$\boldsymbol{i}$，$\boldsymbol{j}$，$\boldsymbol{k}$も時刻tの関数になっていること，これに気を付けよう！

それでは，⑩を⑪の左辺に代入して，変形すると，

$$\frac{d\boldsymbol{L}}{dt}=\frac{d}{dt}(\underbrace{I_x}_{\text{定数}}\underbrace{\omega_x\boldsymbol{i}}_{t\text{の関数}}+\underbrace{I_y}_{\text{定数}}\underbrace{\omega_y\boldsymbol{j}}_{t\text{の関数}}+\underbrace{I_z}_{\text{定数}}\underbrace{\omega_z\boldsymbol{k}}_{t\text{の関数}})$$

$$=I_x\left(\frac{d\omega_x}{dt}\boldsymbol{i}+\omega_x\underbrace{\frac{d\boldsymbol{i}}{dt}}_{\boldsymbol{\omega}\times\boldsymbol{i}}\right)+I_y\left(\frac{d\omega_y}{dt}\boldsymbol{j}+\omega_y\underbrace{\frac{d\boldsymbol{j}}{dt}}_{\boldsymbol{\omega}\times\boldsymbol{j}}\right)+I_z\left(\frac{d\omega_z}{dt}\boldsymbol{k}+\omega_z\underbrace{\frac{d\boldsymbol{k}}{dt}}_{\boldsymbol{\omega}\times\boldsymbol{k}}\right)\quad\cdots\cdots⑬$$

となる。ここで，公式：$\boldsymbol{\omega}\times\boldsymbol{r}=\frac{d\boldsymbol{r}}{dt}$ ……(＊) (**P237**) より，上式の$\frac{d\boldsymbol{i}}{dt}$，$\frac{d\boldsymbol{j}}{dt}$，$\frac{d\boldsymbol{k}}{dt}$ は，

$$\begin{cases}\frac{d\boldsymbol{i}}{dt}=\boldsymbol{\omega}\times\boldsymbol{i}=\omega_z\boldsymbol{j}-\omega_y\boldsymbol{k}\\[2mm]\frac{d\boldsymbol{j}}{dt}=\boldsymbol{\omega}\times\boldsymbol{j}=-\omega_z\boldsymbol{i}+\omega_x\boldsymbol{k}\quad\cdots\cdots⑭\\[2mm]\frac{d\boldsymbol{k}}{dt}=\boldsymbol{\omega}\times\boldsymbol{k}=\omega_y\boldsymbol{i}-\omega_x\boldsymbol{j}\end{cases}$$

ω_x　ω_y　ω_z　ω_x
1　0　0　1
$, -\omega_y]$ $[0,$ ω_z

ω_x　ω_y　ω_z　ω_x
0　1　0　0
$, \omega_x]$ $[-\omega_z,$ 0

ω_x　ω_y　ω_z　ω_x
0　0　1　0
$, 0]$ $[\omega_y,$ $-\omega_x$

と変形できる。よって，⑭を⑬に代入して，まとめると，

$$\frac{d\boldsymbol{L}}{dt} = I_x\frac{d\omega_x}{dt}\boldsymbol{i} + I_x\omega_x(\omega_z\boldsymbol{j} - \omega_y\boldsymbol{k}) + I_y\frac{d\omega_y}{dt}\boldsymbol{j} + I_y\omega_y(-\omega_z\boldsymbol{i} + \omega_x\boldsymbol{k})$$
$$+ I_z\frac{d\omega_z}{dt}\boldsymbol{k} + I_z\omega_z(\omega_y\boldsymbol{i} - \omega_x\boldsymbol{j})$$

$$\therefore\ \frac{d\boldsymbol{L}}{dt} = \left\{I_x\frac{d\omega_x}{dt} - (I_y - I_z)\omega_y\omega_z\right\}\boldsymbol{i} + \left\{I_y\frac{d\omega_y}{dt} - (I_z - I_x)\omega_z\omega_x\right\}\boldsymbol{j}$$
$$+ \left\{I_z\frac{d\omega_z}{dt} - (I_x - I_y)\omega_x\omega_y\right\}\boldsymbol{k} \quad \cdots\cdots⑮$$

ここで，⑫，⑮を⑪に代入して，$\boldsymbol{i}$，$\boldsymbol{j}$，$\boldsymbol{k}$ 成分を比較すると，次の“**オイラー(*Euler*)の方程式**”が導けるんだね。

$$\frac{d\boldsymbol{L}}{dt} = \boldsymbol{N} \quad \cdots\cdots⑪$$
$$\boldsymbol{N} = N_x\boldsymbol{i} + N_y\boldsymbol{j} + N_z\boldsymbol{k} \quad \cdots\cdots⑫$$
$$\frac{d\boldsymbol{L}}{dt} = \bigcirc\,\boldsymbol{i} + \square\,\boldsymbol{j} + \triangle\,\boldsymbol{k} \quad \cdots\cdots⑮$$

オイラーの方程式

$$\begin{cases} I_x\dfrac{d\omega_x}{dt} - (I_y - I_z)\omega_y\omega_z = N_x & \cdots\cdots(*1) \\ I_y\dfrac{d\omega_y}{dt} - (I_z - I_x)\omega_z\omega_x = N_y & \cdots\cdots(*2) \\ I_z\dfrac{d\omega_z}{dt} - (I_x - I_y)\omega_x\omega_y = N_z & \cdots\cdots(*3) \end{cases}$$

（I_x，I_y，I_z：主慣性モーメント，$\boldsymbol{\omega} = [\omega_x,\ \omega_y,\ \omega_z]$：角速度ベクトル
$\boldsymbol{N} = [N_x,\ N_y,\ N_z]$：力のモーメント(トルク)）

フー，疲れたって？ そうだね。大変な変形だったからね。でも，後もう少しだ！ 元気出して頑張ろう!!

● オイラーの方程式を解いてみよう！

オイラーの方程式を導いたので，早速次の例題で，実際にこの方程式を解いてみることにしよう。

例題 31　$I_x = I_y \neq I_z$ かつ $\boldsymbol{N} = [N_x,\ N_y,\ N_z] = \mathbf{0}$ とする。また，初期条件として，$\omega_x(0)$，$\omega_y(0)$，$\omega_z(0)$，$\dot{\omega}_x(0)$，$\dot{\omega}_y(0)$ はすべて 0 でない定数であるものとする。このとき，オイラーの方程式を解いてみよう。

まず，主慣性モーメント I_x と I_y と I_z の間に $I_x = I_y \neq I_z$ の関係が与えられているので，右下図に示すように，z 軸に関して軸対称な何か洋なしのような物体（剛体）をイメージしてくれたらいいと思う。しかも，$\boldsymbol{N} = \mathbf{0}$，すなわち，$N_x = N_y = N_z = 0$ の条件があるので，この物体には何のトルク（力のモーメント）も働いていない。だから，このイメージのような形の小惑星が他の天体から十分に離れた宇宙空間にポッンと存在していると思ってくれたらいい。そして，剛体に固定して，右図のような $\mathrm{O}xyz$ 座標系（慣性主軸の座標系）をとることにしよう。

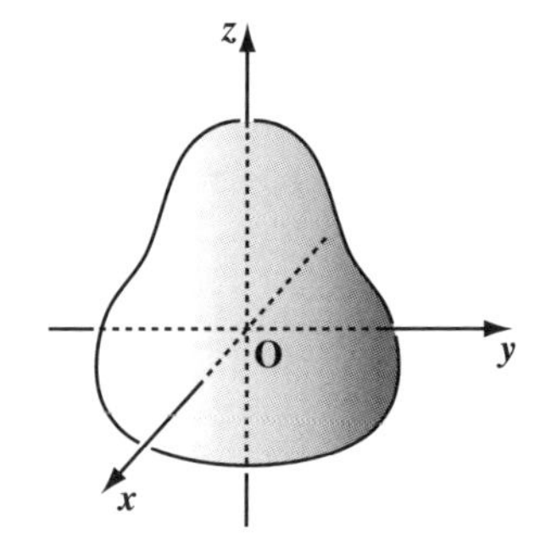

$I_x = I_y \neq I_z$ より，z 軸に関して軸対称な物体のイメージ

ここでもし，初期条件として，

$$\omega_x(0) = \omega_y(0) = \omega_z(0) = 0$$

（時刻 $t = 0$ での $\omega_x(t)$，$\omega_y(t)$，$\omega_z(t)$ の初期値）

すなわち，初めにこの物体が何も回転していなければ，トルクの条件があるため，この物体は原点 O のまわりを回転することなく，ずっと静止し続けることになるんだね。もちろん，今回の初期条件として，$\omega_x(0) \neq 0$，$\omega_y(0) \neq 0$，$\omega_z(0) \neq 0$ が与えられているので，この物体は原点 O を通る軸（この軸も運動する。）のまわりを瞬間的に回転する運動を続けるはずだ。

さァ，それでは具体的にオイラーの方程式を解いてみることにしよう。

$N_x = N_y = N_z = 0$ かつ $I_x = I_y \neq I_z$ の条件より，オイラーの方程式は，

$$\begin{cases} I_x \dot{\omega}_x = (I_x - I_z)\omega_y \omega_z \quad \cdots\cdots ① \\ I_x \dot{\omega}_y = (I_z - I_x)\omega_z \omega_x \quad \cdots\cdots ② \\ I_z \dot{\omega}_z = 0 \quad \cdots\cdots ③ \end{cases}$$

（①の I_x は I_y，②の I_x は I_y）

$I_z > 0$ より，③の両辺を I_z で割って，

$$\dot{\omega}_z = 0 \qquad \frac{d\omega_z}{dt} = 0 \qquad \therefore \omega_z = \omega_z(0) \cdots\cdots ③'$$ ということになる。

（$\omega_z(0)$：初期値（定数））

よって，角速度ベクトル $\boldsymbol{\omega}$ の z 成分 ω_z は常に一定であることが分かった。
次，③´を①，②に代入して，①，②をそれぞれ $I_x (>0)$ で割ってまとめると，

$$\begin{cases} \dot{\omega}_x = -\frac{I_z - I_x}{I_x}\omega_z(0) \cdot \omega_y \cdots\cdots ①' \\ \dot{\omega}_y = \frac{I_z - I_x}{I_x}\omega_z(0) \cdot \omega_x \cdots\cdots ②' \end{cases}$$ となる。

（$\frac{I_z - I_x}{I_x}\omega_z(0)$：Ω（定数））

ここで，$\frac{I_z - I_x}{I_x}\omega_z(0)$ は定数なので，$\frac{I_z - I_x}{I_x}\omega_z(0) = \Omega$（定数）とおくと，

①´，②´は次のようにシンプルな連立方程式になる。

$$\dot{\omega}_x = -\Omega\omega_y \cdots\cdots ④$$
$$\dot{\omega}_y = \Omega\omega_x \cdots\cdots ⑤$$

（$\dot{\omega}_x(t) = -\Omega\omega_y(t) \cdots ④$，$\dot{\omega}_y(t) = \Omega\omega_x(t) \cdots\cdots ⑤$ のこと）

これをどう解けばいいか，分かる？ …，そうだね。次のように単振動の微分方程式にもち込めばいいんだね。

（i）④の両辺を t で微分して，

$$\ddot{\omega}_x = -\Omega\dot{\omega}_y \cdots\cdots ④'$$

④´に⑤を代入して，

$\ddot{\omega}_x = -\Omega^2\omega_x$ となる。

これは単振動の微分方程式より，この解は，

$\omega_x(t) = \mathbf{A}\cos\Omega t + \mathbf{B}\sin\Omega t$ ……⑥ となる。

単振動の微分方程式
$\ddot{x} = -\omega^2 x$ の解は，
$x = \mathbf{A}\cos\omega t + \mathbf{B}\sin\omega t$ だ！

(ⅱ) 同様に，⑤の両辺を t で微分して，

$\ddot{\omega}_y = \Omega\dot{\omega}_x$ ……⑤´

⑤´に④を代入して，

$\ddot{\omega}_y = -\Omega^2\omega_y$ となる。

これは単振動の微分方程式より，この解は，

$\omega_y(t) = \mathbf{C}\cos\Omega t + \mathbf{D}\sin\Omega t$ ……⑦ となる。

(ここで，A，B，C，D は任意定数)

初期条件より，$\mathbf{A} = \omega_x(0)$，$\mathbf{B} = \dfrac{\dot{\omega}_x(0)}{\Omega}$，$\mathbf{C} = \omega_y(0)$，$\mathbf{D} = \dfrac{\dot{\omega}_y(0)}{\Omega}$ となる。

⑥に $t=0$ を代入して，$\omega_x(0) = \mathbf{A}\cos 0 + \mathbf{B}\sin 0 = \mathbf{A}$
⑥を t で微分して，$\dot{\omega}_x(t) = -\mathbf{A}\Omega\sin\Omega t + \mathbf{B}\Omega\cos\Omega t$
これに $t=0$ を代入して，$\dot{\omega}_x(0) = -\mathbf{A}\Omega\sin 0 + \mathbf{B}\Omega\cos 0 = \mathbf{B}\Omega$
⑦に $t=0$ を代入して，$\omega_y(0) = \mathbf{C}\cos 0 + \mathbf{D}\sin 0 = \mathbf{C}$
⑦を t で微分して，$\dot{\omega}_y(t) = -\mathbf{C}\Omega\sin\Omega t + \mathbf{D}\Omega\cos\Omega t$
これに $t=0$ を代入して，$\dot{\omega}_y(0) = -\mathbf{C}\Omega\sin 0 + \mathbf{D}\Omega\cos 0 = \mathbf{D}\Omega$

これらを⑥，⑦に代入して，

$-\omega_y(0)$ (④より)

$$\begin{cases} \omega_x(t) = \omega_x(0)\cos\Omega t + \dfrac{\dot{\omega}_x(0)}{\Omega}\sin\Omega t & \cdots\cdots ⑥' \\ \omega_y(t) = \omega_y(0)\cos\Omega t + \dfrac{\dot{\omega}_y(0)}{\Omega}\sin\Omega t & \cdots\cdots ⑦' \end{cases}$$

$\omega_x(0)$ (⑤より)

さらに，④，⑤の t に 0 を代入すると，

$\dot{\omega}_x(0) = -\Omega\omega_y(0)$，$\dot{\omega}_y(0) = \Omega\omega_x(0)$ より，

$\dfrac{\dot{\omega}_x(0)}{\Omega} = -\omega_y(0)$，$\dfrac{\dot{\omega}_y(0)}{\Omega} = \omega_x(0)$

となるので，これらを⑥´，⑦´に代入すると，

$$\begin{cases} \omega_x(t) = \omega_x(0)\cos\Omega t - \omega_y(0)\sin\Omega t \\ \omega_y(t) = \omega_x(0)\sin\Omega t + \omega_y(0)\cos\Omega t \end{cases}$$ となる。

これをまとめると,

$$\begin{bmatrix} \omega_x(t) \\ \omega_y(t) \end{bmatrix} = \underline{\begin{bmatrix} \cos\Omega t & -\sin\Omega t \\ \sin\Omega t & \cos\Omega t \end{bmatrix}} \begin{bmatrix} \omega_x(0) \\ \omega_y(0) \end{bmatrix}$$

これは回転の行列 $\boldsymbol{R}(\Omega t)$ だね。

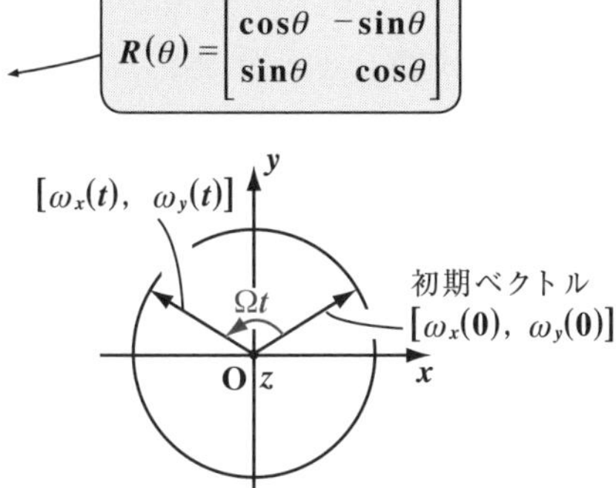

となるので，ベクトル $[\omega_x(t),\ \omega_y(t)]$ は右図に示すように，原点 O のまわりを角速度 Ω で回転することになる。

以上の結果をまとめて，角速度ベクトルを表すと,

$$\begin{bmatrix} \omega_x(t) \\ \omega_y(t) \\ \omega_z(t) \end{bmatrix} = \begin{bmatrix} \cos\Omega t & -\sin\Omega t & 0 \\ \sin\Omega t & \cos\Omega t & 0 \\ 0 & 0 & 1 \end{bmatrix} \begin{bmatrix} \omega_x(0) \\ \omega_y(0) \\ \omega_z(0) \end{bmatrix}$$ となる。

時刻 t における角速度ベクトル　　初期角速度ベクトル

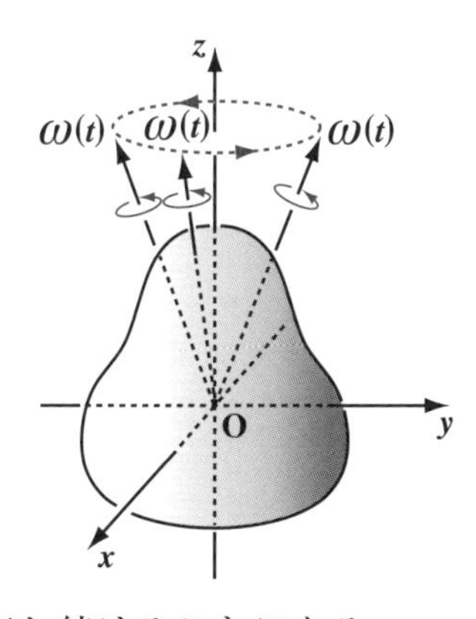

よって，右図に示すように角速度ベクトル $\boldsymbol{\omega}$，すなわち回転軸は，$\omega_z(t) = \omega_z(0)$ (一定) を保ちながら，z 軸のまわりを角速度 Ω で回転することになる。この回転軸の運動をコマのときと同様に "**歳差運動**" と呼ぶ。

そして，この歳差運動する回転軸のまわりを，各瞬間毎にこの物体は一定の角速度

$$\|\boldsymbol{\omega}\| = \sqrt{\omega_x(0)^2 + \omega_y(0)^2 + \omega_z(0)^2}$$ で，回転し続けることになる。

$$\|\boldsymbol{\omega}(t)\|^2 = \underline{(\omega_x(0)\cos\Omega t - \omega_y(0)\sin\Omega t)^2 + (\omega_x(0)\sin\Omega t + \omega_y(0)\cos\Omega t)^2} + \omega_z(0)^2$$

$$= \omega_x(0)^2(\underbrace{\cos^2\Omega t + \sin^2\Omega t}_{1}) + \omega_y(0)^2(\underbrace{\sin^2\Omega t + \cos^2\Omega t}_{1})$$

だからね。

以上で，「**力学キャンパス・ゼミ**」の講義はすべて終了です。最後まで読み切るのはかなり大変だったと思う。でも，これまでの内容をシッカリマスターすれば，力学の基礎が固まるんだよ。だから，この後，自分で納得がいくまで，繰り返し練習するといい。また，この講義の中で紹介した大学数学の「**キャンパス・ゼミ**」シリーズ(「**微分積分**」,「**演習 微分積分**」,「**線形代数**」,「**演習 線形代数**」,「**常微分方程式**」,「**演習 常微分方程式**」,「**ベクトル解析**」) も，力学を学習していく上で欠かせないものだから，併用して学習していくと，物理学･数学共に実力を飛躍的に伸ばせると思う。

読者のみなさんのさらなる成長を心より祈っています。

マセマ代表　馬場敬之(けいし)

講義 7 ● 剛体の力学　公式エッセンス

1. 固定軸のある剛体の運動方程式

$I\ddot{\theta}=N$　(慣性モーメント $I=\sum_{k=1}^{n} m_k r_k{}^2$，トルク $N=\sum_{k=1}^{n}(x_k f_{yk}-y_k f_{xk})$)

((微小部分の質量)×(回転軸からの距離)^2 の Σ 和(または積分))

2. 典型的な慣性モーメント I

(Ⅰ) 厚さも密度も一様な円板　：$I=\frac{1}{2}Ma^2$

(Ⅱ) 密度が一様な球　：$I=\frac{2}{5}Ma^2$

(Ⅲ) 薄い厚さの密度の一様な球殻：$I=\frac{2}{3}Ma^2$

3. 重心を通らない軸のまわりの慣性モーメント I

$I=I_G+Mr_G{}^2$ ←(平行軸の定理)

4. 固定軸のまわりの剛体の運動エネルギー

$K=\frac{1}{2}I\omega^2$ ←(質点の運動エネルギー $K=\frac{1}{2}mv^2$ と対比させて，覚えよう！)

5. 剛体の力学的エネルギーの保存則

斜面を転がる球や円柱などのように，剛体の重心 G が移動しながら，G を通る回転軸のまわりを剛体が回転するとき，剛体に働く垂直抗力などの非保存力による仕事 $\widetilde{W}$ が 0 であれば，剛体の全力学的エネルギー E は保存される。すなわち，

$E=K+U=\underline{K_G}+K'+U=$(一定) より，

$$E=\frac{1}{2}Mv_G{}^2+\frac{1}{2}I\omega^2+Mgh=(一定)$$

(G の運動による運動エネルギー)　(G を通る軸のまわりの回転による運動エネルギー)

6. オイラーの方程式

$I_x\frac{d\omega_x}{dt}-(I_y-I_z)\omega_y\omega_z=N_x$　など。

(I_x，I_y，I_z：主慣性モーメント，$\boldsymbol{\omega}=[\omega_x,\ \omega_y,\ \omega_z]$：角速度ベクトル
$\boldsymbol{N}=[N_x,\ N_y,\ N_z]$：力のモーメント(トルク))

◆解析力学入門◆

力学の講義でも，**解析力学**(*analytical mechanics*)まで踏み込んで解説される先生もいらっしゃると思うので，本書でも，解析力学について，その基本を簡単に解説しておこう。

解析力学とは，これまで学んだニュートン力学を数学的により洗練された運動方程式で表現する力学のことなんだ。具体的には，ニュートンの運動方程式の代わりに，"**ラグランジュの運動方程式**"や"**ハミルトンの正準方程式**"を使って，様々な運動を記述するんだね。ここでは，解析力学入門ということで，これら**2**つの方程式の基本的な利用法を中心に解説していこう。

● ラグランジュの運動方程式を紹介しよう！

まず，ここで，"**ニュートンの運動方程式**"と"**ラグランジュの運動方程式**"(*Lagrange's equation of motion*)を対比して示そう。

(Ⅰ)ニュートンの運動方程式：

$$m_i\ddot{x}_i = f_i \quad \cdots\cdots\cdots\cdots(*1) \quad (i=1,2,3,\cdots,f)$$

(Ⅱ)ラグランジュの運動方程式：

$$\frac{d}{dt}\left(\frac{\partial L}{\partial \dot{q}_i}\right) - \frac{\partial L}{\partial q_i} = 0 \quad \cdots\cdots(*2) \quad (i=1,2,3,\cdots,f)$$

(x_i や q_i：座標，L：ラグランジアン，f：自由度)

(Ⅰ)のニュートンの運動方程式の方の意味は大丈夫だね。(Ⅱ)のラグランジュの運動方程式については，まだ意味はよく分からなくても，意外とスッキリした形をしていると思われたはずだ。ここで，(Ⅰ)と(Ⅱ)は等価な方程式であることを，後に示すことにして，まず，この**2**つに共通な $i=1,2,\cdots,f$ の，f について解説しておこう。この f は**自由度**と呼ばれる自然数のことなんだ。たとえば，**1**質点の**2**次元運動では，自由度 $f=2$ となるし，**2**質点の**3**次元運動では，自由度 $f=2\times3=6$ となるんだね。

つまり，自由度fとは，運動を記述するのに必要な未知の座標の数のことであり，同時に，それを求めるのに必要な運動方程式の数のことでもあるんだね。従って，(Ⅰ)，(Ⅱ)共に，自由度fの運動方程式を表しているんだね。

では，もう1度，ラグランジュの運動方程式を下に示して，各記号の意味を解説していこう。

ラグランジュの運動方程式

$$\frac{d}{dt}\left(\frac{\partial L}{\partial \dot{q}_i}\right) - \frac{\partial L}{\partial q_i} = 0 \quad \cdots\cdots(*2) \quad (i = 1, 2, 3, \cdots, f)$$

（f：自由度）

（ただし，L：ラグランジアン，q_i：一般化座標，t：時刻
$L = K - U$　（K：運動エネルギー，U：ポテンシャルエネルギー)）

まず，$(*2)$は，自由度fの方程式なので，$i = 1, 2, 3, \cdots, f$に対応して，具体的には，次のf個の方程式を表していることに気を付けよう。

$$\frac{d}{dt}\left(\frac{\partial L}{\partial \dot{q}_1}\right) - \frac{\partial L}{\partial q_1} = 0, \quad \frac{d}{dt}\left(\frac{\partial L}{\partial \dot{q}_2}\right) - \frac{\partial L}{\partial q_2} = 0$$

$$\frac{d}{dt}\left(\frac{\partial L}{\partial \dot{q}_3}\right) - \frac{\partial L}{\partial q_3} = 0, \quad \cdots\cdots, \quad \frac{d}{dt}\left(\frac{\partial L}{\partial \dot{q}_f}\right) - \frac{\partial L}{\partial q_f} = 0$$

そして，ラグランジアンLは，$L = K - U$で定義される関数なんだ。この（K：運動エネルギー，U：ポテンシャルエネルギー）

Lは，(全)力学的エネルギー$E = K + U$と対比して覚えると忘れないと思う。Eと同様，Lはスカラー量なんだね。次に，時刻がtで表されていることは問題ないと思う。

意味が分かりづらいのは，"一般化座標（いっぱんかざひょう）"$q_i\ (i = 1, 2, \cdots, f)$だろうね。

（具体的には，$q_1, q_2, q_3, \cdots, q_f$のこと）

これは，たとえば，2質点の2次元運動の座標をそれぞれ(x_1, y_1)，(x_2, y_2)とおいたとき，これは自由度$f = 4$の問題なので，一般化座標$q_i\ (i = 1, 2, 3, 4)$を，$q_1 = x_1$，$q_2 = y_1$，$q_3 = x_2$，$q_4 = y_2$とおけばいい。でも，これを単なる変数の置き換えと思ってはいけないよ。同じ2質点の2次元運動

が極座標で(r_1, θ_1)，(r_2, θ_2)と表されるときも，$q_1 = r_1$，$q_2 = \theta_1$，$q_3 = r_2$，$q_4 = \theta_2$とおけるし，その他，球座標でも，さらにそれ以外の座標表示であっても，質点の位置を指定できるものであれば，何でも，このように，$q_1, q_2, \cdots, q_f$と置き換えて，なおかつ同じ形の$(*2)$のf個のラグランジュの運動方程式で，運動を記述することができるんだ。

ラグランジュの運動方程式

$$\frac{d}{dt}\left(\frac{\partial L}{\partial \dot{q}_i}\right) - \frac{\partial L}{\partial q_i} = 0 \quad \cdots (*2)$$

このように汎用性（はんようせい）の高い変数だから，この$q_i\ (i = 1, 2, \cdots, f)$のことを一般化座標というんだね。

また，一般に物理学では，時間微分した変数に"・"(ドット)を使って表示することが多い。ここでも，$\dot{q}_i = \frac{dq_i}{dt}\ (i = 1, 2, \cdots, f)$，すなわち$\dot{q}_i$は一般化座標$q_i$を時刻$t$で微分したもの(時間微分)であることも頭に入れておこう。

そして，ラグランジアン$L = K - U$は，一般に，$q_1, q_2, \cdots, q_f, \dot{q}_1, \dot{q}_2, \cdots, \dot{q}_f$の関数，つまり，$L = L(q_1, q_2, \cdots, q_f, \dot{q}_1, \dot{q}_2, \cdots, \dot{q}_f)$の多変数関数として表されるので，$(*2)$に示すように，$L$は，$q_i$や$\dot{q}_i\ (i = 1, 2, \cdots, f)$で偏微分することができるんだね。

以上が，ラグランジュの運動方程式についての基礎知識だ。ン？でも，どのようにして，ラグランジュの運動方程式$(*2)$が導かれるのか？知りたいって!? …，残念ながら，この導出はかなり本格的な解説が必要となるので，ここではできない。申し訳ない **m(_ _)m**

ここでは，ラグランジュの運動方程式は与えられたものとして，これがニュートンの運動方程式と等価(同じもの)であることを，これから，いくつかの例を使って示していくつもりだ。エッ？ニュートンの運動方程式と同じものであるのなら，何故ラグランジュの運動方程式をもち出す必要があるのかって!? …，当然の疑問だね。その理由は，いくつかあるんだけれど，その中の**1**つとして，ニュートンの運動方程式よりも，慣れればラグランジュの運動方程式で運動を記述する方が，同じ形の方程式で機械的に表すことができるからなんだね。これから，具体例を示そう。

● 自由落下運動から始めよう！

まず，P40 で解説した自由落下運動を例にとってみよう。図 1 のような座標系をとれば，1 つの質点の 1 次元運動なので，この自由度は当然 $f=1$ で，ニュートンの運動方程式は，

$m\ddot{x}=-mg$ ……①

と表されることは大丈夫だね。

図 1　自由落下運動

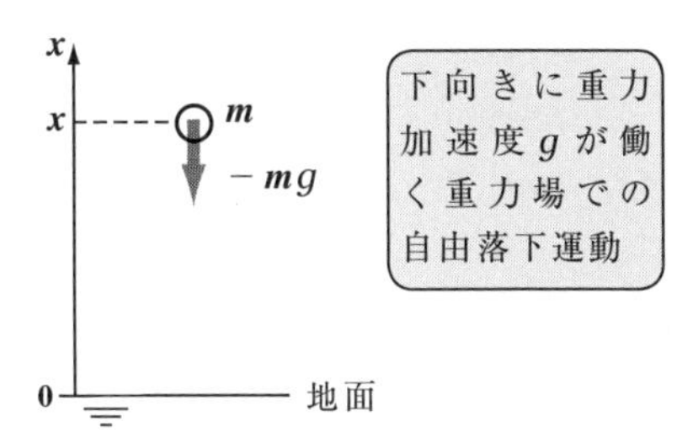

では，このラグランジュの運動方程式 (∗2) から，この①を導いてみよう。

まず，ラグランジアン L は，$L=\underset{\frac{1}{2}m\dot{x}^2}{\underline{K}}-\underset{mgx}{\underline{U}}$ より，

$L=\frac{1}{2}m\dot{x}^2-mgx$ ……②　となる。

（ここで，$f=1$ より，一般化座標は，q_1 のみだけれど，$q_1=x$ のことなので，ここではそのまま x を用いた。）

②を，x と $\dot{x}$ でそれぞれ偏微分すると，

$\frac{\partial L}{\partial \dot{x}}=\frac{\partial}{\partial \dot{x}}\left(\frac{1}{2}m\dot{x}^2-mgx\right)=\frac{1}{2}m\cdot 2\dot{x}=m\dot{x}$ ………③　（定数扱い）

$\frac{\partial L}{\partial x}=\frac{\partial}{\partial x}\left(\frac{1}{2}m\dot{x}^2-mgx\right)=-mg\cdot 1=-mg$ ……④　（定数扱い）

（L は x と $\dot{x}$ の 2 変数関数より，x と $\dot{x}$ により独立に偏微分できる。）

よって，③と④をラグランジュの運動方程式：

$\frac{d}{dt}\left(\frac{\partial L}{\partial \dot{x}}\right)-\frac{\partial L}{\partial x}=0$ ……(∗2)　に代入すると，

（$\frac{\partial L}{\partial \dot{x}}$ は $m\dot{x}$，$\frac{\partial L}{\partial x}$ は $(-mg)$：③，④より）

$\frac{d}{dt}(m\dot{x})+mg=0$ より，$m\ddot{x}+mg=0$　（$\frac{d}{dt}(m\dot{x})=m\ddot{x}$）

∴ニュートンの運動方程式：$m\ddot{x}=-mg$ ……①　が導けるんだね。

でもここで，$\dot{x}=\frac{dx}{dt}$ のことだから，本当に x と $\dot{x}$ は独立な変数として扱えるのか，疑問が残るって？しかし，この自由落下の問題でも，質点に与

える初速度を変化させれば，同じ位置 x における質点の速度 $\dot{x}$ も自由に変わり得るからね。よって，x と $\dot{x}$ は独立な変数と考えていいんだね。

これを敷衍(ふえん)すれば，自由度 f のときの一般化座標とその時間微分 $q_1, q_2, \cdots, q_f, \dot{q}_1, \dot{q}_2, \cdots, \dot{q}_f$ の $2f$ 個の変数もすべて独立な変数として扱えることをご理解頂けると思う。

● 放物運動も調べてみよう！

今度は，1 質点の 2 次元運動 (自由度 $f=2$) の例として，図 2 に示すような xy 座標系において鉛直下向きに重力加速度 g が働く重力場における，空気抵抗を受けない場合の放物運動について調べてみよう。

図 2　空気抵抗のない場合の質点の放物運動

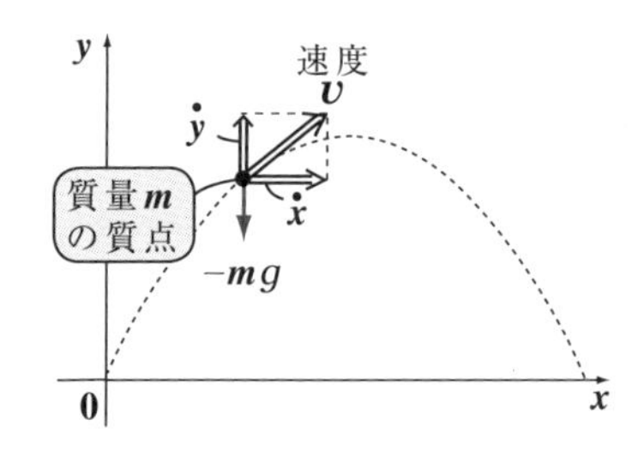

これは，P90 でも示したように，質点に働く力は，y 軸の負の向きの $-mg$ だけなので，ニュートンの運動方程式は，次のようになるのは大丈夫だね。

$$\begin{cases} m\ddot{x} = 0 & \cdots\cdots\cdots\cdots\text{(a)} \\ m\ddot{y} = -mg & \cdots\cdots\text{(b)} \end{cases}$$

では，これをラグランジュの運動方程式：

$$\frac{d}{dt}\left(\frac{\partial L}{\partial \dot{q}_i}\right) - \frac{\partial L}{\partial q_i} = 0 \quad \cdots\cdots(*2)\ \ (i = 1,\ \underbrace{2}_{\text{自由度}f=2})$$

で表してみよう。

今回は，自由度 $f=2$ より，一般化座標とその時間微分の 4 つの独立変数は，$q_1 = x$，$q_2 = y$，$\dot{q}_1 = \dot{x}$，$\dot{q}_2 = \dot{y}$ となるんだけれど，ここでも，x，y，$\dot{x}$，$\dot{y}$ の形のままで，表してみることにする。まず，ラグランジアン L は，

$$L = \underbrace{K}_{\frac{1}{2}m(\dot{x}^2+\dot{y}^2)} - \underbrace{U}_{mgy} = \frac{1}{2}m(\dot{x}^2+\dot{y}^2) - mgy$$ となるのはいいね。

ラグランジュの運動方程式は，$f=2$ より，次の 2 つだね。

$$\begin{cases} (\text{i})\ \dfrac{d}{dt}\left(\dfrac{\partial L}{\partial \dot{x}}\right)-\dfrac{\partial L}{\partial x}=0 \quad \cdots\cdots(\text{c}) \\ (\text{ii})\ \dfrac{d}{dt}\left(\dfrac{\partial L}{\partial \dot{y}}\right)-\dfrac{\partial L}{\partial y}=0 \quad \cdots\cdots(\text{d}) \end{cases}$$

← $\dfrac{d}{dt}\left(\dfrac{\partial L}{\partial \dot{q}_1}\right)-\dfrac{\partial L}{\partial q_1}=0$ のこと

← $\dfrac{d}{dt}\left(\dfrac{\partial L}{\partial \dot{q}_2}\right)-\dfrac{\partial L}{\partial q_2}=0$ のこと

(i) について，

$$\frac{\partial L}{\partial \dot{x}}=\frac{\partial}{\partial \dot{x}}\left\{\frac{1}{2}m(\dot{x}^2+\dot{y}^2)-mgy\right\}$$

定数扱い

$$=\frac{1}{2}m\cdot 2\dot{x}=m\dot{x}$$

$$\frac{\partial L}{\partial x}=\frac{\partial}{\partial x}\left\{\frac{1}{2}m(\dot{x}^2+\dot{y}^2)-mgy\right\}=0$$

すべて定数扱い

以上を(c)に代入すると，

$\dfrac{d}{dt}(m\dot{x})-0=0$ より，$m\ddot{x}=0$ となって，(a)と同じ式が導ける。

(ii) について，

$$\frac{\partial L}{\partial \dot{y}}=\frac{\partial}{\partial \dot{y}}\left\{\frac{1}{2}m(\dot{x}^2+\dot{y}^2)-mgy\right\}$$

定数扱い

$$=\frac{1}{2}m\cdot 2\dot{y}=m\dot{y}$$

$$\frac{\partial L}{\partial y}=\frac{\partial L}{\partial y}\left\{\frac{1}{2}m(\dot{x}^2+\dot{y}^2)-mgy\right\}=-mg$$

定数扱い

以上を $\dfrac{d}{dt}\left(\dfrac{\partial L}{\partial \dot{y}}\right)-\dfrac{\partial L}{\partial y}=0$ ……(d) に代入すると，

（$\dfrac{\partial L}{\partial \dot{y}}=m\dot{y}$，$\dfrac{\partial L}{\partial y}=-mg$）

$\dfrac{d}{dt}(m\dot{y})-(-mg)=0$ より，$m\ddot{y}+mg=0$

よって，$m\ddot{y}=-mg$ となって，(b)と同じ方程式が導けるんだね。だんだん，ラグランジュの運動方程式にも慣れてこられたと思う。

● 惑星運動についても調べてみよう！

では最後に，惑星の運動についても調べてみよう。図3に示すように，質量 M の太陽をO，質量 m の惑星をPとおき，Oを極にして始線 Ox を設定すると，惑星Pの位置は，極座標 $P(r, \theta)$ で表せるんだね。

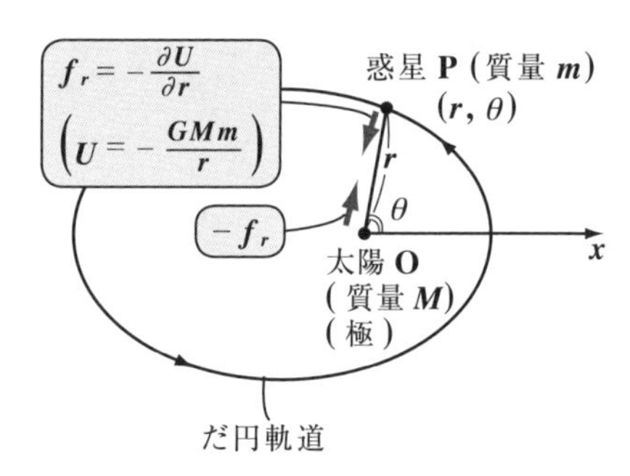

図3　万有引力の法則

極座標表示の速度ベクトル $\boldsymbol{v}$ と加速度ベクトル $\boldsymbol{a}$ は，

（これを，覚えるのがメンドウなんだね。）

$$\boldsymbol{v} = \begin{bmatrix} v_r \\ v_\theta \end{bmatrix} = \begin{bmatrix} \dot{r} \\ r\dot{\theta} \end{bmatrix} \quad \cdots\cdots ① \qquad \boldsymbol{a} = \begin{bmatrix} a_r \\ a_\theta \end{bmatrix} = \begin{bmatrix} \ddot{r} - r\dot{\theta}^2 \\ 2\dot{r}\dot{\theta} + r\ddot{\theta} \end{bmatrix} \cdots\cdots ②$$

となることは，P28，P127 で既に解説した。

そして，この惑星Pに働く力は，r 方向の万有引力 $f_r = -G\frac{Mm}{r^2}$ だけなので，惑星Pのニュートンの運動方程式は，次のようになるね。

$$\begin{cases} m(\ddot{r} - r\dot{\theta}^2) = -G\frac{Mm}{r^2} & \cdots\cdots ③ \quad \leftarrow (r \text{方向} : ma_r = f_r) \\ m(2\dot{r}\dot{\theta} + r\ddot{\theta}) = 0 & \cdots\cdots\cdots\cdots ④ \quad \leftarrow (\theta \text{方向} : ma_\theta = 0) \end{cases}$$

そして，これは質点Pの2次元平面内の運動なので，当然自由度 f は，$f = 2$ となるんだね。

では，この場合についても，ラグランジュの運動方程式：

$$\frac{d}{dt}\left(\frac{\partial L}{\partial \dot{q}_i}\right) - \frac{\partial L}{\partial q_i} = 0 \quad \cdots\cdots (*2) \quad (i = 1, \underline{2})$$

（自由度 $f = 2$）

で調べてみよう。今回の一般化座標とその時間微分の4つの独立変数は，$q_1 = r$，$q_2 = \theta$，$\dot{q}_1 = \dot{r}$，$\dot{q}_2 = \dot{\theta}$ なんだけれど，今回も，r，θ，$\dot{r}$，$\dot{\theta}$ の形で表すことにすると，まず，ラグランジアン $L = K - U$ の K と U は，

$$\begin{cases} \text{運動エネルギー } K = \frac{1}{2}m(v_r{}^2 + v_\theta{}^2) = \frac{1}{2}m(\dot{r}^2 + r^2\dot{\theta}^2) \\ \text{ポテンシャルエネルギー } U = -\frac{GMm}{r} \end{cases}$$ ← 万有引力のポテンシャル(P83)

よって，ラグランジアン L は

$$L = K - U = \frac{1}{2}m(\dot{r}^2 + r^2\dot{\theta}^2) + \frac{GMm}{r} \quad \cdots\cdots⑤$$ となるんだね。

そして，ラグランジュの運動方程式は，$f = 2$ より，次の 2 つだ。

$$\begin{cases} (\text{i})\ \frac{d}{dt}\left(\frac{\partial L}{\partial \dot{r}}\right) - \frac{\partial L}{\partial r} = 0 \quad \cdots\cdots⑥ \\ (\text{ii})\ \frac{d}{dt}\left(\frac{\partial L}{\partial \dot{\theta}}\right) - \frac{\partial L}{\partial \theta} = 0 \quad \cdots\cdots⑦ \end{cases}$$

← $\frac{d}{dt}\left(\frac{\partial L}{\partial \dot{q}_1}\right) - \frac{\partial L}{\partial q_1} = 0$ のこと

← $\frac{d}{dt}\left(\frac{\partial L}{\partial \dot{q}_2}\right) - \frac{\partial L}{\partial q_2} = 0$ のこと

(i)について，

$$\frac{\partial L}{\partial \dot{r}} = \frac{\partial}{\partial \dot{r}}\left\{\frac{1}{2}m(\dot{r}^2 + r^2\dot{\theta}^2) + \frac{GMm}{r}\right\} = \frac{1}{2}m \cdot 2\dot{r} = m\dot{r}$$

定数扱い

$$\frac{\partial L}{\partial r} = \frac{\partial}{\partial r}\left\{\frac{1}{2}m(\dot{r}^2 + r^2\dot{\theta}^2) + GMm \cdot \frac{1}{r}\right\}$$

定数扱い

$$= \frac{1}{2}m \cdot 2r \cdot \dot{\theta}^2 - \frac{GMm}{r^2} = mr\dot{\theta}^2 - \frac{GMm}{r^2}$$

以上を⑥に代入して，

$$\frac{d}{dt}(m\dot{r}) - \left\{mr\dot{\theta}^2 - \frac{GMm}{r^2}\right\} = 0$$

$m\ddot{r} - mr\dot{\theta}^2 + \frac{GMm}{r^2} = 0$ より，

$m(\ddot{r} - r\dot{\theta}^2) = -G\frac{Mm}{r^2}$ となって，

$ma_r = f_r$ ……③と同じ方程式が導けるんだね。(P258)

$L = \frac{1}{2}m(\dot{r}^2 + r^2\dot{\theta}^2) + \frac{GMm}{r}$ ……⑤
(ii) $\frac{d}{dt}\left(\frac{\partial L}{\partial \dot{\theta}}\right) - \frac{\partial L}{\partial \theta} = 0$ …………⑦

(ii) について，

$$\frac{\partial L}{\partial \dot{\theta}} = \frac{\partial}{\partial \dot{\theta}}\left\{\frac{1}{2}m(\dot{r}^2 + r^2\dot{\theta}^2) + \frac{GMm}{r}\right\} = \frac{1}{2}m \cdot r^2 \cdot 2\dot{\theta} = mr^2\dot{\theta}$$

(定数扱い)

$$\frac{\partial L}{\partial \theta} = \frac{\partial}{\partial \theta}\left\{\frac{1}{2}m(\dot{r}^2 + r^2\dot{\theta}^2) + \frac{GMm}{r}\right\} = 0$$

(すべて定数扱い)

以上を⑦に代入して，

$$\frac{d}{dt}(mr^2\dot{\theta}) - 0 = 0 \qquad m\frac{d}{dt}(r^2\dot{\theta}) = 0$$ より，

(定数) ($2r\dot{r}\dot{\theta} + r^2\ddot{\theta}$)

$m(2r\dot{r}\dot{\theta} + r^2\ddot{\theta}) = 0$　　両辺を $r\ (>0)$ で割って，

$m(2\dot{r}\dot{\theta} + r\ddot{\theta}) = 0$　となり，

$ma_\theta = 0$ ……④　と同じ方程式が導けた！(P258)　面白かった？

● ハミルトンの正準方程式も紹介しよう！

では次に，さらに洗練された"**ハミルトンの正準方程式**"(*Hamilton's canonical equation*)についても，解説しよう。

ハミルトンの正準方程式

$$\frac{dq_i}{dt} = \frac{\partial H}{\partial p_i} \cdots\cdots(*3), \qquad \frac{dp_i}{dt} = -\frac{\partial H}{\partial q_i} \cdots\cdots(*3)' \quad (i = 1, 2, \cdots, f)$$

(ただし，H：ハミルトニアン，q_i：一般化座標，t：時刻，f：自由度
p_i：一般化運動量，　$p_i = \frac{\partial L}{\partial \dot{q}_i}$ ……$(*4)$　(L：ラグランジアン)
$H = \sum_{i=1}^{f} p_i\dot{q}_i - L$ ……$(*5)$)

このように，ハミルトンの正準方程式は，$(*3)$ と $(*3)'$ の 2 つが対になって表されるんだね。ここで，q_i は一般化座標，また p_i は一般化運動量で，p_i は $(*4)$ により定義される。つまり，ハミルトニアン H を求める手順は，(i) まず，ラグランジアン L を求める。(ii) 次に，$p_i = \frac{\partial L}{\partial \dot{q}_i}$ により，一般化

運動量 p_i を求め，(iii) 最後に，$H=\sum_{i=1}^{f}p_i\dot{q}_i-L$ により，ハミルトニアン H を求めるんだね。しかし，ある条件は付くんだけれど，ハミルトニアン H は，多くの例題で $H=T+U$ ……(*5)′ (T：運動エネルギー，U：ポテンシャルエネルギー）となる，すなわち，H は，全力学的エネルギー E と一致するんだね。これは，$L=T-U$ と対比して覚えておこう。もちろん，正確に H を求めるためには，上記の (i)，(ii)，(iii) の手順に従えばいいんだね。ここで，H は，q_i と $\dot{q}_i(i=1,2,\cdots,f)$ で表されるけれど，$\dot{q}_i$ を一般化運動量 p_i で表すことにして，H は，q_i と $p_i(i=1,2,\cdots,f)$ の関数，すなわち，$H=H(q_1,q_2,\cdots,q_f,p_1,p_2,\cdots,p_f)$ と表すことにする。この 2 種類の独立変数 q_i と p_i を正準(せいじゅん)変数と呼ぶことも覚えておこう。つまり，正準方程式とは，$2f$ 個の正準変数 $q_1,q_2,\cdots,q_f,p_1,p_2,\cdots,p_f$ と，$2f$ 個の対になった方程式

$\frac{dq_1}{dt}=\frac{\partial H}{\partial p_1}$ と $\frac{dp_1}{dt}=-\frac{\partial H}{\partial q_1}$，　$\frac{dq_2}{dt}=\frac{\partial H}{\partial p_2}$ と $\frac{dp_2}{dt}=-\frac{\partial H}{\partial q_2}$，……，
$\frac{dq_f}{dt}=\frac{\partial H}{\partial p_f}$ と $\frac{dp_f}{dt}=-\frac{\partial H}{\partial q_f}$ から構成されているんだね。大丈夫?

ここで，正準方程式(*3)と(*3)′の覚え方も教えよう。これは“ヘクトパスカル”，つまり，“ヘ(H)ク(q)ト(t)パ(p)スカル”と覚えるといい。

まず，右上に起点となるH(ヘ)の位置を固定し，“d”や“∂”や“$_i$”などを取り払うと，(*3)では“ヘ(H)ク(q)ト(t)パ(p)スカル”の順に反時計回り(⊕回り)に文字が並ぶので，そのままとする。これに対して，(*3)′では，時計回り(⊖回り)に同じ文字が並ぶので，右辺に⊖を付けると覚えておけばいいんだね。下の図を見ながら，シッカリ頭に入れて頂きたい。

図 4　ハミルトンの正準方程式の覚え方

(i) (*3) の方程式

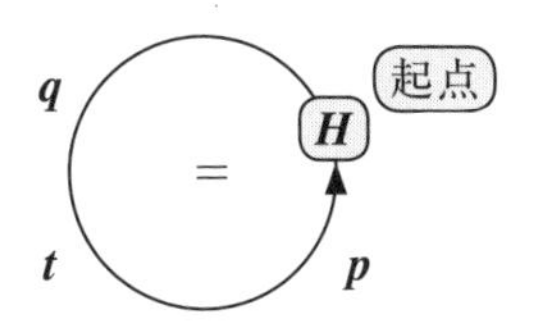

(ii) (*3)′ の方程式

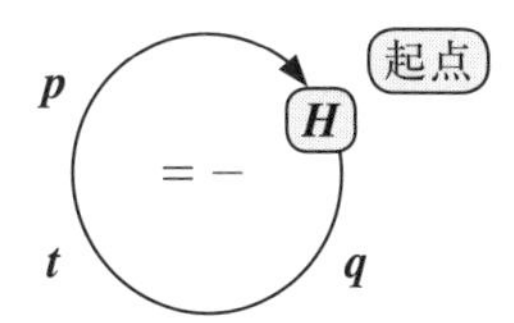

以上で，ハミルトンの正準方程式についての基本の解説は終了です。この正準方程式も，ラグランジュの運動方程式と同様に，ニュートンの運動方程式と等価なんだね。したがって，これから，自由落下運動と放物運動を例にとって，ハミルトンの正準方程式から，ニュートンの運動方程式が導けることを示しておこう。

● 自由落下運動を調べてみよう！

右図に示すように，**P255** で解説した自由落下運動と同じ例題を使うことにする。

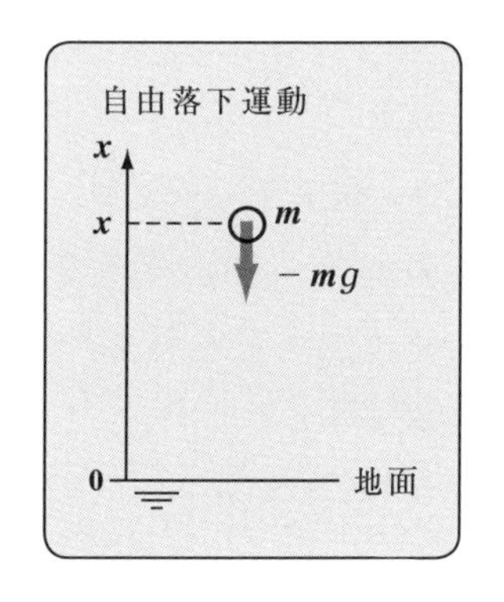

この自由度 f は $f=1$ なので，ニュートンの運動方程式は

$$m\ddot{x}=-mg \quad \cdots\cdots ①$$

（1つの方程式）

となるのは大丈夫だね。

では，これをハミルトンの正準方程式で下に表そう。

$$\begin{cases} (\text{i})\ \dfrac{dx}{dt}=\dfrac{\partial H}{\partial p_x} & \cdots\cdots\cdots ② \\ (\text{ii})\ \dfrac{dp_x}{dt}=-\dfrac{\partial H}{\partial x} & \cdots\cdots ③ \end{cases}$$

（$f=1$ より，正準方程式 $\dfrac{dq_1}{dt}=\dfrac{\partial H}{\partial p_1}$，$\dfrac{dp_1}{dt}=-\dfrac{\partial H}{\partial q_1}$ の $q_1=x$，$p_1=p_x$ とおいた。）

まず，運動量 $p_x=m\dot{x}$ より，$\dot{x}=\dfrac{p_x}{m}$ ……④

また，ハミルトニアン $H=T+U=\dfrac{1}{2}m\dot{x}^2+mgx$ ……⑤ より，

⑤に④を代入して，

$$H=\frac{1}{2}m\left(\frac{p_x}{m}\right)^2+mgx \quad \text{より}$$

$$H=\frac{{p_x}^2}{2m}+mgx \quad \cdots\cdots ⑤' \text{ となる。}$$

（H は，q_1 と p_1，すなわち x と p_x の式で表す。）

これで，準備が整ったので，後は⑤′を②と③に代入するだけだ。

(i) ⑤′を②に代入して，

$$\dot{x} = \frac{\partial}{\partial p_x}\left(\frac{1}{2m}p_x{}^2 + mgx\right) = \frac{1}{2m}\cdot 2p_x = \frac{p_x}{m}$$ となる。

（定数扱い）（これは，④と同じ運動量の式だ！）

(ii) ⑤′を③に代入して，

$$\dot{p}_x = -\frac{\partial}{\partial x}\left(\frac{1}{2m}p_x{}^2 + mgx\right) = -mg$$ となる。

（$\frac{d}{dt}(m\dot{x}) = m\ddot{x}$）（定数扱い）

これから，$m\ddot{x} = -mg$ となって，①のニュートンの運動方程式が導けた。この例題を解いて，(i)の $\frac{dx}{dt} = \frac{\partial H}{\partial p_x}$ ……②から，運動量の式が出てくるだけだから②は不要で，(ii)の $\frac{dp_x}{dt} = -\frac{\partial H}{\partial x}$ ……③だけでいいんじゃないかと，思っておられる方がほとんどだと思う。ここでは，詳しくは解説できないけれど，現時点では，ハミルトンの正準方程式は，正準変数 q_i，p_i と共に，②と③のペアで1つの意味をなしていると考えて頂きたい。

● 放物運動も調べてみよう！

右図に示すように，P256で解説した放物運動と同じ例題をここでも使うことにしよう。

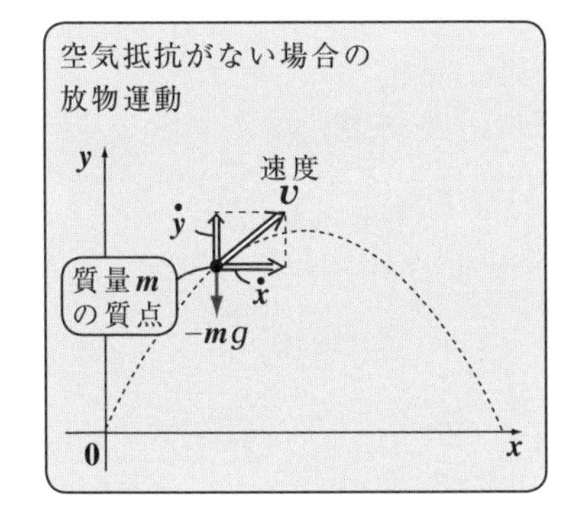

この自由度fは$f=2$なので，ニュートンの運動方程式は，

$$\begin{cases} m\ddot{x} = 0 & \cdots\cdots\text{(a)} \\ m\ddot{y} = -mg & \cdots\cdots\text{(b)} \end{cases}$$

（2つの方程式）

となるのはいいね。では，これをハミルトンの正準方程式で表すと，次のようになる。

$$\begin{cases} \text{(i)}\ \dfrac{dx}{dt} = \dfrac{\partial H}{\partial p_x} & \cdots\cdots\text{(c)} \\ \text{(ii)}\ \dfrac{dp_x}{dt} = -\dfrac{\partial H}{\partial x} & \cdots\cdots\text{(d)} \end{cases} \qquad \begin{cases} \text{(iii)}\ \dfrac{dy}{dt} = \dfrac{\partial H}{\partial p_y} & \cdots\cdots\text{(e)} \\ \text{(iv)}\ \dfrac{dp_y}{dt} = -\dfrac{\partial H}{\partial y} & \cdots\cdots\text{(f)} \end{cases}$$

（$q_1 = x$，$q_2 = y$，$p_1 = p_x$，$p_2 = p_y$ として2組の正準方程式が導ける。）

まず，運動量 $p_x = m\dot{x}$，$p_y = m\dot{y}$ より

$\dot{x} = \frac{p_x}{m}$ ……(g)　　$\dot{y} = \frac{p_y}{m}$ ……(h)

また，ハミルトニアン H は，

$H = T + U = \frac{1}{2}m(\dot{x}^2 + \dot{y}^2) + mgy$ ……(i)

(i)に(g)と(h)を代入して，H を x，y，p_x，p_y の正準変数で表すと，

$$\begin{cases} m\ddot{x} = 0 & \cdots\cdots(a) \\ m\ddot{y} = -mg & \cdots\cdots(b) \end{cases}$$
$$\begin{cases} (\mathrm{i})\ \frac{dx}{dt} = \frac{\partial H}{\partial p_x} & \cdots\cdots(c) \\ (\mathrm{ii})\ \frac{dp_x}{dt} = -\frac{\partial H}{\partial x} & \cdots\cdots(d) \end{cases}$$
$$\begin{cases} (\mathrm{iii})\ \frac{dy}{dt} = \frac{\partial H}{\partial p_y} & \cdots\cdots(e) \\ (\mathrm{iv})\ \frac{dp_y}{dt} = -\frac{\partial H}{\partial y} & \cdots\cdots(f) \end{cases}$$

$H = \frac{m}{2}\left(\frac{{p_x}^2}{m^2} + \frac{{p_y}^2}{m^2}\right) + mgy$　　$\therefore H = \frac{1}{2m}({p_x}^2 + {p_y}^2) + mgy$ ……(i)′

これで，準備が整ったので，(i)′を(c)，(d)，(e)，(f)に代入しよう。

(i) (i)′を(c)に代入して，

$$\dot{x} = \frac{\partial}{\partial p_x}\left\{\frac{1}{2m}({p_x}^2 + {p_y}^2) + mgy\right\} = \frac{2p_x}{2m} = \frac{p_x}{m}$$

定数扱い

運動量の式(g)が導かれただけ！

(ii) (i)′を(d)に代入して，

$$\dot{p}_x = -\frac{\partial}{\partial x}\left\{\frac{1}{2m}({p_x}^2 + {p_y}^2) + mgy\right\} = 0 \quad \text{より}$$

$\dot{p}_x = \frac{d}{dt}(m\dot{x}) = m\ddot{x}$

x から見たら，すべて定数扱い

ニュートンの運動方程式 $m\ddot{x} = 0$ ……(a)が，まず1つ導けた。

(iii) (i)′を(e)に代入して，

$$\dot{y} = \frac{\partial}{\partial p_y}\left\{\frac{1}{2m}({p_x}^2 + {p_y}^2) + mgy\right\} = \frac{2p_y}{2m} = \frac{p_y}{m}$$

定数扱い

運動量の式(h)が導かれただけ！

(iv) (i)′を(f)に代入して，

$$\dot{p}_y = -\frac{\partial}{\partial y}\left\{\frac{1}{2m}({p_x}^2 + {p_y}^2) + mgy\right\} = -mg \quad \text{より}$$

$\dot{p}_y = \frac{d}{dt}(m\dot{y}) = m\ddot{y}$

定数扱い

もう1つのニュートンの方程式 $m\ddot{y} = -mg$ ……(b)も導けた。

● 単振動(調和振動)を調べよう！

単振動については，P104 で解説したね。右図に示すように，バネに取り付けた質量 m の重り(質点)P が何ら抵抗を受けることなく，左右に単振動する場合を考える。

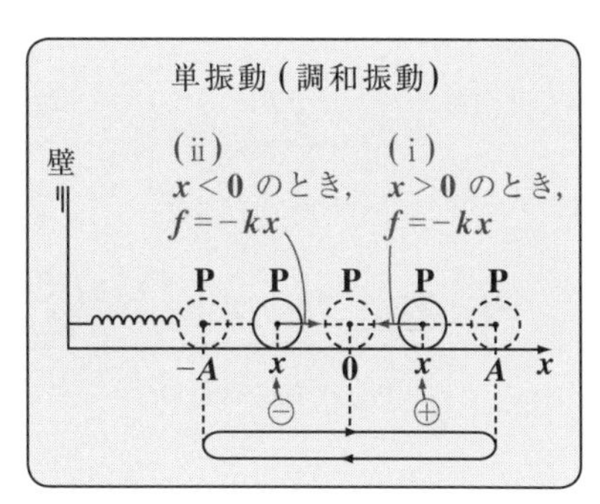

この運動の自由度 $f=1$ で，ニュートンの運動方程式は，

$$\ddot{x}=-\omega^2 x \quad \cdots\cdots ① \quad \left(\omega=\sqrt{\frac{k}{m}}\right)$$

と表され，この解は，$x=C_1\sin\omega t+C_2\cos\omega t$ となることは既に解説した。

それでは，これをハミルトンの正準方程式で表すと次のようになるのもいいね。

$$\begin{cases} \dfrac{dx}{dt}=\dfrac{\partial H}{\partial p_x} & \cdots\cdots\cdots ② \\ \dfrac{dp_x}{dt}=-\dfrac{\partial H}{\partial x} & \cdots\cdots ③ \end{cases}$$

自由度 $f=1$ より，H は，$q_1=x$，$p_1=p_x=\dfrac{\partial L}{\partial \dot{x}}$ とおいて，H は x と p_x の関数 $H(x, p_x)$ で表される。

では，この正準方程式②，③から，ニュートンの運動方程式を導いてみよう。ハミルトニアン H は，まず，(ア)ラグランジアン L を求め，次に(イ) $p_x=\dfrac{\partial L}{\partial \dot{x}}$ により p_x を求め，そして，(ウ) $H=p_x\cdot\dot{x}-L$ により，求めるんだね。

(ア)まず，ラグランジアン L は，

$$L=T-U=\frac{1}{2}m\dot{x}^2-\frac{1}{2}kx^2 \quad \cdots\cdots ④$$ となる。次に，

(イ)運動量 p_x は，

$$p_x=\frac{\partial L}{\partial \dot{x}}=\frac{\partial}{\partial \dot{x}}\left(\frac{1}{2}m\dot{x}^2-\frac{1}{2}kx^2\right)=\frac{1}{2}m\cdot 2\cdot\dot{x}=m\dot{x} \quad \cdots\cdots ⑤$$ となる。

（$\frac{1}{2}kx^2$：定数扱い）

よって，⑤より，$\dot{x}=\dfrac{p_x}{m}$ ……⑥ となるんだね。

⑥を④に代入すると，L は，

$$L = \frac{1}{2}m\left(\frac{p_x}{m}\right)^2 - \frac{1}{2}kx^2$$

$$= \frac{p_x{}^2}{2m} - \frac{1}{2}kx^2 \quad \cdots\cdots ④'$$ となる。よって，

$$\frac{dx}{dt} = \frac{\partial H}{\partial p_x} \quad \cdots\cdots ②$$
$$\frac{dp_x}{dt} = -\frac{\partial H}{\partial x} \quad \cdots\cdots ③$$

(ウ) ハミルトニアン H は，

$$H = \underbrace{p_x \cdot \dot{x}}_{\sum_{i=1}^{f} p_i \dot{q}_i \ (f=1)} - L = p_x \cdot \frac{p_x}{m} - \left(\frac{p_x{}^2}{2m} - \frac{1}{2}kx^2\right)$$ より，

$$H = \frac{p_x{}^2}{2m} + \frac{1}{2}kx^2 \quad \cdots\cdots ⑦$$ となるんだね。

$H = T + U$ の形になっている。

これで H が求まったので，これを②，③に代入すればオシマイだ。

(i) ⑦を②に代入して，

$$\dot{x} = \frac{\partial}{\partial p_x}\left(\frac{p_x{}^2}{2m} + \underbrace{\frac{1}{2}kx^2}_{\text{定数扱い}}\right) = \frac{2p_x}{2m} = \frac{p_x}{m}$$ となって，

⑥と同じ運動量 p_x の式が導けた。

(ii) ⑦を③に代入して，

$$\underbrace{\dot{p}_x}_{\frac{d}{dt}(m\dot{x}) = m\ddot{x}} = -\frac{\partial}{\partial x}\left(\underbrace{\frac{p_x{}^2}{2m}}_{\text{定数扱い}} + \frac{1}{2}kx^2\right) = -\frac{1}{2}k \cdot 2x = -kx$$ より，

$$m\ddot{x} = -kx \qquad \ddot{x} = -\frac{k}{m}x$$

ここで，$\frac{k}{m} = \omega^2$ より，ニュートンの運動方程式

$$\ddot{x} = -\omega^2 x \quad \cdots\cdots ① \quad \left(\omega = \sqrt{\frac{k}{m}}\right)$$ を導くことができるんだね。

それでは，単振動と似ているけれど，単振り子の運動についても，ハミルトンの正準方程式から，ニュートンの運動方程式が導けることを示そう。

● 単振り子の運動も調べてみよう！

右図に示すように，P112 で解説した単振り子(単振動)と同じ例題，すなわち，軽い長さ l の糸につけた質量 m のおもり P の単振り子の運動について考えよう。糸の固定端 O を極とする極座標を用いると，おもり P の運動は，$r=l$(定数)という束縛条件より，自由度を 1 つ減らして，微小な振れ角 θ のみで表すことができる。つまり，この運動の自由度 $f=1$ より，ニュートンの運動方程式は，

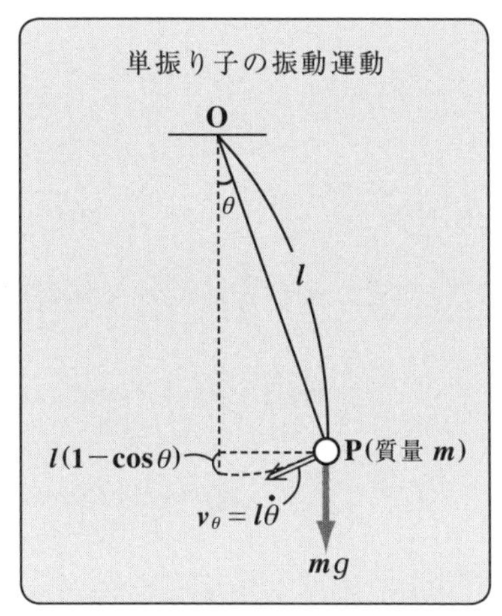

$\ddot{\theta} = -\omega^2\theta$ ……① $\left(\omega = \sqrt{\dfrac{g}{l}}\right)$ と表されるんだったね。

ここで，これをハミルトンの正準方程式で表すと次のようになるのはいいね。

$$\begin{cases} \dfrac{d\theta}{dt} = \dfrac{\partial H}{\partial p_\theta} & \cdots\cdots\cdots ② \\ \dfrac{dp_\theta}{dt} = -\dfrac{\partial H}{\partial \theta} & \cdots\cdots ③ \end{cases}$$

自由度 $f=1$ より，H は $q_1=\theta$，$p_1=p_\theta=\dfrac{\partial L}{\partial\dot{\theta}}$ とおいて，θ と p_θ の関数 $H(\theta,\ p_\theta)$ で表される。

$r=l$(定数)より，$\dfrac{dr}{dt}=\dfrac{\partial H}{\partial p_r}$ と $\dfrac{dp_r}{dt}=-\dfrac{\partial H}{\partial r}$ は不要だね。

それでは，この正準方程式②，③から，ニュートンの運動方程式①を導いてみよう。

今回，一般化運動量 p_θ を正確に求めるために，(ア) ラグランジアン L を求め，(イ) 次に，$p_\theta=\dfrac{\partial L}{\partial\dot{\theta}}$ により $\dot{p}_\theta$ を求め，(ウ) ハミルトニアン H を求める，手順に従うことにしよう。

(ア) まず，ラグランジアンを求めると，

$$L = T - U = \frac{1}{2}ml^2\dot{\theta}^2 - mgl(1-\cos\theta) \quad \cdots\cdots ④$$ となる。

(イ) 次に，$p_\theta = \frac{dL}{d\dot{\theta}}$ を用いて，一般化運動 p_θ を求めると，

$$p_\theta = \frac{\partial L}{\partial \dot{\theta}} = \frac{\partial}{\partial \dot{\theta}}\left\{\frac{1}{2}ml^2\dot{\theta}^2 - \underbrace{mgl(1-\cos\theta)}_{\text{定数扱い}}\right\} = ml^2\dot{\theta} \quad \cdots\cdots ⑤$$ となる。

よって，⑤より，$\dot{\theta} = \frac{p_\theta}{ml^2}$ ……⑥ となる。

⑥を，$L = \frac{1}{2}ml^2\dot{\theta}^2 - mgl(1-\cos\theta)$ ……④ に代入すると，

$L = \frac{1}{2}ml^2\left(\frac{p_\theta}{ml^2}\right)^2 - mgl(1-\cos\theta)$ より，

$L = \frac{p_\theta{}^2}{2ml^2} - mgl(1-\cos\theta)$ ……④´ となる。

(ウ) そして，ハミルトニアン H を公式通りに求めると，

$$H = \underbrace{p_\theta \cdot \dot{\theta}}_{\sum_{i=1}^{f} p_i \dot{q}_i} - L = p_\theta \cdot \frac{p_\theta}{ml^2} - \left\{\frac{p_\theta{}^2}{2ml^2} - mgl(1-\cos\theta)\right\}$$

← 自由度 $f=1$

$$\therefore H = H(\theta,\ p_\theta) = \underbrace{\frac{p_\theta{}^2}{2ml^2}}_{T} + \underbrace{mgl(1-\cos\theta)}_{U} \quad \cdots\cdots ⑦$$ となる。

← $H = T + U$ の形になっている。

(i) ⑦を②に代入して，

$$\dot{\theta} = \frac{\partial}{\partial p_\theta}\left\{\frac{p_\theta{}^2}{2ml^2} + \underbrace{mgl(1-\cos\theta)}_{\text{定数扱い}}\right\} = \frac{p_\theta}{ml^2}$$

となって，⑥と同じ式が導ける。

(ii) ⑦を③に代入して，

$$\underbrace{\dot{p}_\theta}_{\frac{d}{dt}(ml^2\dot{\theta})} = -\frac{\partial}{\partial \theta}\left\{\underbrace{\frac{p_\theta{}^2}{2ml^2}}_{\text{定数扱い}} + mgl(1-\cos\theta)\right\} = -mgl\sin\theta$$ より，

$$\cancel{m}l^{\cancel{2}}\ddot{\theta} = -\cancel{m}g\cancel{l}\underbrace{\sin\theta}_{\theta(\theta \fallingdotseq 0)}$$

ここで $\theta \fallingdotseq 0$ から，$\sin\theta \fallingdotseq \theta$ と近似できるので，

$l\ddot{\theta} = -g\theta$ より，ニュートンの運動方程式：

$\ddot{\theta} = -\omega^2\theta$ ……① $\left(\omega = \sqrt{\dfrac{g}{l}}\right)$ が導けるんだね。納得いった？

以上で，ハミルトンの正準方程式から，ニュートンの運動方程式が導けること，つまり，ハミルトンの正準方程式とニュートンの運動方程式が，等価であることもご理解頂けたと思う。

以上の解説では，解析力学で利用される“ラグランジュの運動方程式”と“ハミルトンの正準方程式”の本当の初歩的な利用法を示したに過ぎないので，何故，ニュートンの運動方程式の代わりに，ラグランジュの運動方程式や，ハミルトンの正準方程式を利用する必要があるのか？疑問に思われている方もたく山いらっしゃると思う。でも，これで，解析力学にも少しは興味をもって頂けたのではないだろうか？

実は，この解析力学で用いられるすぐれた数学的な手法は，オイラー角や，汎関数と変分原理，そして最小作用の原理や，リウビルの定理，さらには，ポアソン括弧などなど……，様々な分野にまで波及していくんだね。そして，これらの数学的手法は，統計力学や流体力学，そして量子力学においても重要な役割を演じることになる。つまり，解析力学は，現代の様々な分野の力学をマスターしていく上で，基礎となる重要な学問分野と言えるんだね。

したがって，さらに，この解析力学を極めたい方には，この後，

「解析力学キャンパス・ゼミ」(マセマ) で学習されることをお勧めする。これによって，さらに奥深くて面白い本格的な解析力学の世界を堪能して頂けると思う。

 Term・Index 

あ行

か行

さ行

た行

な行

は行

ま行

ら行

スバラシク実力がつくと評判の
力学キャンパス・ゼミ
改訂6

著　者　馬場 敬之
発行者　馬場 敬之
発行所　マセマ出版社
〒 332-0023 埼玉県川口市飯塚 3-7-21-502
TEL 048-253-1734　FAX 048-253-1729
Email：info@mathema.jp
https://www.mathema.jp

編　集　山崎 晃平
校閲・校正　高杉 豊　秋野 麻里子
制作協力　久池井 茂　久池井 努　滝本 隆　印藤 治
野村 烈　野村 直美　滝本 修二　真下 久志
橋本 喜一　間宮 栄二　町田 朱美
カバーデザイン　馬場 冬之
ロゴデザイン　馬場 利貞
印刷所　中央精版印刷株式会社

ISBN978-4-86615-142-7 C3042
落丁・乱丁本はお取りかえいたします。